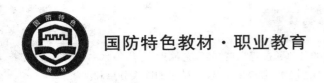

国防特色教材·职业教育

铀提取工艺学

王清良　主　编
胡鄂明　副主编

U0285104

哈尔滨工程大学出版社

北京航空航天大学出版社　北京理工大学出版社
哈尔滨工业大学出版社　西北工业大学出版社

内容简介

  本书较系统地介绍了铀矿山铀提取工艺的各单元过程、有关的工艺原理、方法等。主要内容包括:铀及其化合物的性质、铀矿石的加工与铀的浸出、溶浸采铀技术、矿浆的固液分离和洗涤、离子交换法提取铀工艺、萃取法提取铀工艺和铀的沉淀等。

  本书可作为高等院校有关专业的教材或教学参考书,亦可供从事铀湿法冶金工作的科研、设计人员以及厂矿工程技术人员参考。

图书在版编目(CIP)数据

铀提取工艺学/王清良主编. —哈尔滨:哈尔滨工程大学出版社,2009.10(2024.8 重印)

ISBN 978 - 7 - 81133 - 513 - 2

Ⅰ. 铀… Ⅱ. 王… Ⅲ. 铀 - 金属提取 Ⅳ. TL212

中国版本图书馆 CIP 数据核字(2009)第 184291 号

铀提取工艺学

王清良 主编

张盈盈 责任编辑

*

哈尔滨工程大学出版社出版发行

哈尔滨市南岗区南通大街 145 号(150001) 发行部电话:0451 - 82519328 传真:0451 - 82519699

http://www.hrbeupress.com E-mail:heupress@ hrbeu.edu.cn

哈尔滨午阳印刷有限公司印装 各地书店经销

*

开本:787×960 1/16 印张:18 字数:295 千字

2010 年 1 月第 1 版 2024 年 8 月第 7 次印刷

ISBN 978 - 7 - 81133 - 513 - 2 定价:36.00 元

前　言

　　中国核工业经历了从无到有和不断完善的过程,积累了大量科研和生产实践经验。1980年以后,由于国际市场铀产品价格的不断下滑,国内铀产品供过于求,中国的核工业生产规模过大,采冶失调,铀产品成本过高,按照"调整、改革、整顿、提高"的方针对铀矿冶工业进行调整,大部分用常规方法生产的铀水冶厂改建、停产或退役。后来,尽管加强了堆浸和原地浸出工艺的开发研究工作,新建了一批原地浸出、就地破碎浸出和地表堆浸工艺提取铀的厂矿,核工业还是经历了20世纪90年代末到21世纪初发展的最低谷。随着我国由"适度发展核电"转为"积极发展核电"战略方针的实施,对核工业提出了更高的要求,也对铀提取工艺提出了更高的要求,从核燃料立足本国的要求出发,为了向核电站稳定供应高质量、低成本的核燃料,必然要求我国铀提取工艺的研究和生产不断发展。

　　在原子能工业近70年的发展过程中,国内外许多科学技术工作者在这方面做了大量的工作,铀的提取工艺理论和实践均取得了重大进展。在过去的教学和科研实践中,虽然见到许多国内外类似这方面的参考书或教材,但有的内容陈旧,有的则针对性不强,深感应有一本切合我国目前铀提取工艺教学需要和反应这方面科学技术最新发展状况的教材和参考书。为了适应新形势的要求,加速培养铀矿冶方面专业人才并满足正在从事铀矿冶事业的广大技术人员的需要,以编写图书《铀提取工艺学》的形式,把我国铀矿冶研究院所和生产厂矿多年积累的科研成果和生产经验,系统、完整、准确地记录下来,具有总结经验和培养年轻人才的双重作用。

　　铀提取工艺采用湿法冶金方法从矿石中提取铀,经过纯化,制备符合应用要求的铀产品。因此,铀提取工艺是一门综合性技术,它涉及地质、采矿、选矿、化工工艺、化学分析、安全、环保等领域,需要各方面专业人才的密切配合。

　　本书编者长期从事溶浸采铀、铀化学与工艺、废水治理等方面的科研工作,《铀提取工艺学》在选材方面力求理论与实际相结合,尤其结合中国铀矿资源的实际情况和现行铀提取新技术,阐述铀提取工艺的主要工艺过程。

　　本书共分7章,第1,2,7章由王清良编写;第3章由胡鄂明、史文革编写;第4章由王清良、陈祥标编写;第5章由毛拥军、王清良编写;第6章由胡鄂明编写。

　　由于编者水平有限,加之时间仓促,本书缺点和错误之处在所难免,恳请同行和广大读者批评指正。

　　在本书编写过程中,参考了国内外一些学者的著作和科研成果;同时,高席丰研究员和陈祥标研究员对本书进行了审阅,并提出了宝贵建议,张国奇参与了最终稿的校对和修改工作,在此一并表示感谢!

编　者

2009 年 5 月

目　　录

第1章 绪 论

1.1 铀生产简史

从20世纪40年代初开始,作为核武器制造、核能利用计划一部分的铀工业,经历了建立、大发展、停顿和新发展四个历史阶段。

20世纪40年代初到1949年是铀生产工业的建立阶段。在此期间,铀的生产只是为了制造原子弹。当时,由于时间紧迫,来不及普遍找矿,所需铀矿石主要来自已知的铀矿床和以前提镭、钒的含铀尾矿。直到1946年,很多国家的铀矿地质勘探及开采工作才普遍开展起来。在这期间,对铀矿石的提取工艺作了许多奠基性的研究。例如,不少国家的科学家成功地研究和确定了铀矿石的硫酸浸取和碳酸盐浸取工艺流程,并开始采用了离子交换树脂提取铀的工艺方案。美国和加拿大将这些方案和一些经典的工艺方法在生产上配套使用后,首先建立了铀水冶厂,从此一个独立的铀生产工业出现了。

1950年至1959年是铀生产的大发展阶段,此阶段由于核电站的建设促进了铀工业的大发展。另外,1945年美国首先研制成功原子弹,其后又进一步加紧了核武器的研制,并于1952年进行了氢弹爆炸试验。随后,苏、英、法等国也相继赶上,大量生产核燃料,发展核武器。这一切都给铀生产的发展以巨大的刺激。在此阶段,美国集中力量普查了西部铀矿资源,其矿石可采储量由1946年的9.07×10^5 t,激增到1959年的8×10^8 t左右。同时,美国、加拿大及南非等共建成、投产了70余座铀水冶厂,这些厂的矿石总处理能力已达1.5×10^5 t·d^{-1}。1959年,资本主义国家铀的年产量,按U_3O_8计,已达到39 319 t。铀生产的发展,有力地促进了铀提取工艺的革新,在这一时期,铀矿石的硫酸浸取和碳酸盐浸取流程,从工艺或设备方面均更趋完善。同时,矿浆离子交换、萃取法提取铀以及无介质磨矿等新工艺也相继出现。

1960年至1970年间,铀生产处于一个下降阶段,这是由于铀生产的订货已超过了当时的实际需求量。由于美国及欧洲各资本主义国家大量从中东等产油国获得石油,能源充裕,而核电无论在经济效益或其他方面一时未显现出明显的优越性,因此,这一阶段对核燃料的需求锐减,铀生产出现停顿和下降的状况。许多20世纪50年代建立起来的铀水冶厂停止了生产。1966年是铀水冶厂开工率的最低点,这一年美、英、法等资本主义国家U_3O_8的年产量还不到1959年的一半,1970年U_3O_8的年产量也仅为1959年的56%。这一阶段,各国都已注意到,要提高铀作为能源的竞争能力,必须降低其生产成本,改进常规铀提取工艺技术是实现这一目标的主要措施。因此,这一阶段在改造旧工艺方面作了许多研究工作。与此同时,有关国家还发展了细菌浸出、地下浸出等从低品位铀矿资源中提取铀的新技术。

1971 年到现在是铀生产的回升阶段。20 世纪 70 年代初,资本主义各国普遍出现了能源短缺的情况,核电技术的新发展,使核燃料在经济上具有了和煤、石油等化学燃料相竞争的能力。1978 年英国核电成本为 38.5 美厘/度电,而同年烧煤的火力电成本却为 48 美厘/度电,烧油的火力电成本则高达 61 美厘/度电。这些原因都有力地促进了核电事业的发展,推动了铀生产的回升和新发展。

经过几十年的发展,世界铀生产工业已发展到相当大的规模,据不完全统计,1977 年底,国外铀水冶厂共有 100 余座,按 U_3O_8 计的总生产能力在 33 000 t·a^{-1} 以上。与此同时,随着铀生产的发展,铀生产的工艺技术也在不断更新、改进。

随着国民经济建设的发展,我国也建立了一套完整的原子能工业体系。1964 年 10 月 16 日,我国成功爆炸了第一颗原子弹,仅隔两年 8 个月,1967 年 6 月 17 日又成功地进行了第一次氢弹试验。我国核能工业尽管起步较晚,但发展速度还是很快的。当前,在巩固原有发展成果的同时,正在采取积极措施,以便更有效地发展我国的核能事业。

1986 年 4 月乌克兰切尔诺贝利核电站发生事故,使许多国家的公众担心核反应堆对环境的影响而反对发展核电。尽管切尔诺贝利核电站事故的影响在世界各地不尽相同,但它是使欧洲核电应用增长几乎停止的原因之一。20 世纪 80 年代以来,尽管核电容量不断增长,但增长率却在下降,1985~1990 年核发电量虽然增至 1 913 Twh,年增长率只达到 6.4%,1990~1994 年间下降为 2.8%,只有亚洲一些地区(包括中国)仍然把核电作为解决能源问题的选择。核电的收缩直接影响了铀的生产,由于市场饱和,铀产品过剩,造成铀产品价格下滑,在 1990 年 U_3O_8 的价格甚至降到 22 美元·kg^{-1} 以下,许多采用常规方法生产的铀水冶厂因生产成本较高而停产,仅美国的常规方法铀水冶厂就从 22 家减少到 8 家。1990 年以后,由于武器级高浓铀对市场的冲击和前苏联等各产铀国的倾销,U_3O_8 的价格一直在低价位波动。虽然目前世界天然铀的产量只能满足核电需求量的 50%~60%,但是不足部分可以由库存的武器级高浓铀和回收乏燃料得到的 MOX 燃料补足。因此,世界市场天然铀的价格难以回升。我国为了降低铀的生产成本,一种把地下采矿和浸出结合起来的称为“原地浸出”的新工艺应运而生,成为从矿石中提取铀的重要方法。此外,就地破碎浸出和地表堆浸技术也得到很大的发展,并应用于从高品位矿石中提取铀。

进入 20 世纪 90 年代以后,世界天然铀的生产比较平稳,1996 年产量为 36 195 t,1997 年产量为 38 000 t,2000 年世界生产天然铀 37 400~43 000 t,其中,原地浸出的产量占 13%~14%。美国 2000 年计划生产的天然铀中,原地浸出的产量占 57%。

我国核工业的创建和发展是新中国成立以来最大和最有影响的成就之一。新中国成立以后,面对美国的核威胁和核讹诈,毛泽东、周恩来等国家领导人高瞻远瞩、审时度势,毅然作出发展我国原子能事业的战略决策。从 1955 年起我国开始铀矿普查勘探工作,并在 1958 年向国家提交了第一批铀矿工业储量。1956 年 8 月至 1957 年初先后确定了第一批建设的铀矿冶企业,即三矿(郴州铀矿、衡山大浦铀矿和上饶铀矿)一厂(衡阳铀厂)。1958 年建立了主管铀矿冶工作的二机部十二局,同时成立了新疆矿冶公司和中南矿冶公司,组建了北京铀矿选冶研究所、铀矿冶设计研究院和铀矿开采研究所。三矿一厂于 1962 年 9 月至 1963 年 10 月陆续建成并顺利投产,实现了从矿石到 UO_2 的工业生产,成功地解决了原子能工业的原料问题,经过厂矿院所的共同努力,用最快的速度生产出了第一颗原子弹需要的 UO_2 和 UF_4,为 1964 年 10 月我国第一颗原子弹爆炸成功作出了贡献。

1963 年国家决定建立第二批铀矿冶企业。到 1967 年先后建成了广东和抚州两个铀矿冶联合企业,开发建立了新的铀矿、放射分选厂和铀水冶厂,包括衢州铀矿、本溪铀矿、修水铀矿、兴城铀矿和伊宁铀矿及水冶厂等。第二批铀矿冶企业的铀矿开采和提取的工艺流程都是我国自行研究设计的,采矿工艺方面,试验采用了水泥隔离墙代替人工矿柱,水泥垫板代替木垫板,研究解决了含铀煤矿的开采技术,改进了缓倾斜薄矿层的采矿工艺。水冶工艺方面,研究成功了处理各种不同类型矿石的多种工艺流程,包括处理花岗岩型矿的固液分离、清液萃取流程,处理含铀煤矿的低温燃烧发电和从煤灰中浸出并用萃取法提取铀的流程,处理泥质矿的流态化分级洗涤技术,处理火山岩矿的半连续逆流离子交换和用磷类萃取剂萃取离子交换树脂合格解吸液的淋萃流程,处理花岗岩铀矿和含碳酸盐较多的碳硅泥岩铀矿的加压碱浸流程。

1970 年,我国铀矿冶工业受到十年动乱期间"左"的指导思想的严重干扰,提出新建近 30 个铀矿山(点)和十几个铀水冶厂的高指标、大计划,给铀矿冶工业造成很大的浪费和极为严重的后果。在建立第三批铀矿冶企业的过程中,铀矿冶的科研工作仍然取得一定程度的进展。推广了喷锚支护等高效率的施工技术,开展了原地浸出试验,研究成功了从矿石浸出液直接制备三碳酸铀酰铵或四氟化铀的新工艺,突破了从含磷、钼等复合矿石中提取铀的技术和从含铀富矿中提取镭的工艺流程。1980 年以后,由于国际市场铀产品价格的不断下滑,国内铀产品供过于求。中国的铀工业生产规模过大,采冶失调,铀产品成本过高,必须按照"调整、改革、整顿、提高"的方针对铀矿冶工业进行调整。大部分用常规方法生产的铀水冶厂由于各种原因改建、停产或退役。同时,加强对矿石堆浸和原地浸出工艺的开发研究工作,新建了一些用原地浸出、就地破碎浸出和地表堆浸工艺提取铀的厂矿。目前,我国采用原地浸出、就地破碎浸出和地表堆浸工艺生产的铀产量已占总产量的 70%,其中原地浸出占 20% ~25%,就地破碎浸出占 10% ~15%,地表堆浸占 35% ~40%。

根据我国核电发展规划,到 2020 年核电发电量占总电量的 4%,需要建立 40 座百万千瓦的核电站,这将对核燃料铀产生巨大的需求。据 2008 年度中国国家原子能机构出版的红皮书《铀资源、生产与需求四十年回顾》报道,到 2020 年我国铀资源储量至少要保有 4×10^5 t。此外,还要保障核军工发展的需要,需求量更大。2020 年以后,核军工和核电对天然铀的需求量将进一步增加,天然铀的供需矛盾将更加突出。

1.2 铀提取工艺技术的现状与发展趋势

核能工业的发展要求铀的提取与精制工艺技术不断地改进和革新。目前,铀提取与精制工艺技术的革新主要着眼于简化操作、缩短流程、节省消耗、降低成本,其进展情况概括起来有如下几个方面。

自磨半自磨技术在铀矿破磨操作中的采用,对缩短破磨流程、减少磨矿的基建投资与浸出的酸耗都具有重要意义。目前,这类不用钢球的自磨机有大型化的发展趋势,如美国的希尔利(shirly)铀厂所用的湿式自磨机的直径已达 5.5 m,长 1.83 m,矿石处理能力为 181.4 t·h^{-1},而加拿大某些铀厂的自磨机的直径已达 6 m。今后,磨矿技术进一步的发展将是着重于磨机的自控或遥控技术、设备磨损和厂房消除噪声等方面的研究。

改善浸取过程的经济技术指标是减少铀生产成本的关键一环,在这方面已取得了不少可喜的进展,这些进展主要表现在边界品位或更低品位矿石的处理上。在这方面,堆浸、细菌浸出、地下浸出等技术的研究和应用,为简便、廉价地从这类矿石中回收铀提供了具有现实意义的方法,从而也扩大了铀矿资源。尤其是有些铀水冶厂,将离子交换吸附尾液或萃余水相注入地下作为化学采矿的溶浸剂,这样既节省了溶浸剂,又处理了废液。

浓酸熟化法,在处理某些难浸的含铀、钒矿石时,具有独到的优点,这种方法能强化浸出过程,提高难浸矿石的铀浸出率。

流态化技术在提取过程的应用,使浸出和固液分离两步操作有可能在一个流化床设备中实现,这种设备也可单独用于浸出矿浆的洗涤和分级。若在此设备中加入适量的絮凝剂,即可能得到澄清的浸取液作为固定床离子交换的料液或清液萃取的萃原液。这种设备的优点是占地面积小、结构简单且无传动部件。

提取工艺技术的发展导致许多新型的固液分离设备的出现,带式过滤机就是其中的一种,其优点是过滤效率高,且可在同一台设备上完成过滤和多段逆流洗涤的操作。而且,其生产能力也是相当可观的,如用一台 120 m^2 的带式过滤机,即可代替 20 台 65 m^2 鼓式真空过滤机的工作。

一种由下部沉淀层进料,并用活性悬浮泥层絮凝和阻挡过滤的新型浓密机——恩维罗(ENVIROCLEAR)型澄清器已被研制出来,其直径为 9.15 m,固体处理能力为 60 t·h^{-1},相当于一台直径为 30.5 m 的常规浓密机。在这种设备内,矿浆经浓密后铀的回收率可达 97.6%。

在离子交换树脂提取铀的工艺与设备方面,研究的重点是发展连续逆流半清液吸附。这类工艺和设备,在有的国家已用于生产。如西南非的罗森公司铀厂就已使用波特(PORTER)连续逆流吸附塔,该设备可处理含固量为 500 ~ 1 000 mg·L^{-1} 的酸浸取液,加拿大用希姆斯利连续逆流吸附塔从含悬浮物为 1.5 ~ 2.0 g·L^{-1} 的混浊液中回收铀,该类型吸附塔直径已达到 2.0 ~ 3.65 m,塔高 30 m。为了使吸附设备适应含固量较高的矿浆,改进矿浆与树脂的连续逆流接触的流体力学状况,当前的研究工作是,一方面着力于研究新型设备,如多隔室吸附塔等,另一方面合成新型加重树脂。

"淋萃流程"的应用及不断改进是铀提取工艺的重大发展。淋萃流程与一般萃取流程的不同点主要在于:用稀硫酸溶液淋洗被硫酸铀酰所饱和了的阴离子交换树脂之后,将所得到的淋洗液用三脂肪胺或二(2-乙基己基)磷酸萃取,随后,饱和有机相以碳酸铵反萃,最终可得到三碳酸铀酰铵的结晶产品。这种工艺流程的优点是:避免了硝酸根和氯离子的引入,结晶母液可以返回前面的工序利用,同时,若条件适当,可得到核纯产品。

矿浆萃取的应用也是铀的萃取过程的一种进展,它在简化流程、省去繁琐固液分离操作上具有相当大的意义。遗憾的是,该法所带来的有机溶剂的损失及操作上的困难,有待进一步研究改进。

从矿石直接制备四氟化铀是铀水冶的另一项新工艺。人们对此设计了多种方案,有代表意义的方案是矿石的硫酸浸取液经胺萃取后,饱和有机相用盐酸"转型",继之用水反萃取,得到含有 UO_2Cl_2 的溶液,再进行电解还原并以氢氟酸沉淀生成四氟化铀。这种流程的应用最早见于日本的动燃(PNC)法,其特点是流程简短、铀的总回收率高。如果控制得当,就有可能满足金属铀生产的纯度要求。

以上改进的淋萃流程及直接生产四氟化铀的工艺都是将铀的提取和精制过程合二为一的大胆实践。

在某些铀矿床中含有一些与铀共生,并已经达到国家要求的开采品位的其他元素,例如钒、钼、铼、铜、金和稀土等,需要考虑综合回收利用。综合回收增加了流程的复杂性,应当从经济角度分析确定最有利的方案。

此外,海水提铀与从其他资源中回收铀也是开发铀资源的研究方向。目前,许多国家都在大力进行这方面的工作。

铀提取工艺是一门综合性的技术,其基本原则是经济,也就是盈利的原则,即用最低的支出获得最高的收益,同时应当考虑较高资源利用率的原则。因此,铀提取工艺要求被提取的铀矿石必须有尽可能高的铀品位,工艺流程应当尽可能短,消耗的试剂和选用的设备应当尽可能少,操作应当简单,方便,易行,有经济合理的尾矿和废水处理方案,并且尽可能考虑综合回收。总而言之,采用新技术、新设备、新材料,达到降低成本的目的,这是开发和研究铀提取工艺的基本方向。

习　　题

1-1　简述铀生产史。

1-2　核能在哪些方面得到了应用,应用前景如何?

1-3　试述铀提取工艺的发展趋势。

第2章 铀及其化合物的性质

2.1 自然界中的铀

铀是一个在自然界存在的天然放射性元素,1789 年被克拉普洛特(M H Klaproth)发现,当时恰好发现了天王星(Uranus),因此就以"天王星"命名为 Uranium。中国按英文名的第一个字母"U"的音,称它为"铀"。经过大量调查研究,人们发现铀在自然界的分布是相当广泛的,地壳和海水中有大量的铀,甚至宇宙空间也有少量铀存在。

地球由地壳、地幔和地核三部分构成。地壳的厚度极不均匀,最薄的海洋地壳厚度仅 5 km,最厚的大陆地壳(我国的青藏高原)厚度超过 65 km,地壳主要由硅和铝组成。地幔在地壳以下直到 2 900 km 的深度,成分以硅、镁、铁为主。地核位于地幔下面,其半径约为 3 500 km,主要成分是铁和镍。

自然界的铀集中分布于地壳中,向下显著减少。据计算,地壳中平均 1 g 岩石的铀含量约为 $3 \times 10^{-6} \sim 4 \times 10^{-6}$ g,在地壳的第一层(距地表 20 km)内含铀近 1.3×10^{14} t。但是,铀在地壳内的分布极为分散,富矿很少。海水中铀的含量约为 3.3 mg·m^{-3},因此海水中含铀总量可达 4.5×10^9 t。此外,大部分温泉、湖水、河水和某些有机体中也都有少量铀存在。

据分析,宇宙空间落到地球上的陨石中含有少量铀,这表明宇宙空间也有铀存在。

铀自 1789 年发现到 19 世纪末,它只是作为一个化学元素被人们研究,很少应用。1896 年贝克勒尔(H Bacquerel)发现放射性和 1898 年居里夫妇从铀矿中发现镭以后,作为获得镭的原料,铀矿开采才有一些发展。1938 年,发现并确定了铀核裂变现象,使人们认识到可以通过人为的方法,促使铀核发生裂变,释放出巨大的能量。理论上,1 kg ^{235}U 全部裂变反应后所释放出的能量相当于 2 500 t 无烟煤完全燃烧所释放出的能量。从此,人们可以开发和利用一种新的能源——原子核能,人类社会进入了原子能时代。

2.2 铀在元素周期表中的位置

2.2.1 锕系理论及铀的电子结构

早在 1926 年,就有人预计到,在元素周期表的第七周期存在着一个类似稀土元素的族。1945 年,西博格(G T Seaborg)明确提出了他的假定:锕和超锕元素组成一个族,在这个族里,5f 电子层逐渐被填满,就像镧系元素的 4f 电子层一样,这就是著名的锕系理论。这一理论的提出,彻底打破了把钍、铀、镤、铀放在周期表 III、IV、V、VI 副族的传统概念。当时的直接证明是铀以后的镎、钚,如按传统概念,应分别排在周期表 VII 副族铼及 VIII 族过渡元素锇的下方。但是,镎和铼、钚和锇之间显然缺少化学相似性,随着锕系元素研究的深入发展,这一理论被越来越多的事实所证明。

首先,锕系元素磁化率的测定结果支持了锕系理论。锕系离子在溶液中的磁化率数值的变化情况和相应的镧系离子一样。另外,溶液中 Pu(III) 和 Pu(IV) 离子的摩尔磁化率在 20 ℃时,分别为 3.7×10^{-6} 和 1.61×10^{-5}。这些数值只有在这些离子的电子构型为 $5f^6$ 和 $5f^4$ 的基础上才可得到解释。

同样,光谱学的研究表明,在 290~649 nm 的波长范围内,对钚进行观察和以原子共振法研究 ^{230}Pu 超精细结构时都发现,^{230}Pu 的核自旋为 1/2,这证明钚的基态电子构型为 $5f^67s^2$。

镧系和锕系在许多物理、化学性质上很相似,但其氧化 – 还原作用却大不相同。大家知道,所有镧系元素的三价氧化态是最稳定的,而锕系元素头几个元素钍、镤、铀、镎和钚的最稳定氧化态分别是 +4,+5,+6,+5 和 +4。该两系元素的这种差异可由它们的电子构型的差异得到解释。与镧系的 4f 和 5d 相比,锕系的 5f 及 6d 轨道之间能级差别非常小,化学结合能是同一数量级,容易发生跃迁,故锕系头几个元素的 5f,6d 电子均容易参与氧化 – 还原反应,从而出现上述各元素不同的稳定氧化态。随着 5f 轨道的继续填满,5f 电子趋向稳定,如半充满的锔($5f^7$)是最稳定的,故它的三价氧化态特别稳定,可以说,锔以后的锕系其他元素主要是三价氧化态,和镧系元素极为相似。

在早期的研究中,对锕系元素的存在,尤其涉及头几个元素的性质曾有所争论,但随着实验研究的深入,锕系理论已得到普遍承认。

根据锕系理论及大量实验研究,确定了锕系元素的电子结构,见表 2 – 1。

表 2 – 1 锕系元素的电子结构

原子序数	元素	氡壳心 * 外的电子结构	原子序数	元素	氡壳心 * 外的电子结构
89	锕(Ac)	$6d^17s^2$	97	锫(Bk)	$5f^86d^17s^2$ 或 $5f^97s^2$
90	钍(Th)	$6d^27s^2$	98	锎(Cf)	$5f^{10}7s^2$
91	镤(Pa)	$5f^26d^17s^2$	99	锿(Es)	$5f^{11}7s^2$
92	铀(U)	$5f^36d^17s^2$	100	镄(Fm)	$5f^{12}7s^2$
93	镎(NP)	$5f^46d^17s^2$	101	钔(Md)	$5f^{13}7s^2$
94	钚(Pu)	$5f^67s^2$	102	锘(No)	$5f^{14}7s^2$
95	镅(Am)	$5f^77s^2$	103	铹(Lr)	$5f^{14}6d^17s^2$
96	锔(Cm)	$5f^76d^17s^2$			

* 氡壳心电子结构为:$1s^22s^22p^63s^23p^63d^{10}4s^24p^64d^{10}4f^{14}5s^25p^65d^{10}6s^26p^6$

对于铀的各种氧化态,人们也进行了很多研究以确定它们的电子构型。光谱化学研究结果表明,一次电离的 U^+ 具有 $5f^36d^17s^2$ 的外层电子结构,即 6d 层电子先离解。磁化学及自旋共振法的研究确定, U^{3+} , U^{4+} , U^{5+} 的 5f 层电子构型分别为 $5f^3$, $5f^2$, $5f^1$ 。这里也间接说明,6d 电子离解后,接着是 7s 电子离解,最后才是 5f 电子的离解。以上氧化态电子构型的确定又都说明,元素铀原子在基态时, $5f^36d^17s^2$ 电子构型是正确的。

通过以上讨论可以看出,铀在元素周期表中的位置是十分明确的,即它处在元素周期表中锕系元素的第四个位置上。铀原子的电子结构和它的化学性质有着十分密切的关系。

（1）多价性　5f,6d,7s 的能级差别虽小,但仍有差别,故这些轨道上电子的丢失有先后之分,电离能小的先离解,反之亦然。上面已证明,就电离能来说, $5f>7s>6d$ 。这些电子逐一解离就形成了铀的多种氧化态: U^{3+} , U^{4+} , U^{5+} , U^{6+} 等。

（2）电子结构和离子半径　铀的中性原子和离子的电子结构与其半径大小的关系见表 2-2。

表 2-2　铀的各种氧化态的价电子结构与离子半径

氧化态	价电子结构	离子半径/nm
U^0	$5f^36d^17s^2$	0.142
U^{3+}	$5f^3$	0.121
U^{4+}	$5f^2$	0.105
U^{5+}	$5f^1$	0.091
U^{6+}	$5f^0$	0.079

从上述数据可以看出,随着价电子的丢失,离子半径减少,且所形成化合物的酸性增加。但是,六价铀在水溶液中形成稳定的大铀酰离子 UO_2^{2+} ,而其酸性却表现得非常弱。由于铀离子半径相对较大,故除六氟化铀外,铀的多数化合物是不挥发的。

失去全部价电子的 U^{6+} ,具有氡壳心的电子结构。这种惰性气体构型的离子所形成的氧化物在热力学上是最稳定的。按地球化学的概念,岩石圈集中了氧化物为热力学最稳定的元素,铀亦在其中。

2.2.2　铀的同位素

铀的天然同位素 ^{238}U , ^{235}U 和 ^{234}U 以混合物的形式构成天然铀,其中最有意义的是 ^{238}U 和 ^{235}U 。这三种同位素在铀里面的相对丰度见表 2-3。由质谱及放射性衰变的数据计算了天然铀的原子量,几经修订,目前国际公认值为 238.03。

表 2 - 3　天然铀同位素的相对丰度

质量数	丰度/%
234	$0.005\ 7 \pm 0.000\ 2$
235	$0.720\ 4 \pm 0.000\ 7$
238	$99.273\ 9 \pm 0.000\ 7$
	$^{238}U/^{234}U = 17\ 325 \pm 555$
	$^{238}U/^{235}U = 137.80 \pm 0.14$

^{238}U 是天然铀 $4n+2$ 放射系的母体,是天然铀中丰度最大的同位素。在慢中子作用下,不发生裂变,但可发生如下核反应

$$^{238}_{92}U + ^1_0n \longrightarrow ^{239}_{92}U \tag{2-1}$$

所产生的 $^{239}_{92}U$ 很不稳定,经两次 β^- 衰变而生成 $^{239}_{94}Pu$。

$$^{239}_{92}U \xrightarrow{\beta^-} {}^{239}_{93}Np \xrightarrow{\beta^-} {}^{239}_{94}Pu \tag{2-2}$$

$^{239}_{94}Pu$ 能为慢中子所裂变,因此,它也是一种核燃料。$^{238}_{92}U$ 能自发裂变,其自发裂变的半衰期达 $(9.86 \pm 0.3) \times 10^{15}$ 年。

^{235}U 即锕铀(AcU),是天然铀 $4n+3$ 放射系的母体。它存在于天然铀内的原因尚不十分清楚。^{235}U 量虽少,但意义却很大。它吸收慢中子后即发生裂变,裂变截面为 582 靶,并伴随放出大量的能量。^{235}U 完全裂变的“热能当量”大约为 22 022 000 kW·h·kg^{-1}。在放出能量的同时,还产生许多裂变产物,即其他放射性核素。每个发生裂变的铀核平均放出 (2.5 ± 0.1) 个中子(^1_0n)。其过程如下式

$$^{235}_{92}U + ^1_0n \longrightarrow FP + E + 2.5^1_0n \tag{2-3}$$

式中 FP 表示铀核的裂变产物,E 为裂变所释放出的能量。^{235}U 也能自发裂变,其自发裂变的半衰期为 $(1.8 \pm 1.0) \times 10^{17}$ 年。^{235}U 也能为快中子所裂变,但裂变远远小于为慢中子所裂变的截面。

^{234}U 是 ^{238}U(UI)的衰变子体,故又叫 U Ⅱ。它的量极小,不具实际意义。

从质量数 227 到 240,除上述 3 个天然同位素外,铀尚有 11 个人工同位素(见表 2 - 4)。

表 2 - 4　铀同位素

同位素	半衰期	衰变方式	来源
^{227}U	1.1 分	$\alpha(6.8\ MeV)$	$^{232}Th(a,9n)$
^{228}U	9.1 分	$\alpha(\geqslant 95\%)(6.69\ MeV)E.C.^*(\leqslant 5\%)$	$^{232}Th(a,8n)$
^{229}U	58 分	$E.C.(80\%)\alpha(20\%)(6.42MeV)$	$^{232}Th(a,7n)$

表 2-4 （续）

同位素	半衰期	衰变方式	来源
^{230}U	20.8 天	α(5.884,5.813,5.658MeV)	^{231}Pa(d,3n)
^{231}U	4.2 天	E.C.（>99%）α(6×10^{-3}%)(5.45MeV)	^{231}Pa(d,2n)
^{232}U	72 年	α(5.318,5.261,5.134MeV)	^{232}Th(a,4n)
^{233}U	1.58×10^5 年	α(4.816,4.773,4.717,4.655,4.582,4.489MeV)	^{233}Pa 衰变
^{234}U(UII)	2.44×10^5 年	α(4.77,4.72MeV)	天然
^{235}U(AcU)	7.13×10^8 年	α(4.58,4.47,4.40,4.20MeV)	天然
^{236}U	2.39×10^7 年	α(4.5MeV)	^{235}U(n,γ)
^{237}U	6.75 天	β^-(0.249,0.084MeV)	^{238}U(d,p2n)
^{238}U(UI)	4.50×10^9 年	α(4.19MeV)	天然
^{239}U	23.5 分	β^-(1.21MeV)	^{238}U(n,γ)
^{240}U	14.1 小时	β^-(0.366MeV)	^{239}U(n,γ)

＊E.C.表示电子俘获

　　其中值得指出的是^{233}U,它是由次级核燃料^{232}Th 和中子进行反应后经 β^- 衰变所得。这种同位素所具有的潜在意义是人所共知的。^{233}U 是 4n+1 放射系的成员之一,其慢中子裂变的有效截面为 525 靶。

　　铀矿石的放射性大部分来自^{222}Rn(氡-222)及其短寿命衰变产物。^{222}Rn 的半衰期为 3.82 天,去除氡也就是去掉了铀矿石的大部分 α 和 γ 放射性。但这种放射性的去除只能维持一个短时间,只需经约 10 个^{222}Rn 的半衰期就恢复到原来的平衡值,它的许多子体也将相继出现。去掉铀矿石中 α、γ 放射性较根本的办法是分离掉铀衰变系中的^{226}Ra。^{226}Ra 是^{222}Rn 的母体,半衰期为 1 602 年,除镭就能除去大部分 α 和 γ 放射性。通常,镭在矿石浸取阶段与铀分离。铀矿石 β 放射性主要来自半衰期为 1.14 min 的^{234}Pa,在铀的纯化过程中,它和母体^{234}Th(半衰期 24.1 d)一起除掉。但它生长很快,纯化过的铀 β 放射性在一年内就恢复到原来的水平。纯化过的铀 α 放射性是由它的天然同位素产生的。

2.3　铀的重要化合物

　　这里将着重讨论与提取及精制有关的一些铀化合物,特别是铀的氧化物和卤化物。

2.3.1　铀的氧化物

　　铀的氧化物,从铀矿物学和其直接应用来看,都具有特别重要的意义。因为,几乎在所有铀矿物中,铀均以氧化物的形式存在,从某种意义上讲,铀的浸出就是研究各种化学试剂对铀氧化物的作用,而作为工艺产品的二氧化铀又是目前最广泛用于动力反应堆的核燃料。铀 – 氧体系是最复杂的二元体系之一,目前已知有工艺意义的铀氧化物有二氧化铀 UO_2、八氧化三铀 U_3O_8、三氧化铀 UO_3 和过氧化铀 $UO_4 \cdot 2H_2O$。

1. 二氧化铀(UO_2)

从铀生产工艺上来讲,二氧化铀是最重要的化合物之一。原生铀矿物中,铀的存在形式就是 UO_2,而由原生铀矿物经各种地质作用和自然力作用形成的次生铀矿,其中部分铀也以 UO_2 形式存在。因此,要制定合理的提取工艺流程,必须了解二氧化铀的各种性质及制备方法。此外,从铀化工转化过程的中间产品、生产金属铀的原料以及直接用作核燃料的角度看,研究二氧化铀的性质也具有现实意义。目前,有工业意义的二氧化铀制备方法有两种。

(1)**高温还原法** UO_3 和 U_3O_8 在温度 800 ℃ ~ 900 ℃与氢气进行还原反应,即

$$UO_3 + H_2 \longrightarrow UO_2 + H_2O \tag{2-4}$$

$$U_3O_8 + 2H_2 \longrightarrow 3UO_2 + 2H_2O \tag{2-5}$$

用氨作还原剂,反应可在较低温度下进行,一般情况下,其还原反应温度为 550 ℃左右,即

$$3UO_3 + 2NH_3 \xrightarrow{550℃} 3UO_2 + N_2 + 3H_2O \tag{2-6}$$

$$3U_3O_8 + 4NH_3 \xrightarrow{550℃} 9UO_2 + 2N_2 + 6H_2O \tag{2-7}$$

上述各反应的历程是很复杂的,这些反应式只是表示反应结果。

(2)**热分解法** 重铀酸铵、三碳酸铀酰铵及草酸铀酰等铀盐,在隔绝空气的情况下,热分解生成 UO_3,分解产生的还原性气体进一步将三氧化铀还原成二氧化铀。分解温度约为 450 ℃,还原温度在 650 ℃到 800 ℃之间,其反应式为

$$UO_2C_2O_4 \longrightarrow UO_3 + CO + CO_2 \tag{2-8}$$

$$UO_3 + CO \longrightarrow UO_2 + CO_2 \tag{2-9}$$

$$(NH_4)_4[UO_2(CO_3)_3] \longrightarrow UO_3 + 3CO_2 + 4NH_3 + 2H_2O \tag{2-10}$$

$$(NH_4)_2U_2O_7 \longrightarrow 2UO_3 + 2NH_3 + H_2O \tag{2-11}$$

$$3UO_3 \longrightarrow U_3O_8 + \frac{1}{2}O_2 \tag{2-12}$$

$$2NH_3 \longrightarrow N_2 + 3H_2 \tag{2-13}$$

$$U_3O_8 + 2H_2 \longrightarrow 3UO_2 + 2H_2O \tag{2-14}$$

二氧化铀为深褐色或黑色粉末,经 X 射线结构分析,其密度为 $10.96 \ g \cdot cm^{-3}$。松装密度在 $3.76 \sim 4.96 \ g \cdot cm^{-3}$ 之间,熔点为 2 800 ℃。在很高的温度下也不挥发,作为核燃料,二氧化铀在高温下的物理特性非常重要。

导热性是二氧化铀最重要的性质之一,此性质决定了核燃料元件的性能潜力,但是二氧化铀的导热性比较差。随温度升高,其热导率按下式降低

$$K_c = A/(B + T) \qquad (2-15)$$

式中 K_c 为热导率($W \cdot cm^{-1} \cdot ℃^{-1}$);$A,B$ 为常数。在氩气气氛中 800 ℃ ~ 2 000 ℃ 温度范围内,烧结 UO_2 的热导率 K_c 与温度 T、相对密度 D 的关系为

$$K_c = 0.013\ 0 + \frac{1}{T(0.484\ 8 - 0.446\ 5D)} \qquad (2-16)$$

式中 D 为实际密度占理论密度的分数(在 82% ~ 95% 之间)。该式表明,热导率随密度的增加而迅速增高。改善导热性的方法是添加某些金属氧化物或将其做成陶瓷元件。

二氧化铀最重要的化学性质是氧化性。粉末状二氧化铀与氧的体系在热力学上是不稳定的,它可立即被氧化。事实证明,室温下极细的 UO_2 粉末(比表面积 > 10 $m^2 \cdot g^{-1}$)在空气中即能自燃,放出大量的热(107.43 $kJ \cdot mol^{-1}$),最终产物为 U_3O_8。二氧化铀与 101.3 kPa 的氧相平衡的稳定氧化物,在 500 ℃ 以下为 UO_3,在 500 ℃ 以上为 U_3O_8。二氧化铀的氧化特性和粒度有密切的关系,如果粒度很细(约 0.1 μm),二氧化铀于室温下空气中放置一个月可氧化到 $UO_{2.25}$,而粒度为 1 μm 的二氧化铀在同样的条件下只发生不明显的氧化。

动力学研究表明,在液氮温度下,二氧化铀就能吸附氧。到 50 ℃ 时,UO_2 表面产生氧化,此时,氧离子穿过表面层的扩散是控制氧化速度的因素。温度超过 60 ℃,UO_2 开始整体氧化。当二氧化铀比表面 > 1 $m^2 \cdot g^{-1}$ 时,氧化分两步进行:第一步氧化始于 60 ℃,生成 U_3O_7,其速度受氧的扩散控制;第二步氧化是在 200 ℃ 上发生,此时生成 U_3O_8,氧化速度由晶核的形成及其长大过程所控制。

在较高温度下,二氧化铀能与氟化氢、氟化铵等作用生成 UF_4。也能和其他能溶解 UO_2 的试剂反应,它在盐酸、硫酸及硝酸中溶解的速度取决于其粒度和酸的浓度,室温时溶解速度不快,但在热而强的氧化剂中,如硝酸和氢氟酸的混合酸,溶解很快。它还溶解在过氧化氢的碱溶液中生成过铀酸盐,化学反应式如下

$$UO_2 + 2H_2O_2 + 2NaOH \longrightarrow Na_2UO_5 + 3H_2O \qquad (2-17)$$

二氧化铀可以用金属热还原法还原成金属铀,钙或镁是常用的还原剂。二氧化铀和二氧化铈、二氧化钍类质同晶,它们能形成连续的固溶体。

二氧化铀为面心立方的萤石型结构。空间群为 Fm3m,所谓"空间群"就是晶体内部结构中对称要素的集合。所有晶体结构中对称要素的组合方式共有 230 种,即 230 个空间群。上面为一种空间群形式,"F"表示面心立方结构,"m"表示镜面对称性,"3"表示有 3 次对称轴。在 20 ℃ 时,化学计量的 UO_2,其晶格常数 $a = 0.547\ 0$ nm。

2. 八氧化三铀 U_3O_8

八氧化三铀在铀工业中占有显著地位,铀工业产品产量多以 U_3O_8 为计量基准。工业上获得 U_3O_8 的途径有三种:金属铀在空气中氧化灼烧;低价或高价铀氧化物在高温空气中(800 ℃ ~ 900 ℃)灼烧;铀盐热分解,例如

$$9(NH_4)_2U_2O_7 \xrightarrow{800℃ \sim 900℃} 6U_3O_8 + 14NH_3 + 15H_2O + 2N_2 \qquad (2-18)$$

八氧化三铀粉末的颜色有时呈橄榄绿,有时呈墨绿色,有时甚至呈黑色,这取决于制备的温度条件。据 X 射线数据算出的密度为 $8.39\ \mathrm{g\cdot cm^{-3}}$,实测数据稍偏低,按样品特性的不同,其密度值在 $6.97\sim8.34\ \mathrm{g\cdot cm^{-3}}$ 之间。

从结晶学的观点看,U_3O_8 至少有三种结晶异构体。第一种异构体为 $\alpha-U_3O_8$,即通常所说的 U_3O_8,它与 1 大气压氧相平衡时,500 ℃以上是最稳定的氧化物。室温下,它具有斜方底心结构,晶格常数 $a=0.672\ \mathrm{nm}$,$b=1.196\ \mathrm{nm}$,$c=0.415\ \mathrm{nm}$,空间群为 C2mm(斜方底心结构,2 次旋转轴,镜面对称组合)。

许多研究表明,温度低于 800 ℃时,$\alpha-U_3O_8$ 化学组成近于 U_3O_8,当温度高于 800 ℃时,它会因失氧而成 U_3O_{8-x},x 的大小决定于温度和氧分压。高于 1 000 ℃时,它可分解为 UO_2,但到 2 000 ℃时才能完全转化。

1940 年以前,人们都认为 U_3O_8 的化学结构是铀(Ⅳ)的铀酸盐 $UO_2\cdot2UO_3$ 或 $U^{4+}(UO_4^{2-})_2$。据此,U_3O_8 和酸作用,应产生四价铀盐及铀酰盐的混合物。但当隔绝空气用浓硫酸溶解 U_3O_8 时,却产生五价铀,歧化反应为

$$2UO_2^+ + 4H^+ \longrightarrow UO_2^{2+} + U^{4+} + 2H_2O \qquad (2-19)$$

摩尔磁矩数据测定进一步证明,摩尔磁矩约等于 $UO_3\cdot U_2O_5$ 的理论值,即其化学结构与 $UO_3\cdot U_2O_5$ 相符,其中含五价铀和六价铀,而非四价铀。

加热时,稀硫酸和盐酸与 U_3O_8 作用不明显。加入氧化剂(MnO_2,HNO_3 等)后,溶解速度可大大提高,被认为是改变了系统的氧化 – 还原电位所致。基于此种反应,矿石的硫酸浸取得以进行。同样,硫酸钠溶液在一般条件下不和 U_3O_8 作用,只有加温、加压及氧存在的条件下才能进行 U_3O_8 的化学溶解,浓硝酸本身作为氧化剂能将 U_3O_8 转变成硝酸铀酰。

用氟化氢和氯化氢处理 U_3O_8 时,可以得到氟化或氯化四、六价铀的混合物。当卤化剂具有还原性时(如 NH_4HF_2,CCl_4 等),得到的产物是四价铀的卤化物。

U_3O_8 可被金属钙、镁高温还原成金属铀,同样也可和其他金属氧化物共熔成固熔体。

3. 三氧化铀(UO_3)

天然三氧化铀常以水合物状态存在于某些铀的次生矿物中,它又是铀生产工艺的中间转换产物之一。几乎所有的铀酰盐、铀酰铵复盐、铀酸铵盐,在空气中煅烧时都可以产生三氧化铀。工业上最有意义的制备方法是三碳酸铀酰铵、硝酸铀酰、重铀酸铵及铀的水合过氧化物在300 ℃~500 ℃下的热分解,即

$$(NH_4)_4[UO_2(CO_3)_3] \longrightarrow UO_3 + 4NH_3 + 3CO_2 + 2H_2O \qquad (2-20)$$

$$UO_2(NO_3)_2 \longrightarrow UO_3 + N_2O_4 + \frac{1}{2}O_2 \qquad (2-21)$$

$$(NH_4)_2U_2O_7 \longrightarrow 2UO_3 + 2NH_3 + H_2O \qquad (2-22)$$

$$UO_4\cdot2H_2O \longrightarrow UO_3 + 2H_2O + \frac{1}{2}O_2 \qquad (2-23)$$

不同方法制得的三氧化铀往往具有不同的特性,三氧化铀在铀工艺中通常叫橙色氧化物。但是,当晶体结构不同时,化合物的颜色也是变化的。按粒度和晶型的差异,其 X 射线分析的密度值在 $8.01 \sim 8.05$ g·cm^{-3} 之间,而实测则在 $5.92 \sim 7.54$ g·cm^{-3} 范围内波动。

由于生成条件的不同,三氧化铀具有无定形及多种晶体结构。无定形 UO_3 可在真空或惰性气氛下,通过热分解某些铀盐(如重铀酸铵)或过氧化物获得。据目前所知,UO_3 至少有六种结晶异构体,由于晶型不同,它们各自具有不同的特性,研究这些晶体的性质,对了解三氧化铀在化工转化工艺中的行为具有十分重要的意义。

$\gamma - UO_3$ 在热力学上比 $\alpha - UO_3$ 及 $\beta - UO_3$ 都更稳定,因为在 500 ℃ 左右连续加热 $\alpha - UO_3$ 和 $\beta - UO_3$ 都能得到 $\gamma - UO_3$。在空气中灼烧 UO_3 可分解还原为 U_3O_8,不同形态的 UO_3,反应温度也不同。

$$3\gamma - UO_3 \Longrightarrow U_3O_8 + \frac{1}{2}O_2 \qquad (2-24)$$

其分解压与温度有这样的关系

$$\lg P_{O_2} = \frac{-12\ 338}{T} + 16.192 \qquad (2-25)$$

式中,氧压 P_{O_2} 以毫米汞柱表示。UO_3 还原产生的 U_3O_8,反过来又可被氧化成 UO_3,但这种逆反应的速度相当慢,反应的结果是产生 $\gamma - UO_3$。

UO_3 易被氢、碳、碱金属和碱土金属还原成 UO_2,且较 U_3O_8 类似的还原反应要容易进行。在不同温度条件下,UO_3 和水形成一系列的水合物,如 $UO_3 \cdot H_2O$ 或 H_2UO_4,$UO_3 \cdot 2H_2O$ 或 H_4UO_5,$UO_3 \cdot 0.5H_2O$ 或 $H_2U_2O_7$ 和 $UO_3 \cdot 0.8H_2O$。这些水合物也具有不同的晶体结构,在热力学上,它们是不稳定的,不同温度下脱水可生成不同晶型的 UO_3。

不含氧化剂或还原剂的气态 HF 或 HCl 和 UO_3 作用,可以得到氟化铀酰或氯化铀酰,化学反应式为

$$UO_3 + 2HF \longrightarrow UO_2F_2 + H_2O \qquad (2-26)$$

有还原性的卤化物,如氟化铵、氟里昂、光气等与三氧化铀反应,则生成四氟化铀或四氯化铀,UO_3 与氟气作用能生成六氟化铀。

三氧化铀是两性物质,既能和酸又能和碱反应。和酸作用生成的铀酰盐多数溶于水,和碱性金属的氢氧化物作用往往生成不溶于水的铀酸盐。但它在碳酸盐溶液中能反应生成可溶性的络盐,反应为

$$UO_3 + 3(NH_4)_2CO_3 + H_2O \longrightarrow (NH_4)_4[UO_2(CO_3)_3] + 2NH_3 \cdot H_2O \qquad (2-27)$$

三氧化铀与草酸铵作用能生成易溶于水的草酸铀酰铵。

4. 过氧化铀($UO_4 \cdot 2H_2O$)

过氧化铀是在强烈搅拌下于铀酰溶液中加过量双氧水而得,其反应式为

$$UO_2^{2+} + H_2O_2 + 2H_2O \longrightarrow UO_4 \cdot 2H_2O + 2H^+ \qquad (2-28)$$

由于它在加热脱水时,氧也随同脱去,故人们尚未发现无水状态的过氧化铀。

过氧化铀在酸性介质中不易溶解,但能与浓酸作用生成铀酰盐溶液。浓碱也可将其破坏而生成不溶性的铀酸盐。铀的某些过氧氟化物,如$(NH_4)_3U_4O_{16}F_3$ 具有一定理论和实际意义,它是铀的化学浓缩物重铀酸钠生产四氟化铀的中间产物。该过程反应的最终步骤是用氟里昂 -12 在 450 ℃ ~ 500 ℃温度下处理上述过氧化铀氟化物,即

$$2(NH_4)_3U_4O_{16}F_3 + 13CCl_2F_2 \longrightarrow 8UF_4 + 6NH_3 + 4O_2 + 8CO_2 + 8Cl_2 + 5COCl_2 + 3H_2O$$

$$(2-29)$$

2.3.2 铀酸盐和重铀酸盐

铀酸盐是单铀酸盐和多铀酸盐的总称。单铀酸 H_2UO_4 形成的盐具有 R_2UO_4 形式,这里 R 为一价金属阳离子,其中铀呈六价。铀酸盐通常是在空气中将碱性金属的氧化物、碳酸盐或醋酸盐与 UO_3 或 U_3O_8 一起加热而制得。有些单铀酸盐,如 $Na_2UO_4 \cdot nH_2O$ 可在一定条件下从水溶液中获得。铀酸盐往往形成很复杂的体系,例如,$UO_3 - SrO$ 体系形成的铀酸盐中就有六种形态,即 SrU_4O_{13},$Sr_2U_3O_{11}$,$\alpha - SrUO_4$,$\beta - SrUO_4$,Sr_2UO_5 及 Sr_3UO_3。三氧化铀与金属氧化物生成的铀酸盐在矿石的氧化焙烧中具有重要意义。为了把矿石中的低价铀氧化物转化为易浸取的高价铀氧化物,人们可以采取氧化焙烧法对矿石进行预处理。温度低时反应慢,温度提高到 600 ℃ ~ 650 ℃后,矿石中的 U_3O_8 与某些碱性金属氧化物反应,转化成铀酸盐,从而把矿石中的铀以六价铀的形成固定下来。另外,钾钒铀矿的加盐焙烧也是铀酸盐应用的实例,在矿石中加入氯化钠和碳酸钠,于 825 ℃ ~ 850 ℃下焙烧,钒变成溶于水的钒酸钠,铀则变为酸性的单铀酸钠。这样,矿石的性能得到了很大的改善,有利于铀的浸取。

多铀酸盐的主要化合物是重铀酸盐,而重铀酸盐中具有代表意义的是重铀酸铵(ADU)和重铀酸钠。铀酰盐溶液和碱作用生成一种黄橙色的沉淀,这种沉淀化合物被认为是重铀酸盐的结构,其典型的制备反应为

$$2UO_2(NO_3)_2 + 6NaOH \longrightarrow Na_2U_2O_7 \downarrow + 4NaNO_3 + 3H_2O \qquad (2-30)$$

$$2UO_2(NO_3)_2 + 6NH_3 \cdot H_2O \longrightarrow (NH_4)_2U_2O_7 \downarrow + 4NH_4NO_3 + 3H_2O \qquad (2-31)$$

$$2UO_2(NO_3)_2 + 3Mg(OH)_2 \longrightarrow MgU_2O_7 \downarrow + 2Mg(NO_3)_2 + 3H_2O \qquad (2-32)$$

这些反应在工艺上常用来定量地回收铀。

有研究表明,重铀酸盐的组成很复杂,且和沉淀条件(如 pH 值等)有关。一直以来研究者认为,重铀酸铵的分子式是 $(NH_4)_2U_2O_7$,有人对此看法提出了怀疑,因为沉淀物中 NH_4/U 比通常为 0.5,而非按上式计算的 1.0。人们研究了三元体系 $UO_3 - NH_3 - H_2O$ 发现,该体系中存在四种组成不同的化合物,即 $UO_3 \cdot 2H_2O(Ⅰ)$,$3UO_3 \cdot NH_3 \cdot 5H_2O(Ⅱ)$,$2UO_3 \cdot NH_3 \cdot 3H_2O(Ⅲ)$ 及 $3UO_3 \cdot 2NH_3 \cdot 4H_2O(Ⅳ)$。X 射线分析表明,这些化合物结晶都是六方形次晶胞。这种晶体结构含有组成为 $UO_2(O_2)$ 的一些层,层间可进入氧原子和氮原子。因此,这四种化合物在结晶学上属于同一系列,化学结构可用通式 $UO_3 \cdot xNH_3 \cdot (2-x)H_2O$ 表示。与水接触时,化合

物（Ⅰ）和（Ⅱ）稳定，（Ⅲ），（Ⅳ）则不稳定，它们只有在浓氨水中才能制得。

上面的论述有助于了解用氨水滴定硝酸铀酰溶液的过程，即重铀酸铵形成的条件以及滴定各阶段 pH 条件下沉淀物的组成：①在滴定的最初阶段，生成的沉淀物与溶液不成平衡，铀酸根离子缓慢水解而使 pH 有所下降；②pH = 3.5 时，生成的沉淀物与溶液达成平衡，此时沉淀物组成为 $UO_2(OH)_2 \cdot H_2O$（相当于 $UO_3 \cdot 2H_2O$（Ⅰ））；③pH 在 4 ~ 7 之间时，沉淀物进一步反应，得到了化合物 $UO_3 \cdot NH_3 \cdot 5H_2O$（Ⅱ）；④pH > 7 时，逐渐生成 $2UO_3 \cdot NH_3 \cdot 3H_2O$（Ⅲ）及 $UO_3 \cdot 2NH_3 \cdot 4H_2O$（Ⅳ）的混合物。

pH 低于 7 的情况下生成的沉淀物，通常含水多、体积大、难以过滤。这种沉淀物微弱地结合着不定量的硝酸根，但又不可洗掉，否则，其组成将发生重大变化。

2.3.3　铀的卤化物

铀氟化物和氯化物不仅在金属铀的生产中有直接意义，并且随着工艺研究的发展，某些铀氟化物和氯化物在提取冶金工艺中也显现出特殊的作用。铀的提取与精制工艺中，常用的化合物是四氟化铀和四氯化铀。

1. 四氟化铀 UF_4

四氟化铀因其呈翠绿色，故在铀工艺中特称"绿盐"。四氟化铀的制备一般有湿法和干法两条途径。

所谓湿法是指在酸性溶液中通过各种方法将六价铀还原成四价，还原后的四价铀与一定浓度的氢氟酸作用沉淀出四氟化铀，化学式为

$$UO_2^{2+} + 4H^+ + 2e \longrightarrow U^{4+} + 2H_2O \qquad (2-33)$$

$$U^{4+} + 4HF \longrightarrow UF_4 \downarrow + 4H^+ \qquad (2-34)$$

采用的还原剂有 $SnCl_2$、SO_2、$TiCl_3$ 等。电解还原法更显优越，它避免了 UF_4 产品为其他离子所污染，产品纯度高。因而，矿石硫酸浸取液经过胺萃取、氯化物转型或硫酸反萃取、电解还原、氟化氢沉淀直接生产核纯四氟化铀的新工艺是铀提取工艺的发展成就。此外，在真空或惰性气氛保护下，温度不高于 100 ℃，用氢氟酸处理二氧化铀也可得到四氟化铀，这即所谓的低温氢氟化法，即

$$UO_2 + 4HF \longrightarrow UF_4 + 2H_2O \qquad (2-35)$$

无论是沉淀法或是低温氢氟化法所得的 UF_4 都是水合物。依制备条件不同，该化合物具有 $UF_4 \cdot 2.5H_2O$、$UF_4 \cdot nH_2O$ 或 $U(OH)F_3 \cdot mHF$ 的结构，这里 $0.5 < n < 2$，$m < 1$。

所谓干法通常是指用氧化铀与氟化氢在 500 ℃ ~ 700 ℃ 按下列反应转化为 UF_4，即

$$UO_2(s) + 4HF(g) \Longrightarrow UF_4(s) + 2H_2O(g) \qquad (2-36)$$

除温度外，反应速度和转化率在很大程度上取决于二氧化铀的活性（表现为比表面及粒度分布）及制备方法，二氧化铀制备方法不同，氢氟化所要求的最佳温度相差甚大。

若用氟里昂作氟化剂时，由于它具有还原性，则无需用四价氧化物作原始物料。例如，

UO_3 与氟里昂的反应为

$$UO_3 + 2CCl_2F_2 \xrightarrow{400℃} UF_4 + CO_2 + COCl_2 + Cl_2 \tag{2-37}$$

如果稍加些氧,该反应就不会产生光气。

此外,六氟化铀以氢、氯化氢、三氯乙烷、四氯化碳等作为还原剂高温还原产生 UF_4 也具有实际工业意义。六氟化铀的氢还原反应为

$$UF_6(g) + H_2(g) \longrightarrow UF_4(s) + 2HF(g) \tag{2-38}$$

无水四氟化铀具有两种晶型。在 833 ℃以下,它具有单斜结晶结构。单晶的 X 射线测定表明,其晶格常数 $a = 1.273$ nm,$b = 1.075$ nm,$c = 0.843$ nm 及 $\beta = 126°20'$,晶胞含 12 个 UF_4 分子。无水 UF_4 的 X 射线测量密度为 6.70 ± 10 g·cm^{-3}。晶胞中铀原子被 8 个氟原子包围,高于 833 ℃时,转变为 β 型结晶。

固体 UF_4 的熔点为 960 ± 5 ℃。在 875 ℃~950 ℃温度下,固体 UF_4 的平衡蒸气压满足如下关系

$$\lg p = 12.945 - 16.140 \frac{1}{T} \tag{2-39}$$

在 975 ℃~1 000 ℃的温度范围内,液体 UF_4 的平衡蒸气压可用下述方程描述

$$\lg p = 8.003 - 10\,000 \frac{1}{T} \tag{2-40}$$

这里 p 为 UF_4 的平衡蒸气压(毫米汞柱);T 为绝对温度(K)。由上述两方程所描绘曲线的交点可算出 UF_4 的熔点为 969 ℃,此计算值与上述测定值相等,UF_4 沸点为 1 415 ℃。

从化学性质上看,UF_4 是一种稳定的化合物,它与氧需在高于 800 ℃时才发生反应,即

$$2UF_4 + O_2 \longrightarrow UF_6 + UO_2F_2 \tag{2-41}$$

这个反应由于不用元素氟就可制备 UF_6,因而具有特别意义。同时,它提醒人们在空气中灼烧 UF_4 会由于生成挥发性 UF_6 而造成损失。UF_4 与 Cl_2 几乎不发生反应,在温度为 250 ℃~400 ℃时 UF_4 与 F_2 反应,即

$$UF_4 + F_2 \longrightarrow UF_6 \tag{2-42}$$

这是迄今为止工业上生产 UF_6 氟耗量最小的反应。反应历程很复杂,生成一系列中间氟化物。在较低温度(100 ℃~200 ℃)下,UF_4 转化为 UF_6 的反应必须有 BrF_3,ClF_3 等卤氟化物存在才可能进行。

1 000 ℃时,氢或金属铀能使 UF_4 还原成 UF_3,碱金属或碱土金属在高温下可把 UF_4 还原成金属铀。金属钙、镁将 UF_4 还原成金属铀的反应为

$$UF_4 + 2Ca \longrightarrow U + 2CaF_2 \tag{2-43}$$

$$UF_4 + 2Mg \longrightarrow U + 2MgF_2 \tag{2-44}$$

UF_4 在高温时能发生水解反应,即

$$UF_4 + 2H_2O \longrightarrow UO_2 + 4HF \tag{2-45}$$

UF_4 的吸湿性和它生产的途径有关。一般情况下,高温制得的 UF_4 吸湿性很小,而从水溶液沉淀经干燥、脱水的产物则易于吸湿而产生一定程度的水化。

在湿法制备 UF_4 时,条件不同生成不同的水合物。在室温下,沉淀出的高结晶水合物 $UF_4 \cdot 2.5H_2O$ 可能是一种凝胶状沉淀;在温度 40 ℃ ~ 60 ℃ 的范围内时,沉淀所得水合物为 $UF_4 \cdot 1.5H_2O$;在较高的温度下(95 ℃ ~ 100 ℃),得到的是 $UF_4 \cdot 0.75H_2O$,这种水合物呈暗绿色,很稳定;有人在 92 ℃ 时得到半水合物 $UF_4 \cdot 0.5H_2O$,在这种温度下,含铀($100 \; g \cdot L^{-1}$)的原始溶液中可得到最大晶体($10 \sim 40 \; \mu m$)。随着含水量的减少,结晶水合物的相对密度由 3.0 增至 6.3。$UF_4 \cdot 2.5H_2O$ 具有菱形晶格;$UF_4 \cdot 1.5H_2O$ 为立方面心晶格,晶格常数为 0.568 nm;$UF_4 \cdot 0.4H_2O$ 为假菱形结构,和二氧化铀类似,且其水分子占据着铀原子间空着的位置。

UF_4 水合物加热时脱水,25 ℃ 真空中 $UF_4 \cdot 2.5H_2O$ 是稳定的,加热到 95 ℃ ~ 100 ℃ 时,很快脱水形成 $UF_4 \cdot (0.4 \sim 0.5)H_2O$,该温度下延长时间,脱水不再进行。要除去剩下的 0.4 ~ 0.5 个水分子,温度须高达 400 ℃,同时,脱水过程要在干燥氟化氢气氛下进行,否则会发生氧化和水解,产生氟化铀酰等,不利于进一步加工。

$UF_4 \cdot 2.5H_2O$ 在水溶液中呈酸性,这是因为,化合物中部分水分子进入该水合物的内界直接和铀原子连接,因此,该水合络合物在水溶液中其水分子能离解出氟离子而呈酸性并使 pH 下降。这种配位络合物的离解反应为

$$H_2[UF_4(OH)_2] \rightleftharpoons 2H^+ + [UF_4(OH)_2]^{2-} \qquad (2-46)$$

从 UF_4 在水及各种无机酸介质中的溶解度数据中,人们可以估计 UF_4 在生产中的溶解损失。UF_4 在水和氢氟酸中的溶解度与温度的关系见表 2 – 5。由表可以看出,UF_4 在水中溶解度很小,并随温度的升高而增加。盐酸、硫酸、磷酸等非氧化性的酸在室温下和 UF_4 作用很弱,酸度提高,溶解度增大,见表 2 – 6。热浓磷酸可和 UF_4 作用生成四价铀的磷酸盐,热硫酸也有类似作用。对氧化性酸来说,高氯酸易溶解 UF_4,而硝酸则在硼酸存在时才能有效地溶解 UF_4,化学反应为

表 2 – 5　四氟化铀在水和氢氟酸中的溶解度

温度/℃	溶 剂	溶解度/($mg \cdot L^{-1}$)
0	H_2O	7.1
25	H_2O	23.8
60	H_2O	95.2
25	$H_2O + 30\% HF$	230.0

表 2 – 6 室温下四氟化铀在盐酸中的溶解度

酸浓度/(mol·L⁻¹)	溶解度/(g·L⁻¹)
1	1.4
6	9.2
12	32.5

$$2UF_4 + 2H_3BO_3 + 6HNO_3 = 2UO_2(NO_3)_2 + 2HBF_4 + N_2O_3 + 5H_2O \qquad (2-47)$$

UF_4 可在氨、苛性碱及草酸铵、碳酸铵等电解质中,通过生成可溶性化合物而溶解。

由于 U^{4+} 离子存在许多空轨道,故 UF_4 是一种配位不饱和的化合物,它能生成多种络合物、复盐。这类复盐可由两种方法获得,以其他氟化物从含四价铀的水溶液进行沉淀或将 UF_4 和金属氟化物一起融熔。

$$U^{4+} + 5NH_4F \longrightarrow NH_4UF_5 \downarrow + 4NH_4^+ \qquad (2-48)$$

$$UF_4 + KF \longrightarrow KUF_5 \downarrow \qquad (2-49)$$

五氟铀铵(NH_4UF_5)是最重要的复盐之一,无论是湿法或干法生产 UF_4 时,它均可以中间产物的形式得到。由水溶液沉淀获得的 NH_4UF_5 是无结晶水的,少量吸附水可于空气中加热到 50 ℃ ~ 60 ℃ 除去。它的松装密度比 UF_4 的结晶水合物高得多:$UF_4 \cdot 2.5H_2O$ 为 0.79 $g \cdot cm^{-3}$;$UF_4 \cdot H_2O$ 为 1.01 $g \cdot cm^{-3}$;NH_4UF_5 为 1.46 $g \cdot cm^{-3}$。NH_4UF_5 在 150 ℃ ~ 180 ℃ 就开始分解,但只在 450 ℃ ~ 606 ℃ 下才能得到纯的 UF_4。同样,KUF_5 及 $NaUF_5$ 也可以从溶液中沉淀出来,且加热时不分解。UF_4 的生成热为 $\Delta H_{298} = -1\,881$ $kJ \cdot mol^{-1}$。熵为 $S_{298}^{\theta} = 151.53$ $J \cdot mol^{-1} \cdot K^{-1}$。

2. 四氯化铀(UCl_4)

四氯化铀是工艺上有代表性的铀的氯化物,它主要用于高温氯化处理某些含铀复合矿物和生产金属铀等。

制备 UCl_4 的方法很多。金属铀或氧化铀与碳混合,在 500 ℃ ~ 700 ℃ 通入含氯气体可以制得,但这种方法所得产物成分复杂;350 ℃ ~ 400 ℃ 下,四氯化碳,尤以亚硫酰氯($SOCl_2$)能迅速将 UO_3(或 U_3O_8)转化成 UCl_4,但由于高价铀还原作用产生较多的氯气,使产物中产生相当多的 UCl_5,并以絮状粉尘形式随气流排出,其反应为

$$UO_3 + 3SOCl_2 \longrightarrow UCl_4 + 3SO_2 + Cl_2 \qquad (2-50)$$

$$2UCl_4 + Cl_2 \longrightarrow 2UCl_5 \qquad (2-51)$$

最可取的方法是 UO_2 与 CCl_4 在 450 ℃ 左右温度下的反应,其主要产物为 UCl_4,即

$$UO_2 + CCl_4 \longrightarrow UCl_4 + CO_2 \qquad (2-52)$$

该反应较复杂,尾气常含有少量 CO、光气和氯气,副反应有

$$UO_2 + CCl_4 \longrightarrow UOCl_2 + COCl_2 \qquad (2-53)$$

$$UOCl_2 + CCl_4 \longrightarrow UCl_4 + COCl_2 \qquad (2-54)$$

$$UO_2 + 2COCl_2 \longrightarrow UCl_4 + 2CO_2 \qquad (2-55)$$

$$COCl_2 \longrightarrow CO + Cl_2 \qquad (2-56)$$

$$UCl_4 + \frac{1}{2}Cl_2 \longrightarrow UCl_5 \qquad (2-57)$$

所得的 UCl_4 可在 700 ℃ ~900 ℃ 于氩气中升华纯化。

UCl_4 为暗绿色固体,熔点 590 ℃,沸点 762 ℃。它具有四方晶体结构,晶格常数 $a = 0.829\ 8$ nm,$c = 0.748\ 6$ nm,晶胞含四个 UCl_4 分子。UCl_4 的 X 射线分析密度为 4.87 g·cm^{-3}。UCl_4 的生成热 $\Delta H_{298} = -1\ 050.4$ kJ·mol^{-1},固态 UCl_4 的熵为 $S_{298}^\theta = 197.05$ J·mol^{-1}·K^{-1}。在 298 K ~800 K 的温度范围内,其高温热容有如下关系

$$C_p = 27.2 + 8.57 \times 10^{-3}T - 0.79 \times 10^6 T^{-2} \qquad (2-58)$$

固体 UCl_4 与其蒸气压在 623 K ~778 K 时的平衡关系为

$$\lg p = \frac{-10\ 427}{T} + 13.299\ 5 \qquad (2-59)$$

液体 UCl_4 与热蒸气压在 868 K ~1063 K 时的平衡关系为

$$\lg p = \frac{-7\ 205}{T} + 9.65 \qquad (2-60)$$

式中　C_p——等压热容;

T——绝对温度,K;

p——平衡蒸气压,mmHg。

按上述关系,UCl_4 的三相点的温度为 590 ℃,压力为 19.5 毫米汞柱。UCl_4 极易吸潮,因而它在保存和使用上出现一系列困难。UCl_4 与水蒸气作用生成二氯氧铀($UOCl_2$),反应式为

$$UCl_4 + H_2O \longrightarrow UOCl_2 + 2HCl \qquad (2-61)$$

当温度达 600 ℃ 时,水蒸气会使 UCl_4 转化成 U_3O_8。UCl_4 溶于水时放热,水解作用产生 U^{4+} 使溶液呈绿色,且溶液呈酸性,这是水解反应发生的又一证据。从 UCl_4 的饱和溶液中可能析出 $UCl_4 \cdot 9H_2O$ 水合物结晶。

UCl_4 容易氧化,在 300 ℃ ~350 ℃ 干燥氧气流中,其氧化分两步进行,即

$$UCl_4 + O_2 \longrightarrow UO_2Cl_2 + Cl_2 \qquad (2-62)$$

$$3UO_2Cl_2 + O_2 \longrightarrow U_3O_8 + 3Cl_2 \qquad (2-63)$$

在 500 ℃ ~550 ℃ 温度下,氢气可将 UCl_4 还原成 UCl_3,即

$$2UCl_4 + H_2 \longrightarrow 2UCl_3 + 2HCl \qquad (2-64)$$

UCl_4 也是配位不饱和的化合物,能生成大量络合物,这也起因于 U^{4+} 的络合特性。例如,它与氨作用就可生成氨的络盐,它在液氨里发生的反应是

$$UCl_4(s) + 12NH_3 \longrightarrow UCl_4 \cdot 12NH_3(s) + 764.94 \text{ kJ} \qquad (2-65)$$

反应产物为浅绿色物质。将它加热到 100 ℃时,逸出部分氨,留下的残渣为 UCl$_4$ · 8NH$_3$。

UCl$_4$ 和碱金属及碱土金属生成复盐,如(NH$_4$)$_2$UCl$_6$,K$_2$UCl$_6$,Na$_2$UCl$_6$,BaUCl$_6$,SrUCl$_6$ 等。

2.4 铀的水溶液化学

2.4.1 概述

前面已讨论过锕系元素电子结构的特点,基于这些特点,铀可形成多种氧化态。迄今,已发现铀在水溶液中有四种氧化态:U(Ⅲ),U(Ⅳ),U(Ⅴ),U(Ⅵ)。它们在溶液中的氧化 - 还原反应、水解作用、络合反应等在铀的湿法加工过程中有十分重要的意义。

酸性溶液中,铀的各种氧化态的一般特性列于表 2 - 7。溶液中铀的氧化态都有着特征的吸收光谱,可用于鉴别其是否存在。

表 2 - 7 溶液中的铀离子特性

氧化态	溶液中离子形式	溶液中的颜色	热力学数据		
			$\Delta H^{\theta}/(\text{kJ} \cdot \text{mol}^{-1})$	$\Delta G^{\theta}/(\text{kJ} \cdot \text{mol}^{-1})$	$\Delta S^{\theta}/(\text{J} \cdot \text{mol}^{-1} \cdot \text{K}^{-1})$
U(Ⅲ)	U^{3+}	玫瑰紫色	- 514.1	- 515.4	- 142
U(Ⅳ)	U^{4+}	深绿色	- 613.2	- 576.0	- 334
U(Ⅴ)	UO$_2^+$	—	- 1 059.6	- 994.4	- 29
U(Ⅵ)	UO$_2^{2+}$	亮黄白	- 1 046.7	- 988.1	- 71

铀的各种氧化态,尤其是四价和六价氧化态,不单在水溶液中有着各种复杂的络合行为,而且和一系列有机络合剂也形成大量复杂的络合物,这些络合物在铀的提取精制过程中占有显著的地位。

2.4.2 铀在水溶液中的氧化 - 还原反应

1. 铀离子的氧化 - 还原电位

一定条件下,铀在酸性及碱性水溶液中各种氧化态的还原电位关系可分别如图 2 - 1 及图 2 - 2 所示。图中还原电位为式电位,即两种铀氧化态浓度相等时的还原电位。由图可以看出,不同介质条件下,还原电位是不一样的。

从严格的热力学意义上讲,上面引出的铀的还原电位不能应用于无限稀释的溶液,因为这样的情况下,还原电位被认为是常数,是没有意义的。

值得提出的是,络合物的形成对氧化还原电位的测量有很大的影响。不同的文献中,引用的铀的氧化还原电位数据可能有差异,这是铀离子被溶液中阴离子络合造成的影响。分析和

比较这些数据的差异,可以判断络合物生成的各种情况。例如用极谱法测定 U(Ⅳ)/U(Ⅲ)的还原电位时,电极反应为

$$U^{4+} + e \Longrightarrow U^{3+} \tag{2-66}$$

在 25 ℃下,1 mol·L⁻¹ HClO₄ 溶液中的还原电位为 -0.631 ± 0.005 V,而在 1 mol·L⁻¹ HCl 中还原电位为 -0.640 ± 0.005 V。这种差别是由于 U(Ⅳ)和氯离子发生弱络合之故。又如 UO_2^{2+}/U^{4+} 离子对在高氯酸溶液中测得的还原电位是 0.344 V,而在盐酸溶液中,则为 0.407 V。这也可从络合物的生成找到原因,在高氯酸溶液中,两种离子均无络合作用,而在盐酸溶液中 U^{4+} 离子与氯离子形成络合物的倾向较 UO_2^{2+} 离子强,故该离子对表现出较高还原电位,即 U^{4+} 在盐酸溶液中较稳定。进一步说,由于溶液中起氧化作用的 O_2/H_2O 电对的电位为 0.401 V,故在形成络合物的硫酸或盐酸等存在时,U^{4+} 离子表现稳定而不被氧化,这里测得的是该电对电位的近似值。

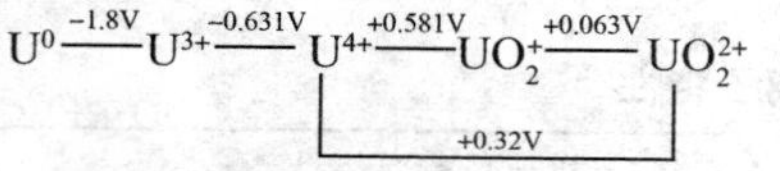

$$U^0 \xrightarrow{-1.8V} U^{3+} \xrightarrow{-0.631V} U^{4+} \xrightarrow{+0.581V} UO_2^+ \xrightarrow{+0.063V} UO_2^{2+}$$
$$\underset{+0.32V}{\underline{\qquad\qquad}}$$

$$U^0 \xrightarrow{-2.17V} U(OH)_3 \xrightarrow{-2.14V} U(OH)_4 \xrightarrow{-0.62V} UO_2(OH)_2$$

**图 2-1　25℃下 1 mol·L⁻¹HClO₄
中铀各种氧化态的还原电位**

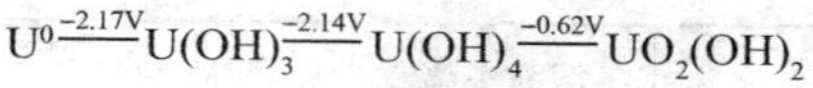

**图 2-2　碱性介质中铀各种
氧化态的还原电位**

2. 各种氧化态及其氧化－还原性质

（1）铀（Ⅲ）

3 价铀的卤化物溶于水即可制得 U^{3+} 离子的溶液。这种离子的还原性非常强,甚至能将水还原生成氢而逸出,反应式为

$$2U^{3+} + 2H_2O \Longrightarrow 2U^{4+} + H_2\uparrow + 2OH^- \tag{2-67}$$

这一反应在酸性溶液中进行得很慢,这是因为溶液中所含少量氧或其他氧化剂已将 U^{3+} 氧化。由于 U^{3+} 的强还原性,使得在溶液中研究 U^{3+} 的行为很困难,因而人们对它了解得很少。

（2）铀（Ⅳ）

U^{4+} 离子的溶液有两种方法可以获得:一是将 UCl₄ 溶于水;二是采用中等还原剂［如连二亚硫酸钠、铅（Pb 还原剂）或锌汞齐］或是用电解的方法将铀酰盐的溶液还原。一般说来,电解方法较好。

空气中的氧在氧化 UCl₄ 水溶液时,速度较慢,氧化的反应方程式为

$$2U^{4+} + 2H_2O + O_2 \longrightarrow 2UO_2^{2+} + 4H^+ \tag{2-68}$$

氧化速度之所以慢,是由于氧化速度受 U^{4+} 水解产物浓度,特别是 $U(OH)^{3+}$ 离子浓度控制的缘故。例如,溶液中含有 Cu^{2+} 及 Fe^{3+} 时,氧化速度明显加快。在 60 ℃～80 ℃温度下或

加入氧化剂时,溶液中 U^{4+} 很容易氧化。

铀浸出过程中, U^{4+}/UO_2^{2+} 在硫酸介质或碱性介质中的转化过程完全类同于上述氧化 - 还原反应。至于该过程中固体四价铀的氧化虽属液固相反应,但从化学机理上看,仍受上述氧化 - 还原电位规律的支配。适当选取氧化剂(如 MnO_2, $NaClO_3$,加压 O_2 等),氧化反应即可顺利进行。常用氧化剂的标准电极电位见表 2 - 8。

表 2 - 8 铀矿浸出过程常用氧化剂的标准电极电位

电极过程		标准电极电位 E^θ/V *
氧化态	还原态	
$MnO_2 + 4H^+ + 2e = Mn^{2+} + 2H_2O$		1.23
$Fe^{3+} + e = Fe^{2+}$		0.771
$ClO_3^- + 3H^+ + 2e = HClO_2 + H_2O$		1.21
$O_2 + 4H^+ + 2e = 2H_2O$		1.229
$NO_3^- + 4H^+ + 2e = NO + 2H_2O$		0.96
$NO_3^- + 3H^+ + 2e = HNO_2 + H_2O$		0.94
$O_2 + 2H_2O + 2e = 4OH^-$		0.410 **

* 表中电极电位均为还原电位; ** 表示在碱性介质中。

(3)铀(V)

铀酰的高氯酸溶液和甲醇进行光化还原可制得五价铀酰离子 UO_2^+ 的溶液。UO_2^+ 仅在 pH = 2 ~ 4 的范围内稳定,酸度增加,它就发生歧化(自氧化 - 还原)反应,即

$$2UO_2^+ + 4H_3O^+ \rightleftharpoons UO_2^{2+} + U^{4+} + 6H_2O \qquad (2 - 69)$$

歧化反应是 UO_2^+ 氧化 - 还原的特征。对此,可作如下讨论:试比较 UO_2^+/U^{4+} 及 UO_2^{2+}/UO_2^+ 电对,前者还原电位为 +0.58 V,后者为 +0.063 V。按由电极电位判断氧化、还原能力强弱的概念,前者代数值大于后者。比较结果,氧化能力为 $UO_2^+ > UO_2^{2+}$,即 UO_2^+ 较易还原成 U^{4+}。这样,就定量地解释了 UO_2^+ 具有歧化特征的原因。

上述歧化反应的平衡常数为 $(1.7 \pm 0.3) \times 10^6$。在酸性介质中,研究了该反应最可能的历程为

$$① \quad UO_2^+ + H^+ \rightleftharpoons UOOH^{2+} \qquad (2 - 70)$$

$$② \quad UO_2^+ + UOOH^{2+} \longrightarrow UO_2^{2+}UOOH^+ \qquad (2 - 71)$$

$$③ \quad UOOH^+ \longrightarrow 稳定的 U^{4+} \qquad (2 - 72)$$

反应②是速度控制步骤。由该历程可明显看出反应中质子(H^+)的传递情况,但是,此历程的描述还有异议,可以说歧化反应的本质还不很清楚。

（4）铀（Ⅵ）

六价铀是铀的最高氧化态。由于电荷很高，在水溶液中不稳定，只有形成 UO_2 离子才稳定。铀酰离子不单在水溶液中稳定存在，也存在于各种铀酰盐及六价氧化物的固体中。

用各种方法可以在铀酰的水溶液中将 UO_2^{2+} 还原为稳定的 U^{4+}，这些方法包括电解还原化学还原和光化还原。

①电化学还原

工艺上，最有意义的还是电解还原的方法。在由矿石浸出液直接生产核纯四氟化铀的过程中，电解还原得到出色的应用。在酸性的氯化铀酰溶液中，进行电解，阴极总电极反应为

$$UO_2^{2+} + 4H^+ + 2e \longrightarrow U^{4+} + 2H_2O \qquad (2-73)$$

阳极进行的反应为

$$H_2O \longrightarrow \frac{1}{2}O_2 \uparrow + 2H^+ + 2e \qquad (2-74)$$

反应中所产生的氧大部分从溶液中逸出，只有少量再去氧化 U^{4+}。总体看来，U^{4+} 生成速度远比它因氧化而消耗的速度大。采用半透膜把阳极区和阴极区分隔开，防止阴极生成的 U^{4+} 离子进入阳极区，而完全避免了 U^{4+} 的再氧化，从而获得 U^{4+} 的溶液。用电解法制备 U^{4+} 溶液避免了一般化学还原方法引进杂质的可能性。同时，如果采用汞阴极，则原料液中电极电位高于锰以上的金属，如 Zn，Cr，Fe，Cd，Ti，Co 等都在汞阴极上定量析出，而铀保留于溶液中，故有进一步纯化的效果，可获得较纯的溶液。

在电解还原 U^{4+} 溶液时，如果阴极电位比 U^{4+}/U^{3+} 的电位更负时，则 U^{4+} 将进一步还原为 U^{3+}，但由于 U^{3+} 的强氧化趋势，只需在空气中搅拌溶液即可将其氧化成 U^{4+}。

②化学还原

化学还原的方法在分析化学中应用很广。为完成 UO_2^{2+} 到 U^{4+} 的还原，可选用一系列的化学还原剂，只要这些还原剂在一定反应条件下（如适当的温度、浓度或压力、酸度等）所形成的还原电位比 UO_2^{2+}/U^{4+} 电对的还原电位 $+0.32$ V 更小时，就有可能将铀酰离子还原成铀（Ⅳ）。如锌粉和连二亚硫酸钠 $Na_2S_2O_4$ 或亚铁即能将磷酸中少量 UO_2^{2+} 还原成 U^{4+}。在 0.35 mol·L^{-1} HCl 中用 $Na_2S_2O_4$ 还原的反应为

$$UO_2Cl_2 + Na_2S_2O_4 + 4HCl \longrightarrow UCl_4 + 2H_2SO_3 + 2NaCl \qquad (2-75)$$

③光化还原

在硫酸溶液中，当有乙醇、乙醚或草酸等存在时，UO_2^{2+} 能被光还原成 U^{4+}，反应为

$$UO_2^{2+} + C_2O_4^{2-} + 4H^+ \xrightarrow{\text{光}} U^{4+} + 2CO_2 \uparrow + 2H_2O \qquad (2-76)$$

光化还原速度很慢，无实际意义。

必须强调的是，UO_2^{2+}/U^{4+} 的还原过程必须在非氧化性的酸性介质（如 H_2SO_4，HCl）中进行，否则，所生成的 U^{4+} 会被再氧化成 UO_2^{2+}。

综上所述，铀的各种氧化态在溶液中的氧化还原反应以 U（Ⅵ）/U（Ⅳ）的氧化和还原转化

最有实际意义,尤以四价铀的氧化更为突出。结合提取工艺实践,人们对该氧化－还原体系的热力学已经进行了许多研究,其中电位－pH 图在铀浸出过程中的应用具有指导意义,这将在以后的章节中详加讨论。

3. 氧化－还原反应动力学

铀在溶液中氧化－还原反应动力学的定性研究虽较广泛,但定量研究则尚感缺乏。

铀(IV)氧化过程具有较典型的意义。在高氯酸水溶液中,铀(IV)被氧分子氧化,在相当宽的条件范围内,动力学数据大致符合下述速度方程

$$-d[U^{4+}]/dt = k[U^{4+}][O_2]/[H^+] \qquad (2-77)$$

式中　　速度常数 $k = 2 \times 10^{14} \exp(-22\,000/RT) \cdot s^{-1}$;

　　　　[ ]——反应物的浓度。

这一反应可用链式反应来解释,UO_2^{2+} 和 HO_2 为该链式反应的活动中心(或叫链载体)。Cu^{2+} 对该反应有明显的催化作用,因为它能促进氧化－还原链式反应活动中心的生成,反应式为

$$Cu^{2+} + UOH^{3+} + H_2O \longrightarrow Cu^+ + UO_2^+ + 3H^+ \qquad (2-78)$$

$$Cu^+ + O_2 + H^+ \longrightarrow Cu^{2+} + H_2O \qquad (2-79)$$

与此相反,溶液中少量 Ag^+ 和 Cl^- 能抑制链式反应。同时,这些离子消耗溶液中的链式反应活动中心,反应分别为

$$UO_2^+ + Ag^+ \longrightarrow UO_2^{2+} + Ag \qquad (2-80)$$

$$UO_2^+ + Cl^- + 2H_2O \longrightarrow UOH^{3+} + Cl + 3OH^- \qquad (2-81)$$

$$HO_2 + Cl^- + H_2O \longrightarrow H_2O_2 + Cl + OH^- \qquad (2-82)$$

$$UO_2^+ + Cl \longrightarrow UO_2^{2+} + Cl^- \qquad (2-83)$$

$$HO_2 + Cl \longrightarrow O_2 + Cl^- + H^+ \qquad (2-84)$$

上面反应产生的新生 Cl 和 Ag^+ 一样,作用都不是暂时的,均会有效地抑制 U(IV)的氧化反应。

U(VI)在盐酸介质中被 Sn^{2+} 还原,这一反应为一级反应。盐酸浓度对反应速度有极大的影响。在 35 ℃盐酸浓度由 3 $mol \cdot L^{-1}$ 变到 9 $mol \cdot L^{-1}$ 时,速度常数增加一千倍以上,这种显著的影响,很可能是由于溶液离子强度和活度系数变化引起的。

在硫酸介质中 U(IV)很快被 Fe^{3+} 氧化,1~2 $mol \cdot L^{-1}$ 磷酸能减慢这一反应的速度,但反应仍可进行到底。若在 6 $mol \cdot L^{-1}$ 磷酸溶液中,铀(VI)可被 Fe^{2+} 还原,反应式为

$$UO_2^{2+} + 2Fe^{2+} + 4H^+ \Longleftrightarrow U^{4+} + 2Fe^{3+} + 2H_2O \qquad (2-85)$$

该反应遵循一级反应的规律。由于反应生成的 Fe^{3+} 在磷酸介质中不稳定,故反应是可逆的。平衡常数 $K = [Fe^{3+}]^2[U^{4+}]/[Fe^{2+}]^2[UO_2^{2+}]$ 随磷酸浓度的 1/8 次方而变化。

2.4.3　铀离子的水解行为

金属离子的水解,也就是它们与 OH^- 的络合作用,是水溶液中最重要的反应之一。因铀离子配位不饱和,而 OH^- 又是强络合配位体,故水解很易发生。水解作用虽有可利用之处,但在实验研究和生产过程中常需加以抑制。抑制水解的途径不外两种:一是提高溶液的氢离子浓度,这是最常用的方法;二是使用强络合剂来抑制 OH^- 的作用。

铀离子和其他金属离子一样,水解行为很复杂,除了产生单核水解产物外,还有多核水解产物。水解推动力的大小和离子电荷(z)及离子半径(r)有关,如以离子势 φ 表示为

$$\varphi = z/r \tag{2-86}$$

某离子势 φ 愈高,则水解推动力愈大,反之亦然。这种推动力大小的顺序是 $U^{4+} > UO_2^{2+} > U^{3+}$。

通常,金属离子 M^{n+} 发生第一步水解反应为

$$M^{n+} + H_2O \Longleftrightarrow MOH^{(n-1)+} + H^+ \tag{2-87}$$

其水解常数可表示为

$$K_n = \frac{[M(OH)^{(n-1)+}][H^+]}{[M^{n+}]} \tag{2-88}$$

水解常数可以用来衡量水解进行的程度。

需要注意的是,应把水解和水化区别开来。水解过程中释放出的质子使溶液呈酸性反应,同时形成金属-氧键,这是水解的本质特征。

在铀的各种氧化态中,U(Ⅲ)在溶液中很易氧化,而 U(Ⅴ)在溶液中稳定存在的 pH 范围又十分窄,易于歧化,故研究二者的水解行为十分困难。因此,这里主要讨论 U(Ⅵ)的水解行为。

1. U(Ⅵ)的水解行为

①产生水解的原因　和 U^{4+} 一样,UO_2^{2+} 配位不饱和,而它的有效电荷数又比一般金属 Me^{2+} 高,从热力学的观点看,UO_2^{2+} 的熵值比多数金属 Me^{2+} 低,因此,它具有强烈的水解趋势。实验测定表明,当 pH > 3 时,UO_2^{2+} 开始水解,并生成一系列聚合水解产物,即 $U_2O_5^{2+}$,$U_3O_8(OH)^+$ 及 $U_3O_8(OH)_2$ 等,在稀溶液中,还存在 $UO_2(OH)^+$ 及 $(UO_2)_2(OH)^{3+}$ 离子。

②影响水解过程的因素　水解产物的形式与水解过程的条件(pH、铀浓度)有关,在稀溶液中,如铀浓度为 $0.001 \sim 0.005$ mol·L^{-1}(铀浓度一定)和 pH > 3 时,UO_2^{2+} 离子开始水解,水解过程和 pH 的关系可示意如下

$$UO_2^{2+} \xrightarrow{\ pH > 3\ } UO_2(OH)^+ \xrightarrow{\ pH > 4\ } UO_2(OH) \tag{2-89}$$

铀浓度增加将导致上述多核聚合离子的产生,UO_2^{2+} 水解的最终产物是铀酸、多铀酸及氢氧化物沉淀。由表 2-9 可以看出最终产物氢氧化物生成时溶液铀浓度和 pH 值的关系。

表 2 - 9　不同铀浓度下水解析出氢氧化物的 pH 值

$[UO_2^{2+}]/(mol \cdot L^{-1})$	10^{-1}	10^{-2}	10^{-3}	10^{-4}	3×10^{-5}	1×10^{-6}
开始沉淀时的 pH 值	4.47	5.27	5.90	6.62	6.80	7.22

2. 平衡及热力学依据

不少研究者对 UO_2^{2+} 水解常数进行了测定,测定结果表明,不同学者所得结果有所差异。表 2 - 10 给出了一套 UO_2^{2+} 水解常数数据。

表 2 - 10　UO_2^{2+} 的水解常数

水解反应	水解常数 K_b
$UO_2^{2+} + H_2O = UO_2(OH)^+ + H^+$	$*2 \times 10^{-6}$
$2UO_2^{2+} + 2H_2O = (UO_2)_2(OH)_2^{2+} + 2H^+$	$*1.2 \times 10^{-6}$
$3UO_2^{2+} + 5H_2O = (UO_2)_3(OH)_5^+ + 5H^+$	$*6 \times 10^{-17}$
$UO_2(OH)^+ + H_2O = UO_2(OH)_2 + H^+$	4.6×10^{-4}
$3UO_2^{2+} + 4H_2O = (UO_2)_3(OH)_4^{2+} + 4H^+$	$**4.7 \times 10^{-13}$
$2UO_2^{2+} + H_2O = U_2O_5^{2+} + 2H^+$	1.1×10^{-6}
$U_2O_5^{2+} + UO_2^{2+} + H_2O = U_3O_8^{2+} + 2H^+$	5×10^{-9}
$U_3O_8^{2+} + H_2O = U_3O_8(OH)^+ + H^+$	2.8×10^{-4}

*25 ℃下高氯酸溶液中的数据; **25 ℃下 1 mol · L^{-1}Cl 离子盐酸溶液中的数据。

由表 2 - 10 可以看出,UO_2^{2+} 水解是一系列复杂的反应。这些反应发生的倾向和程度由其平衡常数(水解常数)决定。在 3 mol · L^{-1}NaClO$_4$ 溶液中,UO_2^{2+} 水解的热力学数据见表 2 - 11。在这里,反应熵变较小,平衡的方向和限度完全由焓的变化来确定。同时,表中水解产物的 ΔH 值表明:UO_2^{2+} 每结合一个 OH$^-$ 离子(或产生一个 H$^+$ 离子),ΔH 几乎是一个恒定值,约为 20.9 kJ · mol^{-1}。显然,由平衡常数和焓变的关系可以推算,低级水解比高级水解具有更大的平衡常数。

表 2 - 11　UO_2^{2+} 水解的热力学数据

水解反应	$\Delta G_{298}/(kJ \cdot mol^{-1})$	$\Delta H_{298}/(kJ \cdot mol^{-1})$	$\Delta S_{298}/(J \cdot mol^{-1} \cdot K^{-1})$
$2UO_2^{2+} + 2H_2O = (UO_2)_2(OH)_2^{2+} + 2H^+$	34.32 ± 0.12	39.71 ± 0.42	17.97 ± 1.26
$3UO_2^{2+} + 5H_2O = (UO_2)_3(OH)_5^+ + 5H^+$	94.30 ± 0.17	101.99 ± 0.04	25.08 ± 2.09

①速度　从动力学的观点看,UO_2^{2+} 离子的第一步水解速度极快,如在 25 ℃时即发生如下

反应

$$UO_2^{2+} + 2H_2O \Longrightarrow (UO_2)(OH)_2 + 2H^+ \qquad (2-90)$$

速度常数 $k = 116 \ mol^{-1} \cdot s^{-1}$。但是,它的进一步水解聚合反应速度却非常缓慢,很难达到真正的平衡状态。

②水解产物的结构　为解释 UO_2^{2+} 离子水解各阶段产物的结构,有人提出了"中心键"假设:铀酰离子水解时形成带两个 OH 桥的类片状络离子,即所谓"中心键"的单元 $[UO_2(OH)_2]$,水解程度加深,则络离子聚合度加大,这种类片状络离子的通式可表示为 $UO_2[(OH)_2UO_2]_n^{2+}$,这些络离子的 n 值波动在 $1 \sim 6$ 之间。虽然"中心键"假设能解释许多水解产物的结构,但对已发现的某些水解产物的结构的解释尚有困难。

③水解最终产物　UO_2^{2+} 离子水解的最后阶段产生一种六聚络合阳离子 $[(UO_2)_6(OH)_{12}H_2]^{2+}$,有人确实制得了这种六聚阳离子的亮黄色硝酸盐,从而证实了这种阳离子的存在,这种盐的分子式为 $[(UO_2)_6(OH)_{12}(H_2O)_{12}H_2](NO_3)_2xH_2O$。

这种六聚阳离子为由 $[UO_2(OH)_2]$ 单元组成的闭环六聚物。在完全沉淀前,通过下述反应生成氢氧化铀酰的胶体。

$$[(UO_2)_6(OH)_{12}(H_2O)_{12}H_2]^{2+} \longrightarrow 6UO_2(OH)_2 \cdot H_2O + 2H^+ + 6H_2O \qquad (2-91)$$

由此,UO_2^{2+} 离子水解过程中最终产物为氢氧化铀酰 $UO_2(OH)_2 \cdot H_2O$。$UO_2(OH)_2 \cdot H_2O$ 为一种黄色物质,分子式也可写成 $UO_3 \cdot 2H_2O$ 或水合铀酸 $H_2UO_4 \cdot H_2O$ 的形式。

这种物质具有两性性质,在酸性介质中产生 UO_2^{2+},$UO_2(OH)^+$,$U_2O_5^{2+}$ 等离子,而在碱性溶液中产生 UO_4^{2-} 及 $U_2O_7^{2-}$ 等铀酸根、重铀酸根离子,这些关系可表示为

$$UO_2^{2+} + 2OH^- \Longrightarrow UO_2(OH)_2 \longrightarrow UO_4^{2-} + 2H^+ \qquad (2-92)$$

由 X 射线衍射研究确定,$UO_3 \cdot 2H_2O$ 具有斜方结构,晶格常数 $a = 1.307 \ 7 \ nm$, $b = 1.669 \ 6 \ nm$,$c = 1.467 \ 2 \ nm$,空间群为 Pbna,晶胞中含有 32 个化学式单位。它和"ADU"一样,晶胞内含有六方形次晶胞。

研究溶液中铀酰水解行为的一般方法是用电位计进行测量以观察其 pH 值曲线的突变,从而确定水解的发生情况。但是,这种方法不能确定水解产物性质及数量,而吸收光谱则有助于确定水解产物的结构。

2.5　铀离子络合物

2.5.1　络合物的稳定性

1. 配位化合物及其成键理论

根据维尔纳(A Werner)的配位理论,由一定数量的负离子或分子配位体,通过配位键紧

密地络合于中心离子(或中心原子)的四周而成的物质就叫配位合物。各中心离子紧密结合的分子或负离子的总数,称为该中心离子的"配位数"。若中心离子和它络合的负离子电荷相等,则为中性分子,即所谓络合物,如 $UO_2(NO_3)_2 \cdot 2TBP$,$(R_5NH)_2UO_2$,$Co(NH_3)Cl_3$ 等。若电荷不等,则得正或负离子,这就叫络离子,如 $UO_2(CO_3)_2^{2-}$,$[Co(NH_3)_8]^{3+}$ 等。配位化合物是络合物、螯合物、多酸等的总称。

配位化合物的中心离子和配位体之间是通过配位键来结合的。按价键理论,配位化合物的中心离子具有空量子轨道,可以接受配位体的独对电子,而配位体却具有独对电子,二者结合时,独对电子进入空轨道为二者所共有,形成配价键。这种配价键既不同于由静电吸引所形成的离子键,也有别于成键原子各自提供一个共有电子的共价键,它是一种介于离子键和共价键之间的特殊化学键,也叫半极性共价键。其键能大于离子键,小于共价键。价键理论还通过中心离子和配位体成键时形成各种杂化轨道来说明络合物的空间构型。

近代的分子轨道理论及配位场理论对阐明络合物键的本质具有更为重要的意义。

2. 络合物的稳定常数

浸出过程中,通过溶液中硫酸铀酰及碳酸铀酰等络离子的形成,使铀得以浸出,与杂质分离;离子交换与萃取过程,也是通过铀的各种有机络合物的形成使铀达到分离和纯化。因此,要求络合物具有足够的稳定性,但也并非愈稳定愈好,否则,有些工艺过程(如反萃取)的效果就会适得其反。

络合物的稳定常数是从热力学上衡量络合物稳定性的标志。金属离子在水溶液中常以水化离子的形式存在,当一个金属离子在水溶液中和一配位体发生络合反应时,金属离子上的水化水分子将被配位体分步取代,若以 M 代表金属离子,以 L 代表配位体,则第一步取代络合反应为

$$[M(H_2O)_n] + L \longrightarrow [M(H_2O)_{n-1}L] + H_2O \qquad (2-93)$$

为了方便,上述平衡可改写为

$$M + L \Longleftrightarrow ML_1 \qquad (2-94)$$

假设活度系数为1,描述平衡常数的活度可以浓度代替,则平衡常数为

$$K_1 = \frac{[ML_1]}{[M][L]} \qquad (2-95)$$

随着水分子的分步被取代,其平衡方程与平衡常数为

$$ML_1 + L \Longleftrightarrow ML_2 \qquad (2-96)$$

$$K_2 = \frac{[ML_2]}{[ML_1][L]} \qquad (2-97)$$

$$ML_2 + L \Longleftrightarrow ML_3 \qquad (2-98)$$

$$K_3 = \frac{[ML_3]}{[ML_2][L]} \qquad (2-99)$$

$$ML_3 + L \Longleftrightarrow ML_4 \qquad\qquad (2-100)$$

$$K_4 = \frac{[ML_4]}{[ML_3][L]} \qquad\qquad (2-101)$$

平衡常数 K_1 到 K_4 可以描述各级络合物的生成和稳定性,即数值愈大,所生成络合物稳定性愈大,故称之为分步生成常数或分步稳定常数(这些常数值常按 $K_1 > K_2 > \cdots > K_n$ 的顺序减小)。对描述一个实际的络合物生成来说,累积稳定常数、总稳定常数更有意义。对一个四步取代的络合反应,总的平衡方程式和平衡常数分别为

$$M + 4L \Longleftrightarrow ML_4 \qquad\qquad (2-102)$$

$$\beta_4 = \frac{[ML_4]}{[M][L]^4} \qquad\qquad (2-103)$$

同理,一步取代

$$M + L \Longleftrightarrow ML_1 \qquad\qquad (2-104)$$

$$\beta_1 = \frac{[ML_1]}{[M][L]} \qquad\qquad (2-105)$$

二步取代

$$M + 2L \Longleftrightarrow ML_2 \qquad\qquad (2-106)$$

$$\beta_2 = \frac{[ML_2]}{[M][L]^2} \qquad\qquad (2-107)$$

三步取代

$$M + 3L \Longleftrightarrow ML_3 \qquad\qquad (2-108)$$

$$\beta_3 = \frac{[ML_3]}{[M][L]^3} \qquad\qquad (2-109)$$

以此类推。可以看出

$$\beta_1 = K_1 \qquad\qquad (2-110)$$

$$\beta_2 = K_1 \times K_2 \qquad\qquad (2-111)$$

$$\beta_3 = K_1 \times K_2 \times K_3 \qquad\qquad (2-112)$$

$$\beta_4 = K_1 \times K_2 \times K_3 \times K_4 \qquad\qquad (2-113)$$

$$\vdots$$

$$\beta_n = \frac{[ML_n]}{[M][L]^n} = K_1 \cdot K_2 \cdot K_3 \cdots K_n \qquad\qquad (2-114)$$

β_n 叫作总生成常数或总稳定常数,而 $\beta_1, \beta_2, \beta_3 \cdots$ 等叫作累积稳定常数,累积稳定常数及总稳定常数不仅可以判定络合物稳定的大小,而且也可推算各级络合形态存在的量。例如,硫酸铀酰络离子的生成就是这样,一般说 UO_2^{2+} 络合存在下述三个平衡

$$UO_2^{2+} + SO_4^{2-} \Longleftrightarrow UO_2SO_4 \qquad\qquad (2-115)$$

$$UO_2^{2+} + 2SO_4^{2-} \Longleftrightarrow UO_2(SO_4)_2^{2-} \qquad (2-116)$$

$$UO_2^{2+} + 3SO_4^{2-} \Longleftrightarrow UO_2(SO_4)_3^{4-} \qquad (2-117)$$

累计稳定常数为

$$\beta_1 = \frac{[UO_2SO_4]}{[UO_2^{2+}][SO_4^{2-}]} = 50 \qquad (2-118)$$

$$\beta_2 = \frac{[UO_2(SO_4)_2^{2-}]}{[UO_2^{2+}][SO_4^{2-}]^2} = 350 \qquad (2-119)$$

$$\beta_3 = \frac{[UO_2(SO_4)_3^{4-}]}{[UO_2^{2+}][SO_4^{2-}]^3} = 2\,500 \qquad (2-120)$$

由此可以算出,在一定 SO_4^{2-} 浓度下 UO_2SO_4,$UO_2(SO_4)_2^{2-}$,$UO_2(SO_4)_3^{4-}$ 各自的浓度。SO_4^{2-} 浓度愈低,低级络离子愈多;SO_4^{2-} 浓度愈高,则高级络离子愈多。

稳定常数与温度及离子强度有关,稳定常数可以通过实验的方法进行测定。我们一般用浓度来表示稳定常数,这种稳定常数也叫浓度常数。浓度常数从定量上仅在它的测定条件下可用,但在半定量研究方法中,它通常是有用的,在统一条件下(一定温度和离子强度)测定的稳定常数都具有相对比较意义,它也可用于条件相似的实际体系的计算。如果用活度表示稳定常数,就叫作热力学稳定常数。在极稀的溶液中,活度等于浓度,热力学稳定常数和浓度常数一致。从理论上讲,似乎应该在极稀的溶液中测定热力学稳定常数,然而实际中则不必。因为一般情况下,稳定常数是在一系列含有不同浓度非络合电解质,如高氯酸钠的溶液中测定的,而热力学稳定常数可由此外推到离子强度为零来求得。

2.5.2　铀酰离子的络合行为

1. 铀酰离子的配位

在水溶液中,铀酰离子是 U^{6+} 的水解产物,有

$$U^{6+} + 2H_2O \Longleftrightarrow UO_2^{2+} + 4H^+ \qquad (2-121)$$

在固体氧化物和含氧酸盐中,UO_2^{2+} 的结构单元也是存在的。

U^{6+} 是由铀原子失去全部 5f6d7s 轨道价电子形成的,具有亲氧的氪壳电子构型,故它强烈地和氧结合形成 UO_2^{2+} 离子。在 UO_2^{2+} 离子中,两个完全相对的氧原子与中心离子的距离为 0.17 ~ 0.20 nm,形成直线结构。显然,根据铀原子的电子构型,对 UO_2^{2+} 离子来说,存在着 5f,6d,7s,7p 共 16 个空轨道,故其最高配位数应达 16,但实际上,UO_2^{2+} 常见的配位数为 8 或 6 和 7,配位数超过 8 的很少见。在 UO_2^{2+} 离子中,U – O 键实际上为共价键,而其他配位体形成的配位键由于铀的极化作用,也偏于共价键的性质。

有人根据分子轨道理论认为,UO_2^{2+} 离子的成键轨道由 12 个电子占满,由配位体来的电子需占据能量较高的非键轨道。UO_2^{2+} 上的一个电子从成键轨道转移到第一个未占有的非键轨

道所需最小能量约为 3 eV。

在 UO_2^{2+} 各种配位数的络合物中,其他配位体形成多边形与直线结构的铀酰基相垂直。对配位数为 8 的 UO_2^{2+} 络合物来说,有 2 个配位数被"铀酰氧"所占据,另外六个配位数为其他六个配位体或水分子占据,其他配位原子和中心离子的距离为 0.22 ~ 0.3 nm。它们形成带折皱的规则六边形而与 O—U—O 键相垂直。在这种结构的络合物中,$UO_2(NO_3)_2$–2TBP 具有代表意义。这种六边形双棱锥配位在铀盐及铀酸盐中常见,如 $UO_2(NO_3)_2 \cdot 2H_2O$,$CaUO_4$ 及 a–$SrUO_4$,$RbUO_2(NO_3)_3$ 等都属于这一类。

配位数为 7 时,配位体的多边形倾向于形成一个有规则的平面五边形,形成这种五边形双棱锥式的配位是较少见的,它存在于 $K_3UO_2F_5$,α–U_3O_8 及高压状态的 UO_3 中。具有双配位基的螯合剂和 UO_2^{2+} 能形成多环的五边双锥结构的螯合物也已发现。三–8–羟基喹啉铀酰的氯仿溶剂化物就是一例。在这个化合物中,两个螯合剂配位体分子以双配位基和 UO_2^{2+} 离子结合,而第三个螯合剂配位体分子仅(通过氧原子)占据中心铀原子的一个配位位置,铀的配位数仍为 7。螯合剂配位体的五个配位位置近似地排列在垂直于铀

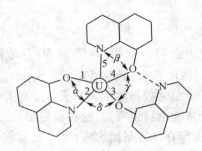

图 2–3　三–8–羟基喹啉铀酰的结构
(U–铀酰基和纸平面垂直)

酰基的面上,其结构如图 2–3 所示。在这里,铀酰基中铀、氧间距离为 0.160 nm,铀与三个络合剂氧原子间的距离为 0.225 ~ 0.232 nm,铀与以双配位基结合的配位体的两个氮原子间距离为 0.251 ~ 0.258 nm。而第三个配位体的 U–N 距离明显增大,为 0.407 nm。该三个配位体的原子和中心离子之间不同的键长曾被人们通过热力学测量预计到。

配位数为 6 的八面体配位较常见。在许多铀酸盐中,例如 BaU_2O_7,$BaUO_4$,β–$SrUO_4$ 及 β–$UO_2(OH)_2$ 中均具有这种配位结构。

2. 铀酰离子的络合行为

UO_2^{2+} 由于其强烈的极化倾向而具备很强的络合能力,它和许多阴离子络合,尤其是与许多酸根络合,既可生成阳离子络合物,又可生成阴离子络合物,即使是强酸的酸根也不例外,见表 2–12。

卤素阴离子和硝酸根为强酸酸根,它们与 UO_2^{2+} 配位形成一系列络合物。这些络合物在铀的纯化工艺中具有很重要的意义,卤素与 UO_2^{2+} 络合能力大小顺序为

$$F^- > Cl^- > Br^- > I^-$$

F^- 由于离子半径最小,故它与 UO_2^{2+} 络合能力最强。F^-,Cl^- 可以和 UO_2^{2+} 形成 UO_2X^+,UO_2X_2,$UO_2X_3^-$,$UO_2X_4^{2-}$ 类型的络合物。I^- 和 UO_2^{2+} 难以络合,而 Br^- 和 UO_2^{2+} 的络合离子 $UO_2Br_4^{2-}$ 已在一些铀盐中发现。这里需要指出的是,对 UO_2^{2+} 来说,除氧所占据的配位数以

外,剩下的配位数通常为 6。但在许多情况下,由于空间位阻因素,使 UO_2^{2+} 离子周围不能安置六个配位体,如 UO_2^{2+} 和 Cl^- 络合就是这样,五氯或六氯铀酰络离子的形成就遇到很大的位阻,即使在最有利的条件下也不能制得。在特别干燥的情况下,能生成 $Na_2[UO_2Cl_4]$ 盐,而在浓盐酸溶液中,只能析出水合物 $K_2[UO_2Cl_4]\cdot 2H_2O$。UO_2^{2+} 和 NO_3^- 能形成 $UO_2(NO_3)^+$,$UO_2(NO_3)_2$,$UO_2(NO_3)_3^-$,$UO_2(NO_3)_4^{2-}$ 等络合物。根据络合平衡存在的条件,只有当 NO_3^- 浓度高时,后两者才能存在,在 HNO_3 体系中,只有浓 HNO_3 才能形成 $UO_2(NO_3)_3^-$,$UO_2(NO_3)_4^{2-}$。事实上在 $[NO_3^-]\leqslant 4\ mol\cdot L^{-1}$ 时,络合物主要以 $UO_2(NO_3)^+$ 形式存在。在萃取条件下,铀酰多以 $UO_2(NO_3)_2$,$UO_2(NO_3)_3^-$ 的形式被萃取。

硝酸根配位的铀酰络合离子很不稳定,$UO_2(NO_3)_3^-$ 离子虽能存在于无水丙酮中,但若加入 10% 的水,即已测不到它的存在,证明此种情况下这种络合物是不稳定的。

表 2-12　UO_2^{2+} 和阴离子配位体的络合物稳定常数

配位体		介质	温度/℃	稳定常数			
名称	pK			K_1	K_2	K_3	K_4
NO_3^-		$2\ mol\cdot L^{-1}\ NaClO_4$ $8\ mol\cdot L^{-1}\ HClO_4$	10 25 40 20	0.03 0.24 0.17 2.93	0.010		
Cl^-		$2\ mol\cdot L^{-1}\ NaClO_4$ $1\ mol\cdot L^{-1}\ NaClO_4$ $1\ mol\cdot L^{-1}\ NaClO_4$	10 25 40	0.57 0.87 1.1			
F^-		$1\ mol\cdot L^{-1}\ NaClO_4$	20	3.5×10^4	2.2×10^3	3.7×10^2	22
Br^-		$1\ mol\cdot L^{-1}\ NaClO_4$	20	0.5			
SO_4^{2-}	1.08	$1\ mol\cdot L^{-1}\ NaClO_4$	20	50	7.0	7.1	
CO_3^{2-}	8.35 10.26		25		$K_1\times K_2 =$ 4.0×10^{14}	5.0×10^3	
$C_2O_4^{2-}$	1.37 3.81	$0.1\ mol\cdot L^{-1}\ KCl$	25	3.7×10^6	2.3×10^5		
$H_2PO_4^-$	2.0		20	1.0×10^3	270	80	
$HCOO^-$	3.56	$1\ mol\cdot L^{-1}\ NaClO_4$	20	68	20	2.4	
CH_3COO^-	4.59	$1\ mol\cdot L^{-1}\ NaClO_4$	20	240	96	96	
$C_3H_8COO^-$	4.69	$1\ mol\cdot L^{-1}\ NaClO_4$	20	380	140	160	

表 2 – 12　（续）

配位体		介质	温度/℃	稳定常数			
名称	pK			K_1	K_2	K_3	K_4
$ClCH_2COO^-$	2.66	$1 \; mol \cdot L^{-1} \; NaClO_4$	20	24	6.3	3.2	
$ClCH_2CH_2COO^-$	3.92	$1 \; mol \cdot L^{-1} \; NaClO_4$	20	110	32	27	
$CH_2(COO^-)_2$	2.85 5.86	$1.0 \; mol \cdot L^{-1} \; KNO_3$	25	4.6×10^5	1.0×10^4		
$C_2H_2(COO^-)_2$	4.07 5.28	$0.1 \; mol \cdot L^{-1} \; NaClO_4$	31	3.0×10^4			
$C_3H_6(COO^-)_2$	4.21 5.06	$0.1 \; mol \cdot L^{-1} \; NaClO_4$	31	5.0×10^3	4.9×10^2		
CNS^-	0.85	$1 \; mol \cdot L^{-1} \; NaClO_4$	20	5.7	0.93	2.3	

由表 2 – 12 可以看出,卤素离子和硝酸根与 UO_2^{2+} 形成络合物的稳定常数较小,说明它们与 UO_2^{2+} 形成络合物的倾向是较弱的。相反,硫酸根络合物的稳定性则强得多。硫酸铀酰络合物的主要形式有 UO_2SO_4,$UO_2(SO_4)_2^{2-}$,$UO_2(SO_4)_3^{4-}$,后者在水溶液中不稳定,在 pH 值较低与 SO_4^{2-} 浓度很高的条件下才能以 $K_4[UO_2(SO_4)_3] \cdot 2H_2O$ 形式的络盐析出,它再溶于水时,迅速离解生成 $[UO_2(SO_4)_2(H_2O)_2]^{2-}$ 水合离子。在 pH 值低于 2.5 时,$UO_2(SO_4)_3^{4-}$ 能稳定存在,当 pH 值超过 2.5 时,水解产生 $U_2O_5(SO_4)_3^{4-}$。在硫酸溶液中,上述 UO_2^{2+} 和 SO_4^{2-} 的各种络合形态的多少可由 SO_4^{2-} 浓度算出。在硫酸盐浸取液的胺萃过程中,铀以何种络阴离子形式被萃取决定于介质的 pH 值及 SO_4^{2-} 浓度。

卤素离子、硫酸根离子和 UO_2^{2+} 生成络离子反应的热力学常数列于表 2 – 13。一般反应方程式为:

对一价配位体 A^- 有

$$UO_2^{2+} + nA^- = UO_2A_n^{2-n} \tag{2 – 122}$$

对二价配位体 A^{2-} 有

$$UO_2^{2+} + nA^{2-} = UO_2A_n^{2-2n} \tag{2 – 123}$$

表 2 – 13　反应的热力学常数[离子强度(μ) = 2.00;t = 25 ℃]

络离子	$\Delta G^\theta/(kJ \cdot mol^{-1})$	$\Delta H^\theta/(kJ \cdot mol^{-1})$	$\Delta S^\theta/(J \cdot mol^{-1} \cdot K^{-1})$
UO_2Cl^+	0.336	15.96	50.4
UO_2SO_4	– 109.2	9.66	67.2
$UO_2(SO_4)_2^{2-}$	– 15.96	5.88	75.6
UO_2F^+	– 7.98	22.68	– 50.4

同 SO_4^{2-} 一样, CO_3^{2-} 和 UO_2^{2+} 离子有两种形式的络离子,其生成反应方程式为

$$UO_2^{2+} + 2CO_3^{2-} + 2H_2O = UO_2(CO_3)_2(H_2O)_2^{2-} \qquad (2-124)$$

$$UO_2^{2+} + 3CO_3^{2-} = UO_2(CO_3)_3^{4-} \qquad (2-125)$$

式(2-124)的平衡常数为 $K = 4 \times 10^{14}$,式(2-125)的平衡常数为 $K = 2 \times 10^{18}$。由这些平衡常数可知,上述二络离子是相当稳定的。三碳酸铀酰络离子 $UO_2(CO_3)_3^{4-}$ 在碱性浸出及其后的纯化工艺过程中具有极重要的意义。在 $UO_2(CO_3)_3^{4-}$ 离子结构中,一个碳酸根占有两个配位位置。除了上述 CO_3^{2-} 和 UO_2^{2+} 的络离子外,还发现了 $[(UO_2)_2(CO_3)_5(H_2O)]^{6-}$ 离子的存在,并且曾制得过它的碱金属盐。其铵盐的一水合物 $(NH_4)_6[(UO_2)_2(CO_3)_5] \cdot H_2O$ 成淡黄色,极易溶于水而且发生水解,温度对这种盐的稳定性影响较大。相反,$UO_2(CO_3)_3^{4-}$ 的盐是无水的,温度对这种盐的稳定性影响较小。

磷酸和铀酰的络合体系也很重要。为了从磷酸中回收铀,我们必须了解铀酰在磷酸中的络合行为。在过氯酸溶液中,UO_2^{2+} 和正磷酸之间的络合平衡为

$$UO_2^{2+} + nH_3PO_4 = UO_2H_x(PO_4)_n^{(2-3n+x)+} + (3n-x)H^+ \qquad (2-126)$$

这里 $n = 1, 2, 3, x = 0, 1, 2, \cdots$。在磷酸溶液中,已证明存在 $UO_2H_2PO_4^+$,$UO_2H_3PO_4^{+}$,$UO_2(H_2PO_4)_2$,$UO_2(H_2PO_4)(H_3PO_4)^+$ 等形态的络离子,但当磷酸浓度很高时,络阴离子将是主要的形式。有人测定 $[UO_2^{2+}] : [PO_4^{3-}] = 1:1$ 及 $[UO_2^{2+}] : [PO_4^{3-}] = 1:2$ 的磷酸铀酰络合物的生成常数分别为 11 和 24。

草酸盐沉淀精制铀是经典的纯化方法之一,它具有很高的选择性。例如,向硝酸铀酰溶液中加草酸后析出三水合草酸铀酰沉淀,沉淀过程可以去除包括稀土元素在内的许多杂质元素,其反应为

$$UO_2(NO_3)_2 + H_2C_2O_4 + 3H_2O \longrightarrow UO_2C_2O_4 \cdot 3H_2O + 2HNO_3 \qquad (2-127)$$

草酸铀酰沉淀物的溶解度较小,约 $0.05\ \mathrm{g} \cdot \mathrm{L}^{-1}$。若继续加入草酸,由于进一步的络合反应,沉淀溶解度将大大增加,反应式为

$$UO_2C_2O_4 + C_2O_4^{2-} \rightleftharpoons UO_2(C_2O_4)_2^{2-} \qquad (2-128)$$

$$UO_2(C_2O_4)_2^{2-} + C_2O_4^{2-} \rightleftharpoons UO_2(C_2O_4)_3^{4-} \qquad (2-129)$$

和碳酸铀酰络合物一样,草酸络合物 $[UO_2(C_2O_4)_2(H_2O)_2]^{2-}$ 中 $C_2O_4^{2-}$ 也占有两个配位位置。此外,UO_2^{2+} 和 $C_2O_4^{2-}$ 还能形成如下形式的多核络合物,即

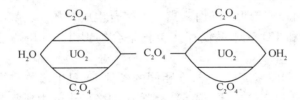

UO_2^{2+} 和过氧化氢也会发生络合反应。过氧根 OO^{2-} 离子具有双配位基,它和铀酰形成的络合物的稳定性可与铀酰和 CO_3^{2-} 离子形成的络合物相比较。目前分离出的这类络合物有 $(UO_2)_2(OO)_3(H_2O)_6^{2-}$ 和 $(UO_2)_2(OO)(CO_3)_2^{2-}$。

铀酰和简单脂肪酸形成一系列络合物,其稳定性随脂肪链长的增加而增加,可由甲酸根到丙酸根的稳定常数看出(见表 2 – 12)。注意,在某些特定的条件下,不一定符合这样的规律。另外,形成络合物的种数也随脂肪链长的增加而增加,如甲酸络合物有两种,到丙酸时,就有四种。同类配位体生成的络合物的稳定性多随配位体 pK 值的增加而线性增加,二元羧酸比乙酸(简单脂肪酸)具有更强络合 UO_2^{2+} 的能力,这可能是由于两个羧基与铀形成稳定螯环的缘故。如磺基水杨偶氮盐和 UO_2^{2+} 生成的络合物就具有很高的稳定性,在 pH = 2 ~ 10 的范围内,UO_2^{2+} :配位体 = 1:1 的络合物在 25 ℃时的离解常数为 1.93×10^{-4},所测得该络合物的生成自由能为 -21.25 kJ · mol^{-1}。

各种烷基胺、烷基磷酸及中性磷酸酯能与某些铀酰的阴、阳离子及中性络合物形成一系列萃取络合物,这在铀工艺及络合物化学中占有重要的地位。关于这些络合物的生成、平衡、结构等将在以后有关章节详细讨论。

此外,一系列有机螯合剂,如乙二胺四乙酸(EDTA)、8 – 羟基喹啉、2 – 噻吩甲酰三氟丙酮(HTTA)等和铀酰生成稳定的螯合物,并且具有极高的分离选择性。

2.5.3　四价铀离子的络合行为

铀(Ⅳ)离子的络合行为和 Th^{4+} 类似。按离子势的规律,因 U^{4+} 具有高电荷,且半径又较小(0.093 nm),故它不仅易于和各种配位体形成各种络离子,而且易水解成 OH^- 的络合物,它的络合能力比 UO_2^{2+} 更强。

和 UO_2^{2+} 一样,水与 U^{4+} 离子可以直接配位,在高氯酸溶液中,U^{4+} 和 6 ~ 8 个水分子水合,形成 $U(H_2O)_{6-8}^{4+}$ 络离子,它具有立方体结构。

U(Ⅳ)处于立方体中心位置,8 个配位体占据立方体的 8 个顶点。

U^{4+} 和 Cl^- 的络合平衡为

$$U^{4+} + Cl^- \rightleftharpoons UCl^{3+} \qquad\qquad (2 – 130)$$

在离子强度 $\mu = 0$ 时,络离子的生成常数 $K = 7.0$,当 Cl^- 浓度为 2 mol · L^{-1} 时,估计 42% 的反应物发生上述络合。由卤素阴离子和 UO_2^{2+} 离子的络合生成常数与溶液中 UO_2^{2+}/U^{4+} 氧化还原离子对的平衡测定可以确定 U^{4+} 和卤素离子的络合生成常数。当酸度足够高、无水解发生和 $\mu = 1$ 时,Cl^-,Br^- 和 UO_2^{2+} 体系仅存在单核络合物 UCl^{3+},UBr^{3+},其生成常数分别为 2 和 1.5。

硫氰酸离子 CNS^- 和卤素离子一样,在相同的条件下,只生成单核络合物,但存在三种络离子形式,即 $UCNS^{3+}$,$U(CNS)_2^{2+}$,$U(CNS)_3^+$。第一种络离子的生成常数为 31,第二种为 93,

由此,可以推断第三种离子的生成常数约为 150。

硫酸根和 U^{4+} 至少存在两种络合形态,即 $U(SO_4)^{2+}$ 和 $U(SO_4)_2$,在稀硫酸溶液中,上述络离子呈现 $U(SO_4)(H_2O)_2^{2+}$ 与 $U(SO_4)_2(H_2O)$ 的水合形式。当硫酸根离子浓度足够高时,还会生成 $U(SO_4)_3^{2-}$ 和 $U(SO_4)_4^{4-}$ 形式的络离子。

U^{4+} 和草酸根 $C_2O_4^{2-}$ 及 HPO_4^{2-} 形成的络合物具有很高的稳定性。络离子 $U(C_2O_4)_4^{4-}$ 的结构可用图 2 – 4 表示。每个 $C_2O_4^{2-}$ 都具有两个配位基,形成稠环螯合物的形式。

U^{4+} 和某些配位体形成络合物的稳定常数列于表 2 – 14。

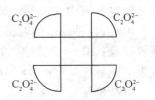

图 2 – 4　U^{4+} 和 $C_2O_4^{2-}$ 络离子结构示意图

表 2 – 14　U^{4+} 的络合物稳定常数

配位体	离子强度	温度/℃	稳定常数			
			K_1	K_2	K_3	K_4
F	2	25	1.3×10^7	6.8×10^3		
Cl$^-$	2	10	3.3			
		25	1.21	0.91		
		40	0.91	0.88		
	1	20	2.0			
Br$^-$	1	20	1.5			
SO$_4^{2-}$	2	10	4.8×10^3			
		25	3.7×10^3			
		40	2.7×10^3			
CNS$^-$	2	10	6.0	3.3		
		25	3.1	4.2		
		40	2.0	4.7		
	1	20	3.1	2.9	1.7	
NO$_3^-$	2		1.48	1.48	0.96	0.35
	3		1.9	2.03	1.48	0.71
C$_2$O$_4^{2-}$	1		4.1×10^8	2.0×10^8	6.3×10^3	3.2×10^4
HPO$_4^{2-}$	0.35		1.0×10^1	1.0×10^{10}	4.0×10^8	1.0×10^8
HCOO$^-$	1.0		2.50	4.0		

铀（Ⅳ）和乙酰丙酮生成通式为 UKe_n^{3-n} 的络合物。Ke 为乙酰丙酮配位体，共有 UKe^{3+}，UKe_2^{2+}，UKe_3^+，UKe_4 四种络合物形式，其中络离子 UKe_2^{2+} 表现最稳定。在 25 ℃ 0.1 mol·L^{-1} 过氯酸钠溶液中实验测定结果对 UKe_2^{2+} 稳定常数为 $\beta_2 = 2.5 \times 10^8$，而对 UKe_4，$\beta_4 = 1.3 \times 10^8$。

可见，各种配位体对铀及其他锕系元素络合能力大小是有规律性的，对一价配位体来讲，其规律是：OH^- > 氨酚类（如 8 - 羟基喹啉）> 1,3 - 二酮类 > α - 羟基羧酸类 > 乙酸 > 硫代羧酸类 > $H_2PO_4^-$ > CNS^- > NO_3^- > Cl^- > Br^- > I^-。

对二价配位体来说，其规律是：亚氨二羧酸类 > CO_3^{2-} > $C_2O_4^{2-}$ > HPO_4^{2-} > α - 羟基二羧酸类 > 二羧酸类 > SO_4^{2-}。

2.6　铀　　盐

铀在水溶液中往往以铀盐或相应络离子的形式存在，故研究有关的铀盐对铀的提取工艺过程有着重要的意义。

2.6.1　硝酸铀酰

硝酸铀酰是用中性磷萃取法从铀浓缩物中纯化铀和从辐照元件后处理中分离钚回收铀的工艺过程中用到的主要化合物，也是铀生产工艺中一种中间产品。因此，它是铀工艺过程最重要的含氧盐之一。

在硝酸铀酰和水的体系中，铀主要以三种水合物形式存在：六水合物 $UO_2(NO_3)_2 \cdot 6H_2O$，三水合物 $UO_2(NO_3)_2 \cdot 3H_2O$，一水合物 $UO_2(NO_3)_2 \cdot H_2O$。二水合硝酸铀酰经长时间真空升温脱水，可以制取无水硝酸铀酰。

将铀或氧化铀溶于硝酸，所得溶液经蒸发、浓缩、冷却、结晶，即得亮黄色的硝酸铀酰六水合物晶体，其生成热 $\Delta H_{298} = -3\,201.66\ kJ \cdot mol^{-1}$。

六水合物具有斜方结构，晶格常数 $a = 1.319\,7\ nm$，$b = 0.803\,5\ nm$，$c = 1.146\,7\ nm$，空间群为 $Cmc2_1$。有人认为，六水合硝酸铀酰有两个水分子参与配位，分子式为 $[UO_2(H_2O)_2(NO_3)_2] \cdot 4H_2O$。这里，$UO_2^{2+}$ 的线性结构和纸面垂直，在其赤道平面上，配位着 6 个氧原子，其中 4 个是 NO_3^- 所提供的配位基，而另两个氧原子则来自直接配位的水分子。

六水合物加热脱水时，会产生一系列平衡，首先是

$$UO_2(NO_3)_2 \cdot 6H_2O \Longrightarrow UO_2(NO_3)_2 \cdot 3H_2O + 3H_2O(气) \tag{2-131}$$

测定该平衡的蒸气压对温度的关系可得如下方程式

$$\lg p_{H_2O} = \frac{-2\,782}{T} + 10.246 \tag{2-132}$$

式中　p_{H_2O}——水蒸气的平衡蒸气压，毫米汞柱；

　　　　T——绝对温度，K。

三水合物进一步脱水,则有如下平衡

$$UO_2(NO_3)_2 \cdot 3H_2O \Longleftrightarrow UO_2(NO_3)_2 \cdot 2H_2O + H_2O(气) \qquad (2-133)$$

同样,由平衡方程式(2-133)可以得到

$$\lg p_{H_2O} = \frac{-3\ 325}{T} + 11.243 \qquad (2-134)$$

在 30 ℃以下,硝酸铀酰饱和水溶液的蒸气压为

$$\lg p_{H_2O} = \frac{-2\ 512}{T} + 9.628 \qquad (2-135)$$

必须指出,在较高温度下,由于硝酸铀酰分解逸出氮氧化物,使测量的压力有误差。在 UO_3 的生产中,$UO_2(NO_3)_2 \cdot 6H_2O$ 的热分解具有重要意义,分解反应为

$$UO_2(NO_3)_2 \cdot 6H_2O \Longleftrightarrow UO_3 + 2NO_2 + 1/2O_2 + 6H_2O(气) \qquad (2-136)$$

$UO_2(NO_3)_2 \cdot 6H_2O$ 极易溶于水,三水合硝酸铀酰[$UO_2(NO_3)_2 \cdot 3H_2O$]只能在浓硝酸中存在,故须用 20 mol·L^{-1} 硝酸的硝酸铀酰饱和溶液才可制得。结晶产物保存在装有 70% 硫酸的干燥器中可保持准确的含水量,其生成热为 $\Delta H_{298} = -2\ 312.1$ kJ·mol^{-1}。

将 $UO_2(NO_3)_2 \cdot 3H_2O$ 置于浓硫酸的真空干燥器上干燥可得二水合物 $UO_2(NO_3)_2 \cdot 2H_2O$,二水合物也可从发烟硝酸的硝酸铀酰溶液中获得,这种水合物具有单斜晶体结构,它的吸湿性很强。在加热脱水时,由于 $UO_2(NO_3)_2 \cdot 2H_2O$ 发生部分分解,不能得到纯的无水硝酸铀酰,这也间接说明其中 2 个水分子和 UO_2^{2+} 是直接配位结合的。

有人在 100 ℃ ~165 ℃ 及 0.1 ~10 毫米汞柱的水蒸气压下,加热水合硝酸铀酰,制得了一水合物,它的存在是由 X 射线及红外光谱分析得到证实的。

无水硝酸铀酰为淡黄色粉末,活性极强,在室温下即可和乙醚剧烈作用生成 $UO_2(NO_3)_2 \cdot 2(C_2H_5)_2O$。$UO_2(NO_3)_2$ 在 90 K 温度下有弱的发光现象,它的 $UO_2(NO_3)_2 \cdot 2X$(X 为乙酸、丙酮等)型的配位络合物在液态空气的低温下可发强烈荧光。据认为,发光的必要条件是 UO_2^{2+} 和强键合的电子给予体配位。

硝酸铀酰和非水溶剂的作用在硝酸铀酰萃取精制及分离工艺上有重要意义。

当固体六水硝酸铀酰用二乙醚及其他许多有机溶剂处理时,会形成水相和有机相两相,而铀分配于不混溶的两相中,类似于萃取过程的分配。表 2-15 给出 $UO_2(NO_3)_2 \cdot 6H_2O$ 在许多有机溶剂中的溶解性能。必须指出,在这里溶解度虽以被溶解的无水硝酸铀酰克数表示,但实际情况并非如此,因为溶入有机溶剂中的硝酸铀酰含有结晶水,所以实际上这种“溶解”是含水的硝酸铀酰被萃取进入有机溶剂而非简单的溶解。有机溶剂从 $UO_2(NO_3)_2 \cdot 6H_2O$ 中取代水而“溶解”硝酸铀酰的能力按醇 > 醚 > 酮顺序递减。另外,这种“溶解”能力也随有机溶剂分子的链长增加及结构的复杂化而减少。

表 2-15 20 ℃时 $UO_2(NO_3)_2$ 在有机溶剂中的溶解度

有机溶剂	溶解度/$(g \cdot g^{-1})$	有机溶剂	溶解度/$(g \cdot g^{-1})$
甲醇	0.675	甲基丙醇	0.484
乙醇	0.615	甲基正-丁酮	0.425
丙醇	0.529	甲基异-丁酮	0.428
异丙醇	0.549	甲基3-丁酮	0.415
丁醇	0.462	甲基戊酮	0.382
正-戊醇	0.387	苯乙酮	0.312
正-乙醇	0.341	硝基甲烷	0.140
正-庚醇	0.310	1-硝基丙烷	0.011
正-辛醇	0.280	1-硝基戊烷	0.491
2-辛醇(辛基乙醇)	0.271	二乙醚	0.003
2-乙基-1-乙醇	0.235	呋喃	0.464
环乙醇	0.403	四氢呋喃	0.291
丙醇	0.617	二氧杂环己烷	0.017
甲基乙醇	0.547	硝基乙烷	0.051
水	0.540		

2.6.2 硫酸铀酰

硫酸铀酰在硫酸浸取的水冶工艺中具有相当重要的意义,不仅能形成多种水合盐,而且还存在一系列其他络盐。

通常认为,硫酸铀酰有 $UO_2SO_4 \cdot 3H_2O$ 和 $UO_2SO_4 \cdot H_2O$ 两种稳定水合物及无水硫酸盐 UO_2SO_4,后来又发现 $UO_2SO_4 \cdot 2\frac{1}{2}H_2O$,天然硫酸铀酰化合物均带结晶水。

三氧化铀溶于硫酸,溶液经蒸发、结晶生成硫酸铀酰的三水合物 $UO_2SO_4 \cdot 3H_2O$。近来已有人怀疑这种三水合物的存在,认为正确结构应是 $UO_2SO_4 \cdot 2\frac{1}{2}H_2O$。它是用铀或氧化铀在 $2 \text{ mol} \cdot L^{-1}$ 硫酸中溶解、蒸发结晶而得。当冷至室温时,水合物即从黏性溶液中析出。这种水合物可在水溶液中重结晶,并在 50 ℃空气中干燥。由于该水合硫酸铀酰从黏性的浓稠溶液中结晶很困难,有人建议,将无水硫酸铀酰盐置于氯化钠饱和溶液上,这样便可以制得准确含水

量的 $UO_2SO_4 \cdot 2\frac{1}{2}H_2O$。它的生成热是 $\Delta H_{298} = -2\,622.48\ \text{kJ} \cdot \text{mol}^{-1}$。

$UO_2SO_4 \cdot H_2O$ 可在密闭的石英管中,将化学计量的 $UO_2SO_4 \cdot 2\frac{1}{2}H_2O$ 与无水硫酸铀酰在 210 ℃下加热 36 h 而制得,但所得化合物在室温下不稳定。在约 450 ℃下加热任何一种水合物可制得无水 UO_2SO_4,其生成热为 $\Delta H_{298} = -1\,854.3\ \text{kJ} \cdot \text{mol}^{-1}$。

一水合物及无水盐也可通过加热 $UO_2SO_4 \cdot 3H_2O$ 脱水获得。$UO_2SO_4 \cdot 3H_2O$ 的加热脱水过程分三步进行:首先,在 120 ℃时,$UO_2SO_4 \cdot 3H_2O$ 生成二水合物,然后在 210 ℃下,二水合物分解为一水合物 $UO_2SO_4 \cdot H_2O$,这种水合物一直稳定到 300 ℃,最后转化为无水盐 UO_2SO_4。若继续加热,UO_2SO_4 在 755 ℃时会发生互变性相变,最后分解生成 U_3O_8。

$UO_2SO_4 \cdot 2\frac{1}{2}H_2O$ 在加热到超过 100 ℃时,逐渐通过一种无定形的中间化合物转化为无水盐,没有发现一水合物的中间化合物。

硫酸铀酰饱和水溶液的水蒸气压为

$$\lg p_{H_2O} = \frac{-2\,229}{T} + 8.783 \qquad\qquad (2-137)$$

式中　p_{H_2O}——水蒸气压,毫米汞柱;

　　　T——绝对温度,K。

有人用溶解度法研究了硫酸铀酰 – 水体系的相关系(图 2 – 5)。由图 2 – 5 可以看出:硫酸铀酰溶液在约 300 ℃下稳定,超过此温度即生成两种不混溶的液相,这两种处于平衡的液相,铀浓度差别很大,密度差别也很大,所以它们分离而不混溶。在无机盐溶液中,这是一种罕见的现象。另外还看到,该体系中,固相为三水合物,一水合物及无水盐。由于 $UO_2SO_4 \cdot 2\frac{1}{2}H_2O$ 的发现,对这种相关系已提出疑问。

硫酸铀酰还存在多种酸式盐和碱式盐,如 $2UO_2SO_4 \cdot H_2SO_4 \cdot 5H_2O$,$2UO_2 \cdot H_2SO_4 \cdot 2H_2O$ 和 $2UO_2SO_4 \cdot UO_2(OH)_2 \cdot 8H_2O$;在研究三元体系 $UO_2SO_4 - H_2SO_4 - H_2O$ 时,人们还发现 $UO_2SO_4 \cdot H_2SO_4 \cdot 2\frac{1}{2}H_2O$ 存在。

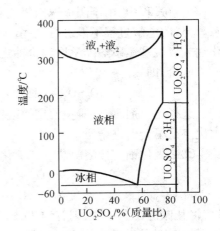

图 2 – 5　硫酸铀酰 – 水体系相图

硫酸铀酰和某些碱金属、碱土金属形成的络盐,如 $(NH_4)_2[UO_2(SO_4)_2 \cdot 2H_2O] \cdot K_2[UO_2(SO_4)_2 \cdot 2H_2O]$ 及相应的 Li^+,Na^+,Rb^+,Cs^+ 和 Mg^{2+} 的硫酸铀酰络盐等均作过详细研究。某些三硫酸铀酰络盐,如 $K_2(UO_2)_2(SO_4)_3 \cdot 5H_2O$,$K_4UO_2(SO_4)_3 \cdot 2H_2O$,

$(NH_4)_2(UO_2)_2(SO_4)_3 \cdot 5H_2O$ 也被人们制得过。

用发烟硫酸处理硝酸铀酰溶液能形成黄色过硫酸铀酰 $UO_2S_2O_7$ 的结晶。硫代硫酸钠处理硝酸铀酰溶液可得硫代硫酸铀酰 $UO_2S_2O_3$ 的沉淀。

利用 UO_2SO_4 的高温稳定性(直到 775 ℃ 以后才分解),可以对某些难分解的矿石采用拌酸熟化的方法进行铀的浸出,高温下(500 ℃ ~600 ℃ 以上)铁、铝、钙、镁等杂质的硫酸盐分解,而 UO_2SO_4 仍保持易浸取的硫酸铀酰盐状态。此法既可减少酸耗,又可有效分离杂质。

2.6.3 硫酸铀(IV)

在铀水冶工艺中,四价硫酸铀有两个主要用途:其一,在高温硫酸法处理某些难分解的含二氧化铀萤石或处理还原熔炼铀以后的熔渣时,经处理后的物料再进行水浸出,得到四价硫酸铀溶液,由这种溶液即可回收上述矿石和熔渣中的铀;其二,借助硫酸铀的溶液,可湿法生产四氟化铀。由于硫酸铀的溶解度不高,故在此过程中,提高硫酸铀的溶解度以减少沉淀四氟化铀的母液量,是工艺上常需考虑的一个问题。对此,一般可用四价硫酸铀和硫酸铵或氟化氢反应生成较易溶的络合物来加以解决。

制备硫酸铀(IV)的方法有两种:

①电解还原硫酸铀酰溶液 电极反应为

$$UO_2^{2+} + SO_4^{2-} + H_2SO_4 \longrightarrow U(SO_4)_2 + O_2 + H_2 \qquad (2-138)$$

电解过程中,由于阴极逸出氢气,阳极逸出氧而消耗硫酸造成酸度下降,故应预先加以注意。另外,电解过程不能进行到底,为弥补这一不足,在由上述四价硫酸铀的电解液沉淀四氟化铀或以烷基焦磷酸酯萃取四价铀之前,可用铁屑把该溶液中剩余 2% ~5% 的六价铀彻底还原成四价,即

$$UO_2SO_4 + 2H_2SO_4 + Fe \longrightarrow FeSO_4 + U(SO_4)_2 + 2H_2O \qquad (2-139)$$

选择还原剂时,应避免使用锌或锌汞齐作还原剂,因为它们易沾污溶液。电解法本身的最大优点是不会引进杂质。

②二氧化铀直接溶解法 二氧化铀直接溶解的反应为

$$UO_2 + 2H_2SO_4 \longrightarrow U(SO_4)_2 + 2H_2O \qquad (2-140)$$

将 UO_2 细末加入温度为 70 ℃ ~100 ℃ 的浓硫酸中,生成含硫酸铀四水合物的糊状混合物,将其保持在 170 ℃,则有约 75% 的 UO_2 粉末转化为 $U(SO_4)_2 \cdot 4H_2O$,转化率及所需时间主要由 UO_2 的分散度决定。这是一个剧烈的放热反应。

四价硫酸铀的水合物可从硫酸铀溶液中结晶析出。对式(2-140)的反应来说,由于处在浓酸介质中,故析出的产物是四水合物 $U(SO_4)_2 \cdot 4H_2O$。在弱酸介质中,析出的产物是八水合物 $U(SO_4)_2 \cdot 8H_2O$。在中性溶液中,生成的产物则是最不易溶解的碱式盐 $UOSO_4 \cdot 2H_2O$,这种产物被认为是由下述水解反应产生的,即

$$U(SO_4)_2 + H_2O \longrightarrow UOSO_4 + H_2SO_4 \qquad (2-141)$$

当酸度达 $0.1\ mol \cdot L^{-1}$ 时,这种水解反应已不明显。

四价硫酸铀为绿色结晶,密度为 $4.6\ g \cdot cm^{-3}$。硫酸铀的八水合物在加热时按下述步骤失去结晶水,即

$$U(SO_4)_2 \cdot 8H_2O \xrightarrow{68℃} U(SO_4)_2 \cdot 4H_2O \xrightarrow{100℃} U(SO_4)_2 \cdot H_2O$$

$$\xrightarrow{200℃} U(SO_4)_2 \cdot \frac{1}{2}H_2O \xrightarrow{300℃} U(SO_4)_2$$

硫酸铀的水合物,特别是八水合物的溶解度在很大程度上和温度有关(图 2-6)。

硫酸铀的强酸溶液是稳定的,在空气中稍有氧化,氧化速度和氢离子浓度的平方成反比。氯在加热的情况下能氧化四价铀,硝酸以及它的盐和二氧化锰均为四价铀的良好氧化剂。

由于四价铀有着突出的络合能力,故在硫酸溶液中可得到不同组成的络盐,如 $2U(SO_4)_2 \cdot H_2SO_4 \cdot nH_2O; H_2[U_2(SO_4)_5] \cdot nH_2O; U(SO_4)_2 \cdot H_2SO_4 \cdot nH_2O$ 及 $H_2[U(SO_4)_3] \cdot nH_2O$。

当用氢氟酸处理固体硫酸铀时,生成可溶性络酸 $H_2[U(SO_4)_2F_2]$ 沉淀,已知它的盐有 $K_2[U(SO_4)_2F_2]$。这些络盐或络酸较不稳定,在溶液中,它们可按下述方程离解,即

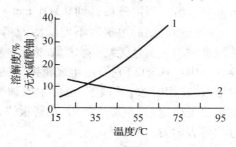

图 2-6　硫酸铀水合物的溶解度和温度的关系

$1—U(SO_4)_2 \cdot 8H_2O; 2—U(SO_4)_2 \cdot 4H_2O$

$$(NH_4)_2[U(SO_4)_2] \Longleftrightarrow U^{4+} + 2NH_4^+ + 3SO_4^{2-} \tag{2-142}$$

$$H_2[U(SO_4)_2F_2] \Longleftrightarrow U^{4+} + 2H^+ + 2SO_4^{2-} + 2F^- \longrightarrow UF_4 + H_2SO_4 + U(SO_4)_2$$

$$\tag{2-143}$$

2.6.4　碳酸铀酰

碳酸铀酰的络盐,如 $Na_4[(UO_2)(CO_3)_3]$,$(NH_4)_4[UO_2(CO_3)_3]$ 等在铀矿石的碱浸取及整个提取精制过程中,均具有十分重要的意义。

将加压的 CO_2 与 UO_3 或铀酸铵作用,可以制得无水碳酸铀酰 UO_2CO_3。加热三碳酸铀酰铵的水溶液会迅速分解产生 UO_2CO_3,反应式为

$$(NH_4)_4[UO_2(CO_3)_3] \xrightarrow{100℃} UO_2CO_3 + 4NH_3 + 2CO_2 + 2H_2O \tag{2-144}$$

最后,产生不溶于水的铀酸铵和重铀酸铵,碳酸铀酰易水解,故碳酸铀酰-水体系难于析出固相。无机酸可将 UO_2CO_3 分解,而碱和 UO_2CO_3 作用则生成重铀酸盐。

碱金属及铵的碳酸盐和氢氧化铀酰、重铀酸盐及被溶解的铀酰盐作用时,可生成碱金属及铵的三碳酸铀酰络合物,反应式为

$$UO_2(OH)_2 + 3M_2CO_3 \rightleftharpoons M_4[UO_2(CO_3)_3] + 2MOH \qquad (2-145)$$

$$M_2U_2O_7 + 6M_2CO_3 + 3H_2O \rightleftharpoons 2M_4[UO_2(CO_3)_3] + 6MOH \qquad (2-146)$$

$$UO_2SO_4 + 3M_2CO_3 \rightleftharpoons M_4[UO_2(CO_3)_3] + M_2SO_4 \qquad (2-147)$$

式(2-145)到式(2-147)中 M 表示碱金属或铵离子,碳酸氢盐也有类似反应,即

$$UO_2(OH)_2 + 4MHCO_3 \rightleftharpoons M_4[UO_2(CO_3)_3] + H_2CO_3 + 2H_2O \qquad (2-148)$$

这些反应式均系总结果,实际的反应是分几步进行的。

上述碳酸铀酰络盐的生成常数均接近 2×10^{16},而三碳酸铀酰钠是最稳定的,在水溶液中,它可部分水解。当溶液稀释到 $0.001\ mol \cdot L^{-1}$ 时,会有部分铀以铀酸盐沉淀析出。

三碳酸铀酰钠的溶解度不但随溶液离子强度的增加而减小,而且和温度也有同样关系。三碳酸铀酰钠为黄色无结晶水的结晶化合物,加热到 400 ℃时分解为铀酸钠和碳酸铀。在强碱性介质中(pH>13)它分解生成重铀酸钠。酸能把 $Na_4[UO_2(CO_3)_3]$ 破坏,使之生成铀酰离子的溶液,在相应的 pH 值下,也可生成铀酸盐及重铀酸盐的混合物沉淀。加热时,三碳酸铀酰钠溶液是稳定的,当加热之初,水解很快,以后由于生成碳酸钠使水解反应终止,该反应的平衡过程可表示为

$$2Na_4[UO_2(CO_3)_3] + 3H_2O \rightleftharpoons Na_2U_2O_7 + 3Na_2CO_3 + 3H_2CO_3 \qquad (2-149)$$

由式(2-149)可以看出 Na_2CO_3 浓度提高,平衡向左进行,故当 Na_2CO_3 浓度达 3% ~5%时,室温下即可生成过饱和三碳酸铀酰钠溶液。

在上述碱性溶液中,六价铀可被锌、亚硫酸氢钠等还原成四价铀的碳酸盐络合物或水合二氧化铀。用碳酸饱和铀酰溶液时,可得到二碳酸铀酰水合物 $Na_2[UO_2(CO_3)_2 \cdot (H_2O)_2]$,溶解度在 18 ℃时为 $1\ 415\ g \cdot L^{-1}$。

在碳酸铀酰铵这一类络盐中,最有意义的要算三碳酸铀酰铵。和三碳酸铀酰钠生成条件相似,在碱性介质中,若有过剩的 $(NH_4)_2CO_3$ 存在,则溶液会有三碳酸铀酰铵结晶析出。三碳酸铀酰铵为黄色结晶,具有单斜晶体结构,晶体大小、形状及颜色随结晶方法及条件而异。

和上述铀盐相似,当三碳酸铀酰铵的溶液与酸或碱作用时,可生成铀酰离子或重铀酸钠沉淀,其水溶液稳定的 pH 范围也和三碳酸铀酰钠相同。煮沸其水溶液也会造成它的迅速破坏并沉淀出各种化合物。

固体三碳酸酰铵的热分解具有重要的工艺意义,在 300 ℃ ~500 ℃时,按下式进行

$$(NH_4)_4UO_2(CO_3)_3 \longrightarrow UO_3 + 4NH_3 + 3CO_2 + 2H_2O \qquad (2-150)$$

当隔绝空气加热到更高温度(700 ℃ ~800 ℃)时可直接生成 UO_2。三碳酸铀酰铵易溶于水,但若溶液中有 $(NH_4)_2CO_3$ 存在,则其溶解度明显下降,见表 2-16。

表 2 – 16　碳酸铵浓度对三碳酸铀酰铵溶解度的影响

（NH$_4$）$_2$CO$_3$ 的浓度/%	三碳酸铀酰铵溶解度/（g·L^{-1}）	
	40 ℃	50 ℃
0	104.6	119.3
1	80.3	94.7
3	53.2	65.7
7	22.6	30.5
15	5.8	8.2
25	1.7	2.7
35	0.4	0.5

2.6.5　铀的有机酸盐

常用的铀有机酸盐有醋酸盐和草酸盐。醋酸铀酰水合物为 $UO_2(CH_3COO)_2 \cdot 2H_2O$，可从稀醋酸中结晶出来，具有斜方结晶。另一种是无水醋酸铀酰，它由二水合物脱水或用醋酸酰和硝酸铀酰作用而得，这种无水盐在 245 ℃下热稳定性很好。醋酸铀酰还能形成 $NaUO_2(CH_3COO)_3$ 一类的复盐。这种钠复盐为无水盐，在同类复盐中溶解度最小，具有立方结构，晶格常数 $a = 1.0688$ nm。将醋酸铀酰溶液经过光化还原可得四价醋酸铀 $U(CH_3COO)_4$，它亦为无水盐，具有单斜结构。

草酸铀酰除无水盐外，还存在一水、二水、三水的水合物。无水草酸铀酰是由带结晶水的草酸铀酰脱水而得。

硝酸铀酰水溶液加入草酸后，结晶析出三水合草酸铀酰 $UO_2C_2O_4 \cdot 3H_2O$，反应式为

$$UO_2(NO_3)_2 + H_2C_2O_4 + 3H_2O \longrightarrow UO_2C_2O_4 \cdot 3H_2O + 2HNO_3 \qquad (2-151)$$

该水合盐为黄色结晶，密度为 3.07 g·cm^{-3}，在紫外光下发强烈的荧光。这种盐仅微溶于水，早年利用这种性质分离杂质以制取纯铀氧化物。这种草酸盐在惰性气氛或真空中热分解，可得 UO_2。$UO_2C_2O_4 \cdot 3H_2O$ 在草酸及草酸铵存在时，生成易溶的络盐，如 $(NH_4)_2C_2O_4 \cdot UO_2C_2O_4 \cdot 3H_2O$，其他的二水合盐为 $UO_2C_2O_4 \cdot 2H_2O$。

所有草酸铀酰均易溶于草酸溶液，且络合性质为它们的共同特性。除上述三水合的铵络盐外，草酸铀酰还和碱或铵的草酸盐作用生成一系列络合物，即 $M_4[UO_2(C_2O_4)_3] \cdot nH_2O$，$M = NH_4$；$M_6[UO_2(C_2O_4)_4(H_2O)_2] \cdot nH_2O$，$M = Na,K$；$M_2[UO_2(C_2O_4)_2(H_2O)_2]$，$M = Li,Na,K,Rb,Cs,NH_4$；$M_2[(UO_2)_2(C_2O_4)_3 \cdot 3H_2O]$，$M = Ba$；$M[UO_2(C_2O_4)(OH)(H_2O)_3]$，$M = Sr,Ba$。

草酸铀酰又能和碳酸盐、硫酸盐、硫氰酸盐等形成一系列混合络盐，如 $M_2[UO_2(CO_3)(C_2O_4)H_2O]$，$M = K,Na$；$(NH_4)_4[UO_2(C_2O_4)(SO_4)_2]$，$K_2[UO_2(C_2O_4)(OH)$

（CNS）（H$_2$O）$_2$〕等。

　　研究这些络合物对了解铀酰络合物的结构及其生成的一般规律具有重要意义。

　　四价草酸铀的六水合物 U（C$_2$O$_4$）$_2$·6H$_2$O 在铀的精制过程中比六价盐具有更好的选择性。因为该盐仅微溶于水及稀酸，故可在酸度较高的条件下和杂质分离，以达到更高的纯化系数。这种盐呈现绿色，当含有草酸时成白色，加热到 110 ℃则失去五个水分子，加热到 200 ℃时丢失全部水分子，其一水合物可不经无水盐而直接热分解成二氧化铀。

习　　题

　　2-1　铀的天然同位素有哪几个，相对丰度和半衰期各为多少？

　　2-2　铀的主要化合物有哪些，主要性质和特征如何？

　　2-3　铀的各种氧化态及其氧化还原特性如何？

　　2-4　铀盐有哪几种类型，各有何特点？

第3章 铀的浸出

3.1 基本概念

在天然铀生产工艺过程中,铀浸出的首要任务是将铀从矿石中提取出来,使铀与大量杂质得以初步分离。铀提取工艺流程的选择、工艺参数的确定都与铀矿石的基本性质有关。铀矿石的基本性质包括铀的品位、矿石的组成、构造和成因,以及围岩、脉石的性质等。因此在讨论铀提取工艺之前,了解铀矿物及矿石的特性是十分必要的。

1. 矿物

矿物是地壳中天然的物理、化学和生物作用的产物。矿物除少数是自然元素,如自然金(Au)以外,绝大多数是自然化合物,如黄铜矿($CuFeS_2$)、沥青铀矿($U_{2-x}^{4+}U_x^{6+}$)O_{2+x},它们的成分一般可用化学式表示。大部分矿物呈固态存在于地壳中,亦有液态(如水银、石油)及气态(如天然气),矿物是矿石和岩石的组成部分。

2. 岩石、母岩、围岩

岩石是组成地壳的主要成分,是由一种或数种矿物构成的集合体。例如,石灰岩由95%以上的方解石组成,花岗岩由石英、长石和云母构成。构成岩石的矿物又叫"造岩矿物"。

母岩是指形成矿物来源的岩石。例如,与铀矿脉有成因关系的花岗岩就可称为铀矿物的母岩。

围岩是指矿体周围的岩石。一般情况下矿体与围岩的接触界线是清楚的,但有时也不清楚。如果矿体与围岩的分界面不清楚,便需要规定矿石的最低品位来圈定矿体的边界,低于工业品位的岩石称为围岩,高于工业品位的岩石称为矿体。有时围岩就是矿体的母岩。

3. 矿石

凡含有金属或非金属矿物,并在现代技术经济条件下具有开发利用价值的岩石均称为矿石,或简称为矿。矿石的范围随着国民经济发展需要的变化和工业技术水平的提高而不断扩大。有些矿石目前尚不能利用,但是将来即可能成为重要的矿石。

矿石的成分是不均一的,除含有经济价值的有用矿物外,通常还含有目前尚不能利用的脉石矿物和岩石碎块。矿石按组织结构可分为块状矿石和浸染状矿石两类,按所含有用矿物种类的多少分为单一矿石和共生矿石。凡只含一种有用矿物的叫单一矿石,含多种有用矿物的叫共生矿石。在自然界里,多数矿石是共生矿石。矿石按有用矿物含量的多少,可分为富矿和贫矿。

4. 脉石

脉石是指在矿床中与矿石伴生的无用固体矿物。在矿石的加工过程中,通常用选矿法将其除去。脉石矿物一般是指非金属矿物,如石英、方解石等。在铀工业上,亦包括某些金属矿物,如铀矿床中的辉钼矿,或某些矿床中的黄铁矿。当然,当矿床中某些脉石矿物达到一定含量时,它们也可作为副产品回收。

矿床中脉石矿物的种类、含量和共生情况,往往影响矿石处理方法的选择和处理费用的高低,因而,脉石是评定矿石可用价值的因素之一。

5. 品位

所谓品位是指矿石中有用金属元素或有用组分的百分含量。例如,当铀矿石中的铀含量为 0.1% 时,该铀矿石中铀的品位就是 0.1%。显然,矿石中有用组分的品位愈高,矿石的质量就愈好。工业上,通常用最低工业品位来划分矿石和岩石。所谓最低工业品位,是指适合于工业要求的有用组分百分含量的最低值。一般说来,最低工业品位的确定与下列三个因素有关:矿床中矿石储量的多少;矿石综合利用的可能性;工艺技术条件。

6. 矿石浸出常见术语

在铀及其他金属的浸出和提取过程中会使用到各种术语,简单介绍如下:

①溶浸剂 用于溶解矿物的化学试剂或化工原料,如 H_2SO_4,$NaHCO_3$,Na_2CO_3,$(NH_4)_2CO_3$,氰化钠,硫脲等。

②溶浸液 由溶浸剂(有时还有氧化剂)和水配制成一定浓度的水溶液,用于与矿石反应,溶解矿物的液体。这种水溶液除含有溶浸剂外,也可能含有其他试剂,如黄金堆浸的溶浸液是氰化钠溶液,因要求 pH 值在 10 左右,通常需加石灰乳或烧碱。

③浸出液 溶浸液与矿物充分接触后反应,将矿物中的某些成分溶解,由固相转变为液相汇集在一起形成的溶液。

④浸出率 矿石经过溶浸液浸出后,浸出金属铀的百分率,分为液计浸出率和渣计浸出率。液计浸出率指浸出液中铀的总量占原矿中铀总量的百分率;渣计浸出率是指按浸出渣品位计算所得到的铀的浸出率。

$$液计铀金属浸出率 = \frac{浸出液中\ U\ 浓度 \times 浸出液体积}{被浸矿石品位 \times 被浸矿石量} \times 100\% \qquad (3-1)$$

$$渣计铀金属浸出率 = \frac{原矿品位 - 渣品位}{原矿品位} \times 100\% \qquad (3-2)$$

⑤渗透系数 指单位时间内水在矿层中所流经的距离,$m \cdot d^{-1}$。

⑥单孔抽液量 单个钻孔在单位时间里抽出的水量,$m^3 \cdot h^{-1}$。

⑦溶浸死角 在溶浸采矿中,溶浸液没有流经到(覆盖)的矿体,叫做溶浸死角。

⑧岩矿孔隙度 孔隙体积占原矿岩体积的百分比,即

$$n_u = \frac{Q_2 - Q_1}{Q_2} \times 100\% \qquad (3-3)$$

式中　n_u——整体岩矿孔隙度,%;

　　　Q_2——整体岩矿的总体积;

　　　Q_1——整体岩矿体积中固体部分的体积。

⑨有效孔隙度　在一个多孔体系(矿体)中有两种孔隙存在,一种孔隙间是彼此不连通的,一种孔隙间是彼此连通的,对矿石浸出来说就需要利用连通的孔隙进行矿石浸出,这部分孔隙称为有效孔隙度,即

$$n_{us} = \frac{Q_{us}}{Q_2} \times 100\% \qquad (3-4)$$

式中　n_{us}——有效孔隙度,%;

　　　Q_2——体系总体积;

　　　Q_{us}——体系中有效孔隙体积之和。

⑩自然安息角　矿石在崩落过程中形成自然矿堆,自然坡面与水平面的夹角称为自然安息角。

⑪湿强度　造粒堆浸中专用的一种强度单位,以表征细粒矿石或矿粉经造粒固化后得到的团聚物(简称团粒)在浸出过程中的稳定性能,即团粒对抗溶浸剂给予的溶解和渗透压力的能力。其测定方法为:准确称量一定量($W_1 > 100$ g)的经造粒、固化后的团粒,置于烧杯中,加水至全部团粒被淹没,浸泡 24 h 以上,然后取出全部团粒,再将烧杯中的水和散落的矿粉过滤。风干后,测定矿粉量(W_2),其计算公式如下

$$湿强度 = \frac{W_1 - W_2}{W_1} \times 100\% \qquad (3-5)$$

⑫喷淋强度　堆浸中一个非常重要的参数,它是堆浸工程中确定构筑物容积大小的主要依据,也是确定回收设施规模的重要基础数据,又是影响浸出周期的主要因素之一,更与结垢现象紧密相关。喷淋强度指单位时间内施于矿堆单位面积上的溶浸液的体积,通常以 $L \cdot h^{-1} \cdot m^{-2}$ 或 $L \cdot h^{-1} \cdot t^{-1}$ 表示。

3.2　铀在自然界的分布和富集特性

地壳中所有矿床的形成,皆是原来分散在地球中的元素逐渐积聚的结果。人们能直接观察到的地球部分,仅是其最表层,至于地球内部的结构和成分,只能由各种间接的测定和推测方法来分析。多数人认为,地球具有层圈构造,地球固体表面以上的各层圈为外部构造,固体表面以下的各层圈为内部构造。

地球的外部构造包括自地表以上的大气圈、水圈,地球的内部构造是围绕中心核形成的不同带,即表层地壳(石圈),中间层地幔(铜圈),中央地核(铁圈)。表 3-1 给出了地球结构的一般性质。

表 3-1　地球各层带的性质

层带名称	主要化学成分	物理状态	密度/(g·cm^{-3})	厚度/km
气圈	N_2,O_2,H_2O,CO_2,惰性气体	气态	0~0.001 5	200~300
水圈	盐和水	液态	1.0	0~11
石圈	常见硅酸盐岩石	固态	3.0	1 200
铜圈	高含量的重金属硫化物	固态	5~6	1 700
铁圈	铁镍熔体	液态	8~10	3 500

3.2.1　铀在自然界的分布

在自然界中铀广泛存在于岩石、水和动植物体内,主要存在于岩石中。地壳中,铀平均含量(质量百分比)为 4×10^{-4},其总量达十万亿吨至百万亿吨,比我们所熟知的元素汞、银、金、铋、镉在地壳中的含量都多。铀存在较分散,不易富集成具有工业价值的矿床,提取较困难,因此常把铀划分为"稀有元素"。若就含量之多与分布之广而论,应称其为"分散元素"。

铀在地球中的分布并不均匀,大多数富集在地壳上部的硅铝层内,由地表向地球中心的各圈层显著减少,到地核中心的铜圈、铁圈实际含铀量已极少,或几乎等于零。

铀在地壳各类岩石中的分布各不相同。在岩浆岩的副矿物中铀含量最高,而暗色矿物中(黑云母、角闪石)则较低,浅色矿物中(石英、长石)最少。还发现,岩浆岩中的铀含量随二氧化硅含量的增加而增多,见表 3-2 和表 3-3。

表 3-2　铀在各类矿物中的分布情况

矿物名称	岩石中的矿物含量/%	矿物中含铀量/%	矿物中铀含量占岩石中铀的总含量数/%
石英	34	1×10^{-4}	11
斜长石	43	1×10^{-3}	19.5
微斜长石	20	8×10^{-3}	7.3
黑云母	1.8	1×10^{-2}	8.2
磁铁矿	0.9	1×10^{-2}	4.1
电磁性矿物(独居石、锆英石)	0.35	3×10^{-1}	47.1
非电磁性矿物(磷灰石、萤石等)	0.1	5×10^{-3}	0.5

表3-3　岩浆岩中铀与二氧化硅含量的关系

岩石名称	花岗岩	花岗闪长岩	闪长岩	玄武岩	辉绿岩	橄榄岩	纯橄榄岩
SiO_2/%	70	66	60	50	50	43	40
U/$(g \cdot t^{-1})$	9	7.7	4	3	2.4	1.5	1.4

铀在沉积岩中的平均含量比岩浆岩中几乎少一半,但分布极广,经地质力和自然力的作用富集成有价值矿床的可能性较大。高度富集铀的沉积岩与碳质、沥青质、有机质、磷质硫化物、黏土质矿物等有关。各种沉积岩的平均含铀量列于表3-4。

表3-4　各种沉积岩的平均铀含量

岩石名称	石灰岩	白云岩	砂岩	页岩	黏土	磷灰岩	泥岩
铀含量/$(g \cdot t^{-1}$岩石)	1.5	0.30	4.00	3.00	4.30	$1(1.0 \sim 1.5) \times 10^3$	50

海水中也含有铀,其浓度随海水中盐的总浓度和海水深度的增加而增加,平均浓度为$3.3 \mu g \cdot L^{-1}$海水,估计总量有4.5×10^9 t之多。

在各种生物体内都或多或少地含有微量铀,其含铀量与生物的本能、地区土壤及岩石中含铀量的多少有关。根据维诺格拉多夫的计算,有机体内平均含铀量小于10^{-10}。

3.2.2　铀在地壳中的存在形式

1. 形成铀矿物

目前已知铀与其他元素形成的铀矿物和含铀矿物约计500种。例如,岩浆岩中常见的铀矿物和含铀矿物有晶质铀矿、沥青铀矿、钛铀矿、铜铀云母、钙铀云母及铌钽酸盐类、沉积岩中的铀石等。

2. 与非铀矿物类质同象

这种现象在岩浆岩的副矿物中较常见,例如在独居石、磷灰石以及钛酸盐、铌钽酸盐等矿物中,铀以U^{4+}形式置换其中离子半径大致相等的元素,呈类质同象形态存在。

3. 呈吸附状态存在

当铀以铀酰离子(UO_2^{2+})的形式存在时,易被有机质、玻璃蛋白石、磷灰石、黏土矿物、氧化铁等以物理或化学形式吸附。

3.2.3　铀的富集特性

铀在地壳中的分布特性和存在形式是由其化学性质决定的。从地球化学角度来讲,铀具有如下重要化学性质:①铀是亲氧(或亲石)元素,即铀与氧可形成牢固的化合物。此性质是由其核外电子层结构决定的,当铀失去价电子后,其离子的最外电子层(P层)有8个电子,呈惰性气体型离子,与氧、氟、氯亲和力强,大多形成氧化物或含氧盐,故称铀为"亲氧元素"。由于上述原因,铀广泛分布在地表以下深约 20 km 内,此范围内是由氧化合物构成的硅酸盐岩石层。同时,这也是自然界中没有铀的硫化物、氮化物、碳化物、氢化物以及铀不可能以金属铀形式存在的原因。②自然界中,铀有两种稳定价态,四价与六价。因此,它能参与地球化学作用的氧化–还原过程,形成种类繁多的铀矿物。在高温高压下,铀在含氧及含金属氧化物的介质中,其最稳定价态是四价。因此,在熔融硅酸盐岩浆中,铀以二氧化铀(晶质铀矿 UO_2)形式存在。在氧化条件下,铀较易从四价变成六价,形成铀酰络阳离子(UO_2^{2+})。在自然条件下,铀酰离子能和其他阳离子(主要是二价的,如 Ca^{2+},Ba^{2+},Cu^{2+})一起与磷酸盐、砷酸盐、钒酸盐、含水硅酸盐、钼酸盐、碳酸盐、硫酸盐等结合,形成各种盐类。另外,铀酰离子还容易被各种凝胶质细分散物,如褐铁矿、蛋白质、磷酸钙、黏土矿物、有机化合物、沥青等吸附。六价铀的化合物与四价铀化合物不同,前者溶解于天然地表水中,特别是含有 SO_4^{2-},CO_3^{2-} 等阴离子的地表水中。因此,在地壳的氧化带能形成多种多样的次生铀矿物。③铀是两性元素,它的氧化物与其他碱性氧化物作用生成铀酸盐,与酸作用生成铀酰盐。④在结晶化学方面,由于铀的稳定价态为四价和六价,所以,它能形成多电荷的大离子团(U^{4+},–0.105 nm;U^{6+},0.079 nm;UO_2^{2+},0.343 nm)。这就使得铀只与为数不多的一些元素(如 Th,TR,Y,Nb,Ta,Zr,Hf 等)有较密切的类质同象关系。由此,可以解释铀矿物在自然界的共生组合规律。

3.2.4　类质同象

类质同象现象是支配地壳中元素共生组合的基本规律之一,它对于解释矿物中元素的结合有重大意义。

类质同象是指性质上相近的元素在晶格中以可变量彼此代替的现象。在这里是指矿物晶体结构中的某些离子、原子或分子的位置,一部分被性质相近的其他离子、原子或分子占据,但晶体结构形式、化学键类型及离子正负电荷的平衡保持不变或基本不变,仅晶胞参数和物理性质(如折射率、相对密度等)随换质点数量的改变而作线性变化的现象。也就是说,矿物晶格中某些位置的质点,被类似的质点(原子或离子等)置换后,晶格常数与原来相比虽略有改变,但其基本的晶格类型仍保持不变。例如晶质铀矿(UO_2)与方钍石(ThO_2)都具有萤石(CaF_2)的晶型,晶质铀矿中的铀可以部分地被钍取代,而其晶型仍保持不变。这就是钍以类质同象的方式置换了晶质铀矿中的铀。同样,铀也可以类质同象方式置换方钍石中的钍。

类质同象的表示方法是将互相置换的原子、离子括在圆括号内,按分量多少依次排列,并用逗号分开。如闪锌矿(Zn,Fe)S,铁是以类质同象方式进入闪锌矿的;在方钍石(Th,U)O_2 中,铀是以类质同象方式进入的;晶质铀矿(U,Th)O_2 中的钍,也是以类质同象方式进入矿物晶格的。

必须指出,质点的相互置换是有条件的:①置换质点的大小应相似,这是形成类质同象的容积条件。铀之所以能与一些元素经常发生置换,是因其离子半径相近,见表 3–5。

表 3 – 5　与铀离子半径相近的金属离子半径

元素	U^{4+}	Th^{4+}	Ca^{2+}	Y^{3+}	Ce^{3+}	Ce^{4+}	La^{3+}
离子半径/ $\times 10^{-10}$ m	1.05	1.10	1.06	1.06	1.18	1.02	1.22

②置换质点的电荷(符号与电量)总和应相等,例如,U^{4+} 与 Th^{4+},U^{4+} 与 Zr^{4+},Fe^{2+} 与 Mg^{2+},Fe^{2+} 与 Zn^{2+},(Na^+,Si^{4+})与(Ca^{2+},Al^{3+})等之间的置换。又如,在磷钇矿(Y,U,Th,Ca)PO_4 中,U^{4+},Ca^{2+} 与 $2Y^{3+}$ 等的类质同象置换均遵循电荷相等的原则。但是,该原则并非绝对有效,自然界中常有异价元素间的类质同象置换。例如,Nb(Ta)能以类质同象方式存在于钛铁矿($FeTiO_3$)中,Y(TR)亦可以类质同象方式进入褐帘石(Ca,Ce)$_2$(Al,Fe)$_3$(SiO_3O_{12})(O,OH)中。在这些矿物中,电荷与半径同时起作用,电荷增加一价,可由半径增加 6% ~10% 得到补偿,此即元素周期表中的"对角线规律"。所谓"对角线规律"是指在元素周期表中离子半径不同的异价元素间发生类质同象置换的规律。具体说,周期表中左上方元素与其相邻右下方元素之间,可以发生类质同象置换,如 Li 与 Mg,Ca 与 Y,Sr 与 TR,Sc 与 Zr,Y 与 Hf,Ti 与 Nb,Zr 与 Ta 等。③相互置换质点的键性应相似。确定元素类质同象置换时,键性往往具有决定性意义。原子电子层构造的差别基本上决定了元素在化合物中键的特征。不同外层电子层构造的元素成键特点不同,它们之间类质同象置换的可能性也就不同。例如 Na 和 Cu,两者离子半径相近(Na^+ 为 0.098 nm,Cu^{2+} 为 0.096 nm),然而由于键的类型不同(Na^+ 为惰性气体型,属亲氧元素,Cu^+ 为铜型离子,属亲硫元素),故铜在钠的化合物中不产生类质同象置换,反之亦然。④物理化学条件的影响。提高温度可提高类质同象的可混性,促进类质同象的置换。另外,类质同象置换时亦受质量作用定律的制约,即矿物中类质同象混入物的成分受溶液或熔融体化学成分浓度的控制。一种熔体或溶液如果缺乏某种成分,则从中结晶出包含此种组分的矿物时,不足的组分可由熔体或溶液中性质与之相似的其他元素以类质同象混入物方式加以补充,这种现象称之为"补偿类质同象"。例如,磷灰石 $Ca_5[PO_4]_3F$ 中,当熔体中 Ca 成分过剩时,矿物中一般不存在 Sr 和 $\sum$ Ce 等杂质;相反,Ca 不足时,则 Sr,$\sum$ Ce 等元素就可以类质同象混入物形式进入磷灰石晶格,因而磷灰石中常可聚集相当数量的稀有分散元素和放射性元素。

3.2.5　主要铀矿物

1. 铀矿物共生组合的基本特点

共生组合是指具有相同成因并一起形成的矿物集合体。铀矿物的共生组合相当复杂,是铀的化学性质所决定的。

在目前已知的铀矿物中,其化学成分的主要特点是一定含有氧,而不含硫化物、卤化物、硝酸盐等。此外,也没有发现天然的金属铀矿。在自然界中,铀除了与氧的关系密切外,与磷、砷、钒、硅、钛、铌、钽、稀土元素、钙、钍、铜等元素之间的关系也相当密切。

铀在矿物中分别以四价或六价状态存在，也可以两种价态同时存在。在自然界，仅含四价铀而不含六价铀的矿物是很少见的。这是因为，铀在放射性衰变的同时附带放出氧并产生自氧化作用。在铀矿物中，四价铀以 U^{4+} 离子形式存在，六价铀以铀酰络阳离子(UO_2^{2+})的形式存在，在少数情况下，六价铀呈重铀酸络阴离子($U_2O_7^{2-}$)状态。前两种离子形式常与其他络阴离子(CO_3^{2-}，PO_3^{3-}，SiO_4^{4-}，AsO_4^{4-})等形成复杂化合物。

在生成条件方面，铀的富集与酸性和碱性火成岩有关。在岩浆作用的早期阶段，铀不能形成独立的矿物，仅以类质同象形式进入副矿物中。铀在伟晶岩矿物中常呈四价状态，并与稀土元素、钍、铌、钽等元素结合形成多种复杂的矿物。在含铀较多的花岗伟晶岩脉内，稀土金属、碱金属及铍的含量一般都很低，同样在含有绿柱石、锂云母、锂电气石的花岗伟晶岩内，很少有铀矿物产出。铀主要富集在含钾高的花岗伟晶岩中。在花岗伟晶岩中产出的晶质铀矿，一般钍的含量较高，并与黑稀金矿、复稀金矿、褐帘石共生。在热液矿床中产出的主要矿物是沥青铀矿，其中几乎不含钍，铀主要和硫化物、砷化物、石英、萤石、方解石等共生。

当热液矿床和伟晶岩矿床受氧化作用后，铀由四价变成六价，呈 UO_2^{2+} 络阳离子状态存在，它与其他络阴离子(AsO_4^{3-}，PO_4^{3-}，SiO_4^{4-})结合形成各种云母类矿物。因此，在地壳的氧化带中，人们见到的矿物是各种各样的次生铀矿。在硫化物铀矿床氧化带中，常见的铀矿物有铀的砷酸盐和磷酸盐类矿物，而在伟晶岩矿床氧化带中，常见的则是铀的氢氧化物和硅酸盐类矿物。

无疑，铀矿物都具有放射性，而且部分次生铀矿物由于 UO_2^{2+} 络阳离子的作用，在紫外线照射下发出各种颜色的荧光。

铀常以细分散的状态存在于矿石中。根据其分散程度可把矿石分为三类：粗浸染状矿石，其中铀矿物的集合体呈块状、斑点状、肾状、脉状、条纹状等；细浸染状矿石，其中铀矿物的集合体呈壳状、网状、鳞片状、小环状等；微粒浸染状矿石，铀矿物常呈粉状。

2. 主要铀矿物及其特征

目前已知的铀矿物和含铀矿物大约有 500 种，其中矿物组成稳定、铀含量恒定、物化性质确定的铀矿物近 200 种。为了便于了解铀矿物，可以从不同角度将铀矿物分成几种不同的类型。按成因来分，铀矿物可分为原生矿物和次生矿物；按铀的存在形式及含量来分，铀矿物可分为铀矿物和含铀矿物；按铀在矿物中的价态来分，可分为四价铀形成的矿物，四价铀和六价铀形成的矿物，六价铀形成的矿物等。在这里，按化学成分将主要铀矿物分为以下几类。

（1）简单氧化物类

简单氧化物类铀矿物是很重要的一类铀矿物。以晶质铀矿和沥青铀矿为代表的简单氧化物类铀矿物是提取铀的主要工业原料。此类主要铀矿物的通式可分别表示为$(U_{2-x}^{4+}, U_x^{6+})O_{2+x}$和$[(U^{4+}, Th)_{1-x}U_x^{6+}]O_{2+x}$。前者为铀的氧化物类，它包括沥青铀矿和铀黑等，后者为铀钍氧化物类，它包括晶质铀矿、方钍石等。

沥青铀矿与晶质铀矿虽具有相同的结晶结构,但其矿物组成和形态截然不同,其主要差别为:①矿物形态不同,沥青铀矿呈各种形态的胶状,如肾状、结核状、鱼子状、微球状、葡萄状、串珠状,以及具有胶状结构的细 - 微脉状、网脉状等。晶质铀矿多呈立方体,有时为八面体、菱形十二面体等,一般呈单体出现,少数呈脉状。②矿物成分不同,沥青铀矿几乎不含钍,晶质铀矿往往在不同程度上含有钍或稀土。③成矿条件及共生组合不同,沥青铀矿主要产于中低温热液矿床中,形成温度较低,一般在 150 ℃ ~ 250 ℃以下,与硫化物或其他中低温热液矿物共生。晶质铀矿主要产于高温热液、伟晶岩脉和变质矿床中,形成温度在 300 ℃以上,一般常与高温热液矿物或稀土钛铌钽复杂氧化物、钍硅酸盐等共生。

在铀的氧化物中,沥青铀矿和铀黑的界限也不是十分清楚。由于氧化程度的变化,常出现过渡状态。它们的主要区别是矿物形态,铀黑一般以土状、粉末状、烟灰状出现。由于晶质铀矿、沥青铀矿以及氧化程度较低的铀黑都具有相同的结晶结构和基本成分。因此,它们的物理性质和化学性质具有很大的相似性,这些矿物一般都呈黑色、沥青黑色、棕色等,氧化后可以显褐色。矿物的相对密度和硬度都有随含氧系数增加而降低的趋势。沥青铀矿和晶质铀矿的化学成分及物理性质分别见表 3 - 6 和表 3 - 7。

表 3 - 6　沥青铀矿的化学成分

成分/%　　样品序号	1	2	3	4	5
UO_2	61.80	22.16	41.14	44.49	46.10
UO_3	22.92	51.29	40.74	38.07	37.16
PbO	3.18	0.39	5.44	3.92	0.49
ThO_2	0.21	0.01	0.018	0.005 2	0.002
TR_2O_3	–	0.21	0.380	–	–
Na_2O	–	–	0.45	–	–
K_2O	–	–	–	–	–
MgO	0.01	1.34	0.24	痕量	0.12
CaO	1.75	4.25	3.53	5.38	11.90
BaO	–	–	–	–	–
MnO	0.19	0.32	0.575	0.40	–
$\sum Fe_2O_3$	1.67	>0.98	0.75	2.71	–
Al_2O_3	0.08	1.15	0.37	–	–
TiO_2	1.10	0.00	–	–	–
SiO_2	2.72	12.57	2.95	0.60	4.71

表 3 – 6 （续）

成分/% ＼ 样品序号	1	2	3	4	5
P_2O_5	–	–	0.27		
ZnO	0.74	–	–	–	
CuO	0.13	–	–	–	
SO_3	–	痕量	–	0.99	–
CO_2	–	–	0.62		
F	–	–	–		
其他	2.40	5.12	3.00	2.29	
总和	98.90	99.79	99.97	98.855	100.482

表 3 – 7　晶质铀矿的化学成分和物理性质

成分和物理性质/%	样品序号				
	1	2	3	4	5
UO_2	59.95	53.09	65.71	56.78	36.96
UO_3	28.85	12.48	13.98	29.50	38.25
ThO_2	6.35	0.05	5.02	3.92	0.063
$\sum TR_2O_3$	0.51	0.95	3.62	1.38	3.17
PbO	1.58	11.24	2.19	4.17	7.3
Na_2O	–	0.13	–	–	0.38
K_2O	–	0.93	–	–	0.05
MgO	0.13	0.32	–	–	1.49
CaO	0.75	8.30	1.20	–	0.80
MnO	0.04	0.11	–	–	–
$\sum Fe_2O_3$	0.58	2.90	5.20	0.28	0.89
Al_2O_3	痕量	2.95	0.31	–	5.18
SiO_2	痕量	0.83	2.13	1.15	–
TiO_2	–	0.11	–	–	–
ZrO_2	–	–	–	–	–
P_2O_5	–	0.513	–	–	1.97
S	–	–	–	–	–

表 3 - 7 （续）

成分和物理性质/%	样品序号				
	1	2	3	4	5
其他	1.15	4.41	1.80	3.34	2.65
总和	99.89	99.313	101.16	100.52	99.22
含氧系数	2.31	2.18	2.17	2.33	2.50
反射色	亮灰色	浅灰色	浅灰色	浅灰色	灰色
硬度（摩氏）	–	5.7	>5	>5	5.3
相对密度	9.2	8~10	–	–	7.5~8.4

（2）复杂氧化物类

这一类矿物是指含铀的钛、铌、钽矿物,其成分复杂,变化不定,种类繁多。主要元素有铌、钽、钛、铁、锰、钙、钠、铀和钍,次要元素有钾、镁、铝、钡、硅、铅、锶、锑、铋、锌、磷、氢氧根和氟离子。这些元素形成广泛的类质同象,这种类质同象置换分为等价的和不等价的。可互相置换的等价离子如 Nb^{5+}—Ta^{5+},Fe^{3+}—Mn^{3+},Ca^{2+}—Cr^{2+}—Ba^{2+};不等价置换的离子如 Nb^{5+}—Ti^{4+},Ca^{2+}—Na^{+},U^{4+}—TR^{3+},Ti^{4+}—Fe^{3+}—Al^{3+},O^{2-}—OH^{-}—F^{-}。

复杂氧化物类矿物主要产于高温热液蚀变的花岗岩、高温热液接触变质岩及花岗伟晶岩中,一般为黑色、褐色。它们的硬度为 5~7,相对密度为 4.5~8.3。含钽量高的矿物相对密度大,含铁量高的矿物具有弱磁性。此类矿物有强放射性,不发荧光。

这类矿物有综合利用的工业价值,但因成分复杂,化学稳定性高,故难以处理,常见的这类矿物有:钛铀矿 $(U,Ca,Th,Y)(Ti,Fe)_2O_6$;铈铀钛铁矿 $(Fe^{2+},La,Ce,U)_2(Ti,Fe^{3+})_5O_{12}$;铌钇矿 $(Y,U,Fe)_2(Nb,Ti,Fe)_2O_7$;黑稀金矿 $(Y,U)(Nb,Ti)_2O_6$;铀烧绿石 $(Ca,Na,U)_2(Nb,Ta)_2O_6(OH,F)$;铈铀烧绿石 $(Ca,Na,Ce,U)_2(Nb,Ta)_2O_6(F,OH)$;铌钛铀矿 $(U,Ca)_2(Nb,Ti)_2O_6(OH)$。

（3）氢氧化物类

铀的氢氧化物是由晶质铀矿和沥青铀矿经氧化作用和水化作用形成的次生矿物。在氧化作用过程中,铀的氢氧化物本身又可转化成各种铀的硅酸盐类矿物。属于此类的主要矿物有:水铀矿 $UO_3 \cdot nH_2O$;水斑铀矿 $U(UO_2)_5O_2[OH]_{10} \cdot nH_2O$;橙水铅铀矿 $Pb[(UO_2)_7O_2(OH)_{12}] \cdot 6H_2O$;红铀矿 $Pb[(UO_2)_4O_2(OH)_6] \cdot H_2O$。

这类矿物颜色鲜艳,有橙红色、红褐色、黄色,相对密度为 4.3~7.2 $g \cdot cm^{-3}$,较其他次生矿物高。在紫外光照射下发暗褐色荧光。它们离原生矿物很近,往往和原生矿物一起被开采。

（4）铀云母类

这类矿物虽不属于典型的层状云母结构，但外表特征与云母相似，故以"云母"命名。其化学通式：$R_2^+(UO_2)_2(MO_4)_2 \cdot nH_2O$，$R^{2+}(UO_2)_2(MO_4)_2 \cdot nH_2O$，$R^{3+}H(UO_2)_4(MO_4)_4 \cdot nH_2O$。

式中 R^+ 为 H，K，Na；R^{2+} 为 Ca，Cu，Fe，Mg，Ba，Pb；R^{3+} 为 Bi，Al；M 为 P，As，V；n 为矿物分子结合水分子的数目。可见，铀云母类矿物是六价铀的磷酸盐、砷酸盐和钒酸盐。

水在铀云母类矿物中的含量变化很大，在磷酸盐和砷酸盐中，水分子数目一般为 4～16 个，而钒酸盐中的水分子通常为 4～8 个。这些矿物中，水的存在类型有两种：一种为构造水；另一种为沸石水。其中以沸石水的含量变化最大。水分子数量的改变取决于物理化学条件和外部介质种类。由于影响因素复杂，因此矿物中的实际含水量常和计算值不符。

含有钙、镁、钡、铜的磷酸盐和砷酸盐具有典型的层状云母构造。它们的晶体结构是由四面体的磷酸盐（或砷酸盐）和八面体的 UO_2^{2+} 组成层，在层间布满着阳离子（如 Ca^{2+}，Cu^{2+}，K^+，Na^+，Al^{3+}，Mg^{2+} 等）和水分子。由于层状结构的特点，此类矿物性脆，硬度低，一般为 2～3，相对密度为 2.50～5.65 $g \cdot cm^{-3}$，而大部分铀云母矿物的相对密度为 3～4 $g \cdot cm^{-3}$，其相对密度是随着阳离子和阴离子原子量的增多与含水量的减少而增加的。大部分铀云母类矿物呈黄色、黄绿色，含铜的铀云母类矿物为翠绿色、碧绿色。

此类矿物主要见于矿床的近地表部分。一般存在于含铀沉积矿床的氧化带中，最常见的矿物是含钒的铀云母矿（如钾钒铀矿、钒钙铀矿等）。在内生矿床的氧化带中，最常见的是含砷和磷的铀云母矿（如钙铀云母矿、铜铀云母矿、砷钙云母矿等）。铀云母类矿物是自然界分布最广的矿物，按成分来分主要有磷酸盐类、砷酸盐类和钒酸盐类。

（5）硅酸盐类

硅酸盐类铀矿物在自然界分布很广，可分为铀硅酸盐和铀钍硅酸盐两类。产于大多数铀矿床的氧化带，常与铀酰氢氧化物类矿物紧密共生。这类矿物具有表生矿物的特征和共生组合的特点，其硬度为 2.5～4 $g \cdot cm^{-3}$，性脆，呈黄色、土黄色，含铜时为绿色。大多数矿物不发荧光，只有硅钙铀矿和硅铅铀矿发微弱荧光。

（6）其他

在各类矿床氧化带中，还发现有铀的钼酸盐类矿物（如水钼铀矿及褐钼铀矿等）、硫酸盐类矿物（如水铀矾和水硫铀矿）、碳酸盐类矿物（如纤铀碳钙石、水菱铀矿）和硫酸-碳酸盐类矿物（如板菱铀矿）等。

除了铀矿物之外，还有种类繁多的含铀矿物，据初步统计我国已发现 70 余种。根据铀在含铀矿物中的存在形式，可将含铀矿物分为两类。一类是铌、钽、钛复杂氧化物类矿物，铀是矿物的固定组分，往往以类质同象形式存在。另一类矿物是在一般条件下不含铀，而只在特定条件下，即铀元素相对富集的地区才含有铀，其中铀含量变化范围较大。属于这一类的有内生矿物，如磷灰石、辉铜矿、硫钼矿、萤石等，也有表生矿物如褐铁矿、三水铝石等。铀在这类矿物中的存在形式，可以是类质同象置换其他元素，也可以被其他矿物吸附，或以超显微粒状的铀矿物混入其他矿物之中。这些含铀矿物大多数不具有工业意义,仅具有地质和找矿意义,其中一部分矿物具有综合利用价值,如含铀的复杂氧化物类、磷酸盐类。少数含铀矿物在特别有利的条件下,可成为工业矿床中的工业矿物,如绿层硅铈钛矿、胶磷矿、磷灰石、辉铜矿、硫钼矿等。

3.3　铀矿石的取样与破碎

采集和制备样品是湿法冶金工程评价时两个关键性的步骤。工艺流程评价结果是基于试验的样品得出的。为了获得准确的结果,试样品位、物质组成须与原始样品一致。不遵循这些准则必将降低工艺流程评价资料的价值。

3.3.1　样品采集

没有一种铀矿石与另一种相同,这是因为矿石是各种矿物的复杂集合体,矿石组成和结构都会有很大的差别,甚至在给定的铀矿床内,这一部分矿石与另外一部分矿石也会有很大的差别。一个工艺流程不能使各种变化因素都最优化,往往是许多因素的折中。当研究工艺流程采集样品时,应采集两类不同的样品进行研究。一类样品作为集合样用来模拟工厂供料,另一类样品由一组样品组成,用来表示可能遇到矿床不同部位的可变性。因此,冶金工艺技术人员需要参与取样组,即使是初步的冶金试验取样也需要。

取样组成员包括地质学和矿物学技术人员、采矿工程师和冶金工艺技术人员。如果冶金工艺技术人员直接参与采样,工艺过程开发成功的机会就大大提高。因为工艺试验取样时,冶金工艺技术人员到达采矿现场,这将有助于冶金工艺技术人员较好地了解到取样的局限性及可能遇到的变化。

冶金工艺试验样品有各种来源,经常遇到下列几种类型的样品:①矿区的露头或地表样品;②冲击钻孔岩芯样品;③探槽取的样品;④井下作业面刻槽取样或其他形式的样品。

矿床类型决定可以取到何种样品。例如,从薄层砂岩矿床十分容易取到上述四种样品,而从浸染型矿床深部,初期只能得到金刚石钻孔岩芯样品。

通常第一批样品从矿床氧化带取到,这与下部非氧化带中得到的矿石有很大的差别。因此,最好是采集不同地带的样品,单独保存。在确定矿石变化性之前或至少在初步估算矿石储量分布之前,不将样品混合,冶金工艺技术人员应与地质学和矿物学技术人员密切配合,确定如何将矿床不同部位样品进行混合以制备集合样。甚至在方案确定以后,部分原始样品仍应保留,以便在工艺研究中遇到困难时,能够详细地研究样品的冶金和矿物特性。

3.3.2　样品标志

样品编号和标志体系应在冶金评价程序开始时就建立起来。标明原矿或样品名称的体系应沿用由地质学技术人员和采矿工程师用来标定矿石类型或地层的标志体系。永久性地记录样品号数及全部精确资料,像取样地点、取样日期、全部分析数据和矿物学资料。原矿样品包装物上至少应有完整的样品标号,标签应该是永久性的,应用油漆书写或采用防水的标志物。用纸袋包装时可以直接在袋上作标志,通常需要双层纸袋,即一层内袋和一层外袋。用布袋包装应在里面和外面都作标志。如果一张标签贴在外面,则第二张放在袋里面。最好的方法是在钢筒外面用油漆书写,在筒里放一张卡片纸。如果矿石有些潮湿时,卡片纸标签应放在密封的塑料袋内,使卡片保持干燥。如果需要大量样品(一袋或一筒以上),每张标签应表明样品袋或筒的总数,这样就不会取出一袋或一筒样品来代替整体。

3.3.3　样品制备

为了分析和试验,需要正确采取和制备大量矿样,以便从中得到与原矿百分组成完全相同的少量样品。每次处理样品时,由于粒度和相对密度不相同,使颗粒产生离析。取样中任何选择或抛弃细颗粒或粗颗粒物料的行为都是不当的,评价一种取样方法好坏要看它使取出样品中各种粒级的比例与原始样品相同的程度。

实验室试验时制样程序可以采用两分法重复制样,一直到获得所需的样品量为止。首先把大量矿石破碎到适当的粒度,然后使破碎的矿石混合,并且分成两等分,每一部分中各种粒度颗粒都有相同的比例。破碎的粒度既取决于所取样品的矿石类型,又取决于现有矿石的质量。表 3 - 8 列出含 0.1% ~ 0.3% U_3O_8 的均匀砂岩铀矿石破碎粒度与样品质量。

试验时,一般采用各种手工取样技术来制备铀矿石样品,但是按格槽缩分的堆锥四分法是使用最广泛的方法。其他技术包括手选取样、勺子取样、管子取样和机械取样。机械取样技术是最准确的,但是在矿石评价阶段常常得不到合适的机械取样器。

表 3 - 8　各种粒度允许的最小取样量

破 碎 粒 度		允许的最少取样量	
in	mm	1b	kg
2	50.8	2	908
1	25.4	1	454
0.75	19.1	0.25	114
0.5	12.7	0.125	56.8
0.25	6.35	0.06	27.2

1. 堆锥四分法

塔格特认为堆锥四分法技术几乎可用于所有的铀矿石,这也是最古老的手工取样方法之一,许多年来在美国西部作为标准的取样方法,特别是用于卖主与买主之间决定大批矿石的价格时,应用最多。此法最多可以用于 45.36 t 矿石的缩分。当矿石量更多时,首先用其他的方法分割,然后用堆锥四分法得到所需要样品。

取样程序是先将矿石堆成圆锥,然后铺开成圆形饼状,沿径向分成四等分,取对角两份作为样品,弃去其他两份。矿石应该破碎通过 5.08 cm 筛或更小的筛孔。操作应在宽敞的房间内进行,以便能方便地铲物料。房间地板应平坦光滑无裂缝,最好是光滑的混凝土地面或薄钢板。先把地板清扫干净,避免其他矿石的沾污。矿石在地板上堆成两堆或四堆,或成圆圈状,然后将矿石铲成正圆锥形状,务必使每一铲物料直接从锥顶落下。形成的圆锥形,其粒度离析要垂直轴对称。为确保这一点,每铲物料要产生大致相似的离析和粒度组成,并且从锥顶落下。最后,操作者从邻近的地方沿着原始矿堆的周边将矿石连续有序地铲到锥形堆的连续相邻的周围各点上。每个人铲相同的量,当矿堆逐渐减小时,铲的量也相应减少。当铲入物料形成圆圈后,沿着圆圈移动将物料铲入锥体。当矿石堆成锥形体后,仔细地扫地板并将细颗粒收集起来倒入锥体顶部,不应扫入堆的底部。最后,在接近锥底的位置,用铁铲呈切线将物料平成截锥或偏平圆饼。然后用棒或板沿着直径成垂直角将饼划分出四等分。相对的两部分铲出弃去,留下部分称为样品。根据物料数量铲成一堆或几堆或圆圈,重复堆锥四等分,直到样品达到需要量。在做进一步缩分之前需要对样品进行进一步破碎。用铁片或木板做成的十字形分割器常常用于截锥四等分。将十字形分割器放在圆饼顶部,其中心与矿饼的中心重合,然后压入矿堆直到地板。这种方法优于用单块板划分的方法,它的分界线更准确。十字分割器可留在原地,当铲走废弃的两等分时,可使样品部分的各边保持垂直。或者堆矿前将十字分割器放在地板上,每铲样品落在交点上,然后铺开锥形体到十字分割器那么厚,和前面步骤一样铲走弃去的部分。

堆锥并不能将矿石均匀混合,因为矿石是铲到锥体上的,粗颗粒矿石在堆锥时沿锥边滚下并滞留在底部,而最细的颗粒仍留在顶点附近,中等粒度颗粒分布在锥的斜坡上。所希望的最终结果是离析以锥轴对称。如果是这样,任何扇面试样将能准确地代表整体样品。

有时,为了使锥体中物料分布更好,采用分次铺开法,首先是做成一个小的锥体,铺成饼,然后在饼的中心做成另一个锥体铺开,重复操作一直到处理掉所有矿石。这种方法有助于减少铺平锥体时的偶然误差。

塔格特和佩里已提出取煤样的例子,这样的操作程序也可用于低品位到中等品位的铀矿石($0.03\% \sim 0.3\%$ U_3O_8),取样程序由几种手工取样技术组成。

最终缩分出的各 6.804 kg 矿样单独储存在容器中,并进一步破碎成浸出或其他试验所需粒度。另外一种方法是将全部 13.61 kg 样品破碎成 – 10 目(< 1.651 mm),用琼斯缩分器或等数型格槽缩分器进行缩分。

2. 缩分

用于缩分的分样器种类很多,图 3 – 1 所示的琼斯分样器是最常用的,它将样品分成两部分。分样器由许多大小相等分别向两边排料的斜槽构成(A),琼斯分样器和其他分样器有各种规格可以使用。分样时,使用的分样器斜槽宽度略比样品中最大颗粒大些,这就保证了样品自由通过斜槽。

给料所用的勺或铲(B)的宽度应与分样器宽度一致,加料勺的边应放在分样器漏斗的边上,然后将试料倒入分样器中。经常出现的错误是倒入物料时使物料留在缩分器上,沿横跨方向来回移动,应特别注意。样品盘(C)与缩分器相配,拟收集产物,其宽度与分样器相同,盘子也可用于给料。

分样技术举例:假定样品量已减少到 32 kg 和破碎到 –10 目,要求最终样品重约 1 kg。样品盘、分样器和地板彻底清扫后,样品盘放在分样器下,用适当的加料勺将样品加到分样器上,物料连续地加到分样器两边。全部分完这些样品可能要四个盘(每边两个),一边的两份样品倒入容器内,另一边两份再进行缩分。如果第一盘从右边倒入分样器,第二盘则从左边倒入。这样,原始样品已减少到两盘,每盘 8 kg。分出的一盘样品倒入容器中,另一份再一次缩分。这个步骤连续进行,每次减少一半,直至获得所需的样品数量。初始样品应使用大的分样器,随着缩分样品量减少,若不到满盘的 1/4,应用小的分样器进行缩分。分样后应剧烈振动分样器,以便清除槽中剩余物料。

琼斯分样器不仅可用于减少物料量及制备分析样品,也可用于浸出或试验中将一个样品分成许多份。例如,某矿样进行 16 次浸出试验(每次 500 g),大量的矿石进行缩分,直到其中一盘略多于 8 kg,然后破碎成所需粒度并混合,通过分样器,缩合到最后两份,每份约 500 g。之前弃去的样品分别储存,然后再分别进行缩分,如此进行至 8 kg 样品分成所需的 16 份。若操作规范,每份给出的样品质量应大致相等,仅仅加减少量样品便同达到所需的准确质量。此外,也可将其中一份作为所有试验的原矿样。

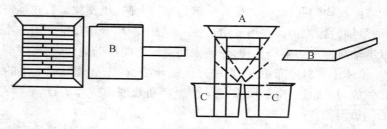

图 3–1 琼斯分样器

A—斜槽;B—给料勺或铲;C—盘

3. 试验产物取样

制备分析所需的代表性浸出渣干样或其他试验产物时要特别小心,试样充分混合是十分重要的。由于试验产物粒度很细,可以使用几种不同的混合技术。

最常用的方法称为"翻滚",即将物料放在一张油光纸、橡胶布或油布(一般称为"滚布")上前后翻滚,滚布应是正方形或近似正方形,面积略大于物料覆盖的面积,使翻滚时物料不会撒出。操作时,将物料放在布中心。用两手抓住布的斜对角,先后把两个角水平放置,要用另外两个角重复操作。这样交替进行直到物料翻滚约 100 次,也可以按逆时针或顺时针方向的顺序扯拉各角。布的大小应与样品量相适应,少量样品在过大的布上混合时,物料只是滑动而没有翻滚。

样品混合后,可用小规格的格槽分样器缩分成分析所需的样品量。或者在滚布上用平勺铺开物料,用勺在整个面上各点取样(每次勺尖都要挨到布),通常分析样品量约 100 g。这种试样应粉碎至 −120 目(<0.125 mm)以下,在装入样品袋前,再滚动 100 次进行混合。

3.3.4　破碎

目前,广泛应用的矿石破碎方法是机械力破碎,包括挤压、冲击、研磨和劈裂等。非机械力破碎的方法有爆破、超声、热裂、高频电磁波和水力等。

破碎过程是一个非常复杂的物料块(矿石)尺寸变化过程,与许多无法估计的因素有关。破碎过程的主要影响因素包括矿石的抗力强度、硬度、韧性、形状、尺寸、湿度、密度和均质性等,也包括一些外部因素,例如矿石之间在破碎瞬间的相互作用和分布情况等。

破碎过程是不可逆的,也不会自行发生。矿石破碎过程是矿石在外力的作用下,克服内部质点之间的内聚力造成的。矿石受外力作用出现破坏之前,首先产生弹性变形,这时矿石本身并没有破坏,当应力达到弹性极限时,出现永久变形,进入塑性变形状态,当塑性变形达到极限时,矿石才会破坏。

1. 破碎理论

破碎理论是研究物料(矿石)从一定块度被破碎到要求的粒度时,与需要外部供给的能量之间的关系。虽然已经提出了几个破碎理论,但是没有一个已被证实和得到实际应用。困难之一是由于从外部输入的大部分能量被设备本身消耗,并转换成为热量,只有小部分的能量用于破碎矿石。其次,所有的理论都假设被破碎的物料是脆性的,当物料(矿石)具有可塑性时,外部能量大部分被消耗在改变物料的形状上,而不是产生新的表面。

1867 年,P R Rittinger 提出"面积说",认为在物料破碎过程中能量主要消耗在剪切变形,剪切力作用的结果是形成新的表面。因此,破碎时所消耗的能量与破碎过程中物料新生成的表面积成正比。

$$E = K_R \cdot S \tag{3-6}$$

式中　E——破碎过程所消耗的能量,9.806 J;

　　　S——新生成的表面积,m^2;

　　　K_R——生成单位表面积所需要的能量,称为 Rittinger 系数,9.806 $J \cdot m^{-2}$。

1885 年,F Kick 提出"体积说",认为物料在破碎时,首先发生压缩变形而后破裂,垂直压力起主导作用,即在一定的破碎比(X_1/X_2)条件下,破碎物料所消耗的能量与颗粒体积或质量成正比,即

$$E = K_K \cdot V \tag{3-7}$$

式中　V——破碎物料变形体积，cm^3；

　　　K_K——破碎单位变形体积所需要的能量，称为 Kick 系数，$9.806\ J\cdot cm^{-3}$。

　　1952 年，F C Bond 提出"破碎裂缝说"，认为外力作用于待破碎的物料，必须克服作用于固体质点的内聚力，物料才能发生破碎。物料块在破碎时，最初是沿着薄弱面碎裂。随着破碎过程的进行，物料的粒度不断减小，脆弱处不断减少，破碎就越困难。裂缝的存在对破碎时的能耗有很大影响。物料在破碎时，首先物料变形，储留了部分变形能，一旦局部应力超过临界点时，裂纹扩展而生成新的表面。因此，破碎物料所需的能量应当考虑"变形能"和"新生表面能"两项。变形能与物料体积 V 成正比，新生表面能与物料新生表面积 S 成正比。如果同时考虑这两项，则破碎物料所需的能量 E 应当与它们的几何平均值成正比，即 E 与 $(VS)^{1/2}$ 成正比。对于外形相似的矿块，矿石单位体积的表面积与矿石直径 X 成反比，即与 $1/X$ 成正比。可见，E 必然与 $1/X^{1/2}$ 成正比。可以认为 $1/X^{1/2}$ 含有裂缝长度的意义，因此破碎一定质量的物料所需的能量正比于所生成的裂缝长度。

$$E = K_B(VS)^{1/2} = C_B(1/X^{1/2}) \tag{3-8}$$

式中　X——颗粒直径，cm；

　　　K_B——Bond 系数。

2. 破碎设备

　　工业上使用的破碎机有颚式破碎机、旋回破碎机、圆锥破碎机、冲击作用破碎机（锤式破碎机、反击式破碎机、笼形破碎机）和辊式破碎机（单辊式和对辊式）等。

　　颚式破碎机由于具有结构简单、制造容易、工作可靠、维护方便、体积和高度较小的优点，最为常用，既可用于粗碎，也可用于中碎和细碎。

　　颚式破碎机的工作原理是：借助动颚板周期性靠近或离开固定颚板的摆动运动，使进入破碎腔的物料受到挤压、劈裂、弯曲和冲击而破碎，破碎后的物料靠自重或颚板摆动时的下向推力从排料口排出。

　　旋回破碎机是由旋转立盘式破碎发展形成的，用于各种硬度岩矿的粗碎。旋回破碎机的工作部件是两个相反放置的截头圆锥形环体（内圆锥体为动锥体，外圆锥形环体为固定锥体），它们所形成的工作区称为破碎腔，被破碎的物料从破碎腔底部排出。

　　圆锥破碎机具有破碎比大、效率高、功耗少、产品粒度均匀等优点，适用于对硬岩物料的中碎、细碎和超细破碎。圆锥破碎机的工作原理与旋回破碎机相似，不同的是两个锥体的放置方式。圆锥破碎机的两个锥体顶点都在同一个方向（向上），而旋回破碎机的动锥体顶点向上，固定锥体顶点向下。圆锥破碎机具有比旋回破碎机高 2.5 倍的旋摆频率和 4 倍的摆动角，由于高摆动频率和大冲程的原因，圆锥破碎机破碎腔中的物料有 95% 的时间处于沿锥间下滑的运动状态，就是在任意瞬间有 5% 的物料处于被破碎的状态。因此，圆锥破碎机的物料通过能力大、产量高、功耗少。

3. 破碎流程

采矿得到的矿石块度一般在 500～600 mm（露天采矿的矿石块度比地下采矿的矿石块度大），而后续的磨矿机进料要求矿石粒度为 −30 mm 左右，由于破碎比比较大，采用单段破碎不可能达到要求，因此工业生产都采用多段破碎，形成破碎流程。

破碎的分段：

①粗碎（第一段破碎）　供料为 600～500 mm，破碎到 125～250 mm；

②中碎（第二段破碎）　供料为 400～125 mm，破碎到 25～100 mm；

③细碎（第三段破碎）　供料为 100～25 mm，破碎到 5～25 mm；

④超细碎（第四段破碎）　供料为 100～25 mm，破碎到 −6 mm 占 60% 左右。

破碎段由筛分作业和筛上物所进入的破碎作业组成，有五种基本形式，如图 3−2 所示。

由破碎段组成破碎流程，按破碎段数可以分为一段、二段、三段和四段，按筛子之间的联系可以分为开路和闭路。应用较广泛的破碎流程是三段一闭路流程，如图 3−3 所示。

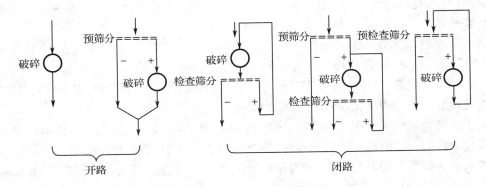

图 3−2　破碎的基本形式

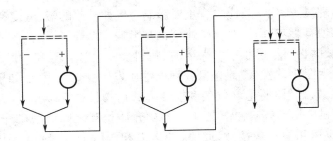

图 3−3　三段一闭路破碎流程

3.3.5　磨矿

磨矿作业是破碎作业的继续，磨矿的目的是为了获得细粒或超细粒产品。磨矿作业的动力消耗和金属消耗很大,通常电耗约 $6\sim30$ kW·h·t^{-1},磨矿介质和衬板消耗约 $0.4\sim3$ kg·t^{-1}。从破磨的目的和节约能量考虑,破磨流程的基本原则是多碎少磨。

磨矿的最佳粒度取决于能否有效地浸出铀,达到这种粒度的能耗费用是可接受的,并且可以采用浓密或过滤的方法从浸出后物料中回收含铀溶液。

实验室研磨试验可以用破碎至 −10 目(<1.651 mm)的钻孔岩心或开采的矿石,所用的应是标准的实验球磨机,如直径 20 cm,长 17 cm 的保罗·阿比陶瓷球磨机。

球磨机中典型装料是:钢球(直径 19 mm)9 kg;矿石(−10 目)1 kg;水 500 mL。

研磨时间由初步试验决定,如 20、40 和 60 min,研磨之后,每个样品用 10 cm 布氏漏斗过滤,分出滤饼 200 g,再制浆,用 200 目筛(74 μm)筛析,然后通过 325 目(40 μm)筛,将 +200 目,−200 ~ +325 目和 −325 目三个粒级产物过滤,烘干并称重。剩余的滤饼可以供浸出用,进行初步酸或碳酸盐浸出试验,可以得出不同研磨条件的浸出率。通常随着磨矿细度的增加,铀浸出率不断提高,一直到铀的浸出率不变为止,因为这时含铀矿物已全部暴露。不过必须评定出适当的磨矿粒度,反之,能源费用增加,试剂耗量增加并给从滤饼中回收铀溶液增加困难。

1. 磨矿原理

磨矿使用最广泛的是圆筒型磨矿机,在圆筒内装入一定数量的不同形状和大小的研磨体(或磨矿介质),例如球、棒、短圆柱,或较大的矿石、砾石等;被磨的物料(矿石)装入圆筒后,筒体以一定的速度旋转,使研磨体被带动而产生冲击和研磨作用,达到把物料磨碎的目的。磨矿的过程是很复杂的物理 – 化学过程,影响因素很多。

属于被磨物料的影响因素有硬度、韧性、结晶特性、含泥量、入磨粒度和要求的产品粒度。属于操作条件的影响因素有磨机的转速、是否采用磨矿介质、磨矿介质的密度、形状、尺寸、配比和加入量。如果采用湿磨,影响因素还包括矿浆浓度、矿浆流变特性和球料比、矿浆温度、成分和磨蚀特性;如果采用干磨,影响因素还包括气流速度、温度和风量等。属于磨机结构的影响因素有磨机的型式、衬板的材质和型式、排料方式、磨机规格和长径比等。

磨矿不仅是物理过程,化学效应也有重要影响。例如矿浆的酸、碱度和化学成分不仅对磨矿介质的磨损和腐蚀有影响,而且对磨矿速度也有影响。

研究表明,当被磨物料粒度小于 10 μm 时,物料会发生"形变"和"性变"。"形变"是被磨物料的结晶形态发生变化,"性变"是被磨物料的性质发生变化。因此,如果"强化"(硬度和韧性增加),物料更难磨;如果"弱化"(硬度和韧性降低),物料更容易磨碎。

磨矿介质在磨机中运动有三种情况:(1)磨矿介质相互之间或磨矿介质与衬板之间夹杂物料,因此磨矿介质相互不直接接触,此时,冲击力和研磨力直接作用于物料,把物料磨碎;(2)磨矿介质相互直接接触,增加了磨矿介质的无益消耗;(3)磨矿介质直接作用于衬板,增加了磨矿介质和衬板的无益消耗。

磨矿可以按有无研磨体分为有介质磨矿和无介质磨矿(自磨),也可以按被磨物料的状态分为干磨和湿磨。在湿磨时,水对物料有脆化、助磨和分散的作用,因此对细磨有利,也有利于环境保护。坚硬的矿石一般较难破碎,但不一定难磨,而有些较软易碎的矿石,却比较难磨。矿石的性质对磨矿的影响可以通过矿石的可磨度反映出来,矿石的可磨度需要通过复杂的试验方法才能测定。

2. 磨矿设备

圆筒型磨矿机分为球磨机(磨矿介质为钢球)、棒磨机(磨矿介质为钢棒)和砾磨机(磨矿介质为矿石或砾石)。球磨机分格子型和溢流型两种,既可用于湿磨,也可用于干磨。格子型球磨机在排矿端部装有排矿格子板。溢流型球磨机没有排矿格子板,靠矿浆液位差排矿。通常球磨机的给矿粒度为 10 ~ 15 mm。棒磨机结构与球磨机相同,但不用格子板排矿,而采用开口型、溢流型和周边型的排矿装置。通常棒磨机的给矿粒度为 15 ~ 25 mm。自磨机也称为无介质磨机,其特点是利用被处理矿石本身作为磨矿介质。通常给入自磨机的最大块矿石为 300 ~ 350 mm。在磨机中,大于 100 mm 的矿石起磨矿介质的作用。小于 80 mm 大于 20 mm 的矿石磨碎能力差,不能作为磨矿介质,本身又不容易被磨碎,为了把这部分矿石磨碎,有时需要往磨机中加入占磨机容积 4% ~ 8% 的钢球,这种磨矿方式称为"半自磨"。自磨也可分为湿磨和干磨,湿式自磨机为了防止大块矿石排出,一般在排矿端部安装格子板,并安装自返装置,使大块矿石返回自磨机再磨。

3. 磨矿流程

磨矿产品的粒度一般为 0.074 ~ 3 mm,由矿石中铀矿物赋存的粒度而定。呈细分散状态存在的铀矿物或含铀矿物,粒度通常在 0.005 ~ 0.07 mm。因此,为了使铀矿物充分暴露,通常需要把铀矿石磨到 −200 目(−0.074 mm)占 50% 以上。控制磨矿产品的合适粒度,既避免过粉碎造成泥化,又可以降低能耗。

磨矿段按磨矿产品的粒度可以分为:粗磨,产品粒度 0.15 ~ 3.00 mm;细磨,产品粒度 0.02 ~ 0.15 mm;超细磨,产品粒度 < 10 μm,通常为 0.05 ~ 1 μm。

磨矿段由分级作业和磨矿作业组成,常规磨矿(球磨和棒磨)的磨矿段有四种基本形式,分为开路和闭路两类,如图 3 − 4 所示。

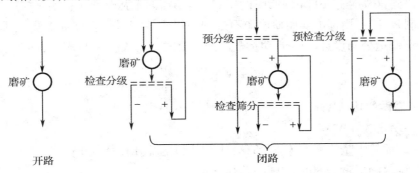

图 3 − 4　常规磨矿(球磨和棒磨)磨矿段的基本形式

自磨的磨矿段有湿式自磨和干式自磨两种基本形式,如图 3-5 所示。在实际应用时,对于中等硬度、铀矿物或含铀矿物粒度较粗而均匀嵌布的矿石,可以采用一段磨矿流程。对于硬度高、铀矿物或含铀矿物嵌布粒度细、解理不发育、韧性强的难磨矿石,应当采用多段磨矿流程。也可以按磨矿产品的粒度要求,选择不同的磨矿流程,例如要求磨矿粒度 -200 目 <60% ~70%,可以采用一段闭路磨矿流程。要求磨矿粒度 -200 目占 80% ~85%,可以采用两段全闭路磨矿流程。

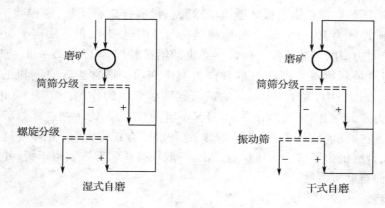

图 3-5 两段一闭路磨矿流程

自 1954 年自磨技术引入铀矿加工厂以来,国外采用自磨技术的铀厂有 30 多个,我国铀厂的第一台湿式自磨机也在 1975 年正式投产使用。自磨与球磨相比较,它的破碎比大,可以避免钢球的消耗,但是衬板和格子板的磨损大,能耗大。因此,在铀厂实际使用时,最好采用自磨(半自磨)与球磨相结合的磨矿流程。

4. 能耗

矿样研磨时的能耗可通过 bond 功指数经验公式获得。该功指数定义为:将理论上任意粒度的物料破碎到 80% 通过 100 μm 筛时的每 t 物料所需的千瓦时数。在实际应用中,该功指数是在相同控制条件下,用标准实验研磨矿石过程中得到的相对值。该标准实验研磨机由美国 Allis-Chalmers 制造公司设计。bond 功指数的经验公式可用式(3-9)表达,即

$$W = W_i \left(\frac{10}{\sqrt{P}} - \frac{10}{\sqrt{F}} \right) \tag{3-9}$$

式中 W——需做的功,$kW \cdot h \cdot t^{-1}$;

W_i——功指数,$kW \cdot h \cdot t^{-1}$;

P——产品筛下量为 80%(质量百公比,下同)的筛孔孔径,μm;

F——试料筛下量为 80% 的筛孔孔径,μm。

矿样可在配有 Allis-Chalmers 研磨机的实验室中测得 bond 功指数。但如果有已知 bond

功指数的标准参照矿样,那么也可通过将未知矿样与其进行比较,来测得 hond 功指数。这两种样品需在同一研磨机中研磨相等时间并筛分,以确定研磨后的这两种矿样的筛下量为 80%(质量百分比)的筛孔孔径。以下是一典型计算示例。

标准参照矿样的数据:

$$W_i = 19.5, F = 1130, P = 133$$

被测试矿样的数据:

$$F = 960, P = 123$$

有

$$W_i = \left(\frac{10}{\sqrt{123}} - \frac{10}{\sqrt{960}} \right) = 19.5 \left(\frac{10}{\sqrt{133}} - \frac{10}{\sqrt{1\,130}} \right) \tag{3-10}$$

则该未知矿样的 bond 功指数为 $W_i = 19.2 \ \text{kW} \cdot \text{h} \cdot \text{t}^{-1}$。

如果研磨前矿样筛分筛下量为 80%(质量百分比)时的筛孔孔径为 9 500 μm;研磨后矿样筛分筛下量为 80%(质量百分比)时的筛孔孔径为 105 μm,那么研磨该矿样时所需的功为

$$W = 19.2 \left(\frac{10}{\sqrt{105}} - \frac{10}{\sqrt{9\,500}} \right) = 16.78 \ \text{kW} \cdot \text{h} \cdot \text{t}^{-1} \tag{3-11}$$

如果某球磨机球磨该矿石处理量为 200 $\text{t} \cdot \text{d}^{-1}$(= 8.3 $\text{t} \cdot \text{h}^{-1}$),那么研磨所需功为 16.78 $\text{kW} \cdot \text{h} \cdot \text{t}^{-1} \times 8.3 \ \text{t} \cdot \text{h}^{-1} = 139.27 \ \text{kW}$。

3.3.6 筛分与分级

为了控制和检查筛分过程的效率,需要标准的试验筛,世界上最常用的标准筛是泰勒标准筛。泰勒标准筛系列中相邻两筛的筛孔径相关系数为 $\sqrt{2}$,也就是说套筛中某个尺寸筛子的筛孔面积是后面一个较细筛子筛孔面积的两倍,或者是前面较粗筛子筛孔面积的一半。泰勒标准筛有 20 多个不同尺寸,孔径从 0.037 mm(400 目)到 26.7 mm,见表 3-9。

表 3-9 泰勒标准筛系列

目 数	1 cm² 的筛孔数	筛孔实际大小/mm	筛孔实际大小/英寸	标称/英寸	线径/mm
—	—	—	1.050	1	—
—	—	—	0.742	0.75	—
—	—	—	0.525	0.5	—
—	—	—	0.371	0.375	—
3	1.2	6.680	0.263	0.25	1.778
4	1.7	4.699	0.185	—	1.651
5	2.0	3.962	—	—	1.118

表 3 − 9 （续）

目数	1 cm² 的筛孔数	筛孔实际大小／mm	筛孔实际大小／英寸	标称／英寸	线径／mm
6	2.3	3.327	0.131	–	0.914
7	2.7	2.794	–	–	0.853
8	3.0	2.362	0.093	–	0.813
9	3.5	1.981	–	–	0.738
10	3.5	1.651	0.065	–	0.689
12	4	1.397	–	–	0.711
14	5	1.168	0.046	–	0.635
16	6	0.991	–	–	0.597
20	8	0.833	0.032 8	–	0.437
24	9	0.701	–	–	0.358
28	10	0.589	0.023 2	–	0.318
32	12	0.495	–	–	0.300
35	13	0.417	0.016 4	–	0.310
42	16	0.351	–	–	0.254
48	19	0.295	0.011 6	–	0.234
60	24	0.246	–	–	0.178
65	26	0.208	0.008 2	–	0.183
80	34	0.175	–	–	0.142
100	40	0.147	0.005 8	–	0.107
115	45	0.124	–	–	0.097
150	59	0.104	0.004 1	–	0.066
170	66	0.088	–	–	0.061
200	79	0.074	0.002 9	–	0.053
250	98	0.061	–	–	0.041
270	106	0.053	0.002 1	–	0.041
325	125	0.043	–	–	0.036
400	–	0.038	0.001 5	–	0.025

1. 筛分准备

筛分试验可以采用湿法或干法,或者两者相结合的方法。常规试验通常使用铜筛,不锈钢筛应用于筛分腐蚀性固体或矿浆。筛分之前应遵循下列程序:

（1）收集使用的筛子，并逐个检查筛子标明的筛孔目数是否合适，是否都是同一种标准筛，如泰勒标准筛。

（2）将筛子举起，在光线下检查清洁度，确信筛孔内没有留下以前筛分的颗粒。筛子使用后立即扫干净。筛孔较粗的筛子可以用软的铜丝刷除去黏附在孔眼中的颗粒，对于孔细的筛子，应用小的毛刷刷除。清扫时，最好刷子在丝布下表面做圆周运动，不能对铜丝布施加过大的压力。用一木棍轻轻敲击筛框，或者筛子对着台子敲击，操作要十分小心，以免损坏昂贵的筛子。

（3）检查所有筛子表面有无破裂。使用 65 目或更细的筛子时应特别小心，因为很容易忽视小破损处。最简单的检查方法是拿起筛子对着光线观察，将整个筛面扫描一下观察有无过大的孔眼或撕破的地方，可以用放大镜来帮助检查，然后小心地检查筛框与筛网连接的地方，较细的筛子这里是最薄弱的地方。发现筛子撕破或有过大的孔眼，使用前应修复。

（4）筛子清扫和检查后，叠起来组成干筛或湿筛的装置。这两种装置最多各容纳 6 个筛子。如果需要更多的筛子，筛分应分步进行，开始先用粗筛，筛子叠放时，最粗的筛子放在顶部。

（5）筛分分析时，试样应该是真正具有代表性的物料。在决定取样的粒度或者质量时，必须考虑物质的种类、筛分性能和颗粒大小。

例如筛分分析时，若筛分的是破碎的产物，它们的粒度范围很宽，需要试样 500～1 000 g，相反，如果试验物料是很细的筛分产物，样品只需要 25～100 g。

（6）加到筛上的样品质量应该受到限制，以免筛子过载。过载可能出现在粒级范围较窄、品位相近物料的筛析中，此时，样品的质量要由不出现过载时筛子能维持的最大样品量来确定。过载的结果是使数据不可靠，因为筛子过载会使筛孔堵塞。此外，细筛过载也会使网布伸展，严重的情况会引起固定在筛框处的网布撕开。如果筛分的样品量大，应该分批进行。

2. 干筛

干筛常常使用筛分振动器。振动器使筛子作圆周运动，同时轻轻振动。一般样品筛分 15～20 min，筛分时间取决于试样的种类和试验的要求。对于工厂控制作业，预筛分物有 3～5 min 已足够获得所需数据，较难筛分的物料 15～30 min 即可。筛分后，留在筛子表面的物料称重并记录对应的筛孔目数。筛出各部分质量相加等于初始样品质量，每千克可差几克。如果差别较大，应找出误差的原因并加以纠正，重新试验。筛分完成后应再次仔细检查所有的筛子，看看是否撕破或其他损坏，以肯定留在任一筛面上的物料均是相应规格的，如果发现筛子撕破或有其他损坏，这次试验无效，损坏的筛子应修理并重新试验。从筛分出来的各部分质量来计算粒度分布百分率。

3. 湿筛

若试样中大量的物料粒度小于 100 目，通常不采用干筛。因为细物料几秒钟就会堵塞筛孔，许多物料在筛分前烘干就不能得到物料固有的粒度分布。例如矿浆中含有极细的矿泥，干燥时矿泥会团聚,这时如用干筛,就不能得到样品中固有的颗粒分布的真实结果。在这种情况下,样品就应湿筛。如果湿筛也不能得出足够准确的结果,可用湿筛和干筛相结合的方法。

首先将样品称重,然后放在最细的筛子中。例如,如果试验筛析粒度为65目,100目,150目和200目和-200目,则样品放在200目筛中,然后筛子放在十字架上,十字架固定在料槽上。筛分时用一小股水洗涤样品,一直到细颗粒全部通过筛子。如果水是清的,说明样品很可能已洗够了。然后,把筛上样品冲洗到盘中,放入干燥箱烘干;如果出现黏牢的团块,应用橡皮塞压碎,按照干筛法筛分,-200目物料过滤干燥保留。最准确的筛分工艺是所述的湿筛与干筛相结合的方法。

样品洗涤之后,叠起的六个筛子插入湿筛装置的漏斗形底部,并确认漏斗是清洁的,湿样倒入套筛顶部。充分洗涤转移样品用的容器,使样品全部移入筛分装置中。布水板应放在粗筛的顶上,固定好压紧装置,一根细的橡皮管缚在布水板上,洗水流到布水板之前,筛分装置开动几秒到1分钟。使大多数液体通过套筛,通过套筛的水和物料收在槽中。如果在这次筛分启动后,看不到什么物料进入槽中。表明套筛中有一个筛子堵塞。解决的方法是通水前把套筛取下来筛动一下,或者轻轻敲击套筛边框一直到有浆料流过筛子,这时就可以通一小股水到套筛,继续筛分到所需时间。

与干筛一样,筛分时间根据物料种类及试验的要求来定。筛分应连续进行足够长时间,使套筛的底流中不但完全没有悬浮物料,而且基本上没有细的筛出物,这可以取少量样品置在玻璃烧杯中检查,明确液体是否已不浑浊及无细颗粒筛下物。当达到这种情况时停止洗水,筛分结束。从筛分装置上取下套筛,每个筛子筛上物料小心地洗下,滤干和干燥。每一部分都要做好标记(最好直接在滤纸上),粗颗粒的各部分物料容易过滤和干燥,但筛下物料则不然。

筛下物料如需进一步筛分,按上述程序转移入另一套筛中。最后的筛下物含有细泥,过滤很慢。如果这部分物料试验中不用,可以在矿浆中加入少量絮凝剂,促使其沉降和过滤。如果矿浆沉降很快得到清液,可以倾析出液体,不需要进一步处理。剩下的物料或是沉降中得不到清液的物料,应转入台式过滤器滤干,滤饼放在干燥箱中干燥。有些物料可不过滤,放在大盘中干燥。筛分出来的各粒级干燥后称重,记录所得物料净重。像干筛中一样,再一次检查各个筛子有无损坏。如果发现有洞眼或撕破,试验要重做。在湿筛分析中各部粒级总的干重与原始样品中固体总质量相一致是困难的。如果预计总质量与实际所得到总质量之间偏差很大,回顾全部操作程序,找出可能产生误差的原因。

当要求不严格时,采用湿筛和干筛相结合的方法,也可用湿筛装置。这种情况只需1~2个筛子,如前述方法湿筛,细筛放在下面,粗筛放在上面,筛去粗砂以减轻细筛负荷。筛分到只要底流较清即可。筛上产物过滤干燥后混在一起,再进行干筛。得到的细物料与湿筛中的细物料合并、称重,同时也将其他粒级的产物称重并求出粒级分布。

4. 粒级筛析

粒级筛析的目的是测定给料和浸出渣中铀的分布,以及获得最佳铀浸出率的粒级。浸出铀时,一般筛分 - 200 目(< 74 μm)的百分数,某些矿石,铀矿化很细,粒级要降低到筛分 - 325 目(< 40 μm)部分所占的百分数。

粒级筛析是从 2 000 g 批料矿样中取出 200 g 代表性干样,用水洗样品过 - 200 目筛。得到两部分样品,干燥保留。 + 200 目部分用 65 目、100 目和 150 目套筛筛分至少振动 10 min,筛分后所得到的各部分产物称重并分析 U_3O_8 含量, - 200 目部分也称重并分析 U_3O_8 量。

3.4　铀矿石的机械富集

3.4.1　概述

机械富集(或称物理富集)也就是选矿。根据铀矿物与脉石矿物之间的某些物理性质或物理化学性质的差异(如放射性,相对密度,表面性质等),用机械的方法把铀矿物从脉石、围岩中选别出来,以得到高品位的铀精矿,并同时从铀矿石中除去一部分脉石、围岩以减少矿石处理量,提高设备的生产能力,这个过程称为选矿。

作为铀提取工艺的准备工序,选矿作业可以在一定程度上提高铀提取过程的技术经济指标。归纳起来,其效果可体现在以下几个方面:①降低试剂消耗,浸出时可免去已选除的脉石、围岩对试剂的消耗;②提高水冶厂的处理能力,选矿废弃的尾矿越多、水冶厂按精矿计的处理能力就越大;③提高分离效果,围岩、脉石或一部分有害组分选除后,可改善水冶工艺条件,简化分离步骤,强化生产过程;④扩大资源范围,一些原来没有工业价值的低品位矿石,经选矿提高品位后,有可能成为有意义的工业原料,使资源得以充分利用。选矿作业虽然是一个有意义的水冶预处理工序,但并非对所有类型的矿石都适用。

选矿的效果可以用以下的选矿指标表示,首先假设:原矿总量为 F,其中铀的品位为 α;精矿产量为 P,所占分数为 ρ,其中铀的品位为 β;尾矿产量为 T,所占分数为 t,其中铀的品位为 γ。于是,可以定义:

矿石的"缩减系数"

$$K_a = \frac{F}{P} \tag{3 - 12}$$

铀的"富集系数"

$$K_e = \frac{\beta}{\alpha} \tag{3 - 13}$$

选矿的目的是希望得到产率低、品位高即 p 较低而 β 较高的精矿,换句话说,是要除去较多的尾矿(即 t 较高)。总之,通过选矿是希望得到较高的缩减系数 K_a,与较高的富集系数 K_e。

从铀的物料平衡可知

$$F \cdot \alpha = p \cdot \beta + T \cdot \gamma \tag{3 - 14}$$

而

$$\rho + t = 1 \qquad\qquad (3-15)$$

所以，精矿产率

$$\rho = \frac{\alpha - \gamma}{\beta - \gamma} \qquad\qquad (3-16)$$

在生产中，一个重要的指标是"铀的回收率"，或称"金属回收率"，可以 E 表示，即

$$E = \frac{P \cdot \beta}{F \cdot a} = \frac{\rho \cdot \beta}{\alpha} = \frac{(\alpha - \gamma)\beta}{(\beta - \gamma)\alpha} \qquad\qquad (3-17)$$

因为精矿品位越高，其产率相对越低，也就是说，尾矿的产率越高。此时若尾矿品位不变，就意味着尾矿中被丢弃的金属越多，则铀的回收率就越低。反之，降低精矿品位，相对提高铀的回收率。由此可见，铀的回收率 E 与精矿品位 β 是矛盾的。这种关系反映在式（3-17）中，可由其导数来判断。为解决这一矛盾，不仅要得到较高的精矿品位 β，又要得到较高的铀回收率 E，就必须同时降低尾矿品位 γ 才有可能。因此，尾矿品位 γ 有着重要的工艺意义。

选矿工艺中另一个指标是"金属损失率"，可以 L 表示，即

$$L = \frac{T \cdot \gamma}{F \cdot \alpha} = \frac{t \cdot \gamma}{\alpha} \qquad\qquad (3-18)$$

生产中，尾矿品位 γ 一般为原矿品位 α 的 5% ~ 10%，对于高品位的富矿，此数值当然应更低一些，否则，铀的损失太大。

3.4.2 放射性选矿（简称"放选"）

对铀矿石来说，放射性选矿是一种经济、简单、针对性强的选矿方法。不需要磨矿，不消耗试剂，不像其他选矿方法那样受到许多限制，故在铀的生产中具有特殊意义，尤其适用于粗选。

1. 放射性选矿的原理

放射性选矿是按铀矿石不同的放射性强度，以机械方式把品位不同的铀矿石分组，分别获得精矿与尾矿的选矿方法。

当矿石中的铀与其衰变子体（主要是 Ra 与 Rn）呈一定的放射性平衡时，可用衰变子体的放射性（主要是 γ 射线的强度）来表征矿石中铀的含量，它们之间通常成正比关系。因为放选是通过测量每块矿石的 γ 射线强度进行选别，所以进行放射性选矿的条件是矿石必须具备一定的"对比度"（也称"显明度"）。所谓对比度，是表示矿石非均匀性的一个尺度。它可以这样来具体理解：对相同大小的矿块，分别测其射线强度，按照 γ 射线强度的次序，把这些矿块排列起来，数目相同的相邻两部分矿块的总 γ 射线强度之比，可作为对比度大小的度量。例如，有十块大小相同的矿石，按放射性强度排列后，则 $K = 1$ 或 K 接近于 1 的矿石是弱对比度矿石，这种矿石不可能用放射性选矿方法进行选别。K 与 1 的差别越大，则表明矿石的非均匀性越强，此种矿石是强对比度矿石，适宜于放射性选矿。

$$对比度 = \frac{前五块矿石总的\ \gamma\ 射线强度}{后五块矿石总的\ \gamma\ 射线强度} \qquad\qquad (3-19)$$

在生产实践中,一般可根据尾矿含铀量 γ 与尾矿产率 t 两个指标来简单地判断矿石放选可选性的好坏。例如,当二种矿石经选别后,尾矿含铀量 γ 相同时,尾矿产率 t 高的矿石可选性好。当然这不是生产控制的唯一依据,还应考虑尾矿中铀的损失,通常,生产中要求铀的回收率需大于 95% 。

2. 放射性选矿操作

放射性选矿操作有一个基本要求,就是给料矿石必须均匀。因为放选时,在设备、仪器工作参数已经调好的情况下,若有一块大于平均块度的矿石,即使它的品位低,其中铀的总量仍可能大于平均块度时精矿的铀含量,于是,这块低品位的大块矿石经放选后,有可能落于精矿料斗中,而影响精矿的质量。反之,若某一矿块小于平均块度,虽然它是一块高品位精矿,经放选后有可能落于尾矿料斗中,而增加了铀的损失。因此,放选操作时,矿块要严格按块度分级。

一般情况下,矿石块度的上限由设备与操作条件来决定,通常为 $200 \sim 300$ mm,其下限则由探测仪器的灵敏度与本底水平等因素决定,通常为 $25 \sim 30$ mm。这就要求粗矿块的产率要大于 50% ,否则,经济效果欠佳。

K - H 分选机是常用的放选设备之一,其工作情况示于图 3 - 6 中。

矿块经料斗 1 加到短程皮带 2 上,成单行排列,经缓冲挡板 3 自由落下,在落下的过程中通过光源 9 与光电管 8 进行矿块面积测量,与此同时,由探头 4 进行放射性测量,经装置 5,6 信息处理后,启动高压空气喷嘴 7,吹动高品位精矿块,使其改变下落轨迹,而尾矿块则直接落下,经分离挡板 10,由皮带 11 与 12 分别收集尾矿与精矿。

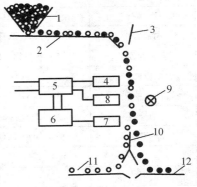

图 3 - 6　K - H 分选机

1—料斗;2—皮带;3—挡板;4—探头;
5,6—信息处理装置;7—喷嘴;8—光电管;
9—光源;10—分离板;11,12—皮带

这种分选机的特点是在辐射测量的同时,进行矿块大小的测量,经过信息处理后,即可得到铀品位的参数,因而无需对矿块进行严格的预分级,显然这是放选操作的一大改进。

不同类型的分选机,不但操作方式不同,其适用条件也不同。如英国 RTZ 矿石分选机公司生产的 17 型放射性分选机,可处理 $-160 \sim +25$ mm 的矿块,18 型放射性分选机能处理 $-25 \sim +0$ mm 的矿粉,单台设备的生产能力可达 $60 \sim 130$ t/h。

3.4.3　重力法选矿

铀矿石的重力法选矿(简称"重选")是基于铀矿物与脉石矿物具有不同的相对密度而进行的一种选矿方法。重力法选矿时,除相对密度外,对铀矿物的硬度也有一定要求。重选时须把矿石磨到一定粒度,以使铀矿物与脉石之间体现出足够的重度差。若铀矿物的硬度不高

（像次生铀矿），则矿石经破碎后，铀矿物便转入细泥组分中，这样，重选也就无效了。因此，重力法选矿适宜于选别不易浆化(即不易泥化)、矿粒较粗大且不易破碎的大相对密度原生铀矿石。表3-10列出了一些重要的铀矿物与脉石矿物相对密度与硬度的数据。

表3-10　重要铀矿物、脉石矿物的相对密度与硬度

矿物	组成	相对密度	硬度(莫氏)
铀矿物			
钛铀矿	U,Th,Ti 等的氧化物	4.5~5.3	4.65
铈铀钛铁矿	Fe,Ti,U 等的氧化物	4.4	6.0
钾钒铀矿	$K_2O \cdot 2UO_3 \cdot V_2O_5 \cdot 8H_2O$	4.1	1~2
钙铀云母	$CaO \cdot 2UO_3 \cdot P_2O_5 \cdot 12H_2O$	3.0~3.2	2
烧绿石	$Na,Ca,Nb_2O_5 \cdot F$	4.3~4.9	5.0~5.5
铜铀云母	$CuO \cdot 2UO_3 \cdot P_2O_5 \cdot 12H_2O$	3.2~3.5	2.0~2.5
土沥青铀矿	有机物 + U,Th 的重碳酸盐	1.5~2.0	3.5~4.0
晶质铀矿	$xUO_2 \cdot yUO_3 \cdot 2PbO$	8.0~10.6	5.0~6.0
沥青铀矿	$xUO_2 \cdot yUO_3 \cdot 2PbO$	6.5~8.0	3.5
铀钍石	$ThO_2 \cdot SiO_2 \cdot UO_3 \cdot CaO$	4.1~4.4	4.5~50
硅钙铀矿	$CaO \cdot 2UO_3 \cdot 2SiO_2 \cdot 6H_2O$	3.8~4.0	2~3
脉石矿物			
铝土矿	$Al_2O_3 \cdot nH_2O$	2.6	1~3
赤铁矿	Fe_2O_3	4.9~5.5	5~6.5
石膏	$CaSO_4 \cdot 2H_2O$	2.2~2.4	1.5~2
白云石	$CaCO_3 \cdot MgCO_3$	2.8~2.9	3.5~4.5
方解石	$CaCO_3$	2.6~3.0	3
高岭土	$Al_2O_3 \cdot 2SiO_2 \cdot nH_2O$	2.4~2.6	2~2.5
石英	SiO_2	2.5~2.8	7
刚玉	Al_2O_3	3.9~4.1	9
褐铁矿	$2Fe_2O_3 \cdot 3H_2O$	3.3~4.0	5~5.5
菱镁矿	$MgCO_3$	2.9~3.2	3.5~4.5
磁铁矿	Fe_3O_4	4.9~5.2	5.5~6.5
长石	$Na_2(H_2)O \cdot Al_2O_3 \cdot 6SiO_2$	2.5~2.6	6~6.5
黄铁矿	FeS_2	4.9~5.2	6~6.5
软锰矿	MnO_2	4~4.7	2~2.5

由于在通常的脉石中，石英与长石约占70%，故脉石的相对密度一般为2.5~2.7，而工业

上最重要的晶质铀矿与沥青铀矿,其相对密度为 6.5~10.6,大约是脉石的 3~4 倍。因此,重力法选矿可适用于这些由伟晶作用与热液作用形成的矿物,而不适用于次生矿物。此外,对细浸染性矿石,若不细磨也不适合于重选。

重选的特点是投资与操作费用较少,但其选别效果并不很好,主要是尾矿产率太低。若扩大尾矿产率,则铀的回收率下降。

1. 重力选矿法原理

重选法是以矿粒在介质中的沉降规律为基础的。矿粒在静止介质中沉降时,由于重力、浮力与运动阻力达到平衡而呈等速沉降,等速沉降的速度可由牛顿公式确定,即

$$V = K \cdot \sqrt{\frac{d(\gamma - \theta)}{\theta}} \tag{3-20}$$

式中　d——矿粒直径;

　　　γ——矿粒密度;

　　　θ——介质密度;

　　　K——包括介质黏度、粒子形状、阻力等因素的系数。

由式(3-20)可知,在决定等速沉降的因素中,矿粒的直径 d 与其密度 γ 同时起作用。若有两种矿粒,其粒度与密度各不相同,如 $\gamma_1 > \gamma_2$,$d_2 > d_1$,则此大小、轻重不同的两种矿粒,将可能具有相同的沉降速度,即

$$V_1 = K_1 \cdot \sqrt{\frac{d_1(\gamma_1 - \theta)}{\theta}} = V_2 = K_2 \cdot \sqrt{\frac{d_2(\gamma_2 - \theta)}{\theta}} \tag{3-21}$$

于是有

$$\frac{d_2}{d_1} = \frac{\gamma_1 - \theta}{\gamma_2 - \theta} \cdot K' \tag{3-22}$$

由式(3-22)所决定的两种矿粒直径之比,称为"等速沉降系数"(或简称"等降系数"),用 ε 表示,即

$$\varepsilon = \frac{d_2}{d_1} = K' \frac{r_1 - \theta}{r_2 - \theta} \tag{3-23}$$

等降系数 ε 是重选过程中一个重要参数。重选法是根据矿粒的不同沉降速度进行选别的,故在重选过程中并不希望轻、重矿粒同时沉降。在粒度相近或轻矿粒稍大的情况下,轻矿粒应该相对密度矿粒沉降速度慢,但若轻矿粒度大于由式(3-22)所决定的范围时,则有可能轻矿粒与重矿粒同时沉降。结果,轻粒脉石混入重粒精矿中,降低了铀的富集系数;反之,若重矿粒度小于由式(3-23)等降系数 ε 所决定的粒度范围时,则小而重的精矿可能与大而轻的脉石混在一起,造成精矿损失。例如,粒度为 5 mm、相对密度为 2.6 的脉石与粒度为 1 mm、相对密度为 9 的晶质铀矿,在重选时若具有相同的沉降速度,则称此二种矿粒为"等速沉降粒"(或"等降粒")。在这里,由等降系数 ε 可以看出,脉石粒度不能比晶质铀矿大 5 倍,否则,二者将一起沉降。也就是说,脉石粒度必须不大于晶质铀矿的 5 倍,重选才能奏效。

等降系数 ε,不仅由矿粒的直径 d 与密度 γ 决定,而且也与选矿介质的密度 θ 有关。θ 提高,可增大 ε,于是也就降低了对原矿的分级要求,扩大了选矿对粒度要求的范围。例如,相对密度为 8 的铀矿物与相对密度为 2.1 的脉石进行重选时,介质密度 θ 的增加,将引起等降系数 ε 的相应加大,如 $\theta = 1$ 时,$\varepsilon = 4.67$;$\theta = 1.5$ 时,$\varepsilon = 6.5$;$\theta = 2$ 时,$\varepsilon = 12$;$\theta = 2.3$ 时,$\varepsilon = 28.5$。

ε 提高后,不仅扩大了操作时的粒度范围,而且适宜于铀矿物与脉石相对密度差较小的场合,甚至当相对密度差小到 $0.1 \sim 0.2$ 时,重选法仍可应用。

2. 重力法选矿设备

这里主要介绍跳汰选矿机和摇床选矿台两种重选设备。

图 3-7 是跳汰选矿机的基本构造示意图。它的主体是一个带锥底的水槽,一侧是筛子,另一侧是活塞。矿石放在筛子上,活塞上下运动造成一个垂直运动的脉冲水流,矿石在此脉冲水流中反复升降而进行选别,上层是脉石的轻粒,下层是精矿的重粒。

图 3-8 是摇床选矿台示意图。

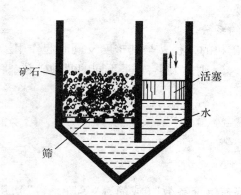

图 3-7 跳汰选矿机示意图

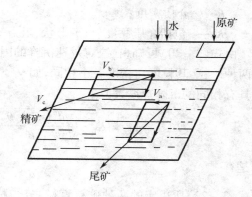

图 3-8 摇床选矿台示意图

摇床选矿台是一个稍微倾斜的矩形铁台(或木台),台面作不对称往复脉冲运动,从而使台面上矿粒作单向运动,如方向 V_b,矿粒同时受水的冲力,产生如 V_a 方向的运动。结果,矿粒的实际运动方向为 V_c。精矿因重度大沉于台面上,受水的冲力小,主要在台面上沿水平方向运动,脉石因重度小而漂浮于水流中,受水的冲力大,主要随水流向下运动。于是,精矿与脉石在台面上有着不同的运动轨迹,因此可以在台下不同位置处分别收集精矿与脉石。

3.4.4 浮选

1. 浮选原理

浮选是基于矿物间表面物理化学性质的差异而进行选别的一种选矿方法。

浮选时,向矿浆中加入一些特殊的表面活性剂,即浮选剂,在不同的表面分子力作用下,可使某些矿粒改变对水的润湿性而获得或增强疏水性,附着于气泡上被带至矿浆表面,形成一种矿化泡沫(简称矿沫),而另一些矿粒在同样情况下则获得亲水性,留于水中。于是不同矿粒达到了选别的目的。

所谓表面活性剂,就是一些可溶于水而极性小于水并能使界面张力降低的物质。其分子由极性基与非极性基两部分构成。如黄原酸盐(R—OCSSM)可用符号"—●"表示,其中非极性基 R 用"—"表示,极性基—OCSSM用"●"表示。浮选时,不断向矿浆中鼓入空气,以产生足够的气泡来提升矿粒。同时,不断进行搅拌,以使矿浆中的矿粒、浮选剂与气泡三相均匀分布,充分接触,以造成有利的浮选条件。此时,浮选剂分子在气－液相界面处定向排列,其示意结构如图 3－9 所示。浮选剂分子的极性基指向极性较大的水,而非极性基则指向极性较小的空气。浮

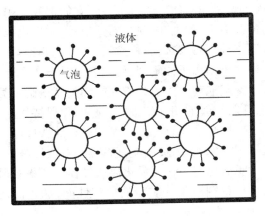

图 3－9　浮选剂分子在气－液相界面处的定向排列

选剂分子的这种排列导致界面张力下降,而界面张力下降则更有利于形成气泡,并且使得气泡越加稳定。

浮选剂分子在固－液界面处的定向排列如图 3－10 所示。浮选剂分子的这种排列,增加了矿粒的疏水性。整个浮选过程中,由于浮选剂分子在不同相界面处的不同定向排列,即矿粒表面上浮选剂的非极性基指向气泡,气泡上浮选剂的极性基指向矿粒,结果,疏水性矿粒附着于气泡上(如图 3－11 所示)。形成这种稳定的气－固结合体,正是矿沫浮选所要求的。

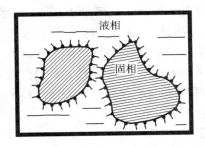

图 3－10　浮选剂分子在固－液相
界面处的定向排列

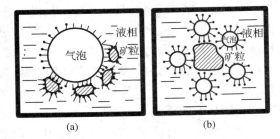

图 3－11　浮选矿沫示意图

(a)疏水性矿粒附着于气泡上;(b)疏水性矿粒为气泡所包围

2. 浮选剂

浮选剂通常包括以下各种不同作用的表面活性剂:

①捕集剂　这种表面活性剂可在矿粒表面上形成一层非极性膜,增加矿粒的疏水性,并易与气泡结合,在浮选中起"结合剂"的作用,而对某些矿粒则可起"换向剂"的作用,即原来亲水性的矿粒,其表面包上一层非极性膜以后,增加了疏水性。属于捕集剂的表面活性剂有黄药(黄原酸盐 R＝OCSSNa)、黑药,它们都属于阴离子捕集剂,一般适用于硫化物矿物的浮选;脂肪酸及皂类,如油酸、氧化石蜡皂等,它们也属于阴离子捕集剂,适用于氧化物型矿物的浮选,可用于铀矿石浮选;有机胺类,如氯化四乙胺($(C_2H_5)_4NCl$)与含有 8～12 个碳原子的伯胺等,它们属于阳离子捕集剂,可用于铀矿石的浮选。

②起泡剂　主要是醇、酚、油类及松脂一类的表面活性剂,其作用是有助于矿浆中形成气泡,并防止气泡间互相碰撞、兼并,而保持气泡的细分散与稳定。

③抑制剂　它可提高浮选过程的选择性,并能阻止某些不希望被浮选的矿粒与捕集剂相互作用。例如,水玻璃就是石英的有效抑制剂。

④活化剂　它可强化浮选过程的捕集效果。尤其是当加入抑制剂进行选择性浮选时,为恢复捕集剂对某些矿粒的捕集性能,加入活化剂尤为必要。活化剂主要是无机电解质,如铜盐、硫化钠等。

⑤分散剂与凝聚剂　它们可促使矿粒在矿浆中充分分散与选择性凝聚。常用的分散剂与凝聚剂是西伯朗。

⑥调整剂　它可提供一个有利的浮选介质条件。为防止设备腐蚀,减低浮选剂用量,浮选操作通常是在弱碱性介质中进行的。常用的调整剂有 $NaOH$,Na_2SiO_3,CaO 等。

上述各类浮选剂的作用并不是绝对不变的,有的可以兼起几种作用,有的对不同矿粒起不同的作用。浮选剂的用量一般都很少,每吨矿石通常只需要几十克、几百克(个别情况下才需要几千克)。这是因为浮选剂都集中在相界面处,虽然整个矿浆中药剂浓度并不高,但相界面处的浓度却相当高。

浮选是一个表面作用过程,与矿粒相对密度无关,而对矿粒粒度却有一定要求。为使矿物充分暴露,以进行有利的表面作用,矿粒须细磨,而因为浮选是一个矿沫携带过程,即疏水性矿沫应浮于矿浆表面,为此,矿沫的相对密度必须小于矿浆相对密度,这也要求矿粒应该细一些。这两方面的原因决定了矿粒粒度的上限,通常为 0.3～0.5 mm。矿粒太细将使矿浆黏度增大,不利于操作,所以粒度下限为 0.07～0.15 mm。浮选过程中矿浆浓度一般控制为 25%～35%。

3. 铀矿石的浮选

浮选作为一种选矿方法已广泛应用于一般矿冶工业中。在铀工艺上虽然也进行了许多研究,但目前还没有普遍应用。因为铀是亲氧元素,亲水性强,而铀矿石中的绝大部分脉石也都属于亲水性强的氧化物,所以难于简单利用表面性质的差异进行选别,也就是说,用现有的一般浮选方法难以达到铀矿石分选的目的,不是铀的损失率高,就是对铀的选择性差。为此,铀矿浮选或者需要特殊的捕集剂以浮选铀矿物,或者采用特殊抑制剂以浮选脉石。这是浮选法在铀矿石选矿中的应用受到限制的基本原因。

在铀矿选冶中,浮选法目前主要用于矿石的分组选别,例如,将酸性矿物与碱性矿物分开,将铀矿物与有色金属分开(特别是硫化物),以利于分别处理、综合利用,同时也尽可能地废弃一部分脉石与围岩。

根据铀矿石的组成特点,浮选法的应用原则上可有以下几种方案:①按矿石组成,如按 CaO 含量的不同,浮选出成分不同的二种产品,分别进行酸法浸出与碱法浸出,或选出几种产品,如硫化物、碳酸盐、硅酸盐,分别进行水冶处理;②浮选除去有害组分,如浮选除去碳酸盐与硫化物以改善浸出工艺,并可得到副产品 H_2SO_4;③贫矿直接进行选择性浮选,以除去大部分尾矿。

铀矿石浮选,在工艺中除了用于含多种金属的铀矿石的浮选外,主要用于含铀硫化物与碳酸盐矿的浮选。例如,浮选含黄铁矿的变质沥青铀矿时,用丁基黄药作捕集剂,2 号煤油作起泡剂,Na_2CO_3 作调整剂,浮选硫化物的效果,列于表 3 – 11 中。浮选后的硫精矿,用于酸法浸出,尾矿则用于加压碱法浸出。

表 3 – 11 含硫铀矿浮选

名称	产率/%	硫品位/%
原矿		$\alpha = 3.97$
硫精矿	$p = 12.45$	$\beta = 25.53$
硫尾矿	$t = 87.55$	$\gamma = 0.63$

又如,含铀碳酸盐矿含 CO_3^{2-} 5.5% ~7.5%,CaO 4.8%,直接酸法浸出时,耗酸太多。它可用氧化石蜡皂作捕集剂,Na_2CO_3 与 Na_2SiO_3 作调整剂进行浮选。浮选后精矿、尾矿的产率及其中碳酸的含量分别为:碳酸盐精矿,$P = 15.29\%$,$\beta_{CO_3^{2-}} = 27.59\%$;碳酸盐尾矿,$t = 84.08\%$,$\gamma_{CO_3^{2-}} = 1.975\%$。此碳酸盐尾矿,也就是含铀硅酸盐。

再如,南非提金后的矿浆,其矿石中铀含量仅十万分之几,主要是以晶质铀矿的形式存在,而硫含量却高达 1.0% ~1.5%,主要是以黄铁矿的形式存在。矿浆除去氰化物以后,调节 pH = 5 ~5.5,用黄药、黑药进行浮选,其选矿效果列于表 3 – 12 中。

表 3 – 12 南非提金尾矿的浮选效果

元素	指标						
	α/%	β/%	γ/%	P/%	t/%	E/%	L/%
U	0.007	0.046	0.005 1	6.4	93.6	38.2	61.8
S	1.10	15.6	0.108	6.4	93.6	90.7	9.3
Au	6.7($\times 10^{-4}$)	60($\times 10^{-4}$)	3.07($\times 10^{-4}$)	6.4	93.6	57.3	42.7

表中:α,β,p,t,E,L 的意义同前。

表 3 - 12 说明,通过浮选主要选出硫化物,其中铀富集了 6 倍,金富集了约 10 倍。

3.5　铀浸出过程的物理化学

铀矿石浸出过程的物理化学问题很复杂,为了讨论方便,把问题进行了简化,着重讨论铀氧化物在浸出过程中的物理化学,包括硫酸和碳酸钠溶液与铀氧化物的化学反应平衡和反应速度,即铀氧化物在浸出过程中的热力学和动力学问题。

3.5.1　铀氧化物的浸出热力学

1. 电位 - pH 方程式和电位 - pH 图

欲使各种铀氧化物与溶浸剂发生化学反应,生成易溶且稳定的化合物,溶浸液必须具备两个条件:一是有一定的氧化 - 还原电位,能把低价铀氧化成高价铀;二是要有一定的酸度,因为大部分氧化 - 还原反应与酸度有关。这就是说,浸出液中反应物和生成物的浓度变化与电极电位及酸度成函数关系,此关系通常由能斯特(Nernst)方程式(即电极电位方程式)描述。为简化起见,又往往将浓度变数指定一个数值,这时,能斯特方程式便成为简单的描述电极电位(以下简称电位)和 pH 的直线方程,这种方程称为电位 - pH 方程,而表示此方程(等温等浓)的图便称为电位 - pH 图。

所有湿法冶金酸浸出过程的化学反应可用下列通式表示

$$aA + mH^+ + ne = bB + cH_2O \tag{3 - 24}$$

式中,A 为反应物;B 为生成物;a,b,c,m 分别为参与反应的各物质的系数;n 为得失电子数。在湿法冶金过程中,根据化学反应体系中的反应物和生成物的种类差别,反应式(3 - 24)又可表示为三种不同类型。

(1)第一种类型

此种类型属化学平衡体系,在此体系中无电子迁移,仅有 H^+ 参与反应,其反应式为

$$aA + mH^+ = bB + cH_2O \tag{3 - 25}$$

当反应达到平衡时,其自由能变化 $\Delta G = 0$,故有

$$\Delta G = \Delta G^\theta + RT\ln \frac{a_B^b \cdot a_{H_2O}^c}{a_A^a \cdot a_{H^+}^m} = 0 \tag{3 - 26}$$

式中,ΔG^θ 为标准自由能变化;R 为气体常数,其值为 8.31 $J \cdot K^{-1} \cdot mol^{-1}$;$T$ 为绝对温度,K;$a_A, a_B, a_{H_2O}, a_{H^+}$ 为各物质的活度,$mol \cdot L^{-1}$。因 $a_{H_2O} = 1$,$-lga_{H^+} = pH$,在 25 ℃时,把上述有关各值代入式(3 - 26),整理后得

$$pH = \frac{-\Delta G^\theta}{5\,724.6m} - \frac{b}{m}lga_B + \frac{a}{m}lga_A \tag{3 - 27}$$

式(3 - 27)中的 ΔG^θ 可以查表,也可按下式进行计算

$$\Delta G^{\theta} = b\Delta G^{\theta}_{B} + c\Delta G^{\theta}_{H_2O} - a\Delta G^{\theta}_{A} - m\Delta G^{\theta}_{H^+} \qquad (3-28)$$

由式(3-27)看出,当 a_A,a_B 为指定数值时,pH 便是一常数值,与电位无关,故式(3-27)描绘在电位-pH 图上应该是一条垂直于 pH 轴的直线。

（2）第二种类型

此种类型属电化学平衡体系,这种体系中有电子迁移,无 H^+ 参与的氧化-还原反应,其通式为

$$aA + ne = bB \qquad (3-29)$$

此反应的电极电位 ε 可由能斯特方程式求得,即

$$\varepsilon = \varepsilon^{\theta} - \frac{RT}{nF}\ln \frac{还原态}{氧化态} = \varepsilon^{\theta} - \frac{RT}{nF}\ln \frac{a_B^b}{a_A^a} \qquad (3-30)$$

式中,F 为法拉第常数,其值为 96 485 $J \cdot V^{-1}$;n 为电子迁移数,当反应温度为 25 ℃时,由式(3-30)可得

$$\varepsilon = \varepsilon^{\theta} - \frac{0.059\,2}{n}\lg \frac{a_B^b}{a_A^a} \qquad (3-31)$$

式中,ε^{θ} 为标准电极电位,其值可查表,亦可由 ΔG^{θ} 计算求得。因为

$$\Delta G^{\theta} = -nF\varepsilon^{\theta} = b\Delta G^{\theta}_{B} - a\Delta G^{\theta}_{A} \qquad (3-32)$$

所以

$$\varepsilon^{\theta} = -\frac{b\Delta G^{\theta}_{B} - b\Delta G^{\theta}_{A}}{96\,485n} \qquad (3-33)$$

由式(3-33)看出,ε 与 pH 无关,当 a_A 和 a_B 为指定数值时,ε 是一常数值,故把式(3-31)的关系描绘在电位-pH 图上,应该是一条斜率为零、平行于 pH 轴的直线。

顺便指出,为便于比较,在电位-pH 图的讨论中均采用还原电位,以下简称电位。

（3）第三种类型

此种类型属电化学平衡体系。这是既有电子迁移,又有 H^+ 参与的氧化-还原反应体系,其通式为

$$aA + mH^+ + ne = bB + cH_2O \qquad (3-34)$$

该反应的电位可由下式求得

$$\varepsilon = \varepsilon^{\theta} - \frac{RT}{nF}\ln \frac{还原态}{氧化态} = \varepsilon^{\theta} - \frac{RT}{nF}\ln \frac{a_B^b}{a_A^a a_{H^+}^m} \qquad (3-35)$$

当指定温度为 25 ℃时,将 R,T,F 等数值代入式(3-35),整理后得

$$\varepsilon = \varepsilon^{\theta} - \frac{0.059\,1}{n}\lg \frac{a_B^b}{a_A^a} - 0.0591\frac{m}{n}\text{pH} \qquad (3-36)$$

如第二种类型所述,式(3-36)中的 ε^{θ} 也可由 ΔG^{θ} 求算。

由式(3-36)看出,当物质 A 和 B 的浓度指定时,第二项也是一常数,故 ε 与 pH 呈线性函

数关系,直线的斜率是系数 $-0.059\ 1\dfrac{m}{n}$,其截距为第一项和第二项之和。

下面举例说明上述计算公式的使用方法。

例 3 - 1　铀酰离子的水解反应式为

$$UO_2^{2+} + 2H_2O \Longrightarrow UO_2(OH)_2 \downarrow + 2H^+ \tag{3-37}$$

此反应没有电子迁移,属第一类化学平衡体系。但反应式(3 - 25)中的 H^+ 是作为反应物参与反应的,为了直接使用第一种类型反应的计算公式,须将式(3 - 37)写成类似于式(3 - 25)的形式,即

$$UO_2(OH)_2 \downarrow + 2H^+ \Longrightarrow UO_2^{2+} + 2H_2O \tag{3-38}$$

因 $UO_2(OH)_2$ 为固体,所以 $a_{UO_2(OH)_2} = 1$,又 $a_{H_2O} = 1, m = 2$,当指定温度为 25 ℃ 时,将式(3 - 38)中各组分的有关值代入式(3 - 27),得

$$pH = \frac{-\Delta G^\theta}{5\ 724.6 \times 2} - \frac{1}{2}\lg a_{UO_2^{2+}} \tag{3-39}$$

从手册中可查到在 25 ℃ 时各生成物和反应物的标准自由能分别为 $\Delta G^\theta_{UO_2(OH)_2} = -1\ 440.6\ kJ \cdot mol^{-1}$;$\Delta G^\theta_{UO_2^{2+}} = -992.88\ kJ \cdot mol^{-1}$;$\Delta G^\theta_{H_2O} = -238.1\ kJ \cdot mol^{-1}$;$\Delta G^\theta_{H^+} = 0$。将这些数值代入式(3 - 28)可求得 ΔG^θ 值,即

$$\begin{aligned}
\Delta G^\theta &= \Delta G^\theta_{UO_2^{2+}} + 2\Delta G^\theta_{H_2O} - \Delta G^\theta_{UO_2(OH)_2} - 2\Delta G^\theta_{H^+} \\
&= -992.88 - 2 \times 238.1 + 1\ 440.6 - 2 \times 0 \\
&= 28.5\ (kJ \cdot mol^{-1})
\end{aligned}$$

$$pH = \frac{28\ 500}{5\ 724.6 \times 2} - \frac{1}{2}\lg a_{UO_2^{2+}} \tag{3-40}$$

由式(3 - 40)看出,溶液中 UO_2^{2+} 的活度随 pH 值的升高而减小。这就是说,pH 值升高,UO_2^{2+} 的水解程度加大,欲使 UO_2^{2+} 在溶液中稳定,必须降低溶液的 pH 值。

例 3 - 2　铀酰离子的还原反应为

$$UO_2^{2+} + 4H^+ + 2e \Longrightarrow U^{4+} + 2H_2O \tag{3-41}$$

此反应的电子迁移数 $n = 2$,又有 H^+ 参与反应,属第三种类型的电化学平衡体系,将各组分的活度值代入式(3 - 35),得

$$\begin{aligned}
\varepsilon &= \varepsilon^\theta - \frac{0.059\ 1}{2}\lg\frac{a_{U^{4+}}}{a_{UO_2^{2+}}} - \frac{0.059\ 1}{2} \times 4 \times pH \\
&= \varepsilon^\theta + 0.029\ 6\lg\frac{a_{UO_2^{2+}}}{a_{U^{4+}}} - 0.12pH
\end{aligned} \tag{3-42}$$

查手册得,25 ℃ 时各物质的标准自由能为 $\Delta G^\theta_{U^{4+}} = -581.28\ kJ \cdot mol^{-1}$;$\Delta G^\theta_{H_2O} = -238.1\ kJ \cdot mol^{-1}$;$\Delta G^\theta_{UO_2^{2+}} = -992.88\ kJ \cdot mol^{-1}$,将这些值代下入式

$$\varepsilon^{\theta} = \frac{-\Delta G^{\theta}}{nF} = \frac{b\Delta G_{B}^{\theta} + C\Delta G_{H_2O}^{\theta} - a\Delta G_{A}^{\theta} - m\Delta G_{H^+}^{\theta}}{23\ 060n}$$

即可求得 $\varepsilon^{\theta} = 0.333$ V，再将 ε^{θ} 值代入式(3-42)，可得

$$\varepsilon = 0.333\ \text{V} + 0.029\ 6\lg\frac{a_{UO_2^{2+}}}{a_{U^{4+}}} - 0.12\text{pH} \qquad (3-43)$$

式(3-43)清晰地表明了铀酰离子还原反应的
化学平衡性质。以电位 ε 为纵坐标，pH 为横坐标作
图，当指定 $a_{UO_2^{2+}}/a_{U^{4+}}$ 一定值时，式(3-43)为一直线
方程。图 3-12 就是根据该电位-pH 方程绘制的，
它形象地描述了 $a_{UO_2^{2+}}/a_{U^{4+}}$、电位和 pH 三者之间的
关系，此图就称为电位-pH 图。

由图 3-12 看出，对 $UO_2^{2+} - U^{4+}$ 体系来讲，在一
定的六价铀和四价铀比例下，对应一定的电位，就有
一定的 pH 值。或者说，在一定的 pH 值时，若电位发
生变化，六价铀和四价铀的比例也将相应变化。在
实际工作中，可通过溶液的电位及 pH 值的测定，由
电位-pH 图求得溶液中六价铀及四价铀的相对比
例。反之，确定了溶液中四、六价铀的比例，也可由
电位-pH 图查出相应电位或 pH 的控制指标。如图
3-12 中的 A 点说明，在 $a_{UO_2^{2+}}/a_{U^{4+}} = 10^3$ 的溶液中，
即铀主要以六价形式存在时，如果溶液的 pH 值为 4，则其还原电位应控制为 -0.06 V。若改
变溶液的 pH 值，又要保持相同的 $a_{UO_2^{2+}}/a_{U^{4+}}$ 比例关系，溶液的电位亦必须相应改变。同时，电
位-pH 图上还能直接表明溶液中铀的各种形态的化合物和离子稳定存在的 pH、电位区域。
当改变电位或 pH 值，打破原有平衡关系而使 $a_{UO_2^{2+}}$ 增大时，为建立新的平衡，根据式(3-43)，
只有减小 $a_{U^{4+}}$。此时，x 值增大，而 x 值大的电位-pH 曲线处在图的上方。由此可知，电位-
pH 图上方(x 值大)有利于 UO_2^{2+} 存在，故称为 UO_2^{2+} 的稳定区。无疑，图线下方(x 值小)有利
于 U^{4+} 存在，故为 U^{4+} 的稳定区。也就是说，电位-pH 图的上方是氧化态的稳定区，下方则是
还原态的稳定区。当然，电位-pH 图的作用远不在于此，它还能对水溶液中复杂体系的平衡
作一目了然的了解，并由此对溶液中化学反应发生的可能性作出判断。综上所述，电位-pH
图对于研究浸出过程的热力学问题是很有帮助的。

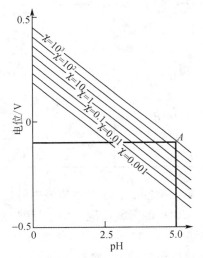

图 3-12　$UO_2^{2+} - U^{4+}$ 的电位-pH 图
($X = a_{UO_2^{2+}}/a_{U^{4+}}$)

2. 铀矿浸出过程的电位-pH 图

重点讨论硫酸浸出过程中铀氧化物的化学反应，并用电位-pH 图来探讨这些反应发生的
热力学条件。为了便于计算，把有关物质的标准自由能列于表 3-13。

不同类型的铀矿石，要求不同的酸浸条件。按照其成因差别，铀矿石可分为两大类：第一

类铀矿中的主要含铀矿物是次生矿物 UO_3 和 U_3O_8，第二类铀矿中的主要铀矿物是原生矿物 UO_2。这些铀氧化物在硫酸浸出液中反应的电位、pH 值与各组分活度之间的关系,可分别按照前面讨论的计算方法进行计算,由此可作出 $U-H_2O$ 系在 25 ℃条件下的电位 – pH 图。

表 3 – 13　U – H₂O 体系中某些组分的标准自由能

组分	标准自由能 $\Delta G_{298}^{\theta}/(kJ \cdot mol^{-1})$	组分	标准自由能 $\Delta G_{298}^{\theta}/(kJ \cdot mol^{-1})$
H_2O	– 238.1	$U(OH)_3$	– 1 105.4
H^+	0	$U(OH)_4$	– 1 476.7
OH^-	– 157.9	U_3O_8	– 3 376.8
U^{3+}	– 522.5	UO_3	– 1 146.6
U^{4+}	– 581.3	UO_2	– 1 035.7
$U(OH)^{3+}$	– 812.7	U	0
UO_2^+	– 997.9	$UO_2(OH)_2$	– 1 440.6
UO_2^{2+}	– 992.3		

第一类铀矿石在酸浸出液中的反应有:

①UO_3 的溶解反应　UO_3 与酸的反应式为

$$UO_3 + 2H^+ \rightleftharpoons UO_2^{2+} + H_2O \qquad (3-44)$$

该反应只有 H^+ 参与,没有电子迁移,属第一种反应类型。当指定温度为 25 ℃时,把有关数据代入式(3 – 27)和式(3 – 28)即可求得

$$pH = 7.38 - \frac{1}{2}\lg a_{UO_2^{2+}} \qquad (3-45)$$

在平衡条件下, 当 $a_{UO_2^{2+}}$ 分别为每升 1, 10^{-2}, 10^{-4} mol 时,由式(3 – 45)计算出相应的 pH 值为 7.38,8.38,9.38。把这些关系描绘在电位 – pH 图 3 – 13 中,以标号为①的三条平行线表示。因为工业实践上浸出液中的铀浓度通常为 1 g · L^{-1} 左右,该浓度换算成摩尔浓度后,数值上与 10^{-2} mol · L^{-1}(相当于含铀 2.38 g · L^{-1})接近,所以下面讨论问题时,均以 $a_{UO_2^{2+}} = 10^{-2}$ mol · L^{-1} 为基础与铀浸出液的其他活度条件进行比较。

由式(3 – 45)可知,当 $a_{UO_2^{2+}} = 10^{-2}$ mol · L^{-1} 时,pH = 8.38 是固相 UO_3 与 UO_2^{2+} 达到化学

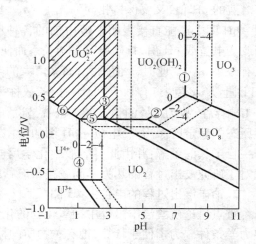

图 3 – 13　U – H₂O 系在 25 ℃下的电位 – pH 图

平衡的热力学条件。从图 3 - 13 看出,如果改变 pH 值,使其大于 8.38,平衡被破坏,UO_2^{2+} 便向固相 UO_3 转化,如果使 pH 小于 8.38,固相 UO_3 将会继续与酸反应生成 UO_2^{2+},直至 $a_{UO_2^{2+}}$ 达到与该 pH 值相应的平衡活度为止,当 pH 值降低到 7.38 时,则与其相平衡的 $a_{UO_2^{2+}}$ 应该为 $1\ g \cdot L^{-1}$。这表明,降低 pH 值有利于 UO_3 与酸反应。

②U_3O_8 的溶解反应　U_3O_8 在硫酸浸出液中的溶解反应式为

$$U_3O_8 + 4H^+ \Longleftrightarrow 3\ UO_2^{2+} + 2H_2O + 2e \tag{3 - 46}$$

该反应既有 H^+ 参加,又有电子迁移,属第三种类型的反应。因在电位 - pH 图上均采用还原电位,故式(3 - 46)可写为

$$3\ UO_2^{2+} + 2H_2O + 2e \Longleftrightarrow U_3O_8 + 4H^+ \tag{3 - 47}$$

将反应式(3 - 47)中各物质的有关数值代入式(3 - 35)和(3 - 36)即可求得其电位和 pH 的关系为

$$\varepsilon = -0.403 + 0.09 \lg a_{UO_2^{2+}} + 0.12 pH \tag{3 - 48}$$

在平衡条件下,分别将 $a_{UO_2^{2+}}$ 的数值 $1, 10^{-2}, 10^{-4}\ mol \cdot L^{-1}$ 代入式(3 - 48),即得

$$\varepsilon = -0.403 + 0.12 pH \tag{3 - 49}$$

$$\varepsilon = -0.583 + 0.12 pH \tag{3 - 50}$$

$$\varepsilon = -0.763 + 0.12 pH \tag{3 - 51}$$

把电位 - pH 方程式(3 - 49)、(3 - 50)、(3 - 51)描绘在图 3 - 13 中,就是标号为②的三条线。比较固体 UO_3 和 U_3O_8 在酸性溶液中的化学反应可以看出,虽然它们发生反应的 pH 值都很高,但是两者却有不同,U_3O_8 的溶解反应必须有氧化剂存在,如 $a_{UO_2^{2+}} = 10^{-2}\ mol \cdot L^{-1}$ 的情况下,氧化剂的电位必须高于($-0.583 + 0.12 pH$)伏才能使 U_3O_8 的溶解反应发生,而 UO_3 的溶解反应则仅与 pH 有关。应该指出的是,在上述 pH 范围内,因为 UO_2^{2+} 不稳定,实际产生的是 $UO_2(OH)_2$ 沉淀。

③铀酰离子的水解反应　溶液中一定浓度的铀酰离子只有一定的 pH 范围内才稳定,超过此范围便发生水解,其水解反应如式(3 - 37)所示,pH 与 $a_{UO_2^{2+}}$ 的对数成反比关系,即 UO_2^{2+} 的水解反应随 pH 值升高而加剧。当 $a_{UO_2^{2+}}$ 分别为 $1, 10^{-2}, 10^{-4} mol \cdot L^{-1}$ 时,由式(3 - 40)计算的相应 pH 值为 2.49,3.49,4.49。这些关系在图 3 - 13 以标号为③的三条平行线表示。pH = 3.49 是 $a_{UO_2^{2+}}$ 为 $10^{-2}\ mol \cdot L^{-1}$ 时与 $UO_2(OH)_2$ 沉淀成化学平衡的热力学条件。由图 3 - 13 看出,如果调整 pH 使之大于 3.49,则平衡破坏,UO_2^{2+} 进一步水解,直至 $a_{UO_2^{2+}}$ 与改变后的 pH 值达到新的平衡。这就是说,在 $a_{UO_2^{2+}}$ 为 $10^{-2}\ mol \cdot L^{-1}$ 的溶液中,只有当 pH 增至 3.49 时,才有发生水解的可能性。故 pH 大于 3.49 的区域是水解的区域。由此看来,电位 - pH 图可与相图比较,但它不描述相变,而描述水溶液中复杂体系的化学变化。

第二类铀矿石在酸浸出液中的主要反应有:

①UO_2 的溶解反应　UO_2 与酸的化学反应式为

$$UO_2 + 4H^+ \rightleftharpoons U^{4+} + 2H_2O \tag{3-52}$$

该反应没有电子迁移,pH 值与 U^{4+} 的活度关系由式(3-27)和式(3-28)计算得到,即

$$pH = 0.95 - \frac{1}{4}\lg a_{U^{4+}} \tag{3-53}$$

式(3-53)表明,pH 值与 $a_{U^{4+}}$ 的对数成反比关系。当 $a_{U^{4+}}$ 分别为 $1,10^{-2},10^{-4}$ mol·L^{-1} 时,由式(3-53)计算的相应 pH 值为 0.95,1.45,1.95。这些关系在图 3-13 中以标号为④的三条平行线表示,上述计算表明,当 $a_{U^{4+}}$ 为 10^{-2} mol·L^{-1} 时,与固体 UO_2 平衡的 pH 值为 1.45,即固体 UO_2 与酸发生化学反应的热力学条件为 pH 小于 1.45(系统中无氧化剂存在)。与 UO_3 的溶解反应相比,UO_2 溶解反应需要较高的酸度,故 UO_2 在浸出液中是最难溶性化合物。

②UO_2 的氧化溶解反应　UO_2 在有氧化剂存在的酸浸液中,是先氧化为六价,然后才转入溶液,其溶解反应式为

$$UO_2 \rightleftharpoons UO_2^{2+} + 2e \tag{3-54}$$

该反应属第二种类型,将各组分的有关数据代入式(3-31)和式(3-33),即可求得其还原电位为

$$\varepsilon = 0.221 + 0.03\lg a_{UO_2^{2+}} \tag{3-55}$$

当 $a_{UO_2^{2+}}$ 分别为 $1,10^{-2},10^{-4}$ mol·L^{-1} 时,由式(3-55)计算得到相应的 ε 值为 0.221 V,0.161 V,0.101 V。这些关系在图 3-13 中以标号为⑤的三条平行线表示。由图 3-13 可以看出,线⑤与③相交,其交点的横坐标为相应于一定活度的 UO_2^{2+} 发生水解的 pH 值。这说明,固体 UO_2 转入酸溶液的氧化反应虽与 pH 值无关,但要使生成的 UO_2^{2+} 在酸溶液中稳定,必须使溶液维持一定的 pH 值,此即上述交点所对应的 pH 值。具体来说,在溶液电位为 0.161 V,pH < 3.49 的条件下,溶液中 UO_2^{2+} 的活度可达 10^{-2} mol·L^{-1}。

比较固体 UO_2 转入酸性溶液的两种不同反应可以看出,氧化剂的存在将降低其向溶液转化的酸度。

③UO_2^{2+} 与 U^{4+} 的相互转化反应　UO_2^{2+} 与 U^{4+} 的相互转化反应在讨论式(3-41)时已述及,电位 ε,pH 值与反应物和生成物活度之间的关系也由式(3-43)给出,故此处直接写出其电位-pH 方程式,当 $a_{UO_2^{2+}}/a_{U^{4+}} = 1$ 时,有

$$\varepsilon = 0.333 - 0.12pH \tag{3-56}$$

式(3-56)在图 3-13 上以标号为⑥的线表示。在此线以上,铀主要以 UO_2^{2+} 形式存在,此线以下,铀主要以 U^{4+} 形式存在。

以上讨论的六个反应是铀氧化物在酸浸出液中可以发生的主要反应。当然,实际情况要复杂得多,例如水解反应就有多种多样。但是,对浸出过程最有意义的是铀氧化物的溶解反应,而不是其他离子的水解。浸出的目的是希望矿石中所有的铀都处于可溶状态。为达此目的,必须控制热力学条件使之能防止最易出现的水解产物 $UO_2(OH)_2$ 生成,做到了这一点,其他水解反应就无须虑及了。

就上述电位 – pH 图(图 3 – 13)来看,当 $a_{UO_2^{2+}} = 10^{-2}$ mol·L^{-1},$a_{UO_2^+}/a_{U^{4+}} = 1$ 时,其阴影的区域就是 UO_2^{2+} 稳定的区域,即只要把溶液的电位、pH 值控制在这一范围内,其他化学形态的铀氧化物都是不稳定的,均向生成 UO_2^{2+} 的方向转化。因此,这一区域的电位、pH 值是保证铀氧化物转入浸出液所必需的热力学条件。

3. 酸浸过程中的氧化剂

由上述讨论可见,提高溶液的还原电位有利于铀氧化物的溶解,由电化学平衡理论可知,凡溶液中平衡电位在线⑤(图 3 – 14)以上的物质均能作 UO_2 的氧化剂。当然,在浸出过程中应该优先考虑三价铁对铀的氧化作用,因为在一般情况下所处理的矿石中都含有铁的矿物,磨矿时,在球(棒)磨机中也会磨下铁的颗粒,这些铁在酸浸时将以铁离子形式进入溶液。

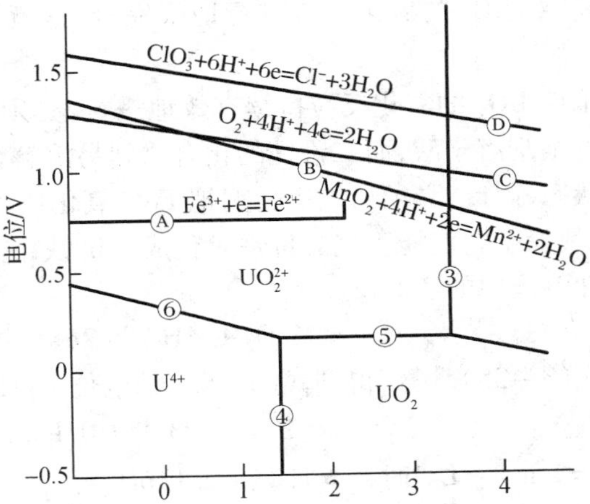

图 3 – 14　U – H$_2$O 系部分铀氧化物与氧化剂的电位 – pH 图

图中表示铀氧化物反应的③,④,⑤,⑥各线均
取自图 3 – 13 中 $\alpha UO_2^{2+} = 10^{-2}$ mol/L 的线段

酸性溶液中三价铁的还原反应为

$$Fe^{3+} + e \Longrightarrow Fe^{2+}$$
$$(3 – 57)$$

假定溶液中 $a_{Fe^{3+}}/a_{Fe^{2+}} = 1$,则

$$\varepsilon = 0.771 + 0.06 \lg a_{Fe^{3+}}/a_{Fe^{2+}} = 0.771 (V) \qquad (3 – 58)$$

此反应的平衡电位在图 3 – 14 中用Ⓐ线表示,Ⓐ线位于⑤,⑥两线之上,如上所述,三价铁能够氧化 UO_2 而使铀呈 UO_2^{2+},此结果也可通过计算进一步证实。

酸性介质中,三价铁氧化 UO_2 的化学反应式为

$$2Fe^{3+} + UO_2 \Longrightarrow UO_2^{2+} + 2Fe^{2+} \qquad (3 – 59)$$

实际上,反应式(3 – 59)是反应式(3 – 57)和(3 – 54)两式的和,故后两式的电位差 $\Delta\varepsilon$ 可理解为反应式(3 – 59)得以发生的热力学推动力。随着反应(3 – 59)的进行,$a_{Fe^{3+}}/a_{Fe^{2+}}$ 由于 $a_{Fe^{3+}}$ 不断下降和 $a_{Fe^{2+}}$ 不断上升而逐渐降低,但 $\varepsilon_{UO_2^{2+}/UO_2}$ 则相反的由于 $a_{UO_2^{2+}}$ 的升高而增大,其结果是导致两个电极电位相等,在此情况下,反应达到平衡,氧化过程即告终止。反应的平衡常数可求得

$$\Delta\varepsilon = \varepsilon_{Fe^{3+}/Fe^{2+}} - \varepsilon_{UO_2^{2+}/UO_2} = 0.55 + 0.03 \lg \frac{a_{Fe^{3+}}^2}{a_{Fe^{2+}}^2 \cdot a_{UO_2^{2+}}} = 0 \qquad (3 – 60)$$

从而得到

$$\lg K = \lg \frac{a_{Fe^{2+}}^2 a_{UO_2^{2+}}}{a_{Fe^{3+}}^2} = \frac{0.55}{0.03} = 18.33 \tag{3-61}$$

$$K = 2.14 \times 10^{13} \tag{3-62}$$

可见,Fe^{3+} 对 UO_2 的氧化反应进行地很完全,这就证明电位 – pH 图可以用于判断反应能否进行。

为了使 UO_2 的氧化反应持续有效地进行,必须保持溶液中的铁呈现三价状态,但三价铁的化合物很难溶于酸,而二价铁的化合物则易溶解得多。在铀矿浸出时溶解下来的铁大部分是二价状态,因此,必须另加氧化剂把 Fe^{2+} 氧化成 Fe^{3+}。氧化剂的种类很多,如二氧化锰、氯酸钠、氧气等。它们能否把二价铁氧化成三价铁,首先须考查它们的还原电位。例如,二氧化锰在酸性溶液中的还原反应为

$$MnO_2 + 4H^+ + 2e \Longrightarrow Mn^{2+} + 2H_2O \tag{3-63}$$

按式(3 – 35)计算,得到式(3 – 63)的电位 – pH 方程式为

$$\varepsilon = 1.23 - 0.03 \lg a_{Mn^{2+}} - 0.12 pH \tag{3-64}$$

当 $a_{Mn^{2+}} = 1 \ mol \cdot L^{-1}$ 时,$\varepsilon = 1.23 - 0.12 pH$。 $\tag{3-65}$

式(3 – 65)在图 3 – 14 中以标号Ⓑ的线表示。由图 3 – 14 看出,当 pH < 2 时,线位于Ⓐ线之上,因此 MnO_2 能够把二价铁氧化成三价铁,其化学反应方程式为

$$MnO_2 + 2Fe^{2+} + 4H^+ \Longrightarrow 2Fe^{3+} + Mn^{2+} + 2H_2O \tag{3-66}$$

这个反应在工业上的实际应用中广泛使用是很普通的。

如果采用空气作氧化剂,其化学反应式为

$$O_2 + 4H^+ + 4e \Longrightarrow 2H_2O \tag{3-67}$$

常压下,空气中氧的分压 $p_{O_2} = 0.21$ 大气压,因而

$$\varepsilon = 1.23 - 0.06 pH + 0.0148 \lg p_{O_2} = 1.22 - 0.06 pH \tag{3-68}$$

式(3 – 68)在图 3 – 14 中以标号为Ⓒ的直线表示。

采用氯酸钠作氧化剂时,其化学反应方程式为

$$ClO_3^- + 6H^+ + 6e \Longrightarrow Cl^- + 3H_2O \tag{3-69}$$

按式(3 – 35)计算,得到式(3 – 69)的电位 – pH 方程为

$$\varepsilon = 1.51 + 0.01 \lg \frac{a_{ClO_3^-}}{a_{Cl^-}} - 0.06 pH \tag{3-70}$$

当 $a_{ClO_3^-} / a_{Cl^-} = 1$ 时,有

$$\varepsilon = 1.51 - 0.06 pH \tag{3-71}$$

式(3 – 71)在图 3 – 14 中以标号为Ⓓ的直线表示。

由图 3 – 14 可以看出,直线Ⓑ、Ⓒ、Ⓓ均位于Ⓐ线之上,说明这些氧化剂都具备氧化二价铁

的热力学条件。但是,其反应速度的大小及其在生产中使用的可能性,有待反应动力学研究。

铀氧化物在碱性浸出液中的化学反应可表示为

$$UO_3(\text{固}) + 3CO_3^{2-} + H_2O \Longleftrightarrow UO_2(CO_3)_3^{4-} + 2OH^- \tag{3-72}$$

$$UO_2(\text{固}) + 3\ CO_3^{2-} \Longleftrightarrow UO_2(CO_3)_3^{4-} + 2e \quad \varepsilon^\theta = -0.32\ V \tag{3-73}$$

$$U_3O_8(\text{固}) + 2H_2O + 9CO_3^{2-} \Longleftrightarrow 3UO_2(CO_3)_3^{4-} + 4OH^- + 2e \quad \varepsilon^\theta = -0.35\ V$$
$$\tag{3-74}$$

铀氧化物之所以能够转变成碱溶性的,是由于 CO_3^{2-} 与 UO_2^{2+} 极易络合,且生成物的溶解度又很大,其络合常数为

$$K = [UO_2(CO_3)_3^{4-}]/[UO_2^{2+}][CO_3^{2-}]^2 = 5.9 \times 10^{22} \tag{3-75}$$

由此,碱与铀氧化物反应的关键是低价铀的氧化反应,目前工业生产上普遍采用空气作氧化剂。

以上讨论了常温(25 ℃)下 $U-H_2O$ 系的电位 – pH 图,但在生产上,为了提高铀氧化物的浸出速度,浸出过程常需在较高温度下进行。高温下,由于物质的稳定性发生了变化,电位和 pH 较之常温均有重大改变,因此,高温下的 $U-H_2O$ 系电位 – pH 图中的相应图线亦将有很大变化。

3.5.2　铀氧化物的浸出动力学

热力学讨论只解决了浸出反应的方向和限度问题,即仅说明了酸或碱与铀氧化物发生化学反应的热力学条件,至于浸出过程的速度以及如何控制,则是动力学将要讨论的内容。

欲讨论浸出过程的速度,必须先了解浸出过程发生的机理和步骤。由于铀的浸出是在液、固两相界面上发生的反应,因此,浸出过程一般包括以下几个步骤:①反应试剂从溶液主体(相对于液膜而言)扩散到固体颗粒的外表面,包括从溶液主体到颗粒表面液膜外面的对流扩散与通过液膜的分子扩散,称为外扩散过程;②反应试剂从颗粒的外表面通过颗粒的毛细孔和裂缝以分子扩散方式扩散到颗粒内表面,称为内扩散过程;③扩散到内表面上的反应试剂与铀矿物发生化学反应,同时,反应生成物溶解,此过程包括化学变化和相变化;④生成物从颗粒内表面扩散到外表面,称为内扩散过程;⑤生成物从颗粒外表面扩散到溶液主体,称为外扩散过程。以上浸出过程的五个步骤中,最慢的一步是整个过程速度的控制步骤。若要加快浸出过程的速度,必须提高控制步骤的速度。

由以上讨论可知,铀氧化物浸出过程的速度主要取决于扩散速度和化学反应速度。究竟哪种速度起控制作用视具体情况而定。所谓扩散控制或化学反应控制仅具有相对意义,在不同条件下可以相互转化。

1. 扩散速度

扩散过程包括内扩散和外扩散。外扩散过程包括从溶液到液膜边缘的对流扩散和通过液膜的分子扩散,为简化起见,可把外扩散看作是通过一定厚度为 Z 的液膜的分子扩散。Z 为一

虚拟的液膜厚度,也可称为有效厚度。外扩散过程如图 3 – 15 和图 3 – 16 所示。

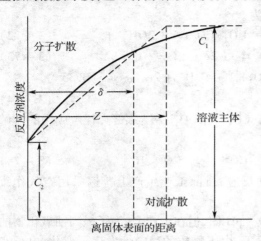

图 3 – 15　溶浸剂向固体表面扩散示意图
δ—液膜厚度;Z—液膜的有效厚度;
C_1—主体溶液中溶浸剂浓度;
C_2—固体表面溶浸剂浓度

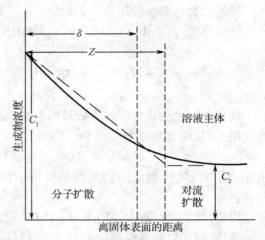

图 3 – 16　生成物自固体表面向溶液扩散示意图
δ—液膜厚度;Z—液膜的有效厚度;
C_1—固体表面生成物浓度;
C_2—主体溶液中生成物浓度

图 3 – 15 中反应试剂从溶液主体向固体表面的扩散速度,及图 3 – 16 中生成物从固体表面向溶液主体的扩散速度,均可用稳态扩散方程式表示如下

$$\frac{\mathrm{d}s}{\mathrm{d}t} = D \cdot A \frac{\mathrm{d}C}{\mathrm{d}Z} = D \cdot A \frac{C_1 - C_2}{Z} \tag{3 – 76}$$

式中,$\mathrm{d}s/\mathrm{d}t$ 为外扩散速度;s 为扩散的物质量;t 为扩散时间;C_1,C_2 为扩散物在液膜两边的浓度(图 3 – 17、图 3 – 18);Z 为液膜的有效厚度;A 为固液两相接触表面积;D 为扩散系数,可表示如下

$$D = \frac{RT}{N} \frac{1}{3\pi\mu d} \tag{3 – 77}$$

式中,R 为气体常数;N 为阿伏加德罗常数;μ 为矿浆黏度;d 为颗粒直径。

由于任一厚度的液膜都具有一定的扩散阻力,故我们可以把内扩散阻力看成是一定厚度的液膜所产生的外扩散阻力,这样内、外扩散的总速度可用下式表示

$$\left(\frac{\mathrm{d}s}{\mathrm{d}t}\right)' = D \cdot A \cdot \frac{C_1 - C_2}{\rho} \tag{3 – 78}$$

式中,ρ 为一虚拟液膜厚度,假定在此液膜内具有内外扩散阻力的总和。

实际上,铀矿浸出时的扩散过程是极为复杂的,不是稳定传质过程,因而不像式(3 – 70)所描述的那样简单。另外,上面所作的简化也是极为粗糙的,扩散阻力的折算方法也仅具有理

论意义,因此,不能用上述扩散方程对铀矿浸出作定量描述,只能借助它对扩散过程速度作如下定性讨论。

(1)矿石粒度　提高矿石的粉碎程度,即减小粒度可以增加固液两相的接触面积,同时还可以降低扩散阻力(随着颗粒减小,毛细孔数增加,且长度变短),有利于提高扩散速度。但粉碎度过高也不利,徒然增加能量消耗,亦使矿浆黏度增加,矿浆黏度为

$$\mu = \mu_0(1 + 4.5\varphi) \tag{3-79}$$

式中,μ_0 为溶剂黏度,为固体矿粒在矿浆中所占的体积百分数。φ 随矿石粉碎度增加而增加。矿浆黏度增加的结果是,一方面降低了扩散系统,同时增加矿浆固液分离的困难。因此,工业生产对矿石的粉碎度有一定的限制,一般在 0.07 ~ 0.3 mm 左右。

(2)液膜两边的扩散物质浓度　在液膜两边的扩散物质浓度(C_1,C_2)与反应试剂(或生成物)的浓度有关,也与固液界面的化学变化及相变化速度有关。当过程速度由反应试剂向内的扩散速度控制时(图 3-15),界面的化学变化与相变化速度愈快,C_2 愈小,推动力($C_1 - C_2$)就愈大;同理,当过程速度由生成物向外的扩散速度控制时(图 3-16),界面的化学变化及相变化速度愈快,C_1 愈大,推动力也愈大。

(3)液固比　液固比一般是指液体与固体的质量比。液固比小,矿浆的黏度大,同时也增加矿浆的凝聚程度(团聚或小颗粒围绕小气泡凝聚),因而导致扩散速度下降。为此,液固比似乎大些好,但是,液固比太大也有缺点,主要是加工物料的体积增大,这样,不仅试剂的耗量增大(为维持体系的一定试剂浓度),而且也降低了浸出液中的铀浓度。工业生产中液固比选择的一般范围是:酸浸时,液:固 =0.8 ~ 2;碱浸时,液:固 =0.8 ~ 4。用得较多的液固比为1。应当指出,在逆流浸出时,液固比可在较大范围内变化,并能得到较高铀浓度的浸出液。

(4)两相接触情况　增加两相相对运动可以减小液膜厚度,从而降低扩散阻力。所以,浸出时采用搅拌对加快外扩散速度是极为有利的。

(5)温度和时间　提高浸出温度可以降低矿浆黏度,从而增大扩散系数,提高扩散速度。当然,因其他方面条件的限制,浸出温度不能无限制地提高。

浸出温度和时间二者是相互依赖的因素,升高温度可以相应缩短浸出时间,反之,也一样。常规浸出的时间一般控制在 4 ~ 24 h。

(6)矿石的结构　矿石的多孔性、孔隙的大小、润湿性及铀矿物在矿石中的分布情况等均会影响扩散速度。

2. 化学反应速度

(1)酸浸过程中影响化学反应速度的因素

硫酸在溶液中电离成硫酸根、硫酸氢根和氢离子,然后它们再与六价铀反应,生成铀酰阳离子、中性硫酸铀酰盐及硫酸铀酰阴离子络合物,反应式为

$$UO_3 + 2H^+ = UO_2^{2+} + H_2O \tag{3-80}$$

$$UO_2^{2+} + SO_4^{2-} = UO_2SO_4 \tag{3-81}$$

$$UO_2SO_4 + SO_4^{2-} = [UO_2(SO_4)_2]^{2-} \tag{3-82}$$

$$[UO_2(SO_4)_2]^{2-} + SO_4^{2-} = [UO_2(SO_4)_3]^{4-} \tag{3-83}$$

进入溶液的铀可以上述几种形式同时存在,其量的多寡取决于体系中酸和铀的浓度、温度等因素,上述反应的历程是很复杂的,确切的动力学方程及反应历程至今未见有人提出,因此,这里我们仅就几个影响反应速度的因素作一些具体分析。

①酸浓度 目前的研究认为,铀酰离子的形成速度与酸所离解出来的氢离子浓度有关,而其酸根并无作用(除 NO_3^- 外)。

对不同结构、不同组成的铀矿石来说,氢离子浓度对 UO_2^{2+} 生成速度的影响尽管不同,但都有如图 3-17 那样类似的实验曲线。为使反应有一定的速度,一般要求溶液酸度大大超过按电位-pH 方程计算的热力学值。由图 3-17 看出,酸度过高也是不必要的。生产上为了保证浸出过程自始至终具有足够的反应速度,一般控制浸出液有一定的剩余酸度即可。易浸矿石通常控制 $3 \sim 7 \ \mathrm{g \cdot L^{-1}}$ 的剩余酸,难浸矿石其数值则高达 $40 \sim 60 \ \mathrm{g \cdot L^{-1}}$。

②氧化剂 氧化剂是影响浸出过程化学反应速度极为重要的因素。二氧化锰和氯酸钠均具备氧化低价铀的热力学条件,但实际上,如果没有铁离子存在,它们的氧化速度极低。图 3-18 清楚地表明,单独用氯酸钠作氧化剂时,UO_2 的溶解速度极其缓慢,这也说明,具备了热力学条件的化学反应,不一定具备动力学条件。加入二价铁后,UO_2 溶解速度迅速上升。这是因为,二价铁能起中间媒介物的作用,即在浸出液中,氧化剂(MnO_2 或氯酸钠)首先把二价铁氧化成三价铁,而后,三价铁再氧化低价铀氧化物,这样,二价铁在氧化剂和铀之间起电子传递作用而加速氧化。上述加速铀氧化过程的机理可示意为

$$Fe^{2+} \xrightarrow{\text{氧化剂}} Fe^{3+} \xrightarrow{U^{4+}} Fe^{2+} \xrightarrow{\text{氧化剂}} Fe^{3+} \xrightarrow{U^{4+}} Fe^{2+} \rightarrow \cdots$$

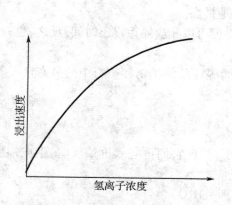

图 3-17 氢离子浓度对铀氧化物浸出速度的影响

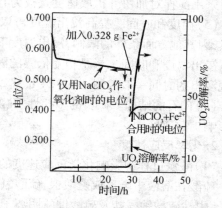

3-18 氧化剂仅用氯酸钠或铁与氯酸钠合用时电位和 UO_2 溶解速度的变化情况实验条件:
H_2SO_4 22.5 g/L,室温

由能斯特方程可知,溶液中的比例与电极电位密切相关,因而也会影响 UO_2 的溶解,当 Fe^{3+} 量不变时,铀浸出率随着二价铁量的增加而下降,有人研究过改变溶液中三价铁和二价铁的浓度比($[Fe^{3+}]/[Fe^{2+}]$)对三种不同类型铀矿石浸出率的影响,其结果见表 3 – 14。

表 3 – 14　$[Fe^{3+}]/[Fe^{2+}]$ 比例对铀浸出率的影响

$[Fe^{3+}]/(g \cdot L^{-1})$	$[Fe^{2+}]/(g \cdot L^{-1})$	$[Fe^{3+}]/[Fe^{2+}]$	铀浸出率/%		
			1[#]矿	2[#]矿	3[#]矿
4	0	4/0	96.6	88.5	76.5
3	1	3/1	94.5	79.3	70.2
2	2	2/2	93.8	75.6	69.9
1	3	1/3	93.8	75.0	67.6

实验条件:温度 28 ℃,时间 18 小时,H_2SO_4 4 $g \cdot L^{-1}$。

由表 3 – 14 可以看出,降低 $[Fe^{3+}]/[Fe^{2+}]$ 比值,三种类型矿石的浸出率都随之下降,而对难浸矿石(如 3[#]矿)影响更为明显。造成此结果的原因是:一方面降低了电位,从而减小了二氧化铀溶解的推动力;另一方面是随着 Fe^{2+} 浓度的增加,Fe^{2+} 对 UO_2 固相表面的吸附竞争作用加剧,减少了二氧化铀溶解的活化点数目,从而减小了其反应的有效面积。有的实验表明,Mn^{2+} 过多,其对二氧化铀溶解速度的影响与 Fe^{2+} 类似,但不及 Fe^{2+} 显著,人们认为,这是由于 Fe^{2+} 作用于二氧化铀表面上称为"反应点"的最有效部分之故。

在氧化剂存在下,二价铁作为中间媒介物被交替地氧化和还原,因此,溶液中的铁不需要按化学计算量供给。由图 3 – 19 可以看出,为了保证铀有一定的浸出率,要求溶液中游离的三价铁浓度最小为 0.5 $g \cdot L^{-1}$。如果溶液中含有磷酸盐、砷酸盐或氯离子,它们易与铁形成络合物,这将使游离的三价铁浓度降低。

氧化剂的用量要适宜,如果太多对二氧化铀的浸出也无益处。图 3 – 20 描述了不同用量的氯酸钾、二价铁和三价铁对提取铀的影响。由图可以看出,随着氧化剂用量的增加,浸出时间为 24 h 时,二氧化铀溶解率有一最大值。原因是过量的 ClO_3^- 与溶液中的 Fe^{3+} 作用,生成难溶的氯酸铁,因而使游离的 Fe^{3+} 浓度降低。如果使用 MnO_2 作氧化剂,会产生过多 Mn^{2+} 离子。生产实践中,氯酸钠的适宜用量为每吨矿石 1~2.5 kg,二氧化锰的适宜用量为每吨矿石 1~4.5 kg。

由图 3 – 20 还可以看出,每升溶液加入 0.4 g Fe^{2+} 与加入 0.95 g Fe^{2+},经过 24 h 浸出时,二氧化铀的最大溶解率极其接近。这又一次说明,为得到满意的浸出效果,浸出液中不需要太高的铁离子浓度。

生产过程中,利用测定溶液电位的方法来控制氧化剂的加入量。用饱和甘汞电极作参比电极,铂电极作指示电极,其数值一般控制在 –400 ~ –500 mV(此值相对于氢电极为 644 ~ 744 mV)。某一典型体系的电位滴定结果示于表 3 – 15,表中所列的各种物质都在所示的电位值内完成氧化－还原反应。由表 3－15 可见,控制电位在 －400 ～ －500 mV 范围内,浸出液中的铀几乎完全呈六价状态,大部分铁呈三价状态。

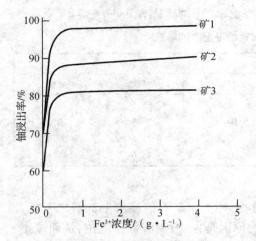

图 3－19　Fe³⁺浓度对铀浸出率的影响

浸出条件:H_2SO_4 4 g/L;温度 28 ℃;时间 18 h

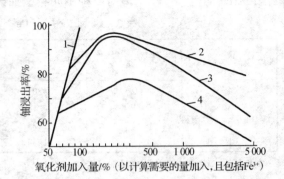

图 3－20　不同量的 Fe 和 KClO₃ 合用时对晶质铀矿浸出率的影响

浸出 24 h:1—按反应计算结果;2—每升溶液中加入 0.95 g Fe^{2+};
3—每升溶液中加入 0.4 g Fe^{2+};4—每升溶液中加入 0.2g Fe^{2+}

表 3－15　铀浸出液的氧化－还原电位

还原形式	氧化形式	完全氧化的电位*/V
V^{3+}	V^{4+}	-0.32 ± 0.04
U^{4+}	U^{6+}	-0.32 ± 0.04
Fe^{2+}	Fe^{3+}	-0.61 ± 0.04
V^{4+}	V^{5+}	-0.93 ± 0.04

*工厂浸出液:温度为 20 ℃ ~80 ℃;H_2SO_4 为 2% ~5%

　　由能斯特方程可知,影响电位的因素除了三价铁和二价铁的相对量之外,温度和氢离子浓度(有 H^+ 参加反应时)都是必须考虑的。因为影响因素较多,关系复杂,对某类矿石适宜的浸出条件对另一类矿石未必合适。所以,对某一特定矿石,最适宜的电位、温度、三价铁和二价铁浓度比、总铁浓度、氧化剂类型和用量等均需由实验确定。

　　在我国的铀生产中,广泛采用二氧化锰作氧化剂,因为,氯酸钠的氧化能力虽强,但氧化反应后产生氯离子,对设备有一定的腐蚀作用。而氧气对二氧化铀的氧化虽也能满足热力学条件,但在常压下,由于氧在酸性溶液中的溶解度很低,对二价铁的氧化速度很慢,故工业上氧气不大适合于单独使用。

　　③温度　对于大多数化学反应来说,升高温度可以提高化学反应速度。阿累尼乌斯的近似实验规律表明,温度每升高 10 ℃,反应速度将增大 2 倍或更多一些。因此,浸出过程的温度

最好控制在接近水的沸点。但是，大约从 80 ℃~90 ℃开始，设备的热损失就相当严重，这时，需要采取专门的热绝缘措施。另外，升高浸出温度，也增加杂质的溶解和设备的腐蚀。因为工业上酸法浸出设备常用橡胶衬里，所以橡胶的耐温情况也是决定浸出温度的重要因素之一。综合考虑，酸浸温度的控制范围在 50 ℃~80 ℃。

④矿石结构和颗粒大小　矿石的组成与晶格结构无疑与浸出化学反应的活化能有关，因此，它决定着铀矿石浸出的难易程度，难分解的矿石要求比较苛刻的反应条件，而易分解的矿石可以在较缓和的条件下浸出。当然，选择浸出条件不仅要考虑铀的提取，还要尽量减少杂质在浸出过程中的溶解。增大矿石的粉碎度，可以增大多相反应的接触表面积，因而可以提高反应速度，但从全局考虑，矿石不宜磨得过细，否则带来一些弊病，如能量消耗过多，增加杂质溶解，液固分离困难等。

（2）碱浸（碳酸盐浸出）过程中影响化学反应速度的因素

碳酸盐溶液选择性地与铀矿石中的铀氧化物发生反应，生成三碳酸铀酰 $UO_2(CO_3)_3^{4-}$ 的络盐，其化学反应式为

$$UO_3 + 3Na_2CO_3 + H_2O \rightarrow Na_4[UO_2(CO_3)_3] + 2NaOH \qquad (3-84)$$

$$U_3O_8 + 9Na_2CO_3 + 0.5O_2 + 3H_2O \rightarrow 3Na_4[UO_2(CO_2)_3] + 6NaOH \qquad (3-85)$$

$$UO_2 + 3Na_2CO_3 + 0.5O_2 + H_2O \rightarrow Na_4[UO_2(CO_3)_3] + 2NaOH \qquad (3-86)$$

正常的浸出过程在 pH = 9~10.5 范围内进行，当 pH > 10.5 时，已进入溶液的铀将发生再沉淀，沉淀的化学反应为

$$2Na_4[UO_2(CO_3)_3] + 6NaOH \rightarrow Na_2UO_2O_7\downarrow + 6Na_2CO_3 + 3H_2O \qquad (3-87)$$

为防止发生上述沉淀反应，在碳酸钠浸出时，加入 NaHCO_3 以中和反应式（3-84）、（3-85）和（3-86）生成的 OH^-，抑制 pH 值上升，反应为

$$NaHCO_3 + NaOH \rightarrow Na_2CO_3 + H_2O \qquad (3-88)$$

影响碳酸钠与铀氧化物化学反应速度的因素很多，主要有碳酸钠和碳酸氢钠浓度、氧化剂、温度、矿石粒度、矿石性能和结构等。

①碳酸钠和碳酸氢钠浓度　为防止部分溶解的铀再沉淀，在浸出液中必须保持一定的碳酸氢钠浓度。其初始浓度与矿石组成有关，因为在浸出过程中，碳酸氢钠既有消耗，也可能还有产生（矿石中含有 FeS_2 时）。从经济的观点考虑，碳酸氢钠的最终浓度要尽可能低，以免在下一工序沉淀铀时造成沉淀剂氢氧化钠的大量消耗。实验证明：浸出液中的碳酸氢钠浓度应不低于 $2\ g\cdot L^{-1}$，否则，铀可能会过早沉淀。当碳酸氢钠的浓度在 $0.05\ mol\cdot L^{-1}$（$4.2\ g\cdot L^{-1}$）以上时，一般来讲，浸出速度将随试剂浓度（无论是碳酸钠或碳酸氢钠）的增加而提高，当试剂总浓度不变时，碳酸氢钠与碳酸钠的比例在 2:1 或 1:2 范围内变化，它们对浸出速度没有明显影响，这是因为在此比例范围内，浸出液的 pH 值范围保持在 9~10.5 的正常数值。

生产实践表明，在强烈搅拌下，适宜的试剂浓度为：碳酸钠 25~60 $g\cdot L^{-1}$，碳酸氢钠 5~25 $g\cdot L^{-1}$。

②氧化剂和温度　在碳酸钠浸出体系中,工业上使用空气作氧化剂。早期,对各种其他氧化剂,如 Cl_2,Hg_2Cl_2,$HgCl_2$,H_2O_2,$K_2S_2O_8$,$KMnO_4$ 和铜–氨络离子等也曾进行过研究,它们对低价铀的氧化能力虽都较空气强,但从经济价值、来源、腐蚀性诸因素考虑,均不及空气优越。使用空气作氧化剂的主要缺点是:在碱性浸出液中,其溶解度较低,因此,对低价铀的氧化能力较弱。为了改善空气的氧化作用,也曾试验过用铜–氨络离子作催化剂,这样虽能提高空气对低价铀的氧化速度,但却因此引进了铜离子而污染铀产品。所以,当前的倾向仍然是用空气作氧化剂直接氧化低价铀,为了强化浸出过程,人们采用了加压措施。

人们对空气作氧化剂浸出铀矿石的反应动力学研究较多。不同研究者对二氧化铀及沥青铀矿等铀氧化物在碳酸钠溶液中的反应过程进行了研究,都得到了类似的动力学方程式为

$$浸出速度 = \frac{A \cdot P_{O_2}^{1/2}}{1 + B \cdot P_{O_2}^{1/2}} \tag{3-89}$$

式中,P_{O_2} 为氧气分压;A,B 为常数。此动力学方程式是在一定反应温度、一定试剂浓度和良好的搅拌条件下获得的。由式(3-89)可以看出,在较低的氧分压(<10 atm)下,浸出速度与 $P_{O_2}^{1/2}$ 近似地呈线性关系。

图 3-21 给出了在 0.5 mol·L^{-1} Na_2CO_3 和 0.5 mol·L^{-1} $NaHCO_3$ 溶液中,不同温度条件下不同氧分压对二氧化铀浸出速度的影响。该图清楚地显示了氧分压的平方根与二氧化铀浸出速度近似地呈线性关系。由图 3-21 还可以看出,温度每增加 10 ℃,反应速度大约增加一倍,说明温度和氧分压的变化对反应速度都有显著影响。但是,应该指出,在总压不变时,增加温度会引起水蒸气分压增加,氧分压降低,这样反而对铀浸出不利,所以浸出温度应有一最佳范围。

③矿石粒度和结构　为保证碳酸盐浸出有满意的浸出速度,要求将矿石磨得足够细,使铀矿物从脉石中暴露出来,以提供与试剂接触的良好条件。否则,会限制反应速度,为了得到预定的浸出率,而不得不延长浸出时间。图 3-22 给出了矿石粒度与浸出速率之间的关系。通常,在制定工艺条件时,首先要进行比较,是减小矿石粒度以提高浸出率合算,还是延长浸出时间更为有利。工业上大多数工厂将矿石磨细至 70% ~80% 的矿石粒度小于 200 目。不过,对易浸矿石,粗粒也能得到满意的浸出效果。例如,美国新墨西哥州的格兰茨矿区,就采用 25% ~45% 小于 200 目的矿石。由此说明,不是什么矿石都要求磨得越细越好。

(3)碱法浸出的反应机理

碱法浸出的关键是氧化问题,四价铀到六价铀的氧化过程分三步进行:首先是氧溶解到溶液中;其次是氧吸附在 UO_2 表面的活性位置上,这两个反应是相当快的;第三步是吸附的氧在 UO_2 表面重新排列并随之将其氧化成三氧化铀,这后一步是缓慢的,因而也是决定氧化阶段反应速度的控制步骤。研究数据证明,反应的总速度与 UO_2 表面积和氧分压的平方根成正比。上述三个步骤的表达式为

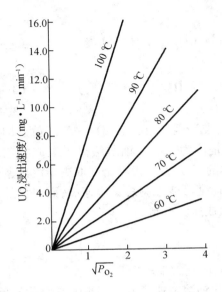

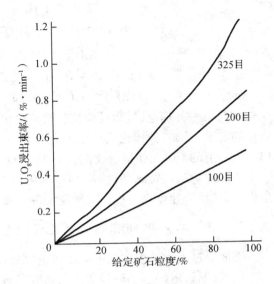

图 3 – 21　氧分压和温度对二氧化铀浸出速度的影响　　　　图 3 – 22　矿石粒度与浸出速率的关系

$$O_2(\text{气}) = O_2(\text{液}) \qquad\qquad (\text{快}) \qquad (3-90)$$

$$2UO_2(\text{表面}) + O_2(\text{溶液}) = 2UO_2 \cdot O(\text{表面}) \qquad (\text{快}) \qquad (3-91)$$

$$UO_2 \cdot O(\text{表面}) = UO_3(\text{表面}) \qquad\qquad (\text{慢}) \qquad (3-92)$$

至于碳酸盐与六价铀的反应机理则有两种理论。有一种理论认为，溶液中未离解的碳酸分子按如下反应和 O_2（液）竞争吸附在 UO_2 表面上，反应式为

$$UO_2(\text{表面}) + H_2CO_3 = UO_2 \cdot H_2CO_3(\text{表面}) \qquad (\text{快}) \qquad (3-93)$$

实验数据表明，随着溶液中 H_2CO_3 浓度增加，浸出速度降低，间接证实了这种机理的正确性。据此理论，反应速度下降的原因显然是 H_2CO_3 分子的吸附干扰了氧的大量吸附，因而妨碍氧的表面反应。据此论断，下两步生成三碳酸铀酰络合物的表面化学反应可按如下两式迅速进行

$$UO_2 \cdot H_2CO_3 + UO_3 = UO_2CO_3 \cdot H_2O + UO_2 \qquad (\text{快}) \qquad (3-94)$$

$$UO_2CO_3 \cdot H_2O + 2CO_3^{2-} = UO_2(CO_3)_3^{4-} + H_2O \qquad (\text{快}) \qquad (3-95)$$

上述反应中生成的中性中间络合物 $UO_2CO_3 \cdot H_2O$ 在 UO_2 表面吸附很不牢固，会立即从固体表面或附近的地方移开。另一种理论认为，溶液中碳酸根或碳酸氢根直接与 $UO_2 \cdot O$ 活性络合物发生反应，这些反应又分两步进行，先是以相当缓慢的速度生成活性二碳酸铀酰络离子 $UO_2(CO_3)_2^{2-}$，然后再迅速反应生成三碳酸铀酰络离子。其反应过程可表示如下

$$UO_2 \cdot O + \begin{cases} 2CO_3^{2-} + H_2O = 2OH^- \\ 2HCO_3^- = H_2O \\ CO_3^{2-} + HCO_3^- = OH^- \end{cases} + UO_2(CO_3)_3^{2-} \quad (慢) \qquad (3-96)$$

$$UO_2(CO_3)_2^{2-} + HCO_3^- = UO_2(CO_3)_3^{4-} + H^+ \qquad (快) \qquad (3-97)$$

$$UO_2(CO_3)_2^{2-} + CO_3^{2-} = UO_2(CO_3)_3^{4-} \qquad (快) \qquad (3-98)$$

按照第一种理论,氧化反应被认为是决定速度的唯一因素,在此,UO_3 一生成就立即离开 UO_2 的表面。第二种理论大体上与第一种一致,只是认为二碳酸铀酰络离子生成的速度与 UO_2 表面上的 $UO_2 \cdot O$ 量成比例,而 $UO_2 \cdot O$ 与暴露的 UO_2 表面相对比则取决于浸出条件的一个常数。对某些特殊条件,从 UO_2 氧化到 UO_3 的速度可能控制总反应速度,而在另外一些条件下,总反应速度则可能由二碳酸铀酰络离子的生成速度控制。

3.5.3　二氧化铀溶解的电化学模型

下面通过电化学模型来进一步讨论二氧化铀溶解的动力学理论。

最近,尼科尔(M J Nical)等人的研究发现,二氧化铀溶解速度的控制步骤是电化学反应。他们建立了二氧化铀溶解速度与氧化-还原体系的热力学和动力学特性之间的数学关系,从电化学角度解释了化学和物理参数对二氧化铀在酸性和碱性介质中溶解速度的影响。通过这些研究,可以进一步从理论上分析铀矿石的浸出过程。

1. 酸性介质中的电化学模型

浸出四价铀,需先将其氧化到六价状态,其氧化反应的通式为

$$UO_2 + 氧化剂 \rightarrow UO_2^{2+} + 被还原的化合物 \qquad (3-99)$$

假若氧化剂以阳离子 M^{n+} 形式存在,式(3-91)可以写成

$$UO_2 + 2M^{n+} \rightarrow UO_2^{2+} + 2M^{(n-1)+} \qquad (3-100)$$

如果反应按电化学类型进行,则在任何情况下,式(3-100)的反应均应等于构成它的两个半电池反应的总和,即

$$\begin{cases} UO_2 \rightleftharpoons UO_2^{2+} + 2e \\ M^{n+} + e \rightleftharpoons M^{(n-1)+} (在 UO_2 表面上) \end{cases} \qquad (3-101)$$

二氧化铀表面(将二氧化铀作成电极)的电位,无论是通过外部的稳压电源提供的,还是通过内部溶液中的化学氧化剂产生的,式(3-101)中的第一个反应均应按照相同的反应路线进行。换句话说,电子从二氧化铀失去,不论是通过氧化剂在其表面上还原,还是由于内部电子的转移,二氧化铀的溶解过程必须是相同的。

2. 影响二氧化铀溶解的因素

这里仅讨论在硫酸介质中使用 Fe^{3+} 作氧化剂时,影响二氧化铀溶解的一些因素。

（1）Fe^{3+} 和 Fe^{2+} 浓度的变化

在三价铁离子浓度一定的情况下，二氧化铀的溶解速度与二价铁离子浓度的关系如图 3－23 所示。当 Fe^{2+} 浓度很低时，二氧化铀的溶解速度与 Fe^{2+} 的浓度无关，但和 Fe^{3+} 浓度的 0.73 次方成正比；当 Fe^{2+} 浓度较高时，二氧化铀的溶解速度随溶液中 Fe^{2+} 浓度的增加而减小。

二价铁对二氧化铀溶解速度的影响，可对照图 3－24 用电化学理论来解释。无论有多少反应对净电流数值作出贡献，在"稳定状态"条件下，总的阳极电流和总的阴极电流必须互相平衡。当 Fe^{2+} 浓度比较低时，与二氧化铀氧化所产生的阳极电流相比，Fe^{2+} 所产生的阳极分电流很小，可以忽略（参看图 3－24 中的线（1））。但在 Fe^{2+} 浓度较高的情况下，二者的阳极电流都很大。假定二价铁离子与二氧化铀之间没有相互作用，则总的阳极电流是这两个分电流的代数和（图 3－24 中的线（3），它是线 A 和线（2）的加和）。当三价铁离子浓度不变时，补偿总阳极电流增加的唯一办法是减小达到"稳定状态"的电位，即从 E_M 降到 $E_M{}'$，二氧化铀阳极氧化的超电位降低了，二氧化铀溶解的比速度便由 i' 降到 i''。在这种情况下，二氧化铀的溶解速度近似地正比于 $\{[Fe^{3+}]/[Fe^{2+}]\}^{1/3}$，其计算值与图 3－23 中的实验结果是一致的，此关系在 Fe^{3+} 浓度很高的情况下不成立。

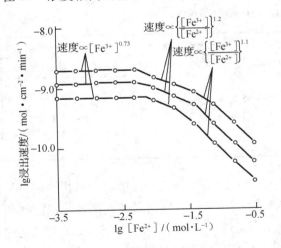

图 3 – 23　Fe^{2+} 浓度对 UO_2 溶解速度的影响

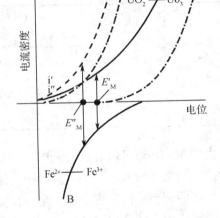

图 3 – 24　Fe^{2+} 影响 UO_2 溶解速度的电化学解释

（2）pH 值变化

不同工作者的实验结果表明，在高氯酸盐溶液中，无论其中是否含有三价铁离子，二氧化铀的溶解速度在 pH＝2 时，都出现最大值。有关理论解释说法不一，拉克森（Laxen P A）提出，溶解速度的最大值是二氧化铀表面状态的函数，即二氧化铀表面特性随 pH 值变化而变化，其本质尚待进一步研究证实。

（3）硫酸盐浓度的变化

在含有三价铁的硫酸盐介质中,二氧化铀的溶解速度比在纯高氯酸盐介质中大得多,而且 pH = 1.0 时,随着硫酸盐浓度增加,曲线出现一个最大值（图 3 - 25）。表 3 - 16 的数据又表明,在 pH = 1.0 时,二氧化铀的阳极氧化不受硫酸盐浓度变化的影响,由此推出硫酸根离子对于二氧化铀溶解速度的影响是一阴极现象。事实上,三价铁离子在二氧化铀表面的阴极还原受溶液中硫酸盐浓度的强烈影响,在对应溶解速度最大值的硫酸盐浓度下,表征 Fe^{3+} 还原速度的阴极电流也出现最大值,此时 $[SO_4^{2-}]/[Fe^{3+}]$ 的比值接近于 1。

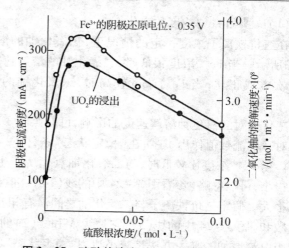

图 3 - 25   硫酸盐浓度对 UO_2 溶解速度的影响
实验条件:Fe^{3+} 0.02 mol · L^{-1};$NaClO_4$ 1.00 mol · L^{-1}; pH = 1.0;25 ℃

表 3 - 16   硫酸根对 UO_2 阳极氧化的影响

Na_2SO_4/(mol · L^{-1})	在 0.45 V（相对 SCE）时的电流密度（$\mu A \cdot cm^{-2}$）		
	$HClO_4$/(mol · L^{-1})	$NaClO_4$/(mol · L^{-1}),pH = 1.0	$NaClO_4$/(mol · L^{-1}),pH = 2.0
0	15	66	148
0.005	11	65	175
0.01	10	63	180
0.05	9	64	180
0.10	9	61	181
			181

由表 3 - 16 还可以看出,当 pH 大于或小于 1.0 时,溶液中硫酸盐浓度对二氧化铀阳极氧化所产生的电流密度的大小有所影响。这种影响是 SO_4^{2-} 对二氧化铀阳极氧化有一定抑制和活化作用的表现。这些现象的产生,可能是由于不同条件下 ClO_4^-,HSO_4^- 和 SO_4^{2-} 在二氧化铀表面吸附作用不同之故。然而,也有研究结果表明,硫酸根浓度的变化对二氧化铀阳极氧化的影响毕竟是很有限的。在 $[SO_4^{2-}] > 0.01$ mol · L^{-1} 时,硫酸根浓度增加,不再影响阳极电流密度的大小。但是,进一步的研究表明,当 $[SO_4^{2-}] > > 0.01$ mol · L^{-1} 时,三价铁离子在二氧化铀表面的阴极还原电流则显著受到影响。例如,当 pH = 1.0,$[Fe^{2+}] = 0.02$ mol · L^{-1},$[SO_4^{2-}] = 0.2$ mol · L^{-1} 和 0.5 mol · L^{-1},电位为 0.35 V 时,则阴极电流密度分别为 120 和 55 A · cm^{-2}。因此,控制足够高的硫酸根浓度可以通过影响三价铁的阴极还原来影响二氧化铀总的溶解速度。

（4）磷酸盐的影响

复杂铀矿石中,通常存在的磷酸盐将显著影响铀的回收率。在高氯酸盐介质中,固定电位的情况下,二氧化铀溶解的阳极电流随磷酸盐加入量的增加而减小(图3-26)。这是因为形成了难溶解且不导电的磷酸铀酰络合物[如 UO_2HPO_4 或 $(UO_2)_2(PO_4)_2$],它将使二氧化铀表面钝化。在含有磷酸盐的溶液中,阳极极化后,电极上会出现黄色膜。图3-27 也表明了磷酸盐对 Fe^{3+} 离子在 UO_2 表面阴极还原电流的影响。曲线上出现的最大电流值归因于 Fe^{3+} 与 PO_4^{3-} 络合物的生成,如 $FeHPO_4^+$ 和 $FeH_2PO_4^{2+}$,它们比 Fe^{3+},$Fe(OH)^{2+}$ 及 $Fe_2(OH)_2^{4+}$ 等更易发生反应。出现最大电流值之后电流减小,这可能是由于形成了胶体 $FePO_4$,使溶液中 Fe^{3+} 活度降低之故。

图3-26 说明,当溶液中存在磷酸盐时,其浓度对三价铁离子在二氧化铀表面阴极还原的影响将决定二氧化铀的溶解速度。

实验表明,在溶液中加入硫酸盐,倾向于减小磷酸盐对阳极和阴极反应的影响,如在硫酸盐浓度为 0.3 $mol \cdot L^{-1}$ 的情况下,二氧化铀的溶解速度不受磷酸盐浓度变化的影响。但是,当磷酸盐浓度高到一定程度后,其浓度变化又将影响二氧化铀的溶解速度。原因是在 PO_4^{3-}/SO_4^{2-} 较低的情况下,磷酸盐对溶液中三价铁离子的阴极还原或二氧化铀表面的吸附位置的影响很弱,不能和硫酸盐竞争,当上述比值增高时,磷酸盐影响加强,显现出其和硫酸盐的竞争作用。

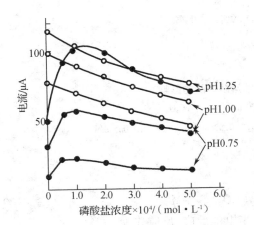

图3-26　磷酸盐对 UO_2 阳极氧化

和 Fe^{3+} 阴极还原的影响

介质:1.0 $mol \cdot L^{-1}$ $NaClO_4$;0.02 $mol \cdot L^{-1}$ Fe^{3+};25 ℃;

●—在 0.45 V 时,UO_2 的阳极氧化;

○—在 0.35 V 时,Fe^{3+} 的阴极还原

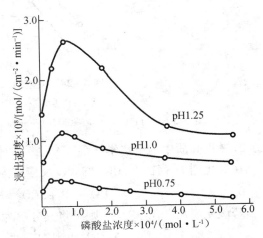

图3-27　在 Fe^{3+} 存在下,UO_2 的浸出

速度与磷酸盐和 pH 值的关系

介质:0.018 $mol \cdot L^{-1}$ Fe^{3+};1.0 $mol \cdot L^{-1}$ $NaClO_4$;25 ℃

（5）温度的影响

由二氧化铀阳极氧化和三价铁离子阴极还原产生的电流与温度的关系如图 3 – 28 所示，由图看出，随温度升高阳极反应的超电位增大，有利于二氧化铀溶解。

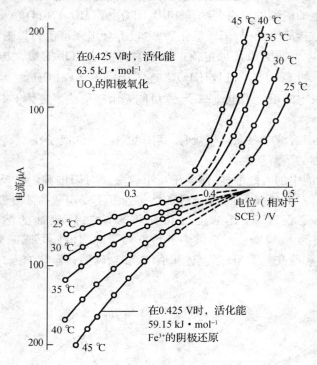

图 3 – 28　温度对二氧化铀溶解速度的影响

上方：介质条件为 pH1.0；1.0 mol·L⁻¹ NaClO₄

下方：介质条件为 pH1.0；1.0 NaClO₄；0.5 mol·L⁻¹ SO₄²⁻ ；0.02 mol·L⁻¹ Fe²⁺；0.005 mol·L⁻¹ Fe³⁺

3. 碱性介质中的电化学模型

在氧化剂 M 存在下，UO₂ 的碱浸反应式为

$$UO_2 + M + 3CO_3^{2-} = UO_2(CO_3)_3^{4-} + M^{2-} \tag{3-102}$$

若该反应是电化学过程，则可将其分解为两个半电池反应，反应式为

$$UO_2 + 3CO_3^{2-} \rightleftharpoons UO_2(CO_3)_3^{4-} + 2e$$

$$M + 2e \rightleftharpoons M^{2-} \tag{3-103}$$

尼德兹（C R S Needes）等人的研究工作证明，UO₂ 在各种氧化剂存在下的溶解速度与各氧化剂等超电位下的阳极氧化速度是相等的。因此，UO₂ 在碱性介质中的溶解过程亦是电化学过程，而且 UO₂ 在硫酸介质中溶解的理论和数学公式均适合于碱性介质的情况。

在碱性介质中,当 pH 值为 10.0 时,UO_2 氧化的半电池反应,从自由能值计算所得的平衡电位 $E = -0.34$ V(相对于饱和甘汞电极)。各种有关氧化剂的阴极半电池反应的平衡电位列于表 3 – 17 中。

表 3 – 17　一些阴极半电池反应的平衡电位条件:pH = 10.0,25 ℃

反应	条件	平衡电位 (对饱和甘汞电极)/V
$O_2 + 4H^+ + 4e = 2H_2O$	$P_{O_2} = 1$ 大气压(约 10^{-3} mol·L^{-1})	0.40(计算值)
$Fe(CN)_6^{3-} + e = Fe(CN)_6^{4-}$	10^{-3} mol·L^{-1} $Fe(CN)_6^{3-}$;10^{-4} mol·L^{-1} $Fe(CN)_6^{4-}$	0.33(测定值)
$Cu(NH_3)_4^{2+} + e = Cu(NH_3)_2^{+} + 2NH_3$	6×10^{-3} mol·L^{-1} Cu^{2+}(O_2 饱和)	<0.15(测定值)
$H_2O_2 + 2e = 2OH^-$	5×10^{-2} mol·L^{-1} H_2O_2	0.94(计算值)

如果氧化剂氧化 UO_2 仅以其反应热力学参数为唯一判据的话,那么,UO_2 溶解速度大小顺序就仅与两个半电池反应的平衡电位差值有关。因此,使用不同氧化剂时,溶解速度大小顺序应该是 $H_2O_2 > O_2 > Fe(CN)_6^{3-} > Cu(NH_3)_4^{2+}$,但实际测得的顺序是 $Fe(CN)_6^{3-} > H_2O_2 > Cu(NH_3)_4^{2+} > O_2$。由此可知,氧虽具有有利的热力学条件,但它在室温和大气压下,对浸出 UO_2 来说是一种较差氧化剂,其原因是由于半电池反应的动力学因素决定了电流密度 – 电位曲线的形状和斜率(图 3 – 29),而氧化 UO_2 最好的氧化剂应该产生最高的阳极混合电位 E_M。图 3 – 29 表明,氧不符合这种要求,而 $Fe(CN)_6^{3-}$ 却具有最高的 E_M 值。

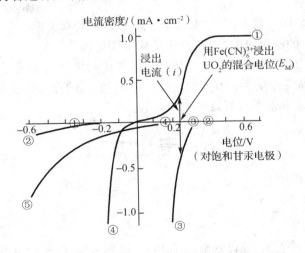

图 3 – 29　电流密度 – 电位曲线(介质:pH = 10.0;25 ℃)

①UO_2 的阳极氧化曲线;②氧的阴极还原曲线;

③$Fe(CN)_6^{3-}$ 的阴极还原曲线;④$Cu(NH_3)_4^{2+}$ 的阴极还原曲线;⑤H_2O_2 的阴极还原曲线

二氧化铀的溶解速度在碱性介质中与硫酸介质中的情况类似。因此,凡是影响 UO_2 阳极氧化和氧化剂阴极还原的因素,均影响二氧化铀的溶解速度。尼德兹等人研究了碳酸盐介质中下列诸因素对 UO_2 溶解速度的影响情况。

①氧化剂浓度　在不同 pH 值的碳酸钠溶液中,UO_2 的浸出速度随各种氧化剂 $[O_2,$ $Fe(CN)_6^{3-},H_2O_2$ 和 $Cu(NH_3)_4^{2+}]$ 的浓度变化而变化。在各种情况下,浸出速度与氧化剂浓度的平方根成正比。这种比例关系,除个别情况,测定值和按电化学数学模型的计算值相当接近。

②碳酸钠浓度　实验发现,当碳酸钠浓度较低时,UO_2 的浸出速度随碳酸钠浓度增加而增加,但当浸出速度增加到某一极限值后,就不再随碳酸钠浓度变化了。当用氧作氧化剂时,UO_2 表面上的阴极还原不受碳酸钠的影响,故此时上述现象的发生只能解释为碳酸钠影响 UO_2 的阳极氧化。这种论断在实验中也得到了证实。

③pH 值的变化　pH 值既影响氧在二氧化铀表面的阴极还原反应,又影响 UO_2 的阳极氧化反应。对此有人提出了如下的反应机理。

阴极

$$UO_2(固) + H_2O + O_2 + e \Longrightarrow UO_2HO_2(固) + OH^- \quad (慢) \qquad (3-104)$$

$$UO_2HO_2(固) + H_2O + 3e \Longrightarrow UO_2 + 3OH^- \quad (快) \qquad (3-105)$$

阳极

$$UO_2(固) + HCO_3^- \Longrightarrow UO_2HCO_3(固) + e \qquad (3-106)$$

$$UO_2HCO_3(固) + OH^- \Longrightarrow UO_2CO_3(固) + H_2O + e \qquad (3-107)$$

$$UO_2CO_3(固) + 2CO_3^- \Longrightarrow UO_2(CO_3)_3^{4-} \qquad (3-108)$$

由阴极反应看出,氧还原后有 OH^- 生成,故 pH 值升高会降低氧的还原反应速度,而阳极反应中的式(3-107)有 OH^- 参与反应,故 pH 升高对 UO_2 溶解有利。但是,前者的影响大于后者,故总的看来,UO_2 的浸出速度是随 pH 值的降低而增加的。

实验证明,磷酸盐、硫酸盐和硫化物对 UO_2 阳极氧化和氧的阴极还原影响都很小,故这些物质的存在对 UO_2 的碱浸速度不会有大的影响。但是,氰根的存在将使氧的阴极还原电流大大降低,这对同时提取金和铀的过程是不利的。

3.6　浸出方法

3.6.1　酸法

1. 硫酸浸出过程化学

用硫酸溶液浸出铀矿石时,铀以铀酰离子 UO_2^{2+} 的形式转入溶液,并与硫酸根形成一系列的络离子,即

$$UO_2^{2+} \underset{\quad}{\overset{SO_4^{2-}}{\Longleftrightarrow}} UO_2SO_4 \underset{\quad}{\overset{SO_4^{2-}}{\Longleftrightarrow}} UO_2(SO_4)_2^{2-} \underset{\quad}{\overset{SO_4^{2-}}{\Longleftrightarrow}} UO_2(SO_4)_3^{4-}$$

在浸出过程中,除了与铀氧化物反应消耗少量酸外,大部分酸消耗于与杂质反应及保持浸出液的剩余酸度。目前工业上处理的大部分铀矿石为高硅铀矿,其组成见表 3 - 18 所列的某高硅铀矿的全分析数据。

表 3 - 18　某高硅铀矿石的全分析结果[*]

组分	U	SiO_2	Fe_2O_3	Al_2O_3	CaO	Mo	P_2O_5	F	TiO_2
含量/%	0.2648	74.83	3.58	10.75	4.03	0.028	0.30	2.25	0.226

[*] 表中数据只代表元素的相对含量,不是矿物组成。

由于矿石的成分复杂,因而浸出过程的化学反应也是相当复杂的。

硅土在硫酸溶液中发生如下反应

$$n SiO_2 + n H_2O \xrightarrow{H_2SO_4} [H_2SiO_3]_n \qquad (3-109)$$

反应生成的多硅酸以胶体状态转入溶液中,使得矿浆的澄清和过滤困难。一般 SiO_2 在浸出时的溶解量不超过它在矿石中含量的 1% 。

铝矾土在硫酸浸出液中的反应为

$$Al_2O_3 + 3H_2SO_4 \rightarrow Al_2(SO_4)_3 + 3H_2O \qquad (3-110)$$

此反应进行比较困难。通常转入溶液的铝矾土不超过原矿石中含量的 3% ~ 5% 。

三价铁氧化物一般较难与稀酸反应,其转入溶液的量不超过其总量的 5% ~ 8% 。二价铁氧化物与稀酸的反应则容易得多,其转入溶液的量一般约为其总量的 40% ~ 50% 。它们的化学反应式为

$$Fe_2O_3 + 3H_2SO_4 \rightarrow Fe_2(SO_4)_3 + 3H_2O \qquad (3-111)$$

$$FeO + H_2SO_4 \rightarrow FeSO_4 + H_2O \qquad (3-112)$$

若有氧化剂存在,浸出时二价铁的硫酸盐可氧化成三价铁的硫酸盐。

钙镁化合物($CaO, MgO, CaCO_3$ 和 $MgCO_3$)与稀硫酸作用几乎完全生成硫酸钙和硫酸镁,例如

$$CaCO_3 + H_2SO_4 \rightarrow CaSO_4 + CO_2 \uparrow + H_2O \qquad (3-113)$$

$$MgCO_3 + H_2SO_4 \rightarrow MgSO_4 + CO_2 \uparrow + H_2O \qquad (3-114)$$

硫酸钙的溶解度约为 $2\ g \cdot L^{-1}$,硫酸镁的溶解度却相当大,所以镁全部转入溶液。一般来讲,若矿石中的碳酸盐或钙镁氧化物含量超过 8% ~ 12% 时,采用酸浸就不经济,为此,需要除去碳酸盐或直接采用碳酸盐浸出。

磷酸盐和硫化物在稀酸中发生如下反应

$$2PO_4^{3-} + 3H_2SO_4 \rightarrow 2H_3PO_4 + 3SO_4^{2-} \qquad (3-115)$$

$$S^{2-} + H_2SO_4 \rightarrow H_2S \uparrow + SO_4^{2-} \qquad (3-116)$$

生成的磷酸全部转入溶液。若矿石中含有钼,则生成物为 MoO_4^{4-} 或 $MoO_2(SO_4)_n^{2(n-1)-}$,含有

钒时,则生成物可能是 VO_2^+,VO_3^-,VO_4^{3-},$V_2O_7^{4-}$ 或 $VO_2(SO_4)_n^{2(n-1)-}$ 等形式之一。

由以上分析可以看出,浸出过程是铀与杂质的初步分离过程。

2. 浸出方法与流程

浸出操作是加工铀矿石的重要步骤,浸出费用占总加工费的 1/3 至 1/2,浸出率的大小决定总回收率的高低。由于酸浸时所用硫酸的费用占浸出成本的绝大部分(70% ~ 80%),因此,降低酸耗量对降低浸出成本具有决定性意义。浸出方法的选择主要取决于矿石的特性,如矿化作用的类型,分解的难易程度,伴生组分的性质等。鉴于上述原因,在保证浸出率的前提下,方法的选择上还应尽量考虑降低酸耗。

(1)常规搅拌浸出

图 3 - 30 是四种酸浸的典型流程。流程(I)是常用的简单串联浸出流程,此流程需要足够数量的浸出槽以满足浸出矿浆所需的停留时间(一般为 4 ~ 24 h)。由于部分矿浆可能因短路而得不到预期的停留时间,故串联槽子数目的设计要有一定的保险系数,工厂一般采用4 ~ 14 个槽。

为降低氧化剂消耗,一般在加酸之后加入氧化剂,因为在酸与矿石作用的初期可能有还原性气体逸出而造成氧化剂的浪费。在美国曾试验过由第二槽加入氧化剂改为第一槽,这样每吨矿石要多消耗 $NaClO_3 0.09 ~ 0.18$ kg,而对铀的浸出并无益处。也有工厂在磨矿时加入软锰矿,可见这样做不十分合理,但从另一方面看,却省去了软锰矿的细碎设备,节省了厂房占地面积。

如果矿石中含有碳酸盐或其他易形成气体的组分,则在矿石与酸作用的初期,可能产生大量气泡,甚至可能造成设备冒槽。所以加酸的方法要根据矿石的组成而定,有的把酸连续加入第一槽,也可采用分段加酸。分段加酸可以避免在浸出初期产生过多的泡沫,同时也有利于pH 值的控制,并且避免了在一槽中酸耗过多和温度局部过高的现象。为尽量减少下一步中和所用的石灰乳或氨水的加入量,浸出的最终酸度条件应尽可能调节到接近下一工序的需要。该流程一般剩余(游离)酸度控制在 3 ~ 7 $g \cdot L^{-1}$,其浸出率为 90% ~ 98%,适于在低酸度下具有足够高浸出速度的易浸矿石的浸出。

流程(II)是流程(I)的一种改进,又称为分段浸出流程。在此流程中,难浸矿石与一般易浸矿石分别磨矿,难浸矿石与大部分酸一道加入流程中的第一浸出槽,在此用高温和浓酸强化处理难浸矿石,然后,利用剩余酸与加到流程后面浸出槽中的易浸矿石进行反应,使浸出难浸矿石的剩余酸得到充分利用,如此既降低了酸耗,又能使两类矿石得到较高的浸出率。

流程(III),人们称为"酸液回流"浸出流程。在此流程中,浸出矿浆过滤后,滤液返回浸出槽,最后从流程中回收的仅是滤饼中夹带的浸出液。这种流程安排可以回收许多残留在浸出矿浆中的游离酸,且可节省中和酸所用的石灰。流程的缺点是可能造成浸出液中杂质的积累,同时,其过滤设备的投资、操作和维修等费用也较高。

酸液回流浸出在国外得到很大发展。如加拿大的布兰德河地区铀厂,处理的主要矿物为

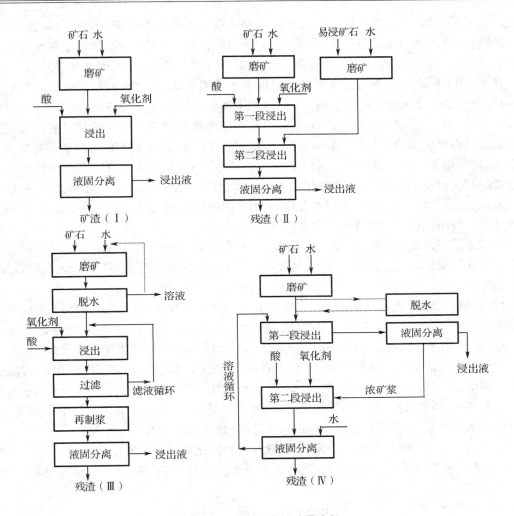

图 3 – 30　典型的常规酸浸流程

钛铀矿、晶质沥青铀矿、铀沥青。数量极大的铀矿物为钛铀矿,很难处理,它要求在 50 ～ 70 g·L⁻¹的剩余酸度下进行分解,如果不采用酸液回流流程,每吨矿石的酸耗量将高达 55 kg,反之,若采用该流程进行浸出,每吨矿石的酸耗量可降到 35 ～ 40 kg。因此,酸液回流流程虽有不少缺点,但对一般高酸耗矿石来说,是一种针对性较强的有效方法。

流程(Ⅳ)是一种较复杂的、酸耗低的两段逆流浸出流程,也是较完善的浸出流程之一。它既能维持有利于浸出的高酸度,又可调整最终浸出液的剩余酸度和电位。具体操作方法是将通常的简单浸出分为"中性"和"酸性"两段。新鲜酸加入第二段(即酸性段)中,维持矿石浸出的高酸度,以分解难浸矿石,其浸出矿浆经液固分离出尾砂和含有大量剩余酸的浸出液,将此浸出液送到第一段(即中性段)去,与进入第一段的新矿石中的碳酸盐和金属铁反应,通过这种操作,则不必加试剂即可调整最终溶液的酸度和电位。酸耗减少的数量仅仅是中和进料矿石中的碱性组分。对于氧化钙含量较低的矿石,这部分酸仅占溶解铀所需酸的一部分。它与流程(Ⅲ)不同的是,两段逆流系统的溶液中不积累杂质,且对碳酸盐含量较高的矿石来说,可能会使第一浸出段出现较高的 pH 值而产生铀的再沉淀,同时,浸出液中杂质含量也会减少。这种两段逆流浸出流程的缺点是:残渣洗涤系统需要处理强酸溶液和可能需要增加洗涤段以维持较低的铀溶液损失,第一浸出段的矿浆密度较低,除非最初的进料矿浆在磨矿后进行脱水,然后用循环液再制浆以达到所需的密度。提高第一段矿浆密度虽然能使浸出效率得到改善,但与额外增加的脱水段费用相比并不合算,因此,采用两段逆流浸出的工厂,一般不增添脱水段,因此,第一浸出段矿浆仅含 25% ~ 30% 的固体。也有的工厂采用矿石干磨的措施来保证第一浸出段在矿浆密度较高的条件下进行浸出。

两段逆流浸出是降低酸耗、提高浸出率的一种较好的流程。该流程不仅适用于难处理的原生矿和次生氧化矿,也适用于褐煤灰的浸出。从节省酸的角度考虑,它用来处理易浸的砂岩矿也很适宜。

(2)拌酸熟化法 近年来国内外的科学工作者对拌酸熟化法作过不少研究,有的研究成果已用于工业生产。此法的主要优点在于,最大限度地减少剩余酸的消耗,同时也避免了图3-30中流程(Ⅲ)所带来的物料停留时间长、需要庞大的浸出设备,因而耗用大量设备投资的问题。

拌酸熟化法的操作步骤是:将矿石干磨到 10 目以下,用水湿润到湿含量 10%,与浓酸拌匀或成团块,然后静放或加热几小时至一昼夜进行熟化,使其中的铀转变成易溶于水或稀酸的硫酸铀酰状态,同时,使拌酸时生成的铁、铝硫酸盐尽量分解,从而降低浸出液中杂质的数量。熟化后用水再制浆,必要时用含氧化剂的水溶液浸出,经液固分离即得浸出液。

拌酸熟化是一种强化浸出的手段,过程分拌酸和熟化两个阶段进行。

①拌酸 拌酸时发生激烈反应使物料温度升高,此时铁、铝、钙、镁、铜、镉等生成硫酸盐,其反应通式为

对二价金属 $\quad\quad\quad\quad\quad MO + H_2SO_4 \rightarrow MSO_4 + H_2O$ (3-117)

对三价金属 $\quad\quad\quad\quad M_2O_3 + 3H_2SO_4 \rightarrow M_2(SO_4)_3 + 8H_2O$ (3-118)

铀与硫酸的反应 $\quad U_3O_8 + 4H_2SO_4 \rightarrow 2UO_2SO_4 + U(SO_4)_2 + 4H_2O$ (3-119)

对大多数硅酸盐铀矿石而言,拌酸时,矿石中的主要成分二氧化硅与硫酸反应生成硅酸,它以薄膜状态沉积在矿石表面,妨碍反应的继续进行。

②高温熟化 高温熟化过程是进一步提高铀浸出率的关键,该过程在以下方面强化了硫酸与铀氧化物的化学反应。在熟化的升温阶段,有硫酸蒸气、二氧化硫、三氧化硫等参加反应,使原来的液固反应变成了气固反应;由于生成物(如 $UO_2SO_4 \cdot 3H_2O$、$CaSO_4 \cdot 2H_2O$ 及其他硫酸盐)脱水,增加了矿石的孔隙率;高温时晶形发生转变,化合物的反应活性增加;低价铀氧化,难溶化合物分解,有机质及拌酸时生成的硅酸薄膜破坏;铁、铝硫酸盐分解对铀产生补充的

硫酸化作用,这是因为拌酸时硫酸量多,可与铁、铝反应生成硫酸盐,而在高温熟化时,此硫酸盐又分解放出二氧化硫、三氧化硫等气体酸化剂与铀反应,故可认为铁、铝矿物起了贮存硫酸的作用;各种矿物在高温下有不同的膨胀系数,因而使矿物产生裂纹及新的表面。以上这些因素综合作用的结果,提高了酸与铀化合物反应的扩散速度与化学反应速度,从而提高铀的浸出率。

在高温熟化阶段,控制适宜的熟化温度是关键问题。其基本准则是:首先,熟化应在低于硫酸铀酰的分解温度下进行,以得到硫酸铀酰的最大产率;其次,熟化条件要有利于四价铀氧化到六价。在满足上述要求的条件下,可尽量提高温度,使铁、铝硫酸盐充分分解,从而可将铀化合物充分硫酸化。

拌酸熟化过程的酸耗主要取决于矿石中碱性脉石,如氧化钙和氧化镁含量的多少,因为它们的硫酸盐在熟化温度下不分解。至于铀硫酸化所消耗的酸则是较少的,不会对酸耗指标起重大作用。必须指出,拌酸熟化如果操作不当,它比常规酸浸法的酸耗更大,如硫酸的蒸发、二氧化硫和三氧化硫气体不能用水完全吸收等都是造成酸耗过大的原因。

拌酸熟化法是处理难分解矿石的途径之一。如日本的高黏土矿(含67%的蒙脱石),浸出后,液固分离非常困难,所以常规浸出法不大适用。对此采用拌酸熟化法不仅可提高铀浸出率,同时又可改善矿石的工艺性能。上述矿石拌酸熟化的单元操作如图 3-31 所示。其具体处理办法是,将该矿石棒磨至 -3 mm 的粒度,过滤后,滤饼含水约25%,用浓硫酸将其拌合。然后在直接燃烧的加热器中加热,从加热器中卸出的矿石,用从洗涤器底部来的水制浆,此时,铀的硫酸化物迅速溶解于水中而获得浸出液。

拌酸熟化法与常规浸出结果的比较情况见表 3-19。

表 3-19　拌酸熟化法与常规浸出的比较

项　目	拌酸熟化	常规浸出
矿石粒度	-3 mm	-28 目
硫酸耗量/$(kg \cdot t^{-1})$	63	65
铀浸出率/%	93.0	88.0
沉降速度/$(mm \cdot min^{-1})$	4.1	2.3
浓密后矿浆密度/(固体%)	35.0	21.3
压缩机滤饼含水量/%	33.0	48.4
固液分离回收率/%	98.6	88.4
浸出液的总回收率/%	91.7	77.4
浸出液中铀浓度/$(g \cdot L^{-1})$	0.367	0.311

由表 3-19 可以看出,拌酸熟化法具有避免细磨、浸出矿浆铀含量高、过滤性能好、酸耗较

低等优点。存在的问题是操作不易实现连续化、设备结疤和腐蚀严重等。

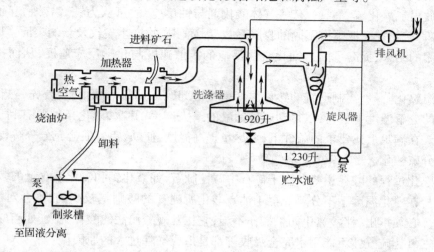

图 3-31　拌酸熟化法单元操作简图

③高压水浸　大约从 1954 年开始,不少科学工作者对含有硫化物的铀矿石,在高温高压下不加浸出剂(氧除外)的浸出过程进行了研究。人们发现,高温水浸时,硫化物与氧发生反应生成硫酸铁和硫酸,随之,这些生成物再浸出铀。以处理含黄铁矿和沥青铀矿的矿石为例说明如下,其反应过程为

$$2FeS_2 + 7\frac{1}{2}O_2 + H_2O = Fe_2(SO_4)_3 + H_2SO_4 \qquad (3-120)$$

$$UO_2 + Fe_2(SO_4)_3 = UO_2SO_4 + 2FeSO_4 \qquad (3-121)$$

$$4FeSO_4 + 2H_2SO_4 + O_2 = Fe_2(SO_4)_3 + 2H_2O \qquad (3-122)$$

由于高压下氧在溶液中的溶解度增加,故这些反应在高温高压下更为迅速。在此条件下,铁和其他成分,如钛和钼往往水解并从溶液中沉淀出来。如三价铁即可发生如下反应生成氢氧化铁、氧化铁的水合物或碱式硫酸铁,反应式为

$$Fe_2(SO_4)_3 + 6H_2O \rightarrow 2Fe(OH)_3 + 3H_2SO_4 \qquad (3-123)$$

$$Fe_2(SO_4)_3 + (3+x)H_2O \rightarrow Fe_2O_3 \cdot xH_2O + 3H_2SO_4 \qquad (3-124)$$

$$Fe_2(SO_4)_3 + (2+2x)H_2O \rightarrow 2Fe(OH)SO_4 \cdot xH_2O + H_2SO_4 \qquad (3-125)$$

对于不含黄铁矿的铀矿石,也可外加黄铁矿进行高压水浸,此法目前尚无工业应用。高压水浸出法与常规浸出法相比,它具有操作费用低、浸出液中杂质与游离酸量少以及浸出矿浆过滤性能好等优点。其缺点是设备材料的腐蚀性强和维修费用高。为此,有人曾建议,浸出设备宜采用钛衬里或铅衬里加上耐酸砖砌面等高温高压没备。

另外,还有人提出氧化产生酸的浸出方法。它是将二氧化硫和空气同时通入含有硫酸亚

铁的溶液中,经适当催化,生成硫酸铁和硫酸,其反应式为

$$2FeSO_4 + 2SO_2 + H_2O + \frac{3}{2}O_2 = Fe_2(SO_4)_3 + H_2SO_4 \qquad (3-126)$$

反应生成的这种溶液可以对某些铀矿石进行浸出。溶液中氧的浓度在一定程度上限制了这个反应的进行,其中的锰或三价铁离子起催化剂作用,如果同时有硫代氰酸盐存在,将会使三价铁再还原(特别是在低温下),因而会妨碍反应的进行。

自氧化法产生酸的浓度有限,因此,它只限于处理不需高酸浓度的矿石。

3. 浸出设备

浸出设备是指各种浸出槽。常见的浸出槽有两种形式,一种是机械搅拌槽,另一种是空气搅拌槽,又称巴秋卡槽。

机械搅拌槽的结构如图3-32所示。它分为单桨和多桨搅拌两种。槽体可用碳钢或木制作,内衬耐酸砖,搅拌桨叶轮一般是碳钢衬胶,也有采用硅钢或不锈钢,槽体为圆柱形,槽底为锥形或平底,中央装有循环筒,搅拌器装在循环筒下部。

搅拌器的形式有桨式、螺旋桨式、锚式和涡轮式。最常用的是螺旋桨搅拌器的直径大小取槽体直径的1/4为佳。

图3-33为空气搅拌槽的结构示意图,槽身为圆柱体,底部呈现圆锥形,矿浆与硫酸从进料口进入浸出槽,压缩空气从槽底部进入中央循环筒,由于压缩气与料液的对流,造成矿浆上下反复循环。在不断进料的情况下,筒内部分矿浆被空气提升,溢流到槽外。

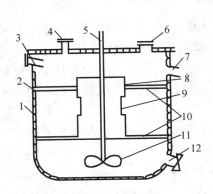

图3-32　机械搅拌浸出槽

1—壳体;2—防酸层;3—进料口;4—排气孔;
5—主轴;6—人孔;7—溢流口;8—循环筒;
9—循环孔;10—支架;11—搅拌桨;12—排料口

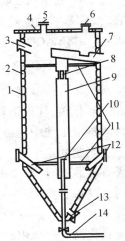

图3-33　空气搅拌浸出槽

1—槽体;2—防酸层;3—进料口;4—塔盖;5—排气孔;
6—人孔;7—溢流槽;8—循环孔;9—循环筒;10—空气花管;
11—支架;12—蒸气管;13—事故排浆管;14—空气管

3.6.2 碱法(碳酸盐法)

目前世界上多数铀水冶厂采用酸浸出法,少数采用碱浸出法,只有个别厂同时采用酸、碱两种浸出流程。与酸浸出法比较,碱浸出法具有选择性好,产品溶液较纯以及设备腐蚀性小等优点。其缺点是浸出速度较慢,浸出率低,投资高,特别是矿石中有四价铀存在时,需要提高浸出温度,强化氧化条件,甚至采用加压浸出才能得到满意的浸出率。然而,在工业实践中,流程的选择并不依赖两种浸出方法本身的优缺点,而主要取决于矿石的特性,特别是矿石中的碳酸盐含量。当矿石中氧化钙含量小于 8% 时,一般采用酸浸出法,大于 12% 时,采取碱浸出法,对介于 8% ~ 12% 之间的矿石,则视其他条件而定。如以酸耗量为标准,则可以每吨矿石平均酸耗 90 kg 为限,酸耗低于此值的矿石采用酸法,否则采用碱法。

1. 碱浸过程的化学

碳酸盐溶液选择性地与铀矿石中的铀氧化物发生化学反应,反应后铀以三碳酸铀酰离子的形式转入溶液。与此同时,矿石中还有少量杂质与碳酸钠发生反应。

二氧化硅的反应为

$$SiO_2 + 2Na_2CO_3 + H_2O \rightarrow Na_2SiO_3 + 2NaHCO_3 \qquad (3-127)$$

此反应很慢,反应结果是浸出液中硅酸钠含量一般最多达 $0.4 \ g \cdot L^{-1}$。

若矿石中含有钙镁硫酸盐,则将大量消耗碳酸钠,反应式为

$$CaSO_4(MgSO_4) + Na_2CO_3 \rightarrow CaCO_3(MgCO_3) + Na_2SO_4 \qquad (3-128)$$

有氧化剂存在时,矿石中的硫化物有如下反应

$$2FeS_2 + 8Na_2CO_3 + 7O_2 + 7H_2O \rightarrow 2Fe(OH)_3 + 4Na_2SO_4 + 8NaHCO_3 \quad (3-129)$$

$$2NaHCO_3 \xrightarrow{\Delta} Na_2CO_3 + H_2O + CO_2 \uparrow \qquad (3-130)$$

反应生成的碳酸氢钠可抑制浸出液的 pH 上升。但是,碳酸氢钠在比较高的温度下,还可以分解成碳酸钠和二氧化碳,从而消耗碳酸氢钠。所以,一般情况下,矿石中含有 0.2% 的黄铁矿就足以获得碳酸钠浸出液中所需要的 $10 \sim 20 \ g \cdot L^{-1}$ 的碳酸氢钠,多余的硫化物必须用浮选法除去以避免上述问题的发生。

矿石中含有碳酸钙时,在浸出前没有必要煅烧,因煅烧成的石灰又会与碳酸钠一起发生反应生成碳酸钙,反应式为

$$Na_2CO_3 + CaO + H_2O \rightarrow 2NaOH + CaCO_3 \qquad (3-131)$$

钒和磷的五价氧化物与铀很相似,它们与碳酸钠反应生成可溶性的钒酸钠和磷酸钠,反应式为

$$P_2O_5 + 3Na_2CO_3 \rightarrow 2Na_3PO_4 + 3CO_2 \uparrow \qquad (3-132)$$

$$V_2O_5 + Na_2CO_3 \rightarrow 2NaVO_3 + CO_2 \uparrow \qquad (3-133)$$

在大多数硅酸盐和氧化矿物中,除预先加热焙烧外,钒的溶解量不大。但须注意,浸出液中少量钒的存在对铀的纯化会带来相当大的麻烦。

铁铝氧化物与碳酸钠溶液几乎不反应,它们在浸出液中的浓度只有万分之几。碳酸盐浸出液的典型组成见表 3 – 20。

表 3 – 20   碳酸盐浸出液的典型组成

成分	U_3O_8	V_2O_3	P_2O_5	Fe_2O_3	Al_2O_3	SiO_2	CaO + MgO
含量/$(g \cdot L^{-1})$	0.3 ~ 5	0.02 ~ 5	0.15 ~ 0.34	0.07 ~ 0.1	0.09 ~ 0.6	0.07 ~ 0.4	0.05 ~ 0.06

由表 3 – 20 可以明显地看出,碳酸盐浸出时,矿石中杂质转入溶液的量是比较少的。

2. 浸出方法与流程

图 3 – 34 为典型的碱法浸出流程示意图。一般操作步骤是将铀矿石在循环的浸出液中磨细,要求小于 200 目的粒度达到 70% ~ 80%,磨细的矿浆在浓密机中脱水至含固体 50% ~ 60% 后可作为浸出段进料。如果矿石中含有较多的硫化物,在脱水前需送去浮选以便除去,浮选出的硫化物精矿酸法浸出回收铀。

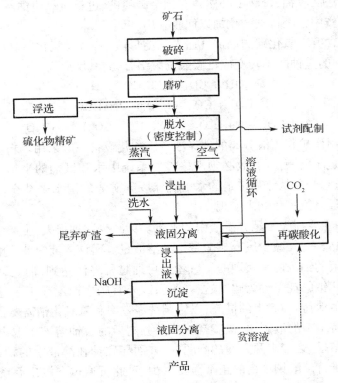

图 3 – 34   典型碱浸流程示意图

浸出设备可采用常压或加压的巴秋卡槽,也可采用搅拌槽或压煮器。图 3 – 35 为在不同设备中处理某些矿石所获得的典型情况。

由图 3－35 可以看出，采用加压浸出设备时，矿浆在浸出设备中的停留时间为 4～20 h（视所用矿石、操作压力和温度而定），浸出率可达 90% 以上。若用常压巴秋卡槽浸出，达到同样的浸出率所需的浸出时间将长达 96 h 之久。

在生产实践中，压煮器的操作条件为：温度 96 ℃～120 ℃，总压力为 2～6 个表压，空气消耗量为 10～80 m³·t⁻¹ 矿，而常压浸出槽的温度为 75 ℃～80 ℃左右。

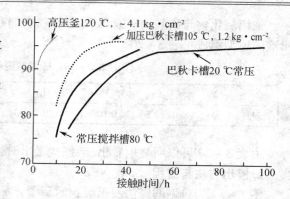

图 3－35   不同浸出容器内的温度、压力、浸出时间与浸出率的关系

浸出矿浆经液固分离后的清液，可用不同方法（如萃取、离子交换、化学沉淀等）进一步处理。如果采用沉淀法回收铀，母液中必然含有剩余碳酸钠、过量氢氧化钠及一定浓度的铀。这部分母液在工业生产中常经再碳酸化加以回收利用。

再碳酸化是将含有二氧化碳的烟道气通入沉淀母液中，将氢氧化钠转变成碳酸钠和碳酸氢钠，随后将溶液中的重铀酸钠转变成三碳酸铀酰络合物，其反应为

$$2NaOH + CO_2 = Na_2CO_3 + H_2O \tag{3－134}$$

$$Na_2CO_3 + CO_2 + H_2O = 2NaHCO_3 \tag{3－135}$$

$$6NaHCO_3 + Na_2U_2O_7 = 2Na_4UO_2(CO_3)_3 + 3H_2O \tag{3－136}$$

碳酸化后的溶液可用作矿浆固液分离的洗涤液。碳酸化设备一般采用填料塔或泡罩塔。

由于碱浸流程是闭路操作的，故必须严格控制系统中水和试剂的平衡。由流程图 3－34 可以看出，废弃矿渣和产品从流程带走的水由洗涤废弃矿渣的清水来补充，试剂的平衡，则通过沉淀工序加入的过量氢氧化钠来实现。

碱浸流程中，铀主要损失于尾弃矿渣中的夹带。为减少这种损失，生产中常采用过滤法脱水，以提高液固分离效率，并减少废弃矿渣带走的溶液量。而该溶液中铀浓度的降低则是通过多次洗涤和降低洗液的铀浓度来实现的。后者虽可通过稀释法达到，但是，由于溶液稀释，必然增加沉淀时氢氧化钠的耗量。为解决这一问题，国外有的生产厂在工艺过程中采取了使含铀溶液与矿石的比值保持 0.65∶1 的措施，以协调洗涤效率和氢氧化钠需要量二者的关系。但在浸出系统又要保持 1∶1 的液固比，该厂就从液固分离后的含铀溶液中取出一部分返回浸出系统。如此操作的结果，会带来两方面的问题：一方面导致铀在溶液中的积累，另一方面使得加入的氢氧化钠比维持碳酸钠平衡的正常需要量少，对此可通过向浸出系统中补加固体碳酸钠来解决。

为提高系统的总效率，还可采用蒸发掉含铀溶液中部分水分的措施。该措施虽有许多优点，如能使溶液中的铀浓度增加，又可使部分碳酸氢钠热分解，由于水分能蒸发去掉，故可适当

增加尾弃矿渣的洗液量,这样不仅节约了氢氧化钠,同时减少了铀和碳酸钠的溶解损失。但是,能耗太高是它的缺点。

在回收铀时,如果全部使用氢氧化钠中和浸出液中的碳酸氢钠和沉淀铀,则溶液中碳酸钠含量有可能积累,其结果必须使含铀溶液部分外排。为解决此问题,在沉淀系统中可用石灰代替部分氢氧化钠。操作方法是先加入石灰中和掉部分碳酸氢钠,溶液中剩余的碳酸氢钠量应进行控制,当用氢氧化钠继续中和时,生成的碳酸钠量恰好用于维持系统试剂的平衡。但碳酸氢钠浓度不能低于 2.0 g·L^{-1},否则,可能过早地发生铀沉淀。石灰与碳酸氢钠的反应为

$$Ca(OH)_2 + 2NaHCO_3 = CaCO_3\downarrow + Na_2CO_3 + 2H_2O \eqno{(3-137)}$$

沉淀出来的碳酸钙再返回到浸出系统以回收其中夹带的铀,加入廉价的石灰除了避免部分溶液外排之外,还具有经济意义。

在加拿大比佛洛季铀厂,其处理的铀矿物主要为铀沥青,其中含碳酸盐含量(以 CO_2 计)$>4\%$。铀矿物细分散在矿石中,并与方解石和赤铁矿伴生在一起。矿石中还含有黄铁矿,其数量为 $1\% \sim 2.5\%$,矿石中铀的平均含量为 0.19%。

该厂工艺流程由以下部分组成:矿石的机械处理、矿石浮选、酸法浸出黄铁矿精矿、碱法加压和常压浸出浮选尾矿。

①矿石的机械处理　矿石经颚式、圆锥、短头圆锥三段破碎后,送去磨矿,磨矿在相对密度为 1.13 的碳酸钠溶液中进行。矿石的相对密度为 2.68,磨矿工序排出矿浆的粒度为 70% 左右小于 0.07 mm。

②矿石的浮选　浮选是在碳酸钠介质中,pH = 10 及矿浆含固量约等于 25% 的条件下进行的。将磨矿分级机的溢流送到浮选工序的中间槽,并在其中加入 6% 的异丙基黄药溶液,不加起泡剂。浮选结果为:约含 50% 黄铁矿的精矿产率为原矿重的 2%,精矿中铀含量约为 0.25% ~ 0.4%,这部分精矿经过滤和洗去碳酸钠后送去酸浸。

③硫酸浸出黄铁矿精矿　酸浸黄铁矿精矿是在巴秋卡槽中进行的。先用硫酸把矿浆酸化到 pH = 2,随之加入按 2 kg·t^{-1} 矿计的氯酸钠,经过 8 小时浸出,pH 上升至 2.4 之后,浸出矿浆过滤,残渣废弃,滤液含铀 2.1 g·L^{-1},铁 2.5 g·L^{-1}。滤液用固体氧化镁从浸出液中沉淀出含铀约为 10% 的贫铀浓缩物,此浓缩物与浮选尾矿一起送去进行碳酸钠浸出,从黄铁矿精矿中提取铀的总回收率为 89.5%。

碱法浸出浮选尾矿约占矿石总质量的 98%,这种矿浆应在浸出前脱水使固体含量达 50% 以上。由于矿浆中溶液相对密度大,粗细矿粒沉降速度有差异,以及大量矿泥的存在,这些均妨碍浓密操作的进行。加入西伯朗 Np - 10 可改善浓密操作,其用量为每吨矿石 2.5 g。

浸出过程必要的碳酸钠和碳酸氢钠浓度是靠磨矿时加入的碳酸钠溶液以及浸出过程中黄铁矿的作用来维持的。该过程所消耗的试剂(碳酸钠)则由沉淀铀浓缩物时加入氢氧化钠来补充。

浓密后的矿浆最初在洗涤器中用巴秋卡的废气预热到 65 ℃,然后用矿浆分配器分别送入

压煮器和常压巴秋卡槽(图3-36)。

该流程的加压浸出有两套系统,每套系统串联安装九台压煮器,它们是直径为2.43 m,长为7.6 m的卧式圆筒,矿浆通过两台串联的带有水压密封填料的衬胶离心泵送入每一系统的头一个压煮器中。此后,矿浆即借助位差自流通过其余的压煮器。这些压煮器平行安装在倾斜的地面上,在每套系统的前五台压煮器中装有不锈钢蛇管,以便用间接蒸汽加热矿浆。而从最后一台压煮器内排除的矿浆又借自身的压力通过套管型热交换器将新进料的矿浆预热。

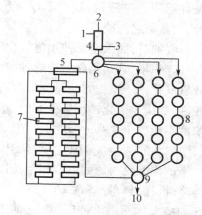

图3-36 碱法浸出设备配置流程图
1—进料矿浆;2—通大气;3—巴秋卡的废气;4—洗涤器;
5—套管型热交换器;6—矿浆分配器;7—压煮器;
8—巴秋卡槽;9—中间槽;10—去过滤

压煮器的工作压力为5.8 atm(表压),温度为116 ℃,浸出时间为18~20 h,铀的浸出率为90%~92%,压缩空气的耗用量为每吨矿石88 m³,压煮器每昼夜处理500 t矿石。

该流程的常压浸出部分每昼夜约处理1 300 t矿石,共装有四套平行系统,每套系统有五个巴秋卡槽。这些槽的规格是:直径5.5 m,高16 m,槽底锥度60°,矿浆靠475 mm的中央空气升液管进行搅拌。为了加热矿浆,在头一个巴秋卡槽中装有两根蒸汽加热蛇管,而其余各槽中却只有一根蛇管。

常压巴秋卡槽的操作温度为80 ℃,浸出时间约96 h,铀的浸出率比加压浸出稍低一些。由矿浆分配器来的矿浆借位差自流通过各巴秋卡槽,其中的废气用压缩机送入洗涤器预热原矿浆。为保持必要的碳酸氢钠浓度(在第一台巴秋卡槽中不应低于15 g·L⁻¹),可将烟道气与空气一起送入巴秋卡槽。送入之前需将烟道气净化以除去二氧化硫,否则,二氧化硫会腐蚀输送烟道气的压缩机。净化操作是在喷淋氢氧化钠的填料塔中进行的。

浸出后的含铀溶液经过滤后与不溶性残渣分开。过滤分两段进行:第一段过滤的滤渣用沉淀了铀浓缩物并经过滤、再碳酸化后的母液进行洗涤,第二段过滤的残渣用清水洗涤。在前后两段过滤的滤渣中,水分含量均为18%左右,由于洗涤不净而损失的铀为矿石原含铀量的1%。为改善过滤操作需加入西伯朗Np-10,在上述两段过滤操作中用量是不同的,第一段每吨固体用60 g,第二段每吨固体用10 g。

第一段过滤滤出的含铀溶液送入中间贮槽,按操作要求,再由此槽送往沉淀工序。在沉淀前,铀溶液需用框式真空过滤机检查过滤两次,以尽可能地除去其中的固体颗粒。所得清液一部分蒸浓,另一部分则用石灰处理以中和其中的碳酸氢钠,然后将这两部分溶液混合,送入沉淀槽,在那里用氢氧化钠直接沉淀出铀化学浓缩物。混合溶液含铀约为2.4 g·L⁻¹,氢氧化钠的剩余浓度为6.7 g·L⁻¹。沉淀作用在50 ℃~55 ℃下进行12 h,沉淀后母液中铀的残余含

量约为 $0.1\ g\cdot L^{-1}$。沉淀铀化学浓缩物后的料浆用压滤机过滤,其溶液送往碳酸化塔,而其滤饼则送去干燥包装。

3. 碱法浸出设备

由于碱的腐蚀性小,所以碱浸的设备和管道材料可用一般的铸铁和碳钢。常压碱浸时,一般采用的设备是巴秋卡槽,如不需要空气氧化也可用机械搅拌槽,但都不要求衬胶,加压碱浸则需采用卧式或立式压煮器(也叫压热釜)。

卧式压煮器的结构如图 3 - 37 所示,每台压煮器有三个机械搅拌器,中间的一个系涡轮型搅拌器,它执行分散给入压煮器中空气的任务,两边的搅拌器用来保持压煮器中矿浆固体颗粒的悬浮状态。

在我国,有的工厂采用哨式空气搅拌加压釜,其结构如图 3 - 38 所示,矿浆自釜下端进入,与沿其垂直方向进入的压缩空气进行混合。之后,空气与矿浆一起通过漩涡哨从喷嘴进入釜内并呈紊流状态上升,从出料管喷出,一般采用与矿浆成逆向流动的蒸汽或水夹套进行釜内的加热和冷却。

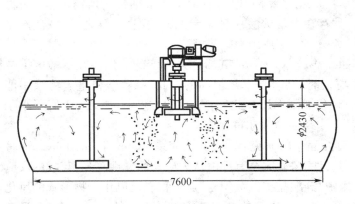

图 3 - 37　卧式压煮器

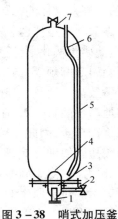

图 3 - 38　哨式加压釜

1—进料管;2—空气管;3—漩涡哨;4—喷嘴;
5—釜筒体;6—事故排料管;7—出料管

3.7　铀矿石的浸出性能与矿物组成的关系

铀矿石的湿法冶金性能及其经济指标与矿物组成、矿石结构有关,受不同品位铀矿石的矿物学影响的工艺过程包括以下几项因素:

(1)解离或暴露铀矿物需要破碎的程度;

(2)铀矿物物理选矿的可能性;

(3)选用的溶浸液体系和可能的试剂耗量;

（4）浸出矿浆的流变性能及对搅拌、浓密、过滤等的影响；

（5）浸出液中可能的离子组成及浓度。

这些因素和给定的铀矿石工艺特性之间的关系是十分复杂的。在铀矿石工艺流程研究中，与矿物学的重要性与浸出性能相关的主要矿物如下：

（1）铀矿物　　文献中已标出至少185种不同的铀矿物。包括氧化物、硅酸盐、磷酸盐、硫酸盐、碳酸盐和铝酸盐，通常矿石中只有一部分的铀可归于特殊的铀矿物。例如在某些品位很低的砂岩矿石中，能鉴定出的特殊矿物占不到总铀的20%，铀能够以四价状态或六价状态存在。溶解含有四价铀矿物需要氧化，但是溶解六价铀不需要加氧化剂，有几种铀矿物是难处理的，化学分析可以给出矿石中的含铀总量。这些矿物中一部分甚至大部分的铀是不能回收的，在某些矿石中大于80%的铀可能都很难处理。

（2）脉石矿物　　浸出铀矿石时所需试剂大部分直接与脉石组成有关，有关脉石矿物化学特性概括如下：

①石英　　非活性矿物，事实上它是世界上一些大的铀矿床的主要组成部分，如南非和加拿大的砾岩，开发这样的铀矿石是非常经济的（由于没有其他活性矿物）。

②碳酸盐　　虽然白云石和菱铁矿反应相当缓慢，但是通常在溶解铀矿物所需的pH条件下，碳酸盐矿物按化学计量消耗酸。如存在大量碳酸盐时应考虑碱法浸出，反之，在碱法浸出中石膏会引起麻烦，会与碱反应生成碳酸钙并形成硫酸钠溶液。

③磷酸盐　　磷灰石与酸反应不如碳酸盐那么活泼，其活性是可变的。然而在低酸度下或多或少地消耗酸，在pH值为1.5或更低时，其溶解率是很高的。此外，磷酸根进入溶液中能络合三价铁离子，因此在氧化过程中起着抑制作用。此外，在下步工艺中，如果pH值不小于2.0，磷酸盐能使铀沉淀，最终在"黄饼"中磷酸盐量超过允许量。

④硅酸盐　　对于硅酸盐矿物的活性程序的研究在"波文反应系"（Boweis reaction series）中有所表示。对于原生的和非风化的岩性矿物，完全有理由认为矿物的碱性越强，与酸的反应活性越强。世界上大多数大型铀矿床中，硅酸盐矿以沉积岩、亚沉积岩及风化产物形式的风化矿物质伴生。正是这些黑云母、绿泥石、绢云母和各种黏土矿物以及它们的不同组合，在没有高活性矿物情况下，是浸出和后续工序中控制操作所要考虑的主要因素。pH值低于2.0时，它们或多或少能与酸反应，pH值低于1.5时，活性更高。选择浸出酸度、时间和温度、最佳回收率及回收的经济价值等，除考虑铀的浸出外，在很大程度上取决于这些矿物在各种条件下的反应行为，这些最佳条件只能由试验来决定。

⑤铁氧化物　　各种铁的氧化物和水合氧化物的活性是可变的。在通常铀矿石酸浸的pH范围内，其溶解率是很大的。事实上，这些矿物和铁－镁矿物，在矿石中多少都有含量不一。在化学反应中，它们所提供的三价铁离子起着重要作用。

⑥硫化物　　硫化物的行为与硅酸盐一样，不能明显预见。然而，通常硫化物存在时，需要较多的氧化剂，也可能导致酸耗高。此外，硫化物存在于矿石表面，易于风化，并在原料堆中易

被细菌浸出。在低品位矿石中存在黄铁矿时应进行细菌浸出试验。

　　⑦含碳的成分　石墨及有关矿物存在于碳质页岩中,通常是没有活性的,但是会包裹浸染性铀矿物或在固液分离过程中出现问题。

　　矿物学家研究物料的化学组成、物理特性和变化性等方面的资料对工艺评价起到重要的作用。尾矿的矿物鉴定常常也能阐明浸出率低的原因。冶金学家与矿物学家密切合作能大大减少工艺评价性研究所需的时间,也能减少意外事情发生的可能性。

3.8　溶浸采铀技术

3.8.1　溶浸采铀的含义

　　所谓溶浸采铀(矿)就是根据物理化学原理和化学工艺,利用某些化学溶剂(有时还要借助微生物的催化作用),有选择性地溶解、浸出和回收矿床或矿石中有用组分的一种矿床开采新方法。它是建立在地质学、水文地质学、矿物学、采矿学、地球化学、化学工艺学等学科基础上的一门边缘交叉学科,是集地质、水文地质、采矿、选矿、湿法冶金于一体,直接从矿石中提取金属的化学开采综合工艺技术。采出来的是含金属的溶液,而不是矿石,这从根本上改变了常规采、选、冶工艺,简化了工艺流程,是采、选、冶工艺技术的综合发展。其突出特点是:工艺简单,投资省,建设周期短,能耗低,生产安全卫生条件好,生产成本低,环境污染少,矿产资源回收利用率高。可从矿床中回收传统方法难以回收的矿石、难处理的矿石、表外矿、废石中的铀和其他有用组分,能较好地控制环境污染。

　　铀矿石的溶浸性能及其经济指标与矿物组成矿石结构有关,受不同品位铀矿石的矿物学影响,影响因素主要包括以下几项:(1)解离或暴露铀矿物需要破碎的程度;(2)铀矿物物理选矿的可能性;(3)选用的浸出体系和可能的试剂耗量;(4)浸出矿浆的流变性能及对搅拌、浓密、过滤等的影响;(5)浸出液中可能的离子组成及浓度。

3.8.2　溶浸采铀的分类

　　由于溶浸采铀是地、采、选、冶相互渗透、相互结合的一种新型铀矿开采方法,本书以溶浸机理为基础,并考虑浸出工艺和地点因素进行分类。

　　溶浸采铀按浸出工艺和方法不同,一般可分为以下三种:

　　(1)原地浸出采铀　原地浸出采矿(in - situ leaching mining)是一种在天然埋藏条件下,通过溶浸液与矿物的化学反应选择性地溶解矿石中的有用组分,而不使矿石产生位移的集采、冶于一体的新型开采方法。利用原地浸出的方法来开发铀矿资源则称为"原地浸出采铀",简称"地浸采铀"。

　　"原地浸出"有两种方式:一种是通过从地表钻进至含矿层的钻孔将按一定比例配制好的

溶浸液注入到矿层,通过溶浸液与矿物的化学反应选择性地溶解矿石中的有用组分——铀,并随后在反应带中提取形成的含铀化合物溶液(称为浸出液),然后输送至提取车间加工成合格产品;另一种是抽注液工程不从地表施工,而从地下(矿床埋藏深度较大)巷道中施工,称为地下钻孔原地浸出法。

(2)堆浸　堆浸法又称堆置浸出法。西方国家一直沿用"Heap Leaching"一词。从堆浸研究、开发和生产的全过程来看,堆浸的含义应该是:在预先铺设的底垫上将矿石筑成矿堆,用选择好的溶浸剂使矿石中的有用组分溶解,并以离子或络合离子的形式转移到液相(浸出液)中,再把液相中的浸出离子转化成单质金属(如电解铜)或化工产品(如硫酸铜)的过程。这一含义表达了铀、金、铜、银及其他金属矿石堆浸的全过程,而不仅仅是浸出这个单一工序。它既包括了浸出前的各个工序,如铺设底垫、矿石破碎、造粒、筑堆、布液,也包含了浸出后从浸出液中回收金属的一些工序,如吸附、萃取、电积、置换等。

(3)原地破碎浸出　原地破碎浸出采铀的工艺过程是,先借助爆破方法或地压控制手段,将天然埋藏条件下的铀矿体,原地破碎到一定块度并形成适宜矿堆,再用溶浸液有选择性地浸出其中的铀矿物,最后将含有铀矿物的浸出液抽出采场,输送到处理车间提取铀化合物。原地破碎浸出也称就地破碎浸出。

1. 堆浸

(1)堆浸简介

堆浸的基本过程是:矿石堆中某些矿物与化学试剂发生作用,矿物中的一些成分以离子或络合离子的形式从固相(矿石)转入到液相的过程。这一基本概念说明堆浸与原地浸出和搅拌浸出的根本区别在于"矿石堆"三个字,即堆浸是在矿石堆中进行的浸出,既不是在矿石没有发生位移的矿床中进行的浸出,也不是在特定的设备中进行的浸出。

人们通常按照堆浸的主金属的不同,分别称为铀矿(石)堆浸、金矿(石)堆浸、铜矿(石)堆浸等;也有依据堆浸过程中采用的溶浸剂的酸碱性不同称为酸法堆浸、碱法堆浸等;更多的是根据矿石堆所处位置的不同,分别称为地表堆浸、地下堆浸等。

①地表堆浸　在地面上进行的堆浸,即矿石堆及其底垫层位于地表的堆浸。用于处理已采至地面的矿石、废石和其他废料。

②地(井)下堆浸　堆浸地点在地下,即矿石堆及其底垫层位于地(井)下(废旧坑道、采场)的堆浸。

③池浸　矿石堆置于不渗漏的池中的堆浸。

④酸法堆浸　使用酸性溶浸剂的堆浸,例如铀矿石的稀硫酸溶液堆浸。

⑤碱法堆浸　使用碱性溶浸剂的堆浸,例如金矿石的氰化钠溶液堆浸。

⑥制粒堆浸　这种浸出法一般针对粉矿或泥质含量较高的矿石。因其渗透性、透气性都较差,并且容易结垢,采用制粒堆浸法可收到较好效果。

从堆浸的全过程看,铀矿石堆浸工艺可表示为:堆浸—吸附(萃取)—淋洗(反萃)—沉淀。

众所周知,堆浸中的浸出液普遍实行闭路循环,从浸出液中回收金属的过程既是产品生产工艺,也是溶浸液的配制过程。上述工艺中的萃余水相或吸附尾液均直接用于堆浸的溶浸液的配制。由此可知,浸出与从浸出液中回收金属的工艺有着紧密的内在关系。

堆浸效果的好坏与下列因素有关:矿石粒度;溶浸剂浓度;溶浸剂的渗透速度;溶浸剂的使用与浸出液的回流方法。

堆浸法不要求矿石粒度过细,一般破碎到 −10 ~ −12 mm 即可。粒度过细除磨矿能耗增加之外,还会增加杂质在浸出液中的溶解量和浸出液在矿粒间渗透的困难。另外,粗粒矿石便于空气流通,对低价铀氧化有利。

溶浸液中的初始硫酸浓度通常为 2% ~ 5%,浸出液的 pH 值通常维持在 1.0 ~ 1.5 之间,最高不超过 2。硫酸浓度过高过低均无益处,硫酸浓度太高会使杂质的溶解量增加,而降低对铀的选择性浸取作用;pH 值过高,将导致铀的磷酸盐沉淀,从而使铀的浸出率降低。

堆浸过程中溶浸液与铀氧化物发生化学反应,必须具备两个条件:一是要具有一定的氧化—还原电位,使低价铀氧化成高价铀;二是要具有一定的酸度(用酸法浸出时),因溶液中反应物和生成物的浓度是随电极电位和酸度而变化的。

铀的浸出过程包括以下几个步骤:

①外扩散过程　溶浸液从溶液主体(相对于矿石颗粒表面的液膜而言)经过液膜到达液膜内;

②对流扩散　通过液膜内的分子扩散抵达颗粒表面;

③内扩散过程　溶浸液从颗粒的外表面通过颗粒的毛细孔和裂隙以分子扩散到颗粒内表面;

④化学反应过程　扩散到内表面上的溶浸液与铀金属发生化学反应,此过程包括化学变化和固相变化;

⑤内扩散过程　生成物从颗粒的内表面扩散到外表面;

⑥外扩散　生成物从颗粒外表面扩散到溶液主体。

影响浸出速度的因素:

①物理因素　矿石块度、矿石内部结构(节理裂隙);

②化学因素　酸(碱)种类与浓度、氧化剂种类与浓度、温度。

(2)堆浸工艺流程及特点

铀矿堆浸按场地可分为地表堆浸和地下堆浸,按溶浸液可分为酸法堆浸、碱法堆浸和细菌堆浸,按原料可分为富矿堆浸、普通矿堆浸、贫矿堆浸和废石堆浸。废石堆往往没有特制的隔水层底垫。常见的酸法堆浸工艺流程如图 3−39 所示,它与常规铀水冶工艺基本相同。

筑堆一般包括场地准备、隔水设施建设、隔水保护层敷设、集液设施建造、矿岩块堆置和喷淋系统安装等。堆场底部结构一般由底部垫层(如碎石、混凝土、混合土、黏土)、保护垫层(如黄泥、黏土、细沙或其组合)、防渗漏层(如塑料薄膜、油毛毡、软塑料板或其组合)、渗滤保护层

（如鹅卵石、砂、粒级 50~200 mm 的矿石）组成。底部垫层和保护垫层主要起稳固底部、防止渗漏和保护防渗漏层作用。渗滤保护层除保护防渗漏层塑料膜免遭筑堆时被矿石等穿破引起液体渗漏外,主要是能够使浸出液顺畅地流到液流沟和集液沟中。

　　堆浸与湿法冶金的常规工艺(搅拌浸出)所遵循的基本原理在许多方面是相同的:①将溶浸剂配成一定浓度的溶浸液,使之与矿石中的欲浸出金属发生化学反应;②化学反应产生的金属离子或络合离子从固相(矿石)转移到液相(浸出液),其速率遵循化工过程中的扩散与传质规律;③从浸出液中回收有用金属,转化成最终产品时,基本上使用吸附、萃取、置换、沉淀、电解等化工单元操作。

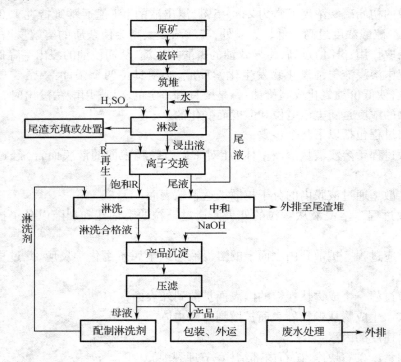

图 3 – 39　酸法堆浸工艺流程图

　　堆浸与搅拌浸出也有区别,这是它们在实施过程中条件不同而引起的:①搅拌浸出时,固液两相均发生位移,堆浸过程中只有液相发生位移,固相原则上是静止的;②搅拌浸出属饱和流;堆浸时,矿石堆中存在溶浸液和空气的同时流动,属未饱和流,空气与溶浸液交替作用于矿石,引起毛细管的液升现象;③搅拌浸出中,物质的浓度梯度是传质的主要推动力;堆浸中的传质,在很大程度上受毛细管力的支配;④搅拌浸出通常在特定的容器中进行,往往实行强化浸出;堆浸是在矿石堆中进行,属自然浸出,强化堆浸使用不很普遍;⑤搅拌浸出一般为连续操作,大气对溶液中组分的浓度变化影响很小;堆浸是间断操作,开放作业,大气对堆浸液中组分的浓度变化影响很大,尤其在矿石堆的表面,因蒸发造成严重的结垢。

(3)堆浸的适用性条件

堆浸技术的采用是有条件的,它本身固有的优点和缺点,决定了它的适用范围。与搅拌浸出相比,它具有下列优点:①流程短,工序少,设施简单,基建投资少,生产成本低;②物耗低,包括能耗、水耗和溶浸剂耗量;③基建周期短,见效快;④环境污染小,堆浸的废水量仅为搅拌浸出的 7% ~15%,堆浸尾渣为干的块矿或粒矿,便于返回井下充填,或地表堆存。

堆浸技术的缺点包括:①堆浸的浸出率一般比搅拌浸出的浸出率要低,两者相差 5% ~15%;②堆浸受自然条件,如风、雨、温度等影响较大,在恶劣的气候条件下,往往不能维持均衡生产;③堆浸的浸出周期长,短的半个月,长的达一年,这对生产企业资金周转不利;④对难浸矿石不易实施强化手段,浸出率的高低,在很大程度上取决于矿石性质。

综合上述优缺点,它的适用范围为:①适于易浸矿石;②品位低,储量大;③品位高,储量小,交通不便,分散的小矿点。

2. 地浸

(1)地浸简介

原地浸出采矿(in - situ leaching mining)是一种在天然埋藏条件下,通过溶浸液与矿物的化学反应选择性地溶解矿石中的有用组分,而不使矿石产生位移的集采、冶于一体的新型开采方法。利用原地浸出的方法来开发铀矿资源则称为“原地浸出采铀”,简称“地浸采铀”。地浸是融地质学、水文学、化学、湿法冶金、环境工程等于一体的综合性采矿技术,是各学科交叉和渗透发展的结晶。

它是通过从地表钻进至含矿层的钻孔将按一定比例配制好的溶浸液注入到矿层,注入的溶浸液与矿石中的有用成分接触,发生化学反应,生成的可溶性化合物在扩散和对流作用下离开化学反应区,进入沿矿层渗透迁移的溶液液流中。溶液经过矿层从另外的钻孔提升至地表,抽出的浸出液输送至水冶车间经过离子交换吸附、淋洗、沉淀或溶剂萃取等工艺处理,最后得到合格产品。

(2)地浸工艺流程及特点

原地浸出采铀由矿体浸出和浸出液处理两大部分组成,前者是用溶浸液使矿石中的铀从固相转移至液相,形成浸出液的过程;后者则是对浸出液进行处理,最终得到铀浓缩物产品的一系列化工单元操作过程,如图 3 - 40 为酸法地浸采铀原理图,图 3 - 41 所示为原地浸出采铀工艺流程。

地浸采铀技术主要包括:矿床地质和水文地质条件评价,钻孔结构和施工工艺,溶浸液配制和使用方法,地下流体的控制技术,浸出过程的物理 - 化学行为,浸出液回收工艺和设备,地下水污染的防治等。

(3)地浸采铀的应用范围和优缺点

一个矿床是否适合于用地浸法开采,与矿床的地质条件密切相关,包括金属储量(特别是

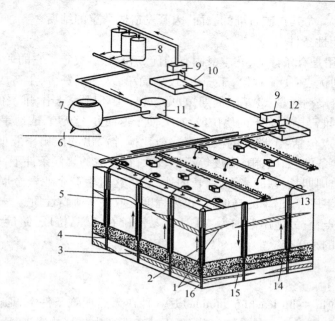

图 3 - 40　酸法地浸采铀原理示意图

1—隔水顶底板；2—PVC 套管；3—矿层；4—过滤器；5—气升泵抽液井；
6—气液分离器；7—硫酸储罐；8—吸附塔；9—泵站；10—吸附原液池；
11—配液站；12—集液池；13—潜水泵；14—潜水泵抽液井；15—注液井

可渗透矿石中的储量）、矿体形态和规模、矿石品位（平米铀量）、金属在可渗透矿石中的分布特征、矿体产状与埋藏深度、矿石与围岩的粒度组成、化学组成与矿物组成等。地浸作为开发铀矿资源的一种新型采矿方法，仅适合于开发具有一定地质条件的铀矿资源，这些条件主要有：①矿床属次生沉积成因的疏松砂岩型铀矿床，矿石胶结程度差，具有良好的渗透性，矿石的渗透性大于（或等于）无矿围岩的渗透性；②矿体赋存于含水层中（最好具有承压特点），矿层上下有较稳定的顶底板隔水层，矿层厚度与含矿含水层厚度之比大于 1:10；③矿石中铀的存在形式必须适宜浸出，一般以易溶于酸性或碱性溶液的单铀矿物形式或分散吸附状态存在于胶结物中和砂砾石颗粒的表面；④矿体产状平缓，倾角小于 20°，矿体连续稳定且具有一定的规模，矿床平米铀量应在最低经济指标之上，矿体埋深一般不超过 400 m。

在上述条件中，矿层的含水性和渗透性是原地浸出采铀在技术上是否可行的决定性因素，而矿床平米铀量、矿体埋深、规模等则是原地浸出采铀在经济上是否合理的重要条件。

地浸采铀与常规采矿相比，具有如下优点：①基建投资少，建设周期短，生产成本低，劳动强度小；②不必建造和使用尾矿坝及尾矿库；③环境保护好，保持地表不被破坏；④从根本上改变了生产人员的劳动卫生条件；⑤可能实现操作过程完全自动化；⑥能充分利用资源，例如，对于那些规模小、埋藏深、品位低的矿体，采用常规开采可能不经济，或技术上不可行，而采用地

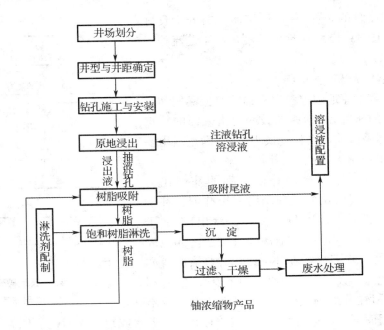

图 3 – 41　原地浸出采铀工艺流程图

浸法却是经济可行的。

　　地浸采铀主要缺点有：①只适用于具有一定地质、水文地质条件的矿床；②如果矿化不均匀，矿层各部位矿石胶结程度和渗透性不均匀或矿石中部分有用成分难以浸出，这都将影响开采的技术经济指标；③存在对地下水环境造成污染的问题，因此需要对地下水进行治理。

3.8.3　原地破碎浸出

1. 原地破碎浸出简介

　　原地破碎浸出采铀是一种新的铀矿开采技术，其工艺过程是，先借助爆破方法或地压控制手段，将天然埋藏条件下的铀矿体，原地破碎到一定块度并形成适宜矿堆，再用溶浸液有选择性地浸出其中的铀矿物，最后将含有铀矿物的浸出液抽出采场，输送到处理车间提取铀矿物。工艺过程可分为以下几步：①崩矿，即崩落矿块内的矿石，并将 1/3 的矿石运至地表进行堆浸；②安装淋浸系统，建造集液设施；③浸矿，对矿石进行淋浸；④收集浸出液；⑤从浸出液中提取铀金属；⑥产品干燥。

　　原地破碎浸出法的筑堆工艺是用爆破或地压管理手段，将矿石破碎到合适的块度和级配并形成适宜堆形的工艺。破碎后的矿石应粒度适宜、密实度均匀、渗透性好、矿块裂隙发育，形成有利于浸出的地下矿堆，松散矿堆内溶浸液在重力和毛细管力共同作用下呈非饱和流形式流动。根据溶浸液和矿石反应的特点，为了提高浸出率和开采强度，爆破筑堆必须创造矿石和溶浸液大面积接触的条件,并保证均质矿石处于良好的渗滤状态。图3－42为原地破碎浸矿法工艺流程示意图。

2. 原地破碎浸出工艺特点

综合国内数家原地破碎浸出采铀的典型实例和对国外相关资料的研究,概括原地破碎浸出采铀的特点如下:①凿岩爆破以使矿石粒度最小化,并满足浸出要求为目标,采用较密集炮孔,微差挤压爆破方式,集中爆破落矿筑堆。②限制爆破补偿空间的补偿比为25%以下。通过切割、拉槽和利用已有天井创造补偿空间,这部分矿石通常运离"原地"以外浸出,有些干脆在地表浸出,出矿量远远小于常规采矿法。③地表占地面积小。由于矿石多数在井下浸出,因此,废渣亦在井下处理,免除了大量占用地表土地的麻烦,这有利于环境保护。留在井下的浸渣堆,多位于地下水流不

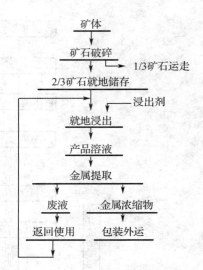

图3－42 原地破碎浸矿法
工艺流程示意图

发育的地带,因而不易对地下水造成污染(有大量地下水或地下水通道的地方,不适合此法)。④工艺集中,便于管理。采场留矿浸出法,由于其工艺高度集成在立体空间内,因此,战线短,作业管理方便。⑤机动灵活,适应广泛。对于埋藏浅的小矿点,很容易做到需停即停,需关即关,闭坑容易,后患较小;对于低品位矿石,用其他方法无开采价值,而用留矿浸出方法却可能有利可图;对于一部分深部矿床,既可用此法,也可以容易地改为它法开采。⑥投资小,见效快,经济效益好。只要矿石性质适合,用不多的投资就可以在短期内建成并投产,由于生产费用与堆浸相当,故生产成本低,资金周转快,经济效果显著。⑦安全性好。由于采场留矿浸出只要爆破成功,筑堆矿石就不再出矿,而留在采场中的矿石还具有对顶板的三维支撑作用,减少顶板暴露面积的作用,置人员设备于安全的工作环境中。

原地破碎浸出采铀的优越性是显而易见的,但有待解决的几大难题尚未有所突破,具体表现为:矿量的准确核定;矿石块度的最小化;防漏防渗。

习　题

3－1　掌握矿石浸出常见概念,如品位、浸出率、溶浸液、溶浸剂、浸出液、尾液、淋洗剂、合格液、贫液、渗透系数的含义和它们之间的相互关系。

3－2　了解铀在自然界中的分布和富集特性。

3－3　简述主要铀矿物及其特征。

3－4　了解堆锥四分法的原理和操作过程。

3-5　简述干筛和湿筛的特点和应用范围。

3-6　世界上最常用的标准筛是哪种,其相邻两筛的筛孔径关系如何?

3-7　铀矿放射性选矿的原理是什么?

3-8　酸法浸出和碱法浸出过程中影响化学反应速度的因素分别有哪些? 具体影响如何?

3-9　列出酸法浸出和碱法浸出过程中发生的主要化学反应式。

3-10　溶浸采铀的含义是什么,有何特点?

3-11　溶浸采铀包括哪几类,其工艺各有何优缺点?

3-12　简述地浸采铀工艺技术的优缺点和适合开采的矿床特点。

3-13　简述堆浸采铀工艺技术的优缺点和适合开采的矿床特点。

3-14　简述原地破碎浸出采铀工艺技术的优缺点和适合开采的矿床特点。

第4章　矿浆的固液分离和洗涤

4.1　概　　述

　　铀矿石浸出后得到的酸性或碱性矿浆,由含铀溶液和固体矿渣组成。为了进一步浓缩和纯化铀,必须将矿渣分离掉。通过浓密和(或)过滤将浸出液与矿渣完全分离的过程称为固液分离过程。有时,根据下一步工序的要求(如进行矿浆吸附),也可通过水力旋流器和(或)螺旋分级机进行粗砂 – 细泥分级,以除去 +200 目的粗砂,得到细泥矿浆。常用的固液分离设备有过滤机、沉降槽(又叫增稠槽、浓密机),分级设备有螺旋分级和水力旋流器,在我国有些工厂采用流态化塔进行分级和洗涤。

　　由于浸出矿浆的物理和胶体性质不同,矿渣与水有不同的结合形式。因而,无论采用哪种分离方法,固液两相均不可能做到完全地分离,即分离后的矿渣中,总含有一定数量的浸出液(例如,一般过滤机的滤饼中含水约为 30% ~ 50%,而沉降槽的稠浆含水可达 50% ~ 60%)。矿渣夹带的浸出液是含铀的,若不回收,这些含铀溶液就会与废渣一起排走,这样,不仅增加了铀的损失,而且还会造成环境的严重污染。

4.2　浓　　密

　　浓密是把较稀的矿浆浓缩为较浓矿浆的过程,在矿浆浓密的同时,可以得到几乎不含固体或只含少量固体的液体(清液)。矿浆浓密可以依靠重力沉降和离心沉降达到,最常用的方法是重力沉降。

4.2.1　重力沉降浓密的原理

1. 固体颗粒在介质中的自由沉降

　　固体颗粒群在介质中沉降时,若固体的体积浓度较低(3% 或以下),颗粒受到的阻滞作用很小,可以忽略不计,此时的沉降可以认为是自由沉降。固体的体积浓度大于 3% 时的沉降为阻滞沉降,而且浓度越大,阻滞作用越强。

　　(1)颗粒在静止介质中的自由沉降

　　①球形颗粒

　　球形颗粒在静止介质中自由沉降时,受到的重力为

$$G = \frac{\pi d^3}{6}(\delta - \rho)g \qquad (4-1)$$

式中　G——颗粒在介质中受到的重力,N;

　　　d——颗粒的直径或粒度,m;

　　　δ——颗粒的密度,$g \cdot cm^{-3}$;

　　　ρ——流体的密度,$g \cdot cm^{-3}$;

　　　g——重力加速度,$g = 9.80665 \ m \cdot s^{-2}$。

　　球形颗粒在静止介质中自由沉降时,受到的介质阻力为

$$R = \psi d^2 v^2 \rho \qquad (4-2)$$

式中　R——颗粒在介质中受到的阻力,N;

　　　v——颗粒的沉降速度或颗粒相对于介质的运动速度,$m \cdot s^{-1}$;

　　　ψ——阻力系数,它是颗粒与流体相对运动时的雷诺数 Re 的函数,$\psi = f(Re)$。

$$Re = dv\rho/\mu \qquad (4-3)$$

式中　μ——介质的黏度,Pa·s。

　　阻力系数 ψ 与雷诺数 Re 的关系见表 4-1 第二列,并由此推出适合于不同 Re 值范围的介质阻力 R 的公式。

表 4-1　适合不同 Re 值范围的介质阻力 R

流态	ψ 值	介质阻力 R	备注
层流	$3\pi/Re$	$3\pi dv\mu$	斯托克斯(Stokes)公式
过渡态	$3.68\pi/Re^{0.8}$	$11.56d^{1.2}v^{1.2}\rho^{0.2}\mu^{0.8}$	
过渡态	$1.25\pi/Re^{0.5}$	$3.93d^{1.5}v^{1.5}\rho^{0.5}\mu^{0.5}$	艾伦(Allen)公式
过渡态	$0.244\pi/Re^{0.2}$	$0.77d^{1.8}v^{1.8}\rho^{0.8}\mu^{0.2}$	
紊流(湍流)	$\pi/18$	$\pi d^2 v^2 \rho/18$	牛顿(Newton)公式

　　颗粒的沉降过程分为两个阶段:加速阶段和等速阶段。球形颗粒从静止开始自由沉降时,初期作加速运动,重力 G 与阻力 R 相等时,颗粒将匀速下降,此时的颗粒速度称为自由沉降末速度,或称为终端速度。

　　一般来说,工业上沉降作业处理的颗粒比较小,在重力沉降过程中加速阶段的时间很短,可以忽略不计。因此,在设备的自由沉降段,颗粒的沉降速度 $v = $ 自由沉降末速度 v_0,它的值可以按 $G = R$ 求出。

　　阻力系数 W 是雷诺数 Re 的函数,随 Re 的增加,$\psi \sim Re$ 的曲线分成三部分:层流、过渡区和湍流。当沉降设备的直径大于固体颗粒直径 100 倍以上时,表面光滑的球体在流体中自由沉降,可以按照以下公式计算颗粒的沉降速度:

　　a. 当 $10^{-4} < Re < 1$(层流或黏滞流)时,阻力系数 $\psi = 24/Re$,得到斯托克斯公式为

$$沉降速度 \ v = d^2(\delta - \rho)g/18\mu \tag{4-4}$$

b. $1 < Re < 10^3$（过渡区）时，阻力系数 $\psi = 18.5/Re^{0.6}$，得到艾伦公式为

$$沉降速度 \ v = 0.27[d(\delta - \rho)gRe^{0.6}/\rho]^{\frac{1}{2}} \tag{4-5}$$

c. 当 $10^3 < Re < 2 \times 10^5$（紊流或湍流）时，阻力系数 $\psi = 0.44$，得到牛顿公式为

$$沉降速度 \ v = 1.74[d(\delta - \rho)g/\rho]^{1/2} \tag{4-6}$$

矿浆沉降速度必须按照矿浆中最小颗粒的沉降速度计算，一般采用斯托克斯公式，它适用于矿石颗粒粒度在 $0.5 \ \mu m \sim 0.15 \ mm$ 范围内的矿浆。

②矿石颗粒

矿石颗粒的形状是多种多样的，为了衡量矿石颗粒的形状，除了根据外形作粗略估计外，经常采用与矿石颗粒同体积的球体表面积 A_0 与矿石颗粒的表面积 A 的比值作为比较的标准，称为矿石颗粒的球形系数，即

$$\omega = A_0/A \tag{4-7}$$

某些形状矿石颗粒的球形系数 ω 见表 $4-2$。

表 4-2　某些形状矿石颗粒的球形系数

矿石颗粒形状	球形	浑圆形	多角形	长方形	扁平形
球形系数 ω	1.0	$0.8 \sim 1.0$	$0.65 \sim 0.8$	$0.5 \sim 0.65$	< 0.5

为了与球形颗粒比较，矿石颗粒的粒度可以用与矿石颗粒等体积的球体的直径 d_v（体积当量直径）表示，也可以用与矿石颗粒表面积相等的球体的直径 d_A（表面积当量直径）表示，即

$$d_v = (6v/\pi)^{1/3} \tag{4-8}$$

$$d_A = (A/\pi)^{1/2} \tag{4-9}$$

式中　d_v——矿石颗粒的体积当量直径，m；

　　　v——矿石颗粒的体积，m^3；

　　　d_A——矿石颗粒的表面积当量直径，m；

　　　A——矿石颗粒的表面积，m^2。

因此，矿石颗粒在介质中受到的重力为

$$G = \frac{\pi d_v^3}{6}(\delta - \rho)g \tag{4-10}$$

矿石颗粒在介质中沉降时，受到阻力 R 为

$$R = \psi_A d_A^2 v^2 \rho \tag{4-11}$$

$$Re_A = d_A v \rho/\mu \tag{4-12}$$

式中，ψ_A 和 Re_A 分别为用 d_A 表示矿石颗粒粒度的阻力系数和雷诺数。

因此，矿石颗粒在介质中自由沉降的平均末速度为

$$v_m = \mu Re_A / d_A \rho \qquad (4-13)$$

层流时
$$v_m = P_S d_v^2 (\delta - \rho) g / 18\mu \qquad (4-14)$$

紊流时
$$v_m = P_N \left[\pi d_v (\delta - \rho) g / \rho \right]^{1/2} \qquad (4-15)$$

式中　v_m——矿石颗粒在介质中自由沉降的平均末速度，$m \cdot s^{-1}$；

　　　P_S 和 P_N——形状修正系数，它们分别为

$$P_S = 1.03\omega^{1/2} \qquad (4-16)$$

$$P_N = \left[1.5\omega / (8.95 - 7.39\omega) \right]^{1/2} \qquad (4-17)$$

（2）颗粒在运动介质中的自由沉降

在匀速垂直上升的介质流中，颗粒的自由沉降末速度为

$$v_a = v_0 - u_a \qquad (4-18)$$

式中　v_a——颗粒的自由沉降末速度，$m \cdot s^{-1}$；

　　　v_0——颗粒在静止介质中的自由沉降末速度，$m \cdot s^{-1}$；

　　　u_a——上升介质流的速度，$m \cdot s^{-1}$。

当 $v_0 > u_a$ 时，颗粒向下沉降；当 $v_0 < u_a$ 时，颗粒向上运动；当 $v_0 = u_a$ 时，颗粒呈悬浮状态。

2. 颗粒在介质中的阻滞沉降

当介质中固体颗粒的体积浓度大于3%时，由于固体颗粒之间相互摩擦、碰撞等原因造成机械阻力，影响颗粒的沉降，此时的颗粒沉降称为阻滞沉降。矿浆的沉降过程一般都为阻滞沉降，而且固体颗粒的体积浓度越大，阻滞作用越强。

由体积浓度较大的密度、粒度和形状相同或相近的颗粒组成的均匀粒群，它们在介质中沉降时，沉降速度主要取决于粒群在介质中的体积浓度或松散度。

当粒群的体积浓度不大，最大和最小粒度的比值小于1.5时，计算沉降速度的常用公式为

$$v_T = v_0 (1 - \lambda)^n = v_0 \theta^n \qquad (4-19)$$

式中　v_T——颗粒阻滞沉降的沉降速度，$m \cdot s^{-1}$；

　　　v_0——颗粒自由沉降的沉降速度，$m \cdot s^{-1}$；

　　　λ——粒群的体积浓度；

　　　θ——粒群的松散度；

　　　n——与颗粒的粒度和形状有关的指数，见表4-3和表4-4。

表4-3　n 值与多角形颗粒粒度的关系

平均粒度/mm	2.0	1.4	0.9	0.5	0.3	0.2	0.15	0.08
n 值	2.7	3.2	3.8	4.6	5.4	6.0	6.6	7.5

表 4 – 4　n 值与粒度为 1 mm 的颗粒形状的关系

颗粒形状	浑圆形	多角形	长方形
n 值	2.5	3.5	4.5

对于体积浓度较大或松散度较小（$\theta \leqslant 0.8$）的情况,求 v_T 的方法是把沉降的粒群看成一种过滤介质,液流自下而上通过沉降的粒群,此时的沉降速度 v_T 可按照以下公式计算

$$N \leqslant 7 \text{ 时} \quad v_\mathrm{T} = 1.8BN \tag{4 – 20}$$

$$7 < N \leqslant 17 \quad v_\mathrm{T} = 2.4BN^{5/6} \tag{4 – 21}$$

$$17 < N \leqslant 750 \quad v_\mathrm{T} = 3.6BN^{2/3} \tag{4 – 22}$$

$$750 < N \leqslant 5\,000 \quad v_\mathrm{T} = 5.7BN^{3/5} \tag{4 – 23}$$

$$5\,000 < N \leqslant 130\,000 \quad v_\mathrm{T} = 7.2BN^{4/7} \tag{4 – 24}$$

式中　$B = \mu(1 - \theta)/d_v \omega \rho$;

　　　N——无因次参数,$N = \dfrac{\omega^3}{216} Ar \dfrac{\theta^3}{(1 - \theta)^2}$;

　　　Ar——阿基米德准数,$Ar = d_v^3(\delta - p)\rho g/\mu^2$。

对于由多种粒度、密度和形状不同的颗粒组成的非均匀粒群的阻滞沉降,由于影响因素多而复杂,目前理论上还没有计算沉降速度的合适公式。

4.2.2　沉降速度的实验测定

实际矿浆在沉降时,由于流体中伴随紊流的产生,小颗粒有被沉降较快的大颗粒向下拖的趋势。在沉降过程中,大颗粒受干扰大,速度减慢;小颗粒受拖曳,速度加快。因此,对于固体粒度相差不超过六倍的悬浮液,其全部粒子以大体相同的速度沉降。

测定矿浆的沉降速度一般在量筒中进行,一定液固比的矿浆在量筒中混匀后,开始沉降,定时（t）测定矿浆与清液之间的沉降界面高度 H,可以得到如图 4 – 1 的 $H \sim t$ 沉降曲线,通过作图可以计算沉降速度和处理每吨矿石所需的沉降面积。

对于 $H \sim t$ 沉降曲线有两种处理方法（图 4 – 1 的 (a) 和 (b)）:

(1)用两条与 $H \sim t$ 沉降曲线相切的直线形成的折线 $H_0 - K - L$ 近似代替沉降曲线,$H_0 - K$ 为自由沉降过程线,$K - L$ 为压缩过程线,按下式求粒群的沉降速度为

$$v = (H_0 - H_K)/(t_K - t_0) \tag{4 – 25}$$

式中　H_0——沉降开始时的界面高度,m;

　　　H_K——临界点 K 的高度,m;

　　　t_0——沉降开始时的时间,h;

　　　t_K——沉降到临界点 K 的时间,h。

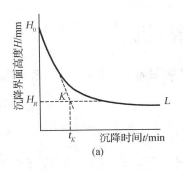 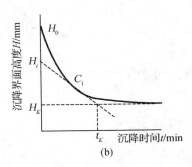

图 4 - 1　沉降曲线

处理每吨矿石所需的沉降面积 $A(\mathrm{m}^2 \cdot \mathrm{t}^{-1} \cdot \mathrm{h}^{-1})$ 为

$$A = \frac{k}{v}\left(\frac{1}{C_1} - \frac{1}{C_2}\right) \tag{4 - 26}$$

式中　C_1——进料矿浆单位体积的固体含量，$\mathrm{t} \cdot \mathrm{m}^{-3}$；

　　　C_2——设计的浓密机底流单位体积的固体含量，$\mathrm{t} \cdot \mathrm{m}^{-3}$；

　　　K——校正系数，一般 $k = 1.05 \sim 1.20$。

(2)按 $H \sim t$ 曲线选取若干个点 C_i 作切线 H_i，分别与要求的浓密机底流高度 H_K 相交求临界点，从而求出不同的沉降速度。选取其中最小的沉降速度，按式(4 - 26)求处理每吨矿石所需的沉降面积 $A(\mathrm{m}^2 \cdot \mathrm{t}^{-1} \cdot \mathrm{h}^{-1})$。

4.2.3　影响浓密固液分离的主要因素

影响浓密固液分离的主要因素包括：

(1)固体颗粒的粒度和粒度分布　一般来说，固体颗粒的粒度越细，沉降的速度越慢，过滤的速度也越慢。因此，矿石过粉碎或过分磨细是对固液分离不利的。

(2)矿浆中的固体浓度　固液分离设备的大小和运营费用随进料矿浆中的固体浓度的增加而减少，应当尽可能提高处理矿浆中的固体浓度。但是，进料矿浆中固体浓度的提高受到浸出条件和矿浆输送的限制，还应考虑浸出渣洗涤后的洗水。一般情况下，浓密机进料矿浆中的固体浓度均小于40%。

(3)固体颗粒形状和表面特性　固体颗粒形状以球形为最佳，固体颗粒的表面特性对需要使用的絮凝剂的种类和用量有直接的影响。

(4)液体的黏度　液体的黏度增加时，无论是固体的沉降速度还是液体的过滤速度都会降低。由于液体的黏度受温度的影响，温度越低，液体的黏度越高，因此适当加温对于固体沉降和液体过滤都是有利的。

4.3 浓 密 机

浓密机是采用重力沉降方法进行固、液分离的主要设备,早期使用的常规浓密机和改进的高效浓密机都已在工业上广泛应用。

4.3.1 常规浓密机

20 世纪 50 年代,铀水冶厂就开始使用设置回转耙的圆形沉降槽,这就是常规浓密机。把预先加入絮凝剂的絮凝状矿浆从浓密机中心的进料口加入浓密机,浓密后的底流矿浆从浓密机底部排出,清液则从浓密机的周边溢流而出。在常规浓密机中,固体的浓集(脱水)过程可以分成四个区域:清液区;聚集沉降或自由沉降区;阻滞沉降或转换区;压缩或压实区,如图 4 - 2 所示。

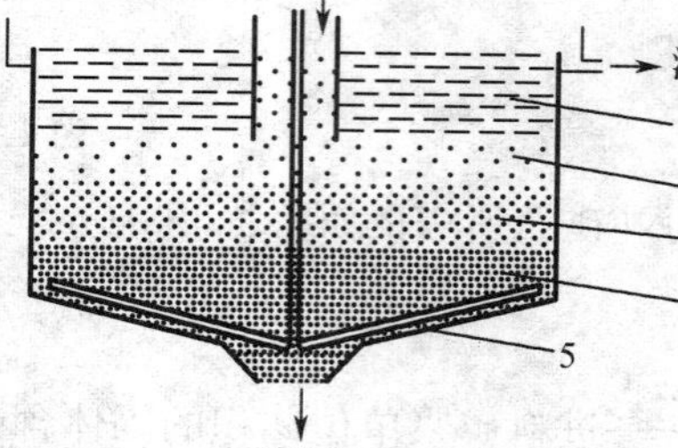

浓密机的有效面积(m^2)为

$$A = kW/Q \qquad (4-27)$$

图 4 - 2　常规浓密机结构示意图
1—清液区;2—聚集沉降或自由沉降区;
3—阻滞沉降或转换区;4—压缩或压实区;5—耙

式中　W——浓密机的矿石处理量,$t \cdot d^{-1}$;

Q——在满足溢流含固量条件下,浓密机单位面积的矿石处理量,$t \cdot m^{-2} \cdot d^{-1}$;

k——矿量波动系数,浓密机直径小于 5 m,$k = 1.05$,浓密机直径大于 30 m,$k = 1.20$。

也可以近似计算矿石的沉降速度后,按下式计算浓密机面积为

$$A = W(R_1 - R_2)k/86.4 v_0 k_1 \qquad (4-28)$$

式中　R_1——进料矿浆液固比,$m^3 \cdot t^{-1}$;

R_2——底流矿浆液固比,$m^3 \cdot t^{-1}$;

k_1——浓密机有效面积系数,$k_1 = 0.85 \sim 0.95$,浓密机直径大于 12 m,$k_1 = 0.95$;

v_0——溢流中最大颗粒在水中的自由沉降速度,$mm \cdot s^{-1}$,$v_0 = 545(\delta - 1)d^2$;

δ——矿石的密度,$g \cdot cm^{-3}$;

d——溢流中最大颗粒的直径,mm。

浓密机总高度为

$$H = h_c + h_p + h_r \qquad (4-29)$$

式中　h_c——澄清区高度,一般来说 $h_c = 0.5 \sim 0.8$ m;

h_p——耙臂运动区高度,$h_p = \dfrac{D}{2}\tan a$;

D——浓密机底部直径,m;

a——浓密机底部水平倾角,一般 $a = 12^0$;

h_r——压缩区高度,$h_r = (1 + \delta R_c)t/24\delta a_{max}$;

R_c——矿浆在压缩区的平均液固比,$m^3 \cdot t^{-1}$;

t——矿浆浓缩到规定液固比所需要的时间,h;

a_{max}——澄清 1 t 干矿所需要的最大澄清面积,$m^2 \cdot h \cdot t^{-1}$;

δ——矿石的密度,$g \cdot cm^{-3}$。

常规浓密机采用慢速旋转的回转耙,把压缩的底流推向中心排料口排出,按照耙的传动方式可以分为中心传动浓密机和周边传动浓密机。

中心传动浓密机是把耙臂装在浓密机中心轴上,中心轴由蜗轮蜗杆减速机构传动。我国已经生产的中心传动浓密机包括:直径为 1.8 m,3.6 m,6 m 和 12 m 的小型机;直径为 16 m,20 m,30 m 和 40 m 的中型机;直径为 53 m,75 m 和 100 m 的大型机。国外最大的中心传动浓密机直径达到 183 m。

周边传动浓密机按耙架的支承方式分为钢桁架支承式和悬臂支承式。传动架的一端借助轴承支承于中心柱上,另一端支承于环池轨道上,传动机构使滚轮沿轨道滚动并带动桁架。直径 15 m 以上的大型浓密机的周边需要安装固定的齿条,传动装置的齿轮减速器有一个齿轮与齿条啮合,并推动耙架前进。我国已经生产的大型周边传动浓密机的直径包括 15 m,18 m,24 m,30 m,38 m,45 m 和 53 m。国外最大的周边传动浓密机直径达到 198 m。

耙式浓密机都安装超负荷安全装置和自动提耙装置,一旦底流过分浓集使耙子超负荷就会自动发出信号,并自动提升耙子,以免压死耙子发生事故。因此,为了保证浓密机安全运行和方便底流的管道输送,浓密机的底流液固比不能太小,多数情况下,控制底流液固比为 1:1。

4.3.2　高效浓密机

由于常规浓密机占地面积大,设备费用高,人们一直在寻求减小浓密机尺寸,提高浓密机处理量的方法。由 Enviro-Clear 公司生产的高效浓密机于 1971 年首先在美国 Woodland 糖厂使用;美国 Envirotech 公司的 Eimco 高效浓密机于 1977 年取得专利,1980 年投入工业使用;Dorr-Oliver 公司制造的 Dorr 高效浓密机也在 1979 年取得欧洲专利;瑞典的 Sala 公司生产的 Lamella 高效浓密机也广泛用于水处理和矿石加工工业中。

我国自 20 世纪 80 年代开始研制高效浓密机,在直径1.2 m 的样机基础上,设计了直径 2.3 m 和 3.6 m 的高效浓密机,在兴城铀矿取得工业试验的成功,单位面积的处理能力为常规浓密机的 7 ~ 10 倍,溢流含固量低于 0.017 5%,底流含固量为 45% ~ 52%,聚丙烯酰胺用量为 34 ~ 130 $g \cdot t^{-1}$,低于常规浓密机。另外,也成功研制了斜板浓密机和深锥浓密机。

高效浓密机与常规浓密机的主要区别是矿浆进入浓密机的方式不同。常规浓密机采用预先絮凝的矿浆,进入浓密机的自由沉降区;高效浓密机采用矿浆与絮凝剂同时加入浓密机顶部的一个缓慢搅拌反应区,混合絮凝后的矿浆进入浓密机的阻滞沉降区,使絮凝物很少破裂,这样就避免了在常规浓密机的自由沉降区中向上的液体与沉降的絮团之间直接接触冲击絮团的现象,保证絮团的沉降速度。由于在高效浓密机中絮凝接近理想状态,在处理量相同时,高效浓密机所需面积只是常规浓密机的$1/10 \sim 1/4$。

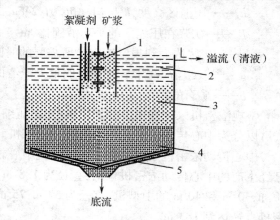

絮凝剂　矿浆

溢流(清液)

高效浓密机的结构特点就是中间加料筒较长,加料筒的相对面积较大;在加料筒中絮凝剂采用多点、分段的方式加入,并采用了一定转速的搅拌装置,使絮凝剂与矿浆均匀混合。为了增加沉降面积,有的高效浓密机还在阻滞沉降区加一组倾斜板。一般的高效浓密结构可如图4-3所示。

选择高效浓密机还是选择常规浓密机涉及的因素很多,一般来说,对絮凝效果不理想的物料,或者当把浓密机作为缓冲储槽的时

图4-3　高效浓密机结构示意图
1—搅拌器;2—清液区;3—阻滞沉降区;
4—压缩或压实区;5—耙

候,不一定采用高效浓密机。如果需要选用高效浓密机,为了得到可靠的放大设计数据,进行小型设备的连续性试验是必要的。

4.4　连续逆流倾析(CCD)

浸出矿浆在浓密机中通过沉降得到清液,但是浓密机底流的溶液中含有与浸出液相同的铀浓度,为了避免铀的损失,浓密机的底流必须经过洗涤才能尾弃。

连续逆流倾析(continuous countercurrent decantation,简称CCD)是一个由多台浓密机组成的多段洗涤系统,洗水(浓密机溢流)与浓密机底流(矿浆)作逆流运动。为了使洗水(浓密机溢流)能自流到前一级,浓密机的高度自洗水进入的最后一级浓密机起,依次降低,如图4-4所示。

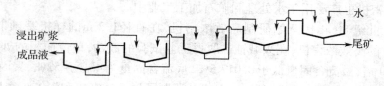

浸出矿浆

成品液

水

尾矿

图4-4　连续逆流洗涤(CCD)系统示意图

连续逆流倾析的优点是:所用的浓密机结构简单,能耗和维修费用低;矿浆的固液分离和洗涤过程可以实现连续、自动操作;在洗水用量一定的条件下,洗涤率高(洗涤率可以超过

99%);在洗涤率相同的条件下,可以得到较高浓度的成品液。

连续逆流倾析的缺点是:浓密机占地面积大,浸出液中的铀浓度在洗涤过程被稀释。

洗水体积与浓密机底流中溶液体积的比值称为洗涤比 R,铀矿加工工艺中,一般取洗涤比 $R=3$。因此 1 t 干矿经过浸出和浓密、洗涤以后,约产生 3 m^3 的成品液,成品液中铀的浓度约为浸出液的 1/3,这与浓密机底流液固比有关。

采用连续逆流倾析要求矿浆的浓密性能好,由于浓密机占地面积大,多数露天安装,因此适用于气候温和的地区。

在实际应用时,为了回收磨矿水中的铀和减少洗水用量,可将磨矿、浸出和浸渣洗涤结合在一起考虑,采用如图 4-5 所示的设备配置进行连续逆流洗涤。由于磨矿水中含铀,因此一般返回到最后第二级浓密机,最后一级浓密机进新洗水。

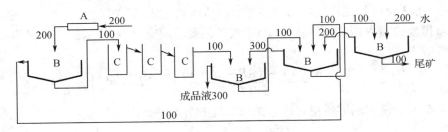

图 4-5　与磨矿和浸出相配合的 CCD 系统
A—磨矿机;B—浓密机;C—浸出槽;数字为溶液量(干矿量为 100)

连续逆流洗涤(CCD)也可以采用如图 4-6 所示的多层浓密机进行。

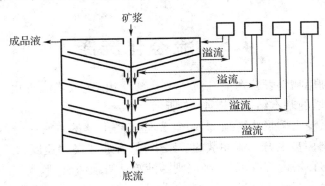

图 4-6　多层浓密机结构示意图

迄今为止,已发表的关于浸出矿浆多级连续逆流洗涤的计算方法都是以物料平衡为依据,以洗涤过程中溶质的浓度均匀和每一个洗涤级的进、出料液固比恒定作为前提进行计算的,没有考虑洗涤过程的扩散和化学反应,也没有考虑固体(例如细泥)对溶质的吸附,因此计算结果与实际情况存在一定的差距。

前苏联的 Е П Тюфтин 提出了一种较简便的计算方法,如果洗涤级数为 N 时,则第 N 级中溶质的浓度为

$$C_N = \frac{C_0\beta(R-1) + C_{N+1}R[\alpha(R^N - R) + R - 1]}{\alpha(R^{N+1} - R) + R - 1} \qquad (4-30)$$

式中　C_0——进料矿浆中溶质的浓度,$\mathrm{g \cdot L^{-1}}$;

C_{N+1}——进料洗涤液中溶质的浓度,若为新洗水,则 $C_{N+1} = 0\ \mathrm{g \cdot L^{-1}}$;

α——从第一级出来的成品液体积与加入系统的洗涤液体积之比;

β——进料矿浆中液体体积与底流中液体体积之比;

R——加入每级的洗涤液体积与底流中液体体积之比,即洗涤比。

当可以排放的第 N 级底流溶质浓度 C_N 按工艺要求确定以后,可以按式(4-30)求得所需要的洗涤级数 N,即

$$N = \lg\left\{\frac{C_0\beta(R-1) - (\alpha R - R + 1)(RC_{N+1} - C_N)}{\alpha R(C_N - C_{N+1})}\right\} \times \frac{1}{\lg R} \qquad (4-31)$$

洗涤效率 E 为洗出的溶质量与进入洗涤系统的溶质量之比,即

$$E = \frac{C_0\beta + RC_{N+1} - C_N}{C_0\beta + RC_{N+1}} \times 100\% \qquad (4-32)$$

洗涤损失率 F 为尾渣带走的溶质量与进入洗涤系统的溶质量之比,即

$$F = \frac{C_N}{C_0\beta} \times 100\% \qquad (4-33)$$

4.5　流态化洗涤

流态化洗涤是利用物料颗粒在上升流体中呈悬浮状态(散式流态化)进行连续逆流洗涤的方法,流态化洗涤塔的基本结构如图4-7所示。

由图4-7可见,浸出矿浆从塔顶加入,首先进入塔上部的浓密-分级段(即塔的扩大部分),在布料锥体的斜面被上升液流冲散的矿浆中,只有那些终端速度大于浓密-分级段上升液流速度的粗砂能够在塔内继续沉降,细泥则随液流从塔顶溢出,形成泥砂分离。粗砂在塔内通过稀相段和浓相段进行洗涤,最后通过进水管以下的压缩段后排出塔外。洗水通过塔底部的布水装置(可以采用双层或三层布水)进入塔内,与下沉的粗砂形成逆向洗涤,从塔顶溢出。

在浓密-分级段,终端速度等于上升液流速度的矿石粒度称为"临界分级粒度"。由于浸出矿浆中矿石颗粒的粒度分布范围比较宽,在不采用絮凝剂时,总有一部分粒度小于临界分级粒度的细泥会随溢流流出,溢流的固体含量取决于临界分级粒度和进料矿浆的粒度分布。采

用絮凝剂时,絮凝剂应当在矿浆入塔以前与矿浆混合,由于絮团凝聚了细泥,加快了颗粒的沉降速度,溢流含固量可以达到 250 mg·L^{-1}以下,得到清液。

在洗水流量不变的条件下,增大浓密－分级段的直径,使得浓密－分级段中的液流的上升线速度减慢,因此可以降低临界分级粒度。但是,浓密－分级段的直径与洗涤段的直径之比过大,会有部分细砂在布料锥体附近积累,破坏操作的稳定性。一般来说,在设计流态化洗涤设备时,浓密－分级段的直径与洗涤段直径之比应当小于 2。

泥砂分级－粗砂洗涤的流态化洗涤工艺在上饶铀矿获得了工业应用,在应用过程中发现只有当临界分级粒度小于 68.5 μm 时,泥砂分级效率(即溢流中－200 目细泥的百分含量)可以达到 100%。泥砂分级效率主要与进料矿浆的粒级组成有密切

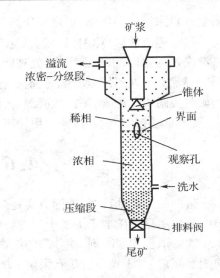

图 4－7　流态化洗涤塔结构示意图

关系,通过计算,为了使溢流矿浆中－200 目细泥达到 100%,进料矿浆的粒级组成中,－125～+74 μm 的中粗颗粒应小于 10%;－74 μm(－200 目)的细泥应小于 50%。如果进料矿浆的中粗颗粒和细泥含量偏高,只有降低矿石处理量,才能保证溢流矿浆中细泥 100% 达到－200 目。

流态化洗涤过程基本是在塔内浓相段中进行,洗涤过程主要依靠溶质浓度差形成的混合扩散或分子扩散完成。对于不加絮凝剂的泥砂分级、粗砂洗涤过程,以混合扩散为主,洗涤过程完成较快,所需的浓相段高度较低;对于加入絮凝剂的矿浆洗涤,由于絮团内吸附的水量增加,洗涤过程以分子扩散(内扩散)为主,洗涤速度比较慢,所需的浓相段高度要求较高。

在起洗涤作用的浓相段存在浓度梯度,采用絮凝剂时,通过对絮团进行流态化洗涤的传质过程的分析,计算得到传质单元高度约为 60 cm,按一般 CCD 系统采用 6～8 段洗涤的要求,流态化洗涤塔的浓相段高度只需要 3.6～4.8 m 就够了。

由于浓相段与稀相段之间的界面具有明显的制止纵向返混的作用,即保证进入界面以下的矿石颗粒不往上运动,进入界面以上的液体不往下运动。因此,稀相段不存在浓度梯度,应当尽量降低高度,但是,为了有一个稳定的界面,稀相段是必须存在的。

流态化洗涤的洗用量比 CCD 系统少,洗涤比可以小于 1,洗水流量一般小于 1 m·s^{-1},溢流溶液(或矿浆)的铀浓度不会因为洗涤而被冲稀。为了保证洗涤效率,避免沟流,在整个洗涤塔截面上布水要均匀,一般单层布水容易产生沟流,因此可以采用多层布水。

为了获得满意的洗涤效果,必须保持稳定的洗涤床层,防止产生沟流、返混和架桥现象,除了保持进料流量稳定以外,还必须要求排料稳定。因此,采用流态化洗涤时,需要对矿浆进料

和塔底排料采用自动控制,稳定操作。

　　与连续逆流洗涤(CCD)比较,流态化洗涤可以在一台设备中完成泥砂分级、粗砂洗涤的逆流洗涤过程,具有占地面积小,处理能力大,洗水用量少,洗涤效率高,设备结构简单和投资费用少等优点。在不用絮凝剂时,流态化洗涤的溢流一般都为 -200 目的细泥矿浆,适合与后续的矿浆吸附工艺配套;采用絮凝剂时,溢流可以得清液。但是,流态化洗涤塔的操作比 CCD 复杂,要求自动控制,设备维修费用较高。

4.6　絮　凝　剂

　　在早期的铀矿处理中,液固分离是最困难的问题之一。有效的絮凝剂的发展及其在液固分离中的应用是铀矿加工工艺中很重要的一项改进。为了强化浓密(澄清)过程,通常需要向矿浆中加入适量的絮凝剂,使分散的细颗粒聚合为较大的凝聚体,加速沉降。如果适当地选择和使用絮凝剂,对于大多数矿石来说液固分离设备达到满意的处理能力是没有困难的。

4.6.1　絮凝剂的分类

1. 电解质类

　　例如石灰、硫酸铝、氯化铁和硫酸铁等。它们在水中溶解后产生离子,改变了分散颗粒的表面电性,减少细颗粒之间的静电排斥力,使细颗粒在机械运动过程中互相碰撞而结合成较大的凝聚体。

2. 天然或人工合成的高分子有机化合物

　　例如淀粉、糊精、明胶、聚丙烯酰胺(Separan,又称西伯朗)和聚乙烯醇等。这类化合物多数是属于多糖类高分子化合物,其分子具有长线形并包含大量的羟基官能团,它们依靠羟基官能团中的氢形成氢键而吸附在矿粒上。由于这些多糖类高分子化合物的分子很大,可以同时与许多个矿粒发生吸附作用,因此使矿粒凝聚在一起形成大颗粒。

　　在铀水冶生产过程中主要使用有机絮凝剂,最初使用的絮凝剂是加尔胶,商品名为 Guartee 和 Jaguar,但是这种絮凝剂在几年内就被聚丙烯酰胺类的絮凝剂(西伯朗、聚丙烯腈等)取代。

分子活性团

图 4 - 8　聚丙烯酰胺分子形状示意图

　　以聚丙烯酰胺为基体的絮凝剂,结构如图 4 - 8 所示,属于聚合电解质,可以分为阳离子型、阴离子型和非离子型,产品呈固体、胶状或悬浮液状。一般应当按照矿浆中固体颗粒的表面电荷性质选择不同的絮凝剂,非离子型絮凝剂一般用于酸性矿浆,阴离子型絮凝剂比较适用于碱性矿浆。每立方米矿浆加入 20 ~ 50 g 聚丙烯酰胺类的絮凝剂以后,产生的凝聚作用可以使浓密过程的沉降速度提高几倍至几十倍。

4.6.2　絮凝的基本原理

聚丙烯酰胺作为絮凝剂用于工业虽已多年,但其絮凝作用的机理至今尚不完全了解。

有人认为,由于氢键的作用使得聚丙烯酰胺上的活性基团对固体颗粒表面有很高的亲和力,这种亲和力使大分子上的那些基团粘附在固体表面上,这些大分子的其他部分则延伸在溶液中。由于聚丙烯酰胺具有长链分子和多活性基团结构,延伸在溶液中的分子既可与另外粘附了固体粒子的分子连接,又可去粘附未被或已被其他分子粘附的固体粒子。这样,一个聚丙烯酰胺分子就可连接数个固体粒子,并限制了这些粒子随便移动,形成粒子之间的"搭桥(或桥连)"现象(图 4 – 9)。当这种现象发生后,絮凝剂"桥"上的其他活性基团再与已搭桥的粒子表面粘合,把这些固体粒子更加牢固地束缚在一起。如此作用重复进行,直至这些固体颗粒紧紧地形成较大的凝聚体为止。加尔胶和动物胶也可通过桥连或中和起作用。

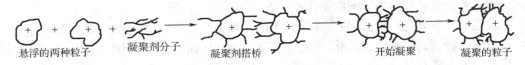

悬浮的两种粒子　　凝聚剂分子　　凝聚剂搭桥　　　　　　开始凝聚　　凝聚的粒子

图 4 – 9　絮凝剂在固体粒子之间的搭桥现象示意图

另一种机理认为固体表面分子间的斥力(由于动电电位 ζ)可能部分被絮凝剂中和,使粒子移到一起,然后借内聚力吸附。

桥连理论能很好地说明为什么这些试剂必须正确地使用才能有效。絮凝剂分子在溶液中能迅速附着在任何接触的固体表面上。为了获得最好的絮凝效果,重要的是用尽可能稀的絮凝剂溶液分成许多小批在和缓而充分混合的条件下加到矿浆中去。这种加入方式保证每个固体粒子与絮凝剂分子有最多的接触机会。在矿浆絮凝后再进行混合或用泵输送,会使絮凝剂分子的附着断裂因而破坏絮凝团。

选用适当的絮凝剂加入到矿浆中,经搅拌后与分散颗粒的表面发生物理化学变化,在内聚力的作用下,颗粒彼此相互碰撞并吸附在一起,聚集成较大的絮凝团,使质量得到增加,从而加快了沉降速度。

颗粒聚集的方式有以下 4 种:

(1)双电层压缩　高浓度的可溶性盐类,例如石灰和硫酸钙,它们的离子可以使颗粒的 ζ – 电位降低至零,从而导致凝聚作用。

(2)吸附凝聚　例如三价铁离子或水解产物可以吸附于矿物表面,降低颗粒的 ζ 电位,从而形成凝聚。但是,过量的三价铁离子能引起相反的变化,使悬浮的细粒重新处于稳定状态。由于水解产物的类型取决于溶液的 pH 值,因此这类凝聚过程与溶液的 pH 值有关。

　　（3）长链聚合物絮凝剂的架桥絮凝作用　　有机高分子长链聚合物（聚丙烯酰胺类絮凝剂）可以在许多细粒固体物的表面产生吸附作用，把它们连接在一起，形成一个较大的絮凝团，称为"架桥絮凝"。选用这类絮凝剂时，除了要考虑絮凝剂必须适应细粒物料表面电性的要求以外，有机高分子长链聚合物的类型和分子量也直接影响絮凝团的大小和性质。

　　（4）电性中和作用　　分子量相对低的阳离子型合成絮凝剂，在絮凝过程中通过电性中和作用，使固体颗粒聚集。

4.6.3　影响絮凝的主要因素

　　对于给定体系来说，絮凝剂的选择取决于很多因素，主要包括：絮凝剂类型；使用量；加入方法；絮凝剂溶液的浓度；体系类型（酸性或碱性）；矿浆密度；矿浆 pH 值；矿石的粒度和矿物成分；溶液组成、溶液中存在的电解质；体系中其他添加剂及其加入顺序等。

　　由于影响因素很复杂，在确定适宜的絮凝剂及其用法时，显然试验工作是极重要的，其他应考虑的重要因素还包括絮凝剂的费用和整个系统的经济问题。

　　在某些情况下，溶液可能被捕集在絮凝团内而难于在洗涤时被置换出来，因此可能妨碍浓密机底流或滤饼达到高密度，从而降低洗涤效率和可溶性铀的总回收率。在这种情况下，必须在絮凝剂的加入量和沉降速度或过滤速度之间进行权衡，而且为了破坏絮凝粒和保证溶液的置换，在各段浓密机之间需要加入再制浆的步骤。

　　另外，在下一段继续絮凝时，絮凝剂的加入量通常要比最初的加入量少得多。

1. 絮凝剂分子量和用量的影响

　　有机高分子长链聚合物形成的絮团的形状和密度与分散颗粒的初始性质关系不大，主要取决于絮凝剂对颗粒的吸附和分散程度。絮团的沉降速度一般取决于絮团的大小和絮凝程度，一般较高分子量的絮凝剂能形成较大的絮团。但是，絮团的大小与絮凝剂的用量也有关系。高分子量絮凝剂用量超过每吨矿 0.01 kg 才能产生较好的沉降作用，而中等分子量絮凝剂用量低于每吨矿 0.01 kg 时也能形成较快沉降的絮团，而且絮凝剂的用量超过每吨矿 0.01 kg 的情况下，絮团的沉降速度随絮凝剂分子量的增加而增加。

　　应当注意的是：并不是絮凝剂用量越大越好，絮凝剂用量过大时，细粒有重新稳定的现象。原因是矿浆沉降太快，矿浆层对悬浮而未被捕集的颗粒或微小絮凝物不起过滤作用，大量的絮凝剂会使许多单个悬浮细粒之间的架桥作用无法形成。

　　总之，在形成的絮团大小和沉降速度基本一致的情况下，采用用量大而分子量较小的絮凝剂比采用用量少而分子量较大的絮凝剂好。一般要求有机高分子长链聚合物（聚丙烯酰胺类絮凝剂）的分子量为 11×10^6 左右。

　　浓密机底流浓度与絮凝剂分子量的关系见表 4 - 5。如果矿浆在浓密机中停留时间较短时，使用分子量高的絮凝剂可以得到较高的底流浓度；如果矿浆在浓密机中停留时间较长时，使用分子量较低的絮凝剂也可以得到较高的底流浓度。因此，当根据底流浓度选择絮凝剂时，固体在浓密机中的停留时间是重要的参数。

表 4 – 5　浓密机底流浓度与絮凝剂分子量的关系

絮凝剂的平均分子量	每吨矿石的絮凝剂用量	颗粒的自由沉降速度/(m·h⁻¹)	浓密机底流浓度/(kg·m⁻³)	
			沉降时间 1 h	沉降时间 7 h
20×10^6	0.02	4.5	553	623
17×10^6	0.02	3.5	556	658
15×10^6	0.02	3.1	554	670
11×10^6	0.02	2.8	532	661
9×10^6	0.02	2.5	520	970

　　有机高分子长链聚合物形成的絮团,由于长分子链能吸附水分子,而且分子量越大则分子链越长,絮团越大,絮团内部的含水量也越大。这些封闭在絮团内的水只有絮团结构被破坏时才能释放出来,因此采用分子量较大的聚丙烯酰胺类絮凝剂时,浓密机底流的含水量高。

　　2. 絮凝剂离子的电荷类型和电荷密度的影响

　　用聚丙烯酰胺为基体的絮凝剂时,需要考虑矿石颗粒表面的 ζ – 电位。ζ – 电位为负值时,选用阳离子型或非离子型较好;反之,则选用阴离子型。一般来说,对于酸性和含有大量可溶性电解质的矿浆,常用非离子型絮凝剂;对于碱性矿浆,阴离子型絮凝剂的应用占优势。

　　选用阴离子型絮凝剂时,最合适的阴离子电荷密度取决于溶液的 pH 值和能控制细粒表面电荷及 ζ – 电位的可溶性电解质类型,也与絮凝剂的构型有关。溶液的 pH 值增加会增加颗粒的表面排斥力,对这些颗粒的絮凝造成困难。

　　3. 絮凝剂加入方式和温度的影响

　　对于按照"架桥絮凝"机理进行絮凝的絮凝剂,絮凝剂的加入方式十分重要。一般把聚丙烯酰胺类的絮凝剂配制成 0.025% ~ 0.05% 的溶液,在进入浓密机之前加入矿浆,或与矿浆同时加入浓密机。加入方式有缓慢搅拌下加入,多点加入,在矿浆输送管道中加入等。由于矿浆搅拌容易剪切絮团,为了保证絮团不被破坏,在加絮凝剂时应当降低矿浆的搅拌强度。总之,应当用尽可能稀的絮凝剂溶液,分成许多小批,在和缓而充分的混合条件下加入到矿浆中。

　　一般来说,温度对絮凝过程没有影响,但是如果絮凝剂本身的结构与温度有关的话,温度也会影响絮凝过程。

　　4. 搅拌强度的影响

　　当矿浆搅拌激烈时,会把絮凝剂的长分子链打断,也会把絮凝团打碎,使絮凝效果降低,所以,搅拌强度太大对矿粒的絮凝作用是不利的,矿浆的沉降速度随搅拌时间和搅拌速度的增加而减小。当搅拌速度大到一定值后(大于 700 r·min⁻¹),再增加搅拌速度对矿粒的沉降速度已不再发生影响,这说明絮凝剂在这样的条件下已经完全失去了凝聚作用。但是,如果在如此高的搅拌速度下搅拌 20 min 后的矿浆中,再加入少量絮凝剂(原始用量的 1/10)时,仍能恢复其原来的凝聚作用。

5. 絮凝剂的使用

聚丙烯酰胺一般可在酸性和碱性系统中应用,一般的用量范围为每吨矿石 0.02 ~ 0.05 kg,但在美国某些铀厂聚丙烯酰胺的加入量高达 0.09 kg·t⁻¹。生产上贮存的聚丙烯酰胺溶液通常配制成 1% 浓度,然后在使用之前再稀释到 0.025% ~ 0.05%。在连续逆流洗涤系统中,最有效的用法是在返回的溶液(浓密机溢流或过滤机滤液)依次与前进的矿浆(或滤饼)混合之前,将试剂加到返回的溶液中,通常是多点加入试剂,并采用某些较和缓的混合方法(如挡板或阶梯形流槽)使其充分分散。图 4 – 10 说明絮凝剂稀释度和多点加入法对沉降速度的影响,图 4 – 11 表示不同的絮凝剂加入量对沉降速度的影响。

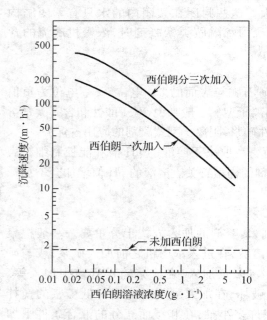

图 4 – 10 西伯朗浓度和加入方式
对沉降速度的影响

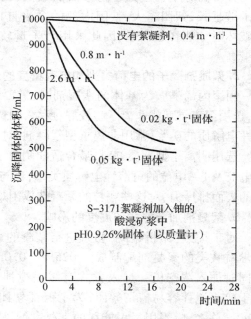

图 4 – 11 絮凝剂加入量对沉降速度的影响

加尔胶用于碱性过滤是有效的。美国联合核子 – 霍姆斯特克合股公司的铀厂采用三段过滤时需要加入加尔胶的总量为 0.181 ~ 0.227 kg·t⁻¹,加入时大多数是根据进料槽中矿浆自动地加到第一段,并通过增加或减少絮凝剂的加入量来控制过滤速度。

4.7 沉淀物的过滤和过滤设备

过滤是一种分离悬浮液中固体颗粒的有效方法。

过滤是采用多孔隙的介质(即过滤介质,例如滤布)进行固－液分离的方法,在过滤介质两边的压力差作用下,液体通过过滤介质成为滤液(清液),全部固体颗粒被截留在过滤介质上成为滤饼。

过滤可以得到含水较低的滤饼和不含固体的滤液。与其他固液分离方法比较,过滤不能按固体颗粒的粒度分级,消耗能量比较低。由于过滤介质的孔隙容易被固体细颗粒阻塞,因此过滤方法比较适合固体颗粒的粒度较大或固体含量较低的浆体。

由于悬浮液中固体颗粒大小不一,在大多数情况下,过滤介质不能完全阻止细小微粒通过,故在过滤开始时滤液往往呈浑浊状。小于滤孔的微粒在滤孔中会发生"架桥"现象,因而在过滤一段时间后,它们能将细小微粒截住,只让液体通过而得到清液。事实上,在用滤布作介质时,逐渐增厚的滤饼将起到超过滤介质的作用。常用的过滤介质有帆布、斜纹布、毛织的呢绒以及合成纤维布等。滤布的选择应根据悬浮液的性质,如其中固体颗粒的大小、液体的腐蚀性以及操作温度等确定。

过滤的方法可以分为:

(1)重力过滤 即深层滤床过滤。采用沉降的固体颗粒作为过滤介质,形成滤床或滤层,例如砂滤,被过滤的固液混合物中的固体颗粒沉积在粒状滤料床的内部。这种方法对于溶液中固体颗粒小而少(固体含量小于 1 000 mg·L^{-1})的滤液比较合适。

(2)真空过滤 采用真空泵造成过滤介质(例如滤布)两边的压力差进行过滤,适用于液固比小而固体颗粒较细的浆体。

(3)加压过滤 采用高压空气造成过滤介质(例如滤布)两边的压力差进行过滤。由于过滤过程对滤饼有压榨作用,可以得到含水较低的滤饼。这种方法对固体颗粒较细,黏而难过滤的物料比较合适。

(4)离心过滤 利用离心力造成过滤介质(例如滤布)两边的压力差进行过滤。离心过滤的推动力强,分离速度比较快。

过滤设备种类很多,有板框压滤机、厢式隔膜压滤机、带式过滤机和圆筒真空过滤机等,铀工业常用的过滤设备是板框压滤机和圆筒真空过滤机。对于浸出矿浆的过滤,一般采用真空过滤的过滤机。对于铀产品(黄饼)的过滤,一般采用加压过滤的过滤机,例如板框压滤机,也可以采用离心过滤的过滤机。对于沉降性能较差的沉淀浆体,过滤前可加入适当量的絮凝剂,但是要避免絮团吸附水量过多,造成滤饼含水量增加。

4.7.1　真空过滤机

真空过滤机分为筒型(转鼓)过滤机、盘式过滤机和水平带式过滤机。

1. 转鼓过滤机

转鼓过滤机已经大量用于铀矿加工工业。不仅在碱法浸出工厂用于浸出渣的过滤和洗涤,而且也用于酸法浸出流程,特别是用于 CCD 系统的末段浓密机的底流脱水或两段浸出过程级间的固液分离。转鼓过滤机是一个安装滤布的圆柱形转鼓,在转鼓的不同部分分别进行矿浆过滤、脱水成饼、洗涤和卸滤饼的操作。转鼓的 25% ~ 50% 浸没在矿浆槽中,利用鼓内的真空度不断抽吸悬浮固体的矿浆进行过滤。转鼓过滤机按滤布安装位置可以分为外滤式和内滤式,内滤式转鼓过滤机可以借助矿石颗粒的沉降作用,适用于沉降性能好的矿浆,但是结构复杂、更换滤布十分麻烦。因此在铀工业中应用较多的是外滤式转鼓过滤机。外滤式转鼓过滤机按滤饼卸料方式可以分为刮刀式、折带式和绳带式。在铀工业中使用的外滤式转鼓过滤机多数为刮刀卸料。

外滤式转鼓过滤机的处理量可达 $3 \sim 5 \ \mathrm{t \cdot m^{-2} \cdot d^{-1}}$,最大的外滤式转鼓过滤机的转鼓直径为 $3.35 \ \mathrm{m}$,长度为 $5 \ \mathrm{m}$,过滤面积 $50 \ \mathrm{m^2}$。但是,它不适合过滤泥质矿浆,这是因为细泥容易堵塞孔隙,造成处理量下降,如果过滤机在固定的过滤时间内形成的滤饼层厚度小于 $5 \ \mathrm{mm}$,则难以卸料。

2. 圆筒过滤机

圆筒真空过滤机的主要部件是回转圆筒,筒的表面有许多孔眼,外面包有滤布。圆筒置于滤浆槽内,下半部浸于滤浆中,上半部露于槽外。槽内有搅拌器使滤浆搅拌均匀,不让悬浮固体沉于槽底。转筒内部隔成若干彼此互不相通的扇形格子。圆筒转动时,这些扇形格子通过称为分配头的专门机构,分别与真空管线、洗涤水管线、压缩空气管线等接通或断开,从而达到抽吸滤液、吸干滤液、吹松滤饼和洗涤滤布等目的。过滤操作过程一般分五个区域,即过滤、吸干、洗涤、吹松和滤布洗净。当圆筒转至过滤区时,圆筒内部的扇形格子与真空相连,滤液通过转筒上的滤布被吸入排液管而排出。当圆筒转至吸干区时,扇形格子内仍为负压,将滤饼内剩余的滤液吸干。然后圆筒转至洗涤区,这时洗涤水喷洒在滤饼上进行洗涤,在真空作用下被吸入格子室,经排出管排出。当圆筒转至吹松区时,扇形格子与压缩空气相通,将滤饼吹松以便于卸料。当圆筒转到刮刀处,滤饼便被刮落。最后圆筒转到滤布洗净区,把压缩空气或蒸汽通入扇形格子内将滤布洗净,使其复原。圆筒真空过滤机的给料浓度不能太稀,否则过滤效率很差,所以沉淀浆体在过滤前需进行浓密。浓密机的溢流用板框压滤机进行检查过滤,有时还用过滤机进行第二次检查过滤,以防止极细的铀沉淀物的损失。浓密机的底流借助于空气提升器或隔膜泵抽至圆筒真空过滤机。圆筒真空过滤机的材质根据过滤物料的腐蚀性能进行选择,例如在硫酸铵介质中可采用钢板衬胶,滤布可用毛织细呢或人造纤维。

3. 盘式过滤机

盘式过滤机是由固定在中心转动轴上的圆形过滤盘(可以多达 15 个)构成,每个圆盘由 8~30 个饼形盘组成,饼形盘数量取决于过滤机的直径。盘式过滤机按圆盘的安置方式分为立盘式和水平盘式两种,目前最大的立盘式过滤机的过滤面积达到 200 m^2。立盘式过滤机的滤饼不能进行盘上洗涤,只能采用稀释洗涤的方法洗涤滤饼。水平盘式过滤机占地面积比较大。

4. 水平带式过滤机

在早期的铀矿加工厂中浸出矿浆的过滤主要采用转鼓或盘式过滤机,但是由于洗涤效果差,到 20 世纪 60 年代后期,在欧洲特别是法国开始研制水平带式过滤机。20 世纪 70 年代中期,过滤面积达 120 m^2 的水平带式过滤机在南非的 Millsite 铀厂开始使用。1985 年 9 月,我国上饶铀矿也进行了 25 m^2 的水平带式过滤机的工业试验。

水平带式过滤机的基本结构如图 4-12 所示。水平带式过滤机的核心部分是转动轮带动的排水带,排水带的下部安装了几个真空盒,排水带可以在真空盒上面滑动,在排水带与真空盒之间有低摩擦力材料制成的密封隔离层。滤布安装在排水带上,滤液和洗水进入真空盒,滤饼随滤布移动依次通过洗涤和干燥,在转动轮处自动卸料,滤布用水冲洗干净后继续用于过滤,收集滤布洗涤水用于洗涤滤饼或稀释进料矿浆。相互分隔的真空

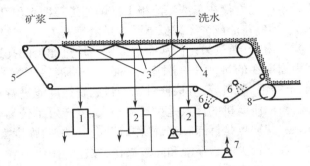

图 4-12　水平带式过滤机的基本结构
1—浸出液储槽;2—洗水储槽;3—真空盒;4—排水带;
5—滤布;6—滤布洗涤;7—真空泵;8—尾渣输送带

盒使滤饼分为矿浆过滤区和洗涤区,浸出液和洗水可以分别收集,从而可以实现逆流洗涤。

水平带式过滤机与转鼓过滤机比较的主要优点是:洗涤效果比较好,可以达到 96%~99%;可以处理粗粒矿浆(转鼓过滤机要求矿浆中固体颗粒必须处于悬浮状态)。

水平带式过滤机进料矿浆的液固比一般为 1:1,洗涤后的卸料滤饼含水率为 25%~35%,每吨干矿需要的洗水量为 0.25~1.3 m^3。有效的絮凝作用可以大大提高水平带式过滤机的过滤性能,因此选择合适的絮凝剂也是很重要的。对于某些洗涤效果特别差的滤饼,需要采用再制浆洗涤。

4.7.2　压滤机

压滤机是在过滤介质的一面施加高于大气压的压力,另一面保持常压的条件下进行过滤。对于难过滤的物料,用真空过滤机过滤难以达到需要的压力差,不能达到要求的过滤速度时,压滤是唯一可以采用的方法,用加压过滤机处理细颗粒的黏性物料有明显的优越性,压滤可以

增加过滤速度,但是由于带压卸渣(滤饼)的困难,加压滤机多数采用间歇(过滤—洗涤—卸料—过滤)操作。

1. 板框压滤机

板框压滤机,由交替排列的滤板和滤框构成一组滤室。滤板的表面有沟槽,其凸出部位用以支撑滤布。滤框和滤板的边角上有通孔,组装后构成完整的通道,能通入悬浮液、洗涤水和引出滤液。板、框两侧各有把手支托在横梁上,由压紧装置压紧板、框。板、框之间的滤布起密封的作用。由供料泵将悬浮液压入滤室,在滤布上形成滤渣,直至充满滤室。滤液穿过滤布并沿滤板沟槽流至板框边角通道,集中排出。过滤完毕,可通入清洗涤水洗涤滤渣。洗涤后,有时还通入压缩空气,吹去剩余的洗涤液。随后打开压滤机卸除滤渣,清洗滤布,重新压紧板、框,开始下一工作循环。如滤饼需要洗涤,则应采用两种不同的滤板,即过滤滤板和洗涤滤板,两者不同之处仅在于洗涤滤板上部的通道经两个斜孔与板的两个表面相通。将洗涤水送入洗涤水通道,并把该洗涤滤板下面的排液旋塞关闭。这时洗涤水经洗涤滤板上的沟槽和滤布进入滤饼内,再通过另一侧滤布进入别一块过滤板的孔道,经旋塞孔排出。板框压滤机的操作顺序为周期性的过滤——洗涤——吹风(使滤饼干燥)——卸料。制造板框的材料有木材、铸铁、不锈钢、塑料等,可根据过滤物料的腐蚀性能进行选择,常用塑料框,过滤介质一般采用帆布。板框压滤机的优点是过滤面积大,生产效率较高,滤液清晰,且易于检查,管理简单,使用可靠。其缺点是拆卸频繁,操作时劳动条件差、强度大,滤布易损坏等。所以它仅适用于处理固体含量较少的悬浮液和间歇操作,在连续操作中,一般只用它进行检查过滤。

2. 厢式隔膜压滤机

为了克服普通板框压滤机需用人工卸料和换洗滤布等缺点,近几年来已开始研制和采用各种形式的自动压滤机。其主要区别在于:普通滤机的滤框是中空的方框,而自动压滤机的滤框(或称滤腔)内有隔板和压榨隔膜,借以压榨滤饼,普通压滤机的滤布是分段的,每块滤板上挂一块,而自动压滤机的滤布是整块的,来回曲折地绕在托辊上,穿插在板腔之间。此外还增加了一套拉开滤板和滤腔的装置和滤布移动、刷洗系统。自动压滤机的优点是:自动完成过滤、洗涤、压榨、卸料、洗滤布等操作,消除了笨重的体力劳动,改善了劳动条件;拆开、卸料、洗滤布、合拢压紧等操作时间大大缩短,生产能力大大提高;用隔膜压干滤饼效率高,压风耗量小。滤饼含液量少,呈块状,易从滤布上脱落;换滤布方便。因此,自动压滤机特别适用于需要频繁卸料、刷洗滤布的过滤操作。

3. 管式过滤机

管式过滤机是一个装有若干个过滤元件的圆筒形容器,过滤元件是外套过滤介质的多孔管,过滤介质可以是滤布,或者是硅藻土助滤层。需要过滤的溶液加压输入这个圆筒形容器,滤液穿过滤布进入多孔管内,通过排液管排出;留在过滤介质上的滤饼用反吹方法卸料,由圆筒形容器底部排出。管式过滤器结构复杂,滤布更换困难,使用周期较短,主要用于含少量细颗粒的溶液过滤。25 m^2 的管式过滤器,1968 年在上饶铀矿开始用于浓密机溢流进萃取工序前的检查过滤,在应用过程中通过不断改进,采用硅藻土预涂、加压过滤和反吹卸滤饼等操作,使滤液含固量低于 5 mg·L^{-1}。

习　　题

4-1　固液分离的原理是什么?

4-2　影响固液分离的主要因素有哪些,影响如何?

4-3　常规浓密与高效浓密的区别是什么,各有何特点?

4-4　连续逆流洗涤有何优缺点?

4-5　流态化洗涤的特点是什么?

4-6　絮凝剂分为哪几类,各有何特点?

4-7　絮凝的基本原理是什么?

4-8　影响絮凝的主要因素有哪些,如何影响?

第5章 离子交换法提铀工艺

5.1 概　　述

5.1.1 离子交换法提铀工艺特点

离子交换是溶液中的离子在固－液两相之间的平衡,固相是吸附剂或离子交换剂,液相为需要处理的溶液,如铀矿浸出液。离子交换法是一种从溶液中提取和分离元素的技术,利用离子交换剂在特定体系中对不同离子亲和力的差异,可以有效分离包括稀土元素在内的难分离元素。

一般来说,离子交换过程都在离子交换柱中进行。在铀矿加工工艺中,由于在硫酸浸出液中存在铀的络合阴离子,可以用阴离子交换树脂从硫酸浸出液中选择性地吸附铀,在吸附过程中使铀与浸出液中的其他元素(杂质)分离。

铀的浸出矿浆与浸出液,大致分为酸性和碱性两种。由于在大多数情况下,采用的浸出剂是硫酸,所以,本章重点讨论从酸性矿浆与浸出液中提取铀的问题。

铀矿石的特点之一是铀的含量很低,一般情况下,铀的品位为千分之几至万分之几。并且,随着铀工业的发展,低品位铀矿石所占的比例将会愈来愈大。处理如此低品位矿石,所得到的浸出液或矿浆,其中铀的浓度也必然是很低的。通常浸出液中 U_3O_8 的含量大致为 500 ~ 1 000 mg·L^{-1}。鉴于离子交换法有适用于稀溶液的特点,故至今在不少国家的铀生产中,离子交换法仍占有很大的相对密度。与化学沉淀法相比,离子交换法的优点是:选择性高,可以从浓度很低的浸出液中几乎定量地将铀提取出来;既能处理清液,又能处理矿浆;试剂的消耗少。对比之下,如果采用沉淀法回收铀,会产生如下一些问题:①当用某一试剂选择性地沉淀杂质时,铀可能被新生成的沉淀吸附产生共沉淀,而降低其回收率;②如果要选择性地沉淀铀,则溶液中存在的大量杂质也必然会或多或少地沉淀出来,因此,铀化学浓缩物的纯度将受到一定的影响;③沉淀法的化学试剂消耗量大;④难于实现连续化操作。

在铀工艺发展的初期,几乎所有的铀厂都采用化学沉淀法回收、提纯铀。但是,随着生产技术的发展,沉淀法暴露出了许多缺点。后来,由于世界各国大力进行了新工艺方法的研究,铀的提取技术也日益发展,离子交换法和萃取法也得到了不断应用和完善。

离子交换法与萃取法的共同特点是:选择性都很好,能得到铀含量很高的化学浓缩物;铀的回收率高;操作简单。

如果将离子交换法与萃取法比较一下,人们发现,离子交换法比萃取法更适合处理铀浓度低的溶液或矿浆。这是因为,有机萃取剂在水或水溶液中总会或多或少地溶解。而在工业上,为使有机相能在高的饱和度下操作,往往要加大水相与有机相之间的相比,这样有机相的溶解损失势必增大;再者,矿浆中所含固体颗粒的表面对有机萃取剂有吸附作用,从而可能引起乳化,造成有机相损失。因此,在上述情况下,应用萃取法是不经济的。反之,如果是清液,铀浓度又高,则萃取法更合适些。

尽管离子交换法提取铀有许多优点,但是,也存在一些问题,例如,离子交换树脂的交换速度较萃取剂的萃取速度慢,树脂对铀的吸附容量也较小。由于树脂在操作过程中体积发生变化,因而会产生破裂变细,这不仅造成树脂的损失,也增大了铀的损失,这些问题至今未得到很好的解决。

鉴于离子交换法的特点,离子交换法已广泛地应用于核燃料处理回收工艺及其他有关生产部门。例如,它已成功地应用于从铀矿石浸出液中提取铀或从辐照核燃料中分离净化铀、钍、钚等,在放射化学研究中,它是研究超钚元素,分离裂变物质的重要手段之一。在稀土金属提取工艺中,离子交换法是分离和制备高纯单一稀土元素的有效方法之一。在其他方面,诸如在工业用水的软化,高纯水的制备以及在制药工业中也都得到广泛应用。

5.1.2 相关术语

尾液:指经过回收工序处理之后的浸出液,经过什么样的工序处理,就在尾液之前冠以什么名称的尾液,如经过吸附后的浸出液,称吸附尾液,经过电解后的浸出液称电解尾液。只有一个例外,就是沉淀之后的溶液称沉淀母液,这是为了照顾我国的习惯叫法。

淋洗剂:用于淋洗富含有价金属(如铀)的饱和树脂的液体,如 $H_2SO_4 + NaCl + H_2O$ 等。

贫液:淋洗剂淋洗饱和树脂所得的低浓度有价金属(如铀)的液体。

合格液:淋洗剂淋洗饱和树脂所得的高浓度有价金属(如铀)的液体。

沉淀剂:用于沉淀淋洗下来的金属铀的试剂,如 $NaOH,H_2O_2,NH_3 \cdot H_2O$ 等。

5.2 离子交换树脂及离子交换反应

离子交换剂,是指能与溶液中的离子进行交换反应的不溶性材料,它们可以是无机的或是有机的固体或液体。可交换阳离子的,称为阳离子交换剂,可交换阴离子的,称为阴离子交换剂,同时可交换阴、阳两种离子的,称为两性离子交换剂。离子交换树脂,是指人工合成的有机高分子固体离子交换剂,一般制成珠状颗粒。

离子交换树脂为一种带有官能团(又称为交换基团)的三维交联的高分子聚合物,交联的作用在于使聚合体在水溶液中成为具有一定溶胀度的不溶性固体,官能团是决定树脂化学活性的主要组成部分。离子交换树脂具有强烈的亲水性,可以把在水中溶胀的树脂看作一种高浓度的聚合电解质溶液,其中起官能作用的有机离子基团,固定于高聚物骨架上,不能移动,故称为固定离子,与固定离子同时存在的另一种离子,其数量与它相等,电荷种类相反(通常称为反离子),故树脂本身呈电中性。正是这种反离子可以与外部溶液中带同种电荷的离子进行交换。通常用树脂上所含的特定的反离子来称呼树脂的型号。如含 Na^+ 的阳离子交换树脂,则称为 Na^+ 型,含 Cl^- 的阴离子交换树脂,则称为 Cl^- 型,其余类推。

离子交换树脂对某些反离子具有明显的选择性(即吸附能力强),因而,它在提取及分离过程中被广泛使用。这种选择性,不仅与树脂本身的结构特性有关,与反离子的性质及溶液条件等也有关。

离子交换树脂不仅具有离子交换的能力,而且还有吸收溶剂(尤其是水)和溶质(电解质及非电解质)的能力,在离子交换过程中,树脂对它们的吸收量往往会发生变化,这使离子交换过程更为复杂化。树脂吸收水量的变化,使树脂颗粒的体积也发生变化。对于凝胶树脂而言,由于吸收水树脂发生溶胀,使其体内形成具有不同直径的毛细孔(或微孔),这些孔及其中的液体成了离子交换过程中离子进行扩散的通道和介质,因而溶胀特性(严格讲为孔特性)对交换动力学有很大的影响。

电解质侵入树脂,使树脂中除了含有固定离子及同它相结合的一定数量的反离子外,还额外增加了离子,其中与树脂的固定离子的电荷符号相同的,称为同离子;另一部分,其电荷符号与此相反,故称为反离子。侵入树脂的这部分电解质,可用纯水将其洗出。

反离子、同离子这些术语通常是专门用于离子变换。不论在交换剂中还是在外部溶液中,所有同交换剂网络的电荷符号相反的离子,均称为反离子;而与它具有相同电荷符号的所有离子,均称为同离子。这样,在描述上有很多方便,本书中也这样使用。

把离子交换树脂比作为带电的海绵体(图 5-1)或带电的弹性体(图 5-2)的简单模型,可定性解释离子交换树脂的一些基本性能。

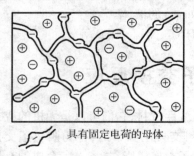

具有固定电荷的母体

图 5-1 离子交换树脂的海绵体模型

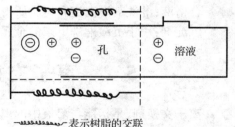

〰〰〰〰 表示树脂的交联

⊖ 固定离子;⊕ 反离子;⊖ 同离子

图 5-2 离子交换树脂的弹性模型

离子交换树脂的一个重要性能是可以进行离子交换反应。从海绵体模型来看,当把 A 型树脂(记作 AR)浸于水溶液中时,树脂上的反离子可在树脂孔内液体中移动,但受树脂中固定离子的吸引而不能离开树脂。当水溶液中含有电解质 BY,其中 B 是与 A 有相同电荷符号的另一种离子,则 B 离子扩散进入树脂孔内液体中。这时,A 离子就能离开树脂而进入溶液,即发生离子交换反应和离子交换过程。

典型的阳离子交换反应,如

$$2NaR \text{ 树脂} + CaCl_2 \text{ 溶液} \Longleftrightarrow CaR_2 \text{ 树脂} + 2NaCl \text{ 溶液} \qquad (5-1)$$

典型的阴离子交换反应,如

$$2RCl \text{ 树脂} + Na_2SO_4 \text{ 溶液} \Longleftrightarrow R_2SO_4 \text{ 树脂} + 2NaCl \text{ 溶液} \qquad (5-2)$$

由于在上述的交换反应中,树脂网络上的固定离子(以及树脂中可能含有的同离子),可看作不参与反应的组分,因此可用如下两个简化的离子反应式表示这些交换过程,即

$$2\overline{Na^+} + Ca^{2+} \Longleftrightarrow \overline{Ca^{2+}} + 2Na^+ \qquad (5-3)$$

$$2\overline{Cl^-} + SO_4^{2-} \Longleftrightarrow \overline{SO_4^{2-}} + 2Cl^- \qquad (5-4)$$

式中横线符号表示树脂相,其他为水溶液相。在交换过程式(5-1)中,Na^+ 型树脂被转变成 Ca^{2+} 型,而且当用过量的钙盐溶液充分处理后,可把它完全转变成 Ca^{2+} 型。

一般的离子交换过程是可逆的。在过程式(5-1)中,当树脂上的 Na^+ 消耗殆尽时,可用钠盐溶液使其再生,反应式(5-1)向左方进行,树脂再次转变成 Na^+ 型。

在离子交换过程中,不论是正过程还是逆过程,树脂及溶液均保持电中性,即交换过程是按等当量进行的,树脂从溶液中吸附若干当量的某种离子时,必将有等当量的相同电荷符号的另一种离子从树脂上进入溶液。这是离子交换反应与一般的吸收作用所不同的,也是离子交换反应的一个特点。

一般而言,离子交换反应不仅在树脂的表面,而且也在其整体内进行,其过程动力学往往表现为一种扩散过程。因此,与交换离子的迁移率有极大关系,而和通常的化学反应动力学几乎没有直接的关系。另外,离子交换过程的热效应也较小(除了伴随其他化学反应如中和等以外),这是离子交换反应与一般化学反应明显不同之处。

5.2.1　离子交换树脂的分类

目前生产上使用的离子交换树脂,品种繁多。但从树脂的结构出发,一般按其官能团种类、制备骨架(即聚合体)的材料、骨架的孔结构特性、制备树脂聚合体的聚合反应种类、树脂的品级与使用场合等加以分类。这种分类,除了能反映树脂的某些结构特性外,还可以帮助人们熟悉和了解树脂的性能,以便于选择,如图 5-3 所示。

1. 按树脂的官能团划分

根据我国的统一分类法,按树脂的官能团特性,可将树脂分为如下 7 类。

①强酸性树脂　含有磺酸基团—SO_3^-,—$CH_2SO_3^-$。

②弱酸性及中等酸性树脂　含有羧酸基团(弱酸性)—COO^-,膦酸基团—PO_3^{2-} 等。

上述两种树脂均为阳离子交换树脂。

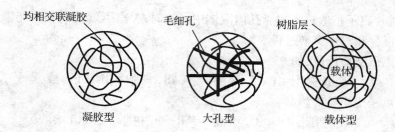

图 5 - 3　不同物理结构的离子交换树脂

③强碱性树脂　含有季铵基团,其中—$N^+(CH_3)_3$ 为强碱 I 型,而—$N^+(CH_3)_2(C_2H_4OH)$ 为强碱Ⅱ型。

④弱碱性树脂　含有伯、仲、叔胺基团(—NH_2,—NHR,—NR_2)或它们的混合物。

所有的碱性树脂均为阴离子交换树脂。

⑤螯合性树脂　该类树脂的类型很多,如含有胺羧基团 $—CH_2—N\begin{smallmatrix}CH_2COO^-\\|\\—CH_2COO^-\end{smallmatrix}$,这种树脂对高价阳离子起螯合作用。又如含 $—CH_2N\begin{smallmatrix}CH_3\\|\end{smallmatrix}—CH_2—(CHOH)_4—CH_2OH$ 基团,这种树脂对硼酸根起螯合作用,是硼的选择性树脂。

⑥两性树脂　同时含有酸性基团及碱性基团,如强碱 - 弱酸性:—$N^+(CH_3)_3$ 与—COO^-;弱碱 - 弱酸性:—NH_2 与—COO^- 等。

⑦氧化还原树脂　含有硫醇基—CH_2SH,对苯二酚基 $HO—\langle\text{苯环}\rangle—OH$ 等。这类树脂也可称为电子交换树脂。

2. 按组成树脂骨架的材料划分

虽然合成树脂骨架可使用的材料较多,但是,按基本材料分,目前可把离子交换树脂分为七个系列:苯乙烯系、丙烯酸系、酚醛系、环氧系、乙烯吡啶系、脲醛系及氯乙烯系。

苯乙烯系树脂:该系列树脂是由苯乙烯 $\langle\overset{CH=CH_2}{\text{苯环}}\rangle$ 与交联剂二乙烯苯 $\langle\overset{CH=CH_2}{\underset{CH=CH_2}{\text{苯环}}}\rangle$ 共聚合制成骨架,然后进一步处理,可得碘酸型阳离子交换树脂或不同碱度的一系列胺类阴离子交换树脂,可以制成基本单元为单官能团或双官能团的树脂。该类树脂的热稳定性高,在现代的离子交换树脂中,占有最重要的地位。

丙烯酸系树脂:该系列树脂是由丙烯酸 $CH_2 = CHCOOH$ 或其衍生物甲基丙烯酸

$$CH_2 = \overset{\overset{\displaystyle CH_3}{|}}{C} —COOH$$ 和二乙烯苯共聚合而直接得到羧酸型阳离子交换树脂。若经多乙烯多胺 $H_2N(C_2H_4NH)_xH(x = 3,4)$ 处理,可得弱碱性树脂,再经甲基化处理,可得强碱性树脂,此类树脂的抗污染性能好。它们是仅次于苯乙烯系树脂的较为重要的另一类树脂。

酚醛系树脂:由苯酚、甲醛及苯酚的衍生物经缩合直接制得相应在于各苯酚衍生物的弱酸性或强酸性树脂。若在某些缩合反应中再引入多乙烯多胺,亦可制得阴离子交换树脂。此类树脂的物理化学性能不如前两类。

环氧系树脂:该类树脂通常由环氧氯丙烷 $Cl—CH_2—\overset{\overset{\displaystyle CH—CH_2}{\diagdown\,\diagup}}{}\overset{\displaystyle O}{}$ 和多乙烯多胺经缩合反应直接制得含有仲胺、叔胺或季铵的多官能团阴离子交换树脂。

乙烯吡啶系树脂:由乙烯吡啶和二乙烯苯共聚合制成弱碱性吡啶树脂。若再进行甲基化,可得强碱性树脂。

脲醛系树脂:由 NH_2CONH_2 和甲醛经缩合而得阴离子交换树脂。

氯乙烯系树脂:由氯乙烯 $ClCH═CH_2$ 和二乙烯苯聚合得到树脂骨架,再胺化可得阴离子交换树脂。

3. 按树脂骨架的孔结构特性划分

基于树脂骨架的孔结构不同,可把树脂分为凝胶和大孔两类。按通常方法制得的树脂(或骨架),其孔隙是交联网络中的间隙,称为微孔。只有当该种树脂处于溶胀状态时,这种孔才出现,树脂干燥后,孔就消失,这类树脂为凝胶脂。若采用特殊的聚合方法(在聚合反应过程中加入稀释剂),即可制得在树脂骨架中含有一定数量的固定孔隙,其大小和形状基本上不受环境条件的影响,这类树脂为大孔树脂。虽然目前对于大孔树脂的具体指标尚有不同看法,但马丁诺勒(Martjnola)等提出的指标可以作为典型的大孔树脂的标准:在湿状态下呈现不透明的乳白色;孔半径在 5 nm 以上;内表面积不低于 5 $m^2 \cdot g^{-1}$;骨架密度与表面密度之差不低于 0.05 $g \cdot mL^{-1}$。

我国在离子交换树脂的合成研究及生产方面取得了很快的发展。20 世纪 50 年代末,也开始了大孔树脂的研制工作。

4. 按制备树脂聚合体的聚合反应种类划分

上述树脂中,苯乙烯系、丙烯酸系、乙烯吡啶系和氯乙烯系树脂,均属加成聚合体,而酚醛系、环氧系和脲醛系树脂,均为缩合聚合体。这两种聚合反应的差别在于,在缩合聚合反应中,每反应一对单体释放出一个小分子,通常为水(如在制备酚醛系及脲醛系树脂时),也有释放出 HCl 的(如在制备环氧系树脂时)。在加成聚合反应中,单体由自由基机理结合,反应过程中不失去任何小分子。所用交联剂一般为二乙烯苯,调节交联剂的用量,就可控制聚合体的交联度。

5. 按树脂的品级划分

按树脂的品级分,则有工业医药级、分析纯级、色层分离级以及核子级等。

5.2.2 树脂的交换容量

离子交换树脂的交换容量是树脂最重要的性能指标。由于树脂的交换容量与离子交换反应条件有关,因此有几种不同的交换容量概念。

1. 理论交换容量(又称"总交换容量")

理论交换容量是指单位数量(质量或体积)的 Cl^- 型或 H^+ 型离子交换树脂中能进行离子交换反应的交换基团的总数(mmol),它实际是树脂交换容量的理论值或最大值。树脂的总交换容量,决定了该树脂的最大交换数量,通常用于表征树脂的特性。在实际使用中,离子交换树脂往往是不能完全利用它的总交换能力的。视使用场合和要求的不同,还经常采用其他几种工作交换容量。

树脂的单位量用 g 表示,称为质量理论交换容量;树脂的单位量用 mL 表示,则称为体积理论交换容量。

2. 工作交换容量

工作交换容量是指在一定的工作条件下,离子交换树脂对离子的交换吸附能力。工作交换容量又可分为穿透交换容量、饱和交换容量和再生交换容量。

①穿透交换容量 指在离子交换柱的操作中,被吸附离子在流出液中的浓度达到规定的某一穿透浓度时,树脂所达到的交换容量。穿透交换容量不仅与具体的操作条件和离子交换反应速度有关,而且与穿透浓度的规定值有关。

②饱和交换容量 指在离子交换柱的操作中,被吸附离子在流出液中的浓度与流入液中的浓度相等时,树脂所达到的交换容量。饱和交换容量是动力学意义上的工作交换容量,它与具体的操作条件和离子交换反应速度有关。

③再生交换容量 在指定的再生剂(或解吸剂)用量相同条件下测定的树脂交换容量。再生交换容量与再生剂的用量有关,在实际使用时,从经济角度考虑一般不要求树脂达到完全再生(或解吸),所以树脂的再生交换容量一般小于新树脂的饱和交换容量。

离子交换树脂的交换容量用单位数量树脂所吸附离子的量表示。可以用树脂的质量单位表示:$mmol \cdot g^{-1}$ 干树脂;也可以用树脂的体积单位表示:$mmol \cdot mL^{-1}$ 湿树脂。工厂从操作和计量方面考虑,常采用 $mg \cdot g^{-1}$ 干树脂(简化为 $mg \cdot g^{-1}$)或 $mg \cdot mL^{-1}$ 湿树脂(简化为 $mg \cdot mL^{-1}$)表示。

离子交换树脂除了进行离子交换反应外,还具有吸附中性分子的能力。因此,在有些条件下测定的树脂交换容量中还包括树脂对中性分子的吸附容量。随树脂结构的不同,吸附容量在树脂交换容量中所占的分数也会不同。

5.2.3　树脂的溶胀性能

1. 溶胀平衡及其影响因素

树脂中存在的固定离子和反离子具有强烈的亲水性。当干燥的离子交换树脂浸于水中时,能吸收大量的水分子。水分子的浸入,使树脂中的碳链伸长,树脂体积增大。浸入树脂的水分子本身,则受到树脂母体产生的收缩力的作用,树脂孔内液体所受的压力比外部液体所受的压力高(两压力的差称为溶胀压)。由于这两种作用的结果,使进入树脂的水量最后达到平衡值,树脂溶胀也就达到平衡。因此,可以用单位树脂吸收的水量和树脂的体积变化这两个参数或其中之一来表示其溶胀性能。一般认为,浸入树脂中的水以两种形态存在:与树脂内的离子有一定结合的,称为离子化水;其余部分为自由水,存在于溶胀树脂的微孔中。

干燥的离子交换树脂在水或水溶液中发生一定程度的溶胀,其原因是:①固定离子和反离子趋于水化;②树脂为高浓度(与其容量有关)的电解质,当它与水接触时,由于渗透作用有稀释的趋势,这种趋势随外部溶液浓度的降低而增强;③树脂内互相邻近的固定离子基团之间,因静电作用而彼此排斥,使树脂母体中的碳链伸长(以上是促使溶胀的因素);④树脂中存在着交联,保证了树脂只能发生一定程度的溶胀而不至于崩解,树脂中的链缠结作用也使其溶胀作用减弱。

树脂的溶胀与树脂的交联度、离子基团的性质及含量、反离子种类以及树脂外部水溶液中电解质浓度等的关系列于表5-1～5-4及图5-4。由此可见,交联度增加(表5-1、表5-2)总容量减小(表5-3)或外部溶液浓度增加(表5-4),均使树脂的溶胀减小。但是,反离子的影响较为复杂:在强酸性阳离子交换树脂中,反离子的水化半径减小,树脂溶胀度减小,在交联度低时更显著(表5-1);对于强碱性树脂,溶胀与反离子的水化关系不甚密切(表5-2),反离子价数增加,溶胀度减小(图5-4);当反离子和固定离子基团之间形成缔合作用而使树脂不离解或弱离解时,树脂的溶胀度减小,如弱酸性树脂,其盐型的溶胀度比其氢型的高,弱碱性树脂其盐型的溶胀度比其游离型的高。

表 5-1　不同型号的强酸性树脂在水中的溶胀

交联度/(% DVB)	溶胀, $gH_2O \cdot mol^{-1}$ 树脂				
	HR	LiR	NaR	KR	CsR
2	943	625	513	500	345
8	219	156	172	167	144
16	128	119	99	95	86
反离子水化半径/nm	0.9	0.6	0.42	0.30	0.25

表 5 – 2　强碱 **II** 型树脂溶胀与交联度和型号的关系

交联度/(% DVB)	容量	溶胀,gH₂O · mol⁻¹树脂			
	mmol · g – 1	LiR	NaR	KR	CsR
2	3.79	345	264	181	85
8	3.10	185	139	100	67
16	1.91	128	114	87	65
反离子水化半径/nm	0.35	0.30	0.30	0.30	

表 5 – 3　变换容量对树脂溶胀的影响

H⁺型磺酸树脂		容量/(mmol · g⁻¹)	5.2	3.02	2.03	0.76	0.38	0.00
	溶胀	gH₂O · g⁻¹干树脂	1.09	0.85	0.56	0.32	0.21	0.00
		gH₂O · mol⁻¹树脂	209.6	281.5	275.9	421.1	552.6	–
Cl⁻型强碱 I 型树脂		容量/(mmol · g⁻¹)	3.55	2.35	1.15	–	–	–
	溶胀	gH₂O · g⁻¹干树脂	0.82	0.72	0.34	–	–	–
		gH₂O · mol⁻¹树脂	231.0	306.4	215.7	–	–	–

聚苯乙烯树脂交联度 8 % DVB。

表 5 – 4　树脂溶胀与水溶液浓度的关系

HCl/(mol · L⁻¹) ＼ gH₂O · g⁻¹干树脂	交联度/(% DVB)				
	2	5	10	15	25
0	3.28	1.57	0.88	0.80	0.36
0.11	3.14	1.52	0.88	0.60	0.36
0.52	2.80	1.48	0.86	0.60	0.35
1.05	2.41	1.38	0.84	0.59	0.35
2.30	1.81	1.24	0.78	0.57	0.35

2. 溶胀作用的实际意义

　　树脂溶胀使树脂体积增大,这是宏观效果。从微观来说,树脂溶胀使树脂母体中的碳链伸长,使共聚体网络内形成许多毛细孔(网孔)。由于这种网孔仅在溶胀状态的树脂中出现,因此一般称其为溶胀孔。充分溶胀的凝胶树脂,其溶胀孔直径在0.6～3 nm 之间,具体数值与树脂的交联度及型号等有关。图5 – 5 给出了聚苯乙烯系磺酸树脂的平均网孔直径与交联度的关系。网孔对树脂的离子交换速度、操作容量及选择性等均有影响。明显地,树脂只允许比其网孔小的离子或分子进入,这就是树脂按离子大小产生选择性的一个原因。

　　另外,值得注意的一个问题是,用水迅速将干燥树脂溶胀,可能使树脂破裂,这可形象地以图5 – 6来说明。官能团的引入使共聚体部分地扩张(图5 – 6 的(a)与(b)对比),更主要的是,树脂在水中吸收水分子后,其体积显著增大,致使交联断裂,造成树脂体出现裂缝,甚至破碎。如果再考虑到水分子向树脂珠体内渗入时,首先使其表面层溶胀,而后才使其内部逐渐溶胀,而且,树脂颗粒内的交联分布又是不均匀的,于是树脂在其溶胀过程中,珠体内产生不均匀的机械张力。因此,溶胀对树脂产生上述不利影响是不奇怪的。为此,保存树脂时应避免其脱水。

3. 树脂对溶质的吸收作用

当树脂与溶液接触时,不仅吸收溶剂,还以非离子交换的方式吸收溶质。这种吸收作用可以进入到树脂内部的网孔(或溶胀孔)。一般来说,树脂吸收溶质是可逆过程,用纯溶剂洗涤时,即能将其从树脂中洗去。

描述树脂对溶质的吸收平衡,往往采用吸收等温线,即在恒定温度下,测定吸收平衡时溶质在树脂和溶液两相之间的浓度关系,并以此作图,或者采用溶质在两相中浓度的比值(即分配比 λ)来表示,即

$$\lambda = \frac{\text{树脂内溶质浓度}}{\text{溶液中溶质浓度}} \qquad (5-5)$$

在水溶液中,按溶质的离解能力,可将其分为强电解质、弱电解质和非电解质。树脂对后两者的吸收作用,类似于通常的非离子型吸收剂对分子的吸收。相比之下,强电解质却受到来自于树脂中固定离子及反离子的静电力的作用,属于离子型吸收剂所特有的唐南(Donnan)类型的吸收平衡(也称唐南排斥作用)。因此,树脂对溶质的吸收必须分两种情况进行讨论。

4. 树脂对非电解质或弱电解质的吸收

离子交换树脂对非电解质或弱电解质分子的吸收,受到树脂与该种分子之间一系列相互作用的影响,使这些分子在树脂和溶液两相之间的分配比或多或少地偏离1。下面仅列举几个主要影响因素加以说明。

(1)盐析效应

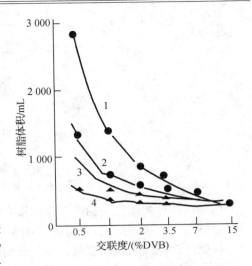

图 5-4　交联度及反离子对树脂溶胀的影响
1—H^+;2—Mg^{2+};3—Cr^{3+};4—Th^{4+}

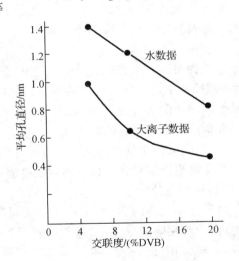

图 5-5　磺酸树脂的平均孔直径与交联度的关系

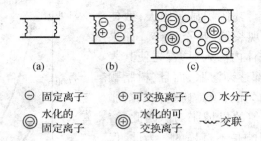

⊖ 固定离子　⊕ 可交换离子　○ 水分子
◎ 水化的固定离子　⊕ 水化的可交换离子　～ 交联

图 5－6　离子交换树脂溶胀及交联断裂示意图

(a)共聚体；(b)引入官司能团后水合前的树脂；(c)水合后交联断裂情况

树脂内的醋酸浓度与树脂的交联度及溶液中的醋酸浓度均有关,交联度低者,该值较高,但总是低于溶液中的浓度;若对树脂作水化作用的修正,则树脂内的醋酸浓度与溶液的相同,且与树脂的交联度无关。这种作用与普通水溶液中的盐析效应类似,故称为树脂中固定离子与反离子对树脂吸收非电解质或弱电解质的盐析效应。

（2）特殊相互作用的影响

很多研究者认为,树脂母体对某些有机分子中的碳氢基团有吸引作用。如聚苯乙烯系树脂对苯酚或其衍生物的吸引力尤其大。因此,该类树脂对这些物质容易吸收。

（3）筛作用

弱酸性凝胶树脂,其碱金属离子型明显地比其氢型更能从水溶液中吸收较大的有机分子（例如碱性亚甲蓝）,因为前者的溶胀孔明显地大于后者,这种影响即为筛作用。正因为如此,要从水溶液中除去大分子,应采用大孔树脂。

5. 树脂对强电解质的吸收

一般而言,树脂从稀溶液中吸收强电解质的数量很小,故通常称之为排斥作用。可以采用唐南平衡理论来解释和计算树脂对强电解质的吸收。

（1）唐南电位

将容量相当高的 M^+ 型阳离子交换树脂（ M^+R^- ）放于浓度较低的强电解质（MY）的水溶液中,由于两相间的浓度差,树脂相的 M^+ 离子有扩散入水相的趋势;相反,水相的 Y^- 离子有扩散入树脂相的趋势。实际上,在 MR 树脂与含 MY 的溶液相接触的最初一段时间内,上述离子的扩散作用是存在的,但是由于树脂内的阳离子 M^+ 进入溶液,阴离子 Y^- 进入树脂,这两者引起树脂中负电荷及溶液中正电荷的积累,即在两相间建立起电位差,阻止了上述离子的进一步扩散,而达到平衡。可以说,由于电场的建立,保持了两相间的浓度差。与低浓度的水溶液相比,树脂中的反离子浓度较高,而同离子的浓度较低。阴离子交换树脂的情况与此类似,仅电荷的符号与此相反。

离子交换树脂吸收电解质的平衡,与唐南研究的如下半透膜体系的平衡相类似:

M^+ , Y^- , H_2O ｜膜对 R^- 不渗透｜ M^+ , Y^- , R^- , H_2O

在唐南的研究中,膜置于 MY 和 MR 两种溶液之间,而且对于除了 R⁻(一般为大的有机离子)以外的所有离子都是可以渗透的。在离子交换树脂与溶液的体系中,树脂中天然地存在着不能扩散的固定离子,而该体系中的其余离子都是可以移动的,故把离子交换体系中树脂吸收强电解质的现象称为唐南平衡,而把树脂与溶液之间的电位差称为唐南电位。必须指出,除了测量电场本身外,化学分析测不出树脂和溶液对于电中性的偏离(认为在树脂内和溶液中均保持电中性)。这种唐南平衡的概念,不仅可解释和计算离子交换树脂对强电解质的吸收,而且还可以解释离子交换平衡及离子交换膜的现象。

(2)影响树脂吸收强电解质的因素

影响树脂吸收强电解质的主要因素是:①树脂,交换容量、交联度以及固定离子与离子之间的相互作用性能等;②水溶液,电解质浓度、构成该电解质的离子价数以及离子大小等。一般规律是,高的离子交换容量、高的交联度、低的水溶液浓度、低价反离子和高价同离子等因素,均使树脂对强电解质的吸收大为减弱。聚苯乙烯系磺酸型阳离子交换树脂和强碱 I 型阴离子交换树脂吸收 HCl 时,树脂交联度和水溶液中 HCl 浓度的影响分别列于表 5－5 和表 5－6。

表 5－5　不同交联度的苯乙烯系磺酸树脂对溶液中电解质的吸收

溶液浓度 HCl/(mol·L⁻¹)	树脂内吸收的 HCl 浓度/(mol·L⁻¹)							
	2% DVB		5% DVB		10% DVB		15% DVB	
	实验值	理论值	实验值	理论值	实验值	理论值	实验值	理论值
0.11	0.013	0.007	0.013	0.004	0	0.002	0	0
0.52	0.139	0.155	0.041	0.078	0.012	0.045	0.017	0.03
1.05	0.427	0.428	0.138	0.272	0.048	0.171	0.034	0.12
2.3	1.28	1.28	0.565	1.014	0.23	0.71	0.07	0.54

从表 5－5 的理论值与实验值的对比可见,仅当交联度低时,两者才一致,随交联度和溶液中 HCl 浓度的增加,理论值明显大于实验值。这主要是由于理论计算中用溶液浓度代替了活度造成的。

表 5－6　不同交联度的 Dowex 树脂在盐酸溶液中对水和 HCl 的吸收

交联度/(% DVB)	0.01 mol·L⁻¹ HCl		0.1 mol·L⁻¹ HCl	
	gH₂O·g⁻¹ 干树脂	mmol HCl·g⁻¹ 干树脂	gH₂O·g⁻¹ 干树脂	mmol HCl·g⁻¹ 干树脂
2	3.45	0.013 5	3.41	0.083
4	1.55	0.001 8	1.47	0.016
8	0.54	0.002 5	0.64	0.015 8
10	0.59	0.006 9	0.59	0.017 6

5.2.4　树脂的稳定性

离子交换树脂是一种昂贵的有机材料。用于工业生产的树脂,经长时间吸附、解吸多次反复循环,必然会遇到各种机械力、某些化学试剂以及热的作用,因此,树脂必须具备一定的物理化学稳定性。在与核辐射有关的场合,还要求具有耐辐射的稳定性。

1. 树脂的机械强度

所谓树脂的机械强度,是指树脂颗粒(往往为球形珠体)在使用过程中承受磨损及破碎作用的能力。它受到人们的普遍重视,为此制订了测定树脂机械强度的一些方法,球磨法、三球压碎法以及采用压碎器进行的单一树脂球体或多颗粒树脂球体的压碎法。这些测定法,反映了树脂承受机械磨损及冲击(球磨法)或单纯的压力(后两者)作用下的破碎性能。此外,为了反映树脂在使用过程中,珠体承受由于溶胀和收缩而引起的应力作用,还制订了用酸碱溶液反复循环处理的方法,即所谓树脂的疲劳试验。不同树脂的机械强度和承受酸碱溶液反复处理的能力是有一定差别的。例如,新制备的无缺陷凝胶树脂与大孔树脂相比,在机械强度上差别不大,但在承受酸碱溶液反复处理的能力上,则前者比后者差些。

在实验室条件下,采用上述方法对树脂测试的结果,与树脂在工业使用中所具有的实际稳定性有一定差别,因为后一情况下树脂受多种作用的综合影响。但是,以这些测试结果作相对比较尚能反映不同树脂的稳定性。树脂母体的构成(包括交联剂组成)、交联度、交换容量、树脂颗粒度以及反离子种类等,对树脂的机械强度都有影响。

研究表明:离子交换树脂的破碎,是从共聚体内的缺陷点上开始的,有裂缝的树脂机械强度较差。

2. 树脂的热稳定性

离子交换树脂受高温作用,可导致交联降低及离子基团损失。这种有害作用不仅与温度及受热时间有关,也与树脂的种类、型号即反离子种类及交联度等有关。

(1)聚苯乙烯系的磺酸树脂(IR－120)远比其强碱性季铵树脂(IRA－400)的热稳定性好。季铵树脂的热稳定性差,是由于季铵基团的热稳定性差造成的。由于热分解,树脂的强碱性基团转变成弱碱性基团,甚至直接失去离子基团。

(2)不论强酸性阳离子交换树脂还是强碱性阴离子交换树脂,其盐型总是比其相应的 H^+ 型或 OH^- 型对热更稳定。对于强碱性阴离子交换树脂,其盐型中 CO_3^{2-},HCO_3^- 型的稳定性稍差些,因为它们可能发生水解,从而部分转成 OH^- 型,使稳定性降低。

(3)阴离子交换树脂的热稳定性明显地随交联度降低而增加,这可能是交联度低,树脂母体(骨架)结构易变形,从而减轻了热对官能团的作用。

3. 树脂的化学稳定性

一般商品离子交换树脂,都能经受强碱、无氧化性的强酸以及一般的氧化剂的侵蚀(H^+ 型或 OH^- 型树脂受热的化学试剂的作用除外),仅在强氧化剂的作用下,其稳定性差。酚醛树脂的耐氧化性不如聚苯乙烯系树脂。在聚苯乙烯系树脂中,增加交联度,可提高树脂的抗氧化。

聚苯乙烯系磺酸树脂,被氧化(如水中的游离氯)后,树脂上形成弱酸基团,增加了树脂的总交换容量,同时使树脂的交联度有所降低。这是由于聚苯乙烯分子链上有一脆弱的联结点,裂解作用在此发生,如下图所示

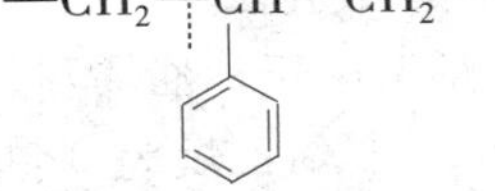

$$-CH_2-CH-CH_2-$$

强碱性 OH^- 型阴离子交换树脂的耐氧化性较差,甚至空气中的氧也能很慢地同这种树脂作用,其结果是在树脂上再生成弱碱性基团甚至变成无碱性的产物,使树脂的交换能力降低。例如,把 OH^- 型的 Atuberlm IRA－400 树脂,在 30 ℃下浸泡于 5% H_2O_2 中(暗处),16 h 后,其强碱性基团损失 10%。也不宜把强碱性阴离子交换树脂以 OH^- 型长时间存放于强碱性溶液中。

5.2.5　改进型聚苯乙烯系树脂

这里所说的改进型聚苯乙烯系树脂,是指通过特殊的聚合方法,得到性能有所改善的若干种聚苯乙烯系离子交换树脂,在制备这些树脂时,官能团的引入与普通的聚苯乙烯树脂基本相同。因此,这里仅讨论聚合珠体的合成方法,并对树脂的主要特性作简要说明。

1. 大孔树脂

目前生产聚苯乙烯系的大孔共聚体树脂的主要方法有溶剂致孔法和线型聚合物－溶剂提取致孔法。

(1)溶剂致孔法

所谓溶剂致孔法,就是在合成苯乙烯－二乙烯苯共聚合体时,在单体混合液中加入适量的稀释剂(或称致孔剂),这种惰性溶剂只溶解单体而不参与共聚合反应。根据所用溶剂对交联共聚体的溶胀性能的不同,又可分为两类:能溶胀交联共聚体者称为良溶剂;不能溶胀交联共聚体者称为不良剂或沉淀剂。对于苯乙烯－二乙烯苯共聚体来说,苯或二氯乙烷等为良溶剂;脂肪烃(庚烷、辛烷等)、脂肪醇(丁醇、辛醇等)以及脂肪酸(辛酸、壬酸等)等为不良溶剂。笼统地说,由于这种致孔剂的加入,影响共聚合过程中的相分离作用,从而影响了共聚体的孔结构。当采用良溶剂时,共聚体呈溶胀状态,故大分子链间的纠缠程度减小,往往制成高度溶胀的离子交换树脂,仅当该类致孔剂的加入量以及共聚体的交联剂含量均很高时,才能制得有固定孔道的大孔共聚体。采用不良溶剂时,在单体进行共聚合反应的过程中,当达到某一时刻,便在珠体内发生相分离,形成聚合物的富相(以聚合物和单体为主)与贫相(以致孔剂为主),随着聚合作用的进一步进行以及最后把溶剂除去,便在共聚珠体中形成无数孔道,即制成大孔共聚体。

交联剂的加入量以及致孔剂的性能与用量,对所得共聚体的孔特性有直接影响。所以,可

通过对交联剂加入量控制以及致孔剂种类和用量的选择以制取所要求的孔结构的共聚体。另外,在大孔共聚体上引入官能团,对树脂产品的孔结构也有一定的影响。

目前大多采用不良溶剂致孔法生产大孔树脂。但是,使用良溶剂与不良溶剂的"混合溶剂"致孔,可能对制备大孔树脂有更大的调节余地。

(2)线型聚苯乙烯-溶剂提取致孔法

将一定数量的线型聚苯乙烯溶解于苯乙烯和二乙烯苯单体混合液内,然后进行悬浮共聚合制得珠体,再用有机溶剂(如苯、二氯乙烷等)将掺入共聚珠体内的线型聚合物提取出来,于是在共聚珠体内残留下孔道。所加入的线型聚苯乙烯的分子量及加入量等,对大孔共聚体和最终所得树脂的性能有直接影响。

在单体混合液内加入线型聚合物的同时,再添加良溶剂,则可制得孔径和比表面积均大的树脂。

(3)大孔树脂的特性

与普通树脂相比,大孔树脂具有不同的物理性能,而且由不同方法制得的大孔树脂,其性能也有差别。普通的离子交换树脂(即凝胶树脂)基本上是均质交联凝胶,为一连续的聚合体相,其中的孔隙是聚合体链之间的分子间隙,这种类型的孔属于分子孔隙,称为凝胶孔或微孔。对于大孔树脂而言,在上述凝胶孔基础上附加着具有重大影响的非凝胶孔。电子显微镜观察表明大孔共聚体为凝胶型的微珠($0.3 \sim 0.5 \ \mu m$)杂乱地堆积成的聚集体。正是在这些微珠体之间,构成了非凝胶孔道。这种孔道具有某些特征的孔径分布,而且比较坚固,大孔树脂与一般多孔性催化剂类似,其孔结构的特征也用比表面、孔隙率(或者孔容)以及孔径分布(或平均孔隙)等参数来描述。

表5-7列出了由不良溶剂致孔法制备的大孔树脂与相应凝胶树脂的特性对比,可见大孔树脂上存在着大量的孔,使树脂珠体内有很大一部分为孔隙,其比表面积很大,表观密度也远低于其骨架密度。至于由线型聚苯乙烯-溶剂提取致孔法制得的大孔树脂,与上述大孔树脂相比,其特点是孔径大而比表面积小。

表5-7 不良溶剂致孔法制备的大孔树脂与相应凝胶树脂的特性对比

树脂	大孔	凝胶
颗粒直径/mm	0.63	0.80
工作容量/($mmol \cdot g^{-1}$)	3.02	2.62
总交换容量/($mmol \cdot g^{-1}$)	3.24	2.97

由线型聚苯乙烯溶剂提取致孔法制得的强碱性大孔阴离子交换树脂(OH^-型)和相应的普通凝胶树脂与醋酸的交换速度,说明了大孔树脂上孔道的作用。当交换更大的离子时,这种作用更明显。此外,当树脂的反离子种类和水合情况改变时,对于大孔树脂而言,因其体内有

孔隙作缓冲,故它的外观总体积变化不大,而且,耐渗透压(即溶胀收缩作用)的性能也较好。

2. TiO₂ 加重的树脂

在流化床矿浆吸附操作中,采用相对密度大的离子交换树脂,可明显提高设备的处理能力。提高树脂的相对密度有两种途径:①添加相对密度大的惰性材料;②在树脂骨架上引入质量较大的原子,如氯。这里仅介绍第一种方法。

通常选用相对密度为 4 左右的二氧化钛(TiO_2)粉末作树脂的惰性加重材料。在共聚合工艺中,向单体混合液中加入适量 TiO_2 和分子量适宜的线型聚苯乙烯。这样,悬浮聚合后即可制得内含一定量 TiO_2 的加重球状共聚体。该共聚体氯甲基化反应和胺化即可制得加重的大孔阴离子交换树脂。

3. 含亚甲基交联的树脂

这类树脂与普通的苯乙烯二乙烯苯共聚体树脂的不同点在于:后者以二乙烯苯作交联剂,在制备阴离子交换树脂的氯甲基化时,需尽量避免形成亚甲基交联;而前者则相反,利用亚甲基桥作交联或作为交联的重要部分,这类树脂的性能也与普通的聚苯乙烯树脂有所不同。

(1)均孔(等孔)树脂

用苯乙烯制成在氯甲基化阶段能被分解的所谓“暂时”交联物,在氯化铝催化作用下,由富氏反应进行氯甲基化,同时在苯环之间引入亚甲基交联($—CH_2—$)。由于这些链能自由地引入,所得的交联网络的内部结构比普通的苯乙烯-二乙烯苯共聚体多少要规则些,故称为均孔结构。这种均孔结构可保证较高的胺化率,相比之下,二乙烯苯交联的普通共聚体中,高交联区域较多,较大的胺分子难以渗入,故胺化率随胺的烷基碳链增长而明显下降。均孔树脂上的孔隙,用电子显微镜也是无法观测到的。

这类均孔树脂的抗有机物中毒的能力比凝胶树脂强,甚至比大孔树脂也要强。

(2)Dowex21K 树脂

该树脂在国外离子交换法回收铀的水冶厂中广泛使用。其制备方法大致如下,首先以苯乙烯与少量二乙烯苯反应,生成交联度很大的共聚体,然后把它在溶胀状态下以富氏反应引入亚甲基桥作为附加交联,进而进行氯甲基化,最后以三甲胺处理,亚甲基桥使共聚体网络的硬度增加。该种树脂的溶胀-收缩性能以及选择性,类似于 Dowex1 ×8,但其交换动力学性能接近于 Dowex1 ×4。

5.3　离子交换过程的物理化学问题

5.3.1　概述

人们对于离子交换这一现象的认识,是随着生产的发展而不断深化的。早在一千多年前,人们就已发现,自然界中的某些天然物质对某些溶解于水中的物质,具有选择性的吸附作用。

这些天然的具有吸附作用的固体状态的物质被人们称为天然的无机离子交换剂。在20世纪50年代以前,有人认为,离子交换平衡是固-液两相的平衡。为了描述离子交换平衡,不同研究者曾采用了各种等温吸附经验方程式。但是,后来发现,这些经验方程式只能近似地解释某些结构致密的无机交换剂的交换过程。因而,这种理论是不能令人满意的。

之后,又有人认为,离子交换剂是一种固体溶液,从这个概念出发,在解释许多离子交换问题时,还是不能得到满意的结果。特别是在1935年,人工合成有机离子交换树脂之后,对离子交换理论的研究提出了更为迫切的要求。实验表明,干燥的离子交换树脂放在水或水溶液中浸泡,其体积会发生大幅度的溶胀,反过来,溶胀后的树脂一旦失去水分,其体积又会变小。在深入研究了这些现象之后,有人提出,离子交换平衡属于聚合电解质水溶液与电解质水溶液之间的平衡问题。这种理论,虽然较前两者接近于实际情况,但是,也忽视了树脂溶胀时所产生的溶胀压力这一重要因素。据估计,这个压力甚至可高达数百atm,因此,它对化学位的影响是不容忽视的。不考虑溶胀压力的存在,势必偏离实际情况,由此所得出的结论将可能是不可靠的,以致在不少情况下,该理论仍不能很好地解释离子交换规律。特别是对于不同交联度的树脂与离子选择性之间的关系,更显得无能为力。在大量研究实践的基础上,格雷戈尔(H P Gregor)等人于1952年提出了树脂的"弹性理论模型"(图5-7)。根据这个理论模型,人们认为,离子交换树脂与溶液之间由一层半透膜隔开着。树脂颗粒被认为是一个可以伸缩的弹性容器,其内部含有"聚合电解质溶液",其中有固定离子与可移动离子。固定离子固定在相当于树脂骨架的弹性模板上,因为它不能移动,所以它不能通过半透膜,而可移动离子(又称为可交换离子)则可以自由地通过半透膜,并与溶液中的带同电荷离子进行交换反应。

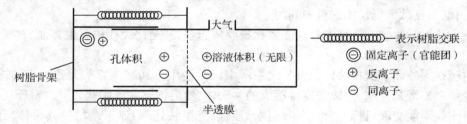

图5-7　离子交换树脂的弹性体模型

5.3.2　离子交换过程的热力学

根据格雷戈尔的弹性理论模型,可以想象,当离子交换树脂与溶液之间呈现平衡时,系统中将同时存在着三个平衡,即溶剂的渗透平衡、溶质的渗透平衡以及离子交换平衡,这三个平衡又是密切相关的。

1. 溶剂的渗透平衡

溶剂对离子交换树脂的渗透平衡,也可称为溶胀平衡。当树脂与溶液的溶剂分子相接触时,溶剂分子就会向树脂相内部渗透,因此,树脂发生溶胀。又由于树脂相内部有大量的亲水性基团,故水分子通过半透膜深入到树脂的孔隙内部后,在树脂内部形成浓度很高的电解质溶液。同时,溶剂分子渗透的结果,在半透膜的两侧造成很大的渗透压差。可以想象,如果不存在其他相反的因素,则水分子的渗透过程将会无限制地进行下去,直到树脂颗粒不能承受如此不断增大的渗透压力而瓦解为止。但是,因为离子交换树脂的高分子骨架中有"交联"存在,所以能把整个树脂交联成一个不致被渗透压撑裂的空间网状结构的颗粒,此"交联"即相当于格雷戈尔理论模型中的"弹簧"。有了这些相当于"弹簧"的交联存在,溶剂分子向树脂内部的扩散,将会受到"弹簧"拉力的限制而不可能无限制地进行下去。水分子渗入树脂相的溶胀作用,使聚合体内的"交联"发生伸胀,从而产生一个与渗透压力方向相反的拉力,这两个力相互对抗,它们之间的差称为渗透压差。随着溶胀过程的不断进行,半透膜两侧交换物质的浓度差愈来愈小,也就是"交联"拉力不断增大、渗透压差愈来愈小,终至"交联"力与渗透压力达到平衡。此时,树脂的溶胀即停止。

根据弹性理论模型,下述的影响树脂溶胀度的一些因素可以得到较满意的解释。这说明该模型的基本理论是比较接近实际的。

（1）交联度的影响

所谓交联度是指在合成树脂时,加入交联剂的百分数。例如,对苯乙烯和二乙烯苯型树脂来说,所加交联剂二乙烯苯的百分数,即为该树脂的交联度。大量的实验数据表明,交联度大的树脂,其溶胀度小;反之,交联度小的树脂则溶胀度大。按弹性理论模型,交联度大的树脂意味着其"弹簧"的数目多。由此可知,大交联度的树脂在溶胀度较小时,所产生的拉力就可与渗透压相平衡。在生产操作中,人们并不希望树脂发生过大的溶胀,因为过大的溶胀将会使树脂的体积发生激烈的变化,也会增加树脂颗粒之间的摩擦,从而造成树脂破裂损失。再者,过大的溶胀会降低单位体积树脂内交换基团的密度,从而使设备的生产强度减少。前已述及,交联度大的树脂,其溶胀度小,但也并不是交联度愈大愈好。因为,交联度过大会使被交换离子的扩散速度明显地变慢。目前,铀工业生产上所使用的强碱性阴离子交换树脂的交联度,一般都控制在 7% ~ 10% 。

（2）树脂全容量的影响

树脂全容量愈大,即单位质量或单位体积内,交换基团的数目愈多。当这种树脂与溶剂接触时,其溶剂化的趋势大,而树脂的全容量小,即单位质量或单位体积内的交换基团数目小,则树脂溶剂化的趋势小。溶剂化的趋势大,树脂的溶胀度就大,溶胀所造成的渗透压也就愈大,反之亦然。

（3）可交换离子电荷多少的影响

按交换过程的电中性原则,溶液中可交换离子电荷愈多(与树脂中可交换离子比),则交换后它们在树脂内所形成的可交换质点数目愈少,由它们带进树脂内部的溶剂分子的量亦少,因此,树脂的溶胀度就愈小。由此可以推断,对铀工艺中所使用的氯型强碱性阴离子交换树脂来说,若在交换过程中,R^+Cl^- 或 $R^+NO_3^-$ 的 Cl^- 或 NO_3^- 被 $UO_2(SO_4)_3^{4-}$ 或 $UO_2(SO_4)_2^{2-}$ 所置换,树脂的体积应当发生收缩,而在饱和树脂淋洗时,情况则相反,这时吸附 $UO_2(SO_4)_3^{4-}$ 和 $UO_2(SO_4)_2^{2-}$ 的饱和树脂被 NO_3^- 或 Cl^- 所置换,树脂的体积将发生膨胀。

(4)可交换离子半径大小的影响

溶解于水中的各种离子均系水化离子。显然,水化离子的半径比未水化的裸离子半径要大。离子水化的一般规律是:裸离子的半径愈小,水化的趋势就愈大,则水化离子的半径也愈大;反之,裸离子半径愈大,则水化的趋势愈小,其水化离子的半径也愈小。例如,未水化时,K^+ 的裸离子半径比 Li^+ 的要大,而水化后,却是 Li^+ 的水化离子半径较 K^+ 的要大。吸附了大水化离子的离子交换树脂,其溶胀度也大;反之就小。在交联度不大的情况下,交换了相同数目的 K^+(水化)与 Li^+(水化)的阳离子交换树脂,因为 Li^+ 的水化半径较大,所以,吸附了 Li^+ 的树脂,其溶胀度较吸附了 K^+ 的要大。和上述情况不同,当树脂的交联度大于 20% 时,将有新的情况发生,在交换过程中,树脂体积的变化,将不取决于水化离子半径的大小,而取决于裸离子半径的大小。这是由于在高交联度情况下,树脂相内部的溶胀压非常大,以致不容许水化离子的水分子进入树脂内部,而从水化离子上被剥离下来。高交联度情况下,交换了 K^+ 与 Li^+ 的树脂。由于离子的水化水不能进入树脂内部而被剥离,这时影响树脂体积变化的不是水化离子,而是 K^+ 和 Li^+ 裸离子的大小。所以,交换了 K^+ 的树脂,其体积较交换了相同数目 Li^+ 的树脂的体积要大。

(5)溶液浓度的影响

与离子交换树脂相接触的外部溶液的浓度愈低,树脂相与溶液相之间的浓度差就愈低,溶剂分子向树脂内部扩散的趋势也就愈小,由此而产生的渗透压也就愈小,故树脂的溶胀度愈低;反之,如果与离子交换树脂相接触的外部溶液的浓度愈高,按上述规律反推之,树脂的溶胀度也就愈大。

2. 溶质的渗透平衡

当离子交换树脂浸泡在水溶液中时,除了存在上述的溶剂分子(即水分子)的渗透平衡之外,还有溶质的渗透平衡,即溶质与溶液中的电解质和非电解质渗透到树脂内部的平衡。

(1)非电解质对树脂的渗透

非电解质对树脂的渗透过程是一个相当复杂的过程。许多因素对它都有影响,到目前为止,还不能作出定量的解释。但是,从已经积累的生产与实验资料可以总结出某些定性的规律。

非电解质渗透过程的筛效应溶液中的非电解质能否渗透到树脂相的先决条件是:非电解质分子能否进入树脂的孔道内部,如果能够进入,就能发生渗透作用,反之,就不能。树脂孔道的平均直径随交联度大小的不同而不同。通常使用的交联度为 6% ~ 10% 的苯乙烯型合成树脂,其孔道的平均直径约为 0.6 ~ 3 nm。这种直径范围的孔道,对一般的无机分子或简单的苯系、萘系有机分子来说,它们是能较容易渗透进去的。但是,它对于像酚酞、链霉素等较大的有机高分子来说,就显得狭小而难于渗透进去。要使这类大有机分子渗进树脂中,就必须使树脂的交联度变小。交联度小,树脂的孔径就大。但是,应当了解,离子交换树脂与分子筛不同,树脂孔道直径的大小没有明显的界限。因此,能渗入到树脂内部的分子的大小也不存在明显的界限。这也就是说,树脂的孔径只是一个范围,所以,分子的渗入量将随其直径的增加而逐渐减少,以致接近于零,突变点不明显;而分子筛由于其孔径大小一定,故其不同大小分子吸附量的突变点就非常明显。

非电解质渗透过程的盐析效应树脂相中的固定离子与交换离子都力求保持它们的水化层而处于水化状态。因此,树脂相内部的水分子可以分为两类,即自由水和水化水。由于非电解质是不带电的质点,它与固定离子、可交换离子之间均无静电作用。所以,它只能存在于树脂相内的自由水当中。树脂相内自由水的多少,在很大程度上决定着非电解质的渗透量的多少。而树脂相内部自由水的多少又与固定离子、可交换离子的水化程度有关系,也与树脂的交联度有关系;离子的水化程度愈大,其内部的自由水就愈少,树脂的交联度增大,也会使其内部的自由水变少。树脂相内部自由水愈少,能容纳渗入的非电解质的量也就愈少,反之就多。

(2)弱电解质对树脂的渗透

弱电解质,如 H_2SiO_3 分子渗入到树脂相中会引起树脂中毒。另外,电中性的 UO_2SO_4 分子与其他杂质分子都有可能以非交换的形式渗透到树脂相内部,这是离子交换过程中值得注意的现象。弱电解质在水溶液中,大部分是以未解离的分子状态存在。因此,弱电解质对树脂相的渗透与上述非电解质的渗透规律相类似。

(3)强电解质对树脂的渗透

强电解质的渗透是发生离子交换的必要条件。如果将树脂 R^+Y^-,用一个具有可交换离子 Y^- 的溶液饱和,随即将这个被 Y^- 饱和了的阴离子交换树脂 R^+Y^- 放到一个强电解质 A^+Y^- 的稀溶液中,此时,树脂相内部 Y^- 的浓度大于溶液相中 Y^- 的浓度;而溶液中 A^+ 的浓度却大于树脂相中 A^+ 的浓度。根据扩散规律,由于树脂相与溶液相之间存在着较大的浓度差,因此,Y^- 与 A^+ 均具有很大的扩散趋势。但由于离子是具有电性的,无论是阴离子 Y^- 由树脂相扩散到溶液相,还是阳离子 A^+ 由溶液相扩散到树脂相,都会引起树脂内正电荷增高,以及溶液中负电荷增高。因此,在树脂相与溶液相之间就会产生一个电位差,如图5-8所示。电位差产生之后,将阻止扩散进一步进行。这一现象是唐南(F G Donnan)首先发现的,故称为唐南电位。由于唐南电位对强电解质的渗透具有抑制作用,所以也可以把这个作用称为唐南排斥作用。随着 Y^- 不断地从树脂相向溶液相以及 A^+ 从溶液相向树脂相扩散,两相间交换离子的浓度差不断变小,而唐南电位却在逐渐增大。最后 Y^- 与 A^+ 在两相间建立平衡,唐南电位也达到某一平衡值,此时,Y^- 和 A^+ 在两相中的活度积相等,这可用下式表示

$$a_A \cdot a_Y = \overline{a_A} \cdot \overline{a_Y} \tag{5-6}$$

式中 a_A, $\overline{a_A}$ ——代表溶液相和树脂相中 A^+ 的活度;

a_Y，$\overline{a_Y}$——代表溶液相和树脂相中 Y^- 的活度。

浸出液中有不少杂质的浓度高于铀的浓度，一部分杂质离子可能以渗透的方式进入树脂相内部。当用水冲洗饱和树脂时，由于在稀溶液中，唐南排斥作用明显，因此，可以把部分杂质除去。

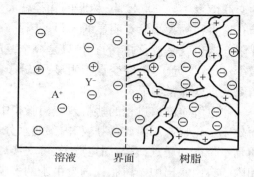

图 5-8　交换离子在溶液和树脂内的分布情况

3. 离子交换平衡

离子交换平衡是与以上二者同时存在的另一种平衡。如果在溶液中存在着两个以上的可交换离子，当树脂与该溶液接触时，不同种类的可交换离子与树脂的活性基团之间将发生不同的交换作用。作用能力的大小决定于此条件下，可交换离子与树脂活性基团亲和力的大小。亲和力大者，优先吸附；亲和力小者，后吸附。但是，某一离子交换次序的先后与交换量的多少，又不简单决定于亲和力，它们还取决于该体系中这种离子的浓度及其浓度之间的比例关系。同时，交换过程也并不简单地服从质量作用定律，还应当考虑树脂相与水相中该离子实际浓度与其表观浓度之间的差别、溶胀压力以及树脂内部交换基团与可交换离子缔合的可能性等因素。

（1）可交换离子电荷多少的影响

可交换离子电荷的多少对离子交换平衡有很大的影响。树脂对高电荷的可交换离子，有明显大的亲和力，这称为离子交换过程的电选择性规律，这种规律可用唐南电位作用来解释。树脂相内，高浓度的可交换离子，由于受到唐南电位的抑制而被保留在其内部，以致使扩散过程不能继续进行。离子在电场中所受到的静电引力是与电荷的多少有关系的。电荷愈多，静电引力就愈大；另外，从扩散原理来分析，趋势的大小只与浓度有关，与电荷的多少无关。若树脂饱和度相同，则高电荷的可交换离子比低电荷的在树脂相内的质点数要少，故离子由树脂向溶液扩散的趋势就小。因此，高电荷的可交换离子将被优先地吸附到树脂上。电选择性与溶液的浓度也有关系，当溶液相浓度愈稀时，唐南电位就愈大，电选择性就愈明显。

用强碱性阴离子交换树脂吸附硫酸体系或碳酸盐体系中的铀时，由于铀在其中大都是以多电荷的 $UO_2(SO_4)_3^{4-}$ 或 $UO_2(SO_4)_2^{2-}$ 形式存在，因此，它们与树脂的亲和力是相当大的，它们优先被吸附，其电选择性较好。

（2）水化离子半径的大小与溶胀压大小的影响

离子在水溶液或在小交联度的树脂中，均以水化离子的形式存在。因此，可交换水化离子半径的大小，以及树脂溶胀压力的大小，均会影响离子交换平衡。一般规律是：可交换离子的水化半径愈小，通过树脂孔道的阻力也愈小，从而容易通过孔道进入树脂内部，交换过程就容易发生。从这种意义上讲，水化离子半径愈小的可交换离子，在树脂上的亲和力愈大，反之亦然。例如，对某些一价阳离子来说,水化离子半径大小的顺序是 $Li^+ > Na^+ > K^+ > Rb^+ > Cs^+$。在强酸性阳离子交换树脂上,其亲和力大小的顺序是 $Cs^+ > Rb^+ > K^+ > Na^+ > Li^+$。

至于溶胀压的影响可以藉弹性理论模型,对水化离子在树脂中的行为从物理方面作某些解释。由于在树脂中存在着"弹性模板",所以,树脂力求保持最小的体积。如果树脂吸附水化半径小的离子数目与吸附水化半径大的离子数目相等,则前者所造成的树脂溶胀度将比后者小(参见图5-8),因此,水化半径小的离子易被树脂选择性吸附,这种选择性吸附作用将随树脂相内溶胀压的增加而变得更为明显。前已述及,溶胀压的大小是与树脂的交联度有关的。对一定的溶胀度而言,交联度愈大,溶胀压就愈大;反之,交联度愈小,溶胀压也就愈小。由此可以推论:交联度大的离子交换树脂,由于其溶胀压大,故其选择性要好一些。

(3)交换过程所形成化学键稳定程度的影响

树脂的活性基团与可交换离子之间能否生成离子键或共价键,也是影响离子交换过程平衡的因素。可交换离子与活性基团之间的结合方式,可以是这些离子占据树脂相的某些空间点阵,形成均相缔合,也可以是树脂相与溶液相之间的非均相缔合。无论是哪种缔合所形成的化学键,对离子交换平衡都有利。容易与树脂的活性基团发生缔合的离子,就容易被吸附;反之,就不容易被吸附。例如,弱酸性阳离子交换树脂对 H^+ 有很强的亲和力,这正是 H^+ 与树脂的活性基团容易发生缔合而被吸附之故。通常认为,缔合能力的大小是与离子的极化程度有密切关系的。极化程度愈大的可交换离子和树脂之间的亲和力就愈大。在铀水冶工艺中,能使树脂中毒的大多数离子均属此类。

总体来讲,离子交换树脂将优先吸附溶液中具有下列条件的可交换离子:电荷较多的离子;水化离子半径小的离子;极化程度大的离子。

大量实验数据表明,二价阳离子的交换顺序为:$Ba^{2+} > Pb^{2+} > Sr^{2+} > Ca^{2+} > Ni^{2+} > Cd^{2+} > Cu^{2+} > Co^{2+} > Zr^{2+} > Mg^{2+} > UO_2^{2+}$;一价阳离子的交换顺序为:$Ti^+ > Ag^+ > Cs^+ > Rb^+ > K^+ > NH_4^+ > Na^+ > Li^+$;阴离子的交换顺序为:$SO_4^{2-} > C_2O_4^{2-} > I^- > NO_3^- > CrO_4^{2-} > Br^- > SCN^- > Cl^- > HCOO^- > CH_3COO^- > F^-$。

以上规律大致符合交换平衡的理论分析。

H^+ 离子在强酸性阳离子交换树脂上的交换顺序是介于 Na^+ 与 Li^+ 之间,而在弱酸性阳离子交换树脂上,它的交换顺序则位于 Li^+ 之前。

在强碱性阴离子交换树脂上,OH^- 位于 CH_3COO^- 与 F^- 之间,在弱碱性阴离子交换树脂上,其亲和力向左移动,树脂碱性愈弱对 OH^- 的亲和力愈大。

必须强调指出,在实际的离子交换体系中,溶剂分子的渗透平衡,溶质的渗透平衡与离子交换平衡是同时存在的。它们除了服从各自的规律外,同时又互相联系,互相制约。

5.3.3 离子交换过程的动力学

由于离子交换反应的机理还不十分清楚,故对交换过程的动力学只能作一般定性分析。

　　离子交换反应属于非均相反应。交换过程的化学反应发生于两相的界面处,非均相反应的总速度决定于该过程中最慢的控制步骤。

1. 能斯特(W Nernst)膜理论

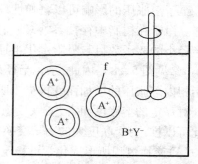

图 5-9　离子交换树脂上的滞流膜示意图

A^+—树脂内可交换离子;B^+—溶液中可交换离子;f—滞流膜

　　在电解质 B^+Y^- 溶液中,搅拌为离子 A^+ 饱和了的固体树脂颗粒时,则在树脂颗粒的表面上将会形成一定厚度且有明显界面的滞流膜(图 5-9),膜内流体不发生对流。这样的滞流膜也可称为滞流边界层或称为能斯特膜。一般情况下,它的厚度约为 $10^{-2} \sim 10^{-3}$ cm。这个滞流边界层的物理状态对离子交换过程有重要的影响。若交换反应没有达到平衡,则树脂内的可交换离子 A^+ 将不断地向溶液扩散,与此同时,溶液中的可交换离子 B^+ 也不断地向树脂颗粒内部孔道扩散。这种相互扩散所构成的离子交换过程需经三个步骤:① 液膜扩散,它主要是以分子扩散的方式进行,也称为外扩散;② 颗粒扩散,系指可交换离子与被交换离子通过树脂颗粒内部孔道的扩散,也称为内扩散;③ 化学反应,系指发生于两相界面处离子的化学交换反应。通常情况下,化学反应速度是比较快的,因此,它往往不构成交换过程的控制步骤。在交换体系能进行有效的搅拌、主体溶液浓度较高、树脂颗粒较大以及树脂交联度较大等情况下,内扩散将可能成为控制步骤,即交换过程的总速度将决定于离子 A^+ 和离子 B^+ 在树脂颗粒内部的扩散速度,这个过程称为内扩散控制过程。例如,当系统搅拌强烈时,则树脂颗粒表面上的滞流膜势将变薄,其阻力将变小,以致被忽略。这时,外扩散没有意义,而内扩散成为控制步骤。当主体溶液的浓度高时,则传质的推动力大,在这种情况下,内扩散也将成为控制步骤。与上述情况相反,在系统搅拌不良、主体溶液浓度低、树脂颗粒细小、树脂的交联度小等情况下,液膜扩散可能成为控制步骤,这个过程又称为外扩散控制过程。

　　根据上述分析可以看出,若离子交换过程采用固定床吸附,则由于其符合外扩散控制的条件而使外扩散可能成为控制步骤;如果采用空气搅拌吸附或流态化吸附,则内扩散将可能成为控制步骤。外扩散控制时,在树脂中没有浓度梯度,而内扩散控制时,在滞流膜内没有浓度梯度。

　　当交换过程属于外扩散控制时,可用下式表示过程的总速度,即

$$\frac{dQ}{dt} = K_1(C_B - C) \tag{5-7}$$

式中　Q——树脂对某物质的吸附量;

　　　　t——交换时间;

　　　　C_B——被吸附物在溶液中的浓度;

　　　　C——被吸附物在树脂表面处的浓度;

K_1——外扩散动力学系数。

从式(5-7)可知,离子交换速度$\dfrac{\mathrm{d}Q}{\mathrm{d}t}$与溶液中与树脂表面处被吸附物的有效浓度差$(C_B-C)$成正比,常数$K_1$与溶液流速以及树脂的粒度有关。这种关系可用如下的经验方程表示

$$K_1 = \frac{D_1 W^{0.5}}{d^{1.5}} \tag{5-8}$$

式中　D_1——被吸附物在溶液中的分子扩散系数,$\mathrm{m^2 \cdot s^{-1}}$;

　　　W——流体的流动速度,$\mathrm{m \cdot s^{-1}}$;

　　　d——树脂颗粒的直径,m。

当交换过程属于内扩散控制时,可用如下方程式表示总的交换速度,即

$$\frac{\mathrm{d}Q}{\mathrm{d}t} = K_2 (C_p - C_i) \tag{5-9}$$

式中　C_p——离子交换树脂饱和时被吸附物的浓度;

　　　C_i——离子交换树脂颗粒中心处被吸附物的浓度;

　　　K_2——内扩散动力学系数。

内扩散动力学系数可表示为

$$K_2 = \frac{\pi^2 D_2}{4 r^2 A} \tag{5-10}$$

式中　r——树脂颗粒的半径;

　　　A——吸附系数;

　　　D_2——被吸附物在树脂内的扩散系数。

从动力学角度考虑,由于固定床存在有不能搅拌、床层阻力不可过大以及树脂颗粒不可太细等问题,因而采用固定床吸附时缺点较多,而采用流化床吸附时,较为有利,因此,近年来流化床吸附技术有了较快的发展。

2. 影响离子交换过程动力学的因素

搅拌系统中随着搅拌激烈程度的增加,能斯特膜会变薄,因此,有利于离子的外扩散,反之亦然,这种关系如图5-10所示。当流体处于湍流流动时,其滞流膜的厚度δ_1要小于层流时滞流膜的厚度δ_2。图5-10表示溶液中吸附物于不同流体状态时,在树脂颗粒界面外浓度的径向变化情况,图中实线表示溶液真实浓度变化,虚线表示其理想浓度变化。滞流膜的厚度由实线的切线外推求得,为了比较,图中同时画出了距离树脂颗粒表面不同点处流体的速度分布曲线。

(1)树脂交联度　树脂交联度不同时,离子在树脂相内的扩散系数也不相同,随着树脂交联度的增大,离子在树脂相内的扩散系数减小。

(2)离子价态　离子在树脂相内的扩散系数,随着价态的增加而明显降低。在铀的吸收

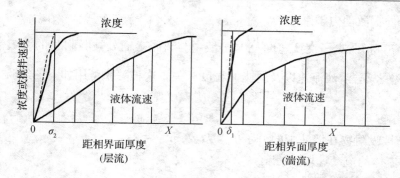

图 5 - 10　能斯特膜的厚度与流体状态的关系

工艺中,像 $UO_2(SO_4)_3^{4-}$ 这样的高价大离子,在树脂相内的扩散速度是不可能快的。在树脂交联度相同的情况下,离子在树脂相内的扩散系数将随离子价态的增加而减小。

　　(3)系统温度　系统温度增高时,离子在树脂相内的扩散系数增大。树脂的交联度愈大,温度效应愈明显。在低交联度的树脂中,扩散的活化能约为 $18.9\ kJ \cdot mol^{-1}$,而在高交联度的树脂中,扩散的活化能约为 $42\ kJ \cdot mol^{-1}$。由此可见,增加系统的温度对加速离子在树脂相内的扩散速度是相当有利的。

5.4　离子交换树脂吸附铀

　　离子交换法提取铀既适于酸性介质,又适于碱性介质,这表明,它比一般萃取法适应性更强。由于不同介质浸出液组成不同,故交换过程可能发生的化学反应以及影响交换过程的因素也不同。

5.4.1　从硫酸浸出液或矿浆中吸附铀

　　铀在溶液中的存在形式因体系组成的不同而不同。在硫酸体系中,铀以硫酸铀酰络离子 $UO_2(SO_4)_n^{(2n-2)-}$ 形式存在,而在碳酸盐体系中则以碳酸铀酰络离子 $UO_2(CO_3)_n^{(2n-2)-}$ 的形式存在。虽然,两者所处的体系组成不同,但是,两者的络离子结构形式是相同的。通常,在硫酸浸出液中,铀的浓度大约为 $500 \sim 1\ 000\ mg \cdot L^{-1}$,硫酸根的浓度为 $20 \sim 80\ g \cdot L^{-1}$,pH 为 $1 \sim 2$。铀酰离子与硫酸根存在着如下平衡关系,且其平衡常数(累积稳定常数)可表示为 K_1,K_2,K_3。

$$UO_2^{2+} + SO_4^{2-} \Longrightarrow UO_2SO_4 \qquad K_1 = \frac{[UO_2SO_4]}{[UO_2^{2+}][SO_4^{2-}]} = 50 \qquad (5-11)$$

$$UO_2^{2+} + 2SO_4^{2-} \Longrightarrow UO_2(SO_4)_2^{2-} \qquad K_2 = \frac{[UO_2(SO_4)_2^{2-}]}{[UO_2^{2+}][SO_4^{2-}]^2} = 350 \qquad (5-12)$$

$$UO_2^{2+} + 3SO_4^{2-} \rightleftharpoons UO_2(SO_4)_3^{4-} \qquad K_3 = \frac{[UO_2(SO_4)_3^{4-}]}{[UO_2^{2+}][SO_4^{2-}]^3} = 2\,500 \qquad (5-13)$$

由这些平衡关系及 K_1, K_2, K_3 值可以导出

$$[UO_2^{2+}] = [UO_2^{2+}] \qquad (5-14)$$

$$[UO_2SO_4] = 50[UO_2^{2+}][SO_4^{2-}] \qquad (5-15)$$

$$[UO_2(SO_4)_2^{2-}] = 350[UO_2^{2+}][SO_4^{2-}]^2 \qquad (5-16)$$

$$[UO_2(SO_4)_3^{4-}] = 2\,500[UO_2^{2+}][SO_4^{2-}]^3 \qquad (5-17)$$

进一步推导可得下式

$$[UO_2^{2+}]:[UO_2SO_4]:[UO_2(SO_4)_2^{2-}]:[UO_2(SO_4)_3^{4-}]$$
$$= 1:50[SO_4^{2-}]:350[SO_4^{2-}]^2:2\,500[SO_4^{2-}]^3 \qquad (5-18)$$

从式(5-18)可以看出,二硫酸铀酰,尤其是三硫酸铀酰络离子所占的分数将随溶液中 SO_4^{2-} 浓度的增大而成多次方比例增加。在硫酸浸出液中,因为一般 pH 为 1~2,所以其中硫酸根几乎有一半是以 HSO_4^- 的形式存在。若浸出液中 SO_4^{2-} 的总浓度为 $0.5\ mol \cdot L^{-1}$,则其中游离硫酸根的浓度约为 $0.25\ mol \cdot L^{-1}$,由此值按式(5-18)进行计算,该浸出液中铀的各种化学形式的分数为

$$[UO_2^{2+}]:[UO_2SO_4]:[UO_2(SO_4)_2^{2-}]:[UO_2(SO_4)_3^{4-}] = 1:12.5:22.0:39.5$$
$$(5-19)$$

由式(5-19)可知,在该条件下的硫酸浸出液中,铀大部分是以 $UO_2(SO_4)_3^{4-}$ 络离子形式存在,其次是 $UO_2(SO_4)_2^{2-}$,再次是 UO_2SO_4 中性分子,而以 UO_2^{2+} 阳离子形式存在的分数最少。按上述铀存在形式分数分配情况以及前面讨论过的电选择性原理,可以推测出,铀大部分以 $UO_2(SO_4)_3^{4-}$ 的形式被强碱性阴离子交换树脂吸附。对此,有人分别以电荷平衡和交换平衡计算法进行了验证,结果表明,铀是以 $UO_2(SO_4)_3^{4-}$ 形式被树脂吸附的。

用强碱性阴离子交换树脂吸附硫酸浸出液中的铀,其化学反应为

$$4(R_4N)^+Cl^- + UO_2^{2+} + 3SO_4^{2-} \rightleftharpoons (R_4N)_4[UO_2(SO_4)_3] + 4Cl^- \qquad (5-20)$$

$$2R_4N^+Cl^- + UO_2^{2+} + 2SO_4^{2-} \rightleftharpoons (R_4N)_2[UO_2(SO_4)_2] + 2Cl^- \qquad (5-21)$$

式(5-20)所表示的交换反应是主要的,式(5-21)说明,树脂在大量吸附 $UO_2(SO_4)_3^{4-}$ 的同时,还能吸附较少量的 $UO_2(SO_4)_2^{2-}$。此外,更少量的 UO_2SO_4 以分子形态渗透到树脂相内部的可能性也不能完全排除。

硫酸浓度对强碱性阴离子交换树脂容量的影响如图 5-11 所示,随着溶液硫酸酸度的增高,树脂的吸附容量下降。这是因为当硫酸浓度增高时,硫酸氢根(HSO_4^-)的浓度也会随之增加。而 HSO_4^- 与强碱性阴离子交换树脂有较大的亲和力,所以,在此情况下,HSO_4^- 与 $UO_2(SO_4)_3^{4-}$ 将发生竞争吸附。树脂吸附铀的饱和程度会由于 HSO_4^- 的竞争作用而降低;反之,当溶液酸度下降时,则铀的吸附容量将相应提高。

除 HSO_4^- 的竞争吸附外,酸度(pH)的变化还有如下的影响。当 pH 值提高到 3~4 时,铀酰离子将发生水解反应,反应方程式为

$$2UO_2^{2+} + 2OH^- \rightleftharpoons U_2O_5^{2+} + H_2O$$

$$(5-22)$$

伴随着水解反应的进行,如下的反应也可能发生

$$U_2O_5^{2+} + 3SO_4^{2-} \rightleftharpoons U_2O_5(SO_4)_3^{4-}$$

$$(5-23)$$

$$U_2O_5^{2+} + 2SO_4^{2-} \rightleftharpoons U_2O_5(SO_4)_2^{2-}$$

$$(5-24)$$

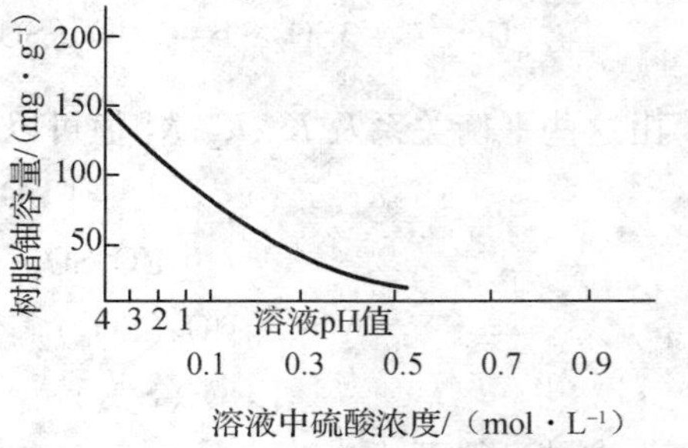

图 5-11　溶液酸度(pH 值)对树脂铀容量的影响

Amberlite IRA-400 树脂,溶液铀浓度为 0.5 g·L^{-1}

一个 $U_2O_5(SO_4)_3^{4-}$ 络离子比一个 $UO_2(SO_4)_3^{4-}$ 络离子多一个铀原子,可以设想,若两份树脂吸附相同物质的量的 $U_2O_5(SO_4)_3^{4-}$ 和 $UO_2(SO_4)_3^{4-}$,则吸附前者的树脂所含的铀较吸附后者的多一倍,而这些离子所占据的活性基团数目是相同的。这样看来,似乎吸附过程在高 pH 条件下有利。但是,提高 pH 值会受到其他因素的限制。例如,将 pH 值提高到 3~4 时,可能会有些杂质水解产生沉淀,新生成的沉淀能吸附部分溶解铀,从而增加铀的损失。所以工艺上,一般维持 pH 值在 1~2 的范围内。

提高吸附原液含铀的浓度,也可能使树脂吸附容量增加。这是因为,当硫酸根总量不变时,增加溶液中铀的浓度,将会增大铀酰离子对硫酸根的比例。其结果是,溶液中 $UO_2(SO_4)_2^{2-}$ 离子的分数会相应增加。不言而喻,UO_2SO_4 的分数也会按比例增加。由于 $UO_2(SO_4)_2^{2-}$ 的浓度提高,则它被树脂吸附的比例也会增加。树脂上的吸附物由 $UO_2(SO_4)_3^{4-}$ 变为 $UO_2(SO_4)_2^{2-}$ 的情况下,对一个铀原子来说,其所占据的活性基团的数目将减少一半。也就是说,一定量的活性基团可容纳的 $UO_2(SO_4)_2^{2-}$ 较 $UO_2(SO_4)_3^{4-}$ 多一倍。此外,UO_2SO_4 浓度的增加也会有利于其分子渗透。浸出液中铀浓度对吸附的影响见表 5-8。

表 5-8　浸出液组成与树脂相组成的关系

溶液成分/(mol·L^{-1})			树脂相成分/(mmol·g^{-1})		
[U]	[SO$_4^{2-}$]	pH	[U]	[SO$_4^{2-}$]	[SO$_4^{2-}$]:[U]
0.006	0.008 1	3.59	1.09	–	–
0.016 6	0.020 3	3.37	1.26	2.82	2.42
0.033 1	0.040 6	3.19	1.38	–	–
0.066 3	0.081 2	3.00	1.52	3.08	2.03
0.133 0	0.162 0	2.72	1.73	–	–

表 5 - 8　（续）

溶液成分/(mol · L^{-1})			树脂相成分/(mmol · g^{-1})		
[U]	[SO$_4^{2-}$]	pH	[U]	[SO$_4^{2-}$]	[SO$_4^{2-}$] : [U]
0.331 0	0.406 0	2.40	2.00	3.49	1.74
0.442 0	0.609 0	2.20	2.11	-	-
0.663 0	0.812 0	2.10	2.28	3.74	1.64

除铀外，在浸出液中还含有大量的阳离子杂质，如 VO^{2+}，Mn^{2+}，Fe^{2+}，Co^{2+}，Ni^{2+}，Cu^{2+}，Zn^{2+} 等。当用阴离子交换树脂吸附铀时，这些离子均不被吸附，但对同时存在的 Fe^{3+}，却应当加以注意。这是因为，它的浓度高，并能与硫酸根发生如下反应

$$Fe^{3+} + nSO_4^{2-} \rightleftharpoons Fe(SO_4)_n^{(2n-3)-} \qquad (5-25)$$

$Fe(SO_4)_n^{(2n-3)-}$ 络阴离子与铀的络阴离子 $UO_2(SO_4)_n^{(2n-2)-}$ 将发生竞争吸附。上述反应的分步平衡常数分别为 $K_1 = 90$，$K_2 = 900$，$K_3 = 5 \times 10^3$。经计算可得到如下比例式

$$[Fe^{3+}] : [Fe(SO_4)^+] : [Fe(SO_4)_2^-] : [Fe(SO_4)_3^{3-}] = 1 : 23.75 : 56.24 : 78.12 \quad (5-26)$$

由式（5-26）可以看出，Fe^{3+} 在硫酸浸出液中，同样主要是以络阴离子的形式存在，而且其中以 $Fe(SO_4)_3^{3-}$ 络离子所占的分数最大。根据电选择性原理，三价铁离子将主要是以 $Fe(SO_4)_3^{3-}$ 的形式被树脂吸附。虽然三价铁离子在硫酸介质中很容易生成络阴离子，但是，$Fe(SO_4)_3^{3-}$ 对阴离子交换树脂的亲和力不及铀的络阴离子大。铀的络阴离子将优先被吸附在树脂上，因此，$Fe(SO_4)_3^{3-}$ 虽有竞争，如果控制得当，对铀的吸附影响不大。

在浸出液中，其他杂质还有 VO_3^- 离子，它也可以被阴离子交换树脂吸附。当其浓度较小时，它对树脂吸附铀不产生严重的影响。淋洗时，它也能较容易被淋洗下来。但是，当其浓度高于 1 g · L^{-1} 时，对铀的吸附所带来的影响就不可忽视了。为了消除其影响，一般可采用调整浸出液氧化还原电位的办法，使溶液中的钒以 VO^{2+} 的形式存在。显然，VO^{2+} 是不被阴离子交换树脂吸附的。

另外，浸出液中的磷和砷可能以 $H_2PO_4^-$ 及 $H_2AsO_4^-$ 的形式被树脂吸附，也可能以 $UO_2(H_2PO_4)_3$ 和 $UO_2(H_2AsO_4)_2$ 络离子的形式被树脂吸附。当其浓度小于 0.1 g · L^{-1} 时，影响很小。此时，浸出液中的三价铁离子可以起掩蔽作用，这是由于生成中性难解离的 $FePO_4$ 和 $FeAsO_4$ 之故。当 $UO_2(H_2PO_4)_3^-$ 和 $UO_2(H_2AsO_4)^{2-}$ 的浓度较高时，$UO_2(H_2PO_4)_3^-$ 较 $UO_2(H_2AsO_4)_3^-$ 在树脂上的亲和力大，被树脂吸附后会影响淋洗效果，也会沾污产品，影响产品纯度。

5.4.2　从碳酸盐浸出液或矿浆中吸附铀

在碳酸盐体系中，六价铀主要是以碳酸铀酰络离子 $UO_2(CO_3)_3^{4-}$ 的形式存在，当然，同时

也存在着 $UO_2(CO_3)_2{}^{2-}$ 等离子。因此,强碱性阴离子交换树脂也可从碳酸盐浸出液或矿浆中吸附铀,其吸附反应为

$$2R_4NX + UO_2(CO_3)_2{}^{2-} \rightleftharpoons (R_4N)_2UO_2(CO_3)_2 + 2X^- \tag{5-27}$$

$$4R_4NX + UO_2(CO_3)_3{}^{4-} \rightleftharpoons (R_4N)_4UO_2(CO_3)_3 + 4X^- \tag{5-28}$$

在碳酸盐体系中,铀酰离子主要生成三碳酸铀酰络离子,根据电选择性原理,由于 $UO_2(CO_3)_3{}^{4-}$ 电荷多,故它与阴离子交换树脂之间的亲和力较大。从吸附顺序来看,它处于浸出液中的 $PO_4{}^{3-}$, $VO_2{}^-$, $SO_4{}^{2-}$, $AlO_2{}^-$, $SO_3{}^{2-}$, $HClO_3{}^-$ 等阴离子之前,而优先被吸附。关于这一点,表 5-9 的数据可作为例证。进料液中 U_3O_8 的浓度愈高,淋洗合格液中 P_2O_5 愈低,这说明,铀被树脂吸附的亲和力大于磷酸根被树脂吸附的亲和力。

表 5-9 碳酸盐体系中磷酸根对铀吸附的影响

原液浓度/$(g \cdot L^{-1})$			淋洗合格液中 P_2O_5 含量/$(\%,质量)$
U_3O_8	P_2O_5	Na_2CO_3	
0.5	0.7	23	0.4
2.75	0.7	23	0.1

溶液中过剩的碳酸根离子与碳酸氢根离子对铀的吸附有较大的影响。随着碳酸根浓度的提高,树脂对铀的吸附容量会下降。这是由于溶液中存在大量的碳酸根、碳酸氢根与三碳酸铀酰络离子发生竞争吸附的结果。由于碳酸盐浸出对铀的选择性高,浸出液中所含杂质较硫酸浸出液少,故其他杂质的竞争吸附一般情况下无须考虑。

与从硫酸浸出液中吸附铀的情况相同,碳酸盐溶液中的氯离子和硝酸根离子,对铀的吸附有强烈的干扰。例如,对含有常量的 $UO_2{}^{2+}$, $HCO_3{}^-$, $CO_3{}^{2-}$ 与 $SO_4{}^{2-}$ 的进料液来说。若有 $2\ g \cdot L^{-1}$ 的氯离子存在,则 Amberlite IRA-400 树脂对铀的吸附容量将下降 20%。当碳酸钠浓度增加至 5% 同时含有 $2\ g \cdot L^{-1}$ 氯离子时,树脂对铀的吸附容量将下降 60%。

硝酸根离子对树脂吸附铀的影响也有上述类似情况。如果在 3% 的碳酸钠溶液中,含有 $1.05\ g \cdot L^{-1}$ 的硝酸根离子,则树脂对铀的吸附容量比不含有硝酸根时下降 70%。当尾液循环使用时,就应特别注意氯离子和硝酸根离子的积累问题,以免其妨碍正常的吸附操作。

硝酸根离子虽也能被上述阴离子交换树脂吸附,但因其亲和力没有碳酸铀酰络阴离子强,所以,它可定量地被碳酸铀酰络离子、碳酸根离子与碳酸氢根离子等置换下来。

在正常的碳酸根、碳酸氢根浓度范围内,即在 pH 值接近 10 时,钒酸根离子能被强碱性阴离子交换树脂吸附,其亲和力大于铀的络阴离子。但是,当 pH 值提高到 10.8 时,这种选择性将反过来,即三碳酸铀酰络离子将把钒酸根从树脂上置换下来。上述情况可由表 5-10 列出的吸附原液 pH 对树脂吸附铀和钒的容量的影响数据看出,当 pH 值由 6.9 提高到 8.9 时,树脂吸附铀的容量降低,而吸附钒的容量增高,如果 pH 值再提高,则出现相反的情况,即树脂吸

附铀的容量增高,而吸附钒的容量却下降。

表 5 - 10　pH 值对铀和钒吸附的影响

吸附溶液 * pH 值	树脂吸附容量/$(g \cdot L^{-1})$	
	U_3O_8	V_2O_5
6.9	21.5	5.47
8.9	0.78	5.54
11.2	4.66	2.28

* 溶液含 U_3O_8 浓度为 $1.75\ g \cdot L^{-1}$,V_2O_5 浓度为 $1.05\ g \cdot L^{-1}$。

严格控制吸附、淋洗过程,可使铀和钒达到分离的目的。铀和钒在树脂上的吸附过程大致可分为三个阶段:①当树脂刚与吸附原液接触时,铀和钒能同时被吸附到树脂上;②随着过程的进行,吸附原液中的钒能置换树脂上的铀,这样,一段时间内吸附尾液中铀的浓度将高于吸附原液中铀的浓度;③当钒穿透时,则流出液中既有铀又有钒。由此可以推断,铀与钒的分离在吸附阶段或在淋洗阶段均可能进行。在第一种情况下,铀和钒可同时被吸附在树脂上,可用还原淋洗法把它们分离;在第二种情况下,开始阶段在首塔内先吸附钒,随之将首塔的吸附尾液送往第二塔去吸附铀。

原则上,饱和树脂可以用硫酸溶液、盐酸溶液或硝酸溶液等进行淋洗。但是应当指出,用酸作为被碳酸铀酰饱和了的树脂的淋洗剂是不适宜的。这是因为用酸淋洗时,必将发生中和反应,结果会有二氧化碳气体逸出。随着气体的逸出,淋洗的树脂床将会受到搅动,因而使正常的淋洗操作遭到破坏,同时,还有引起树脂颗粒破裂的可能性。因此,碳酸铀酰饱和树脂的淋洗多采用氯化钠溶液作为淋洗剂,为了防止铀酰离子的水解,在氯化钠淋洗剂中加入一些碳酸钠或碳酸氢钠,这样的淋洗剂的淋洗效果较单用氯化钠溶液更佳,淋洗也进行得更彻底。一些从矿坑水中回收铀的工厂,铀饱和了的树脂多采用 $1.5\ mol \cdot L^{-1}$ NaCl + $0.5\ mol \cdot L^{-1}$ NaHCO₃ 淋洗剂进行淋洗,其淋洗效率可达 99% 以上,如果不加 NaHCO₃,淋洗效率降低。

5.4.3　清液吸附

在铀生产工艺上,用强碱性阴离子交换树脂吸附铀时,按其吸附介质(即吸附原液)含固体颗粒的多少,吸附可以分为清液吸附与矿浆吸附,根据树脂与吸附原液的运动状态,清液吸附又可分为固定床吸附、连续逆流吸附、移动床吸附。

1. 固定床吸附的过程与设备

所谓固定床吸附,是指彼此相接触的树脂颗粒之间以及床层与器壁之间,在理论上不存在相对位移的离子交换过程。当含有铀的吸附介质流过树脂床时,铀的络离子被吸附到树脂上,而未被吸附的杂质离子则随溶液流出床层。固定床清液吸附过程如图 5 - 12 所示。

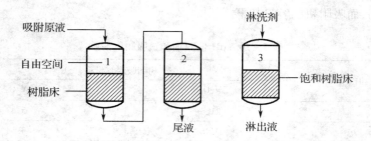

图 5 – 12　固定床清液吸附过程示意图

固定床清液吸附系统一般是采用如图 5 – 13 所示两塔吸附一塔淋洗的三塔循环流程。由该流程可以看出,整个吸附过程是三塔作业。其中一塔淋洗,另两塔串联进行吸附。两塔串联吸附时,合理的操作应当是:当前一塔刚达到饱和时,末塔应恰好穿透,随后把饱和了的前塔"切断",后一塔变前塔,原来淋洗的塔,在淋洗完后,接入吸附系统作末塔,被"切断"的饱和塔则进行淋洗,如此周而复始地进行循环操作。

（1）吸附

酸浸出液经过澄清、调整酸度后,其 pH 值维持在 1.8 ~ 2.2 之间,这种溶液可用作固定床清液吸附的料液（或原液）。当料液与阴离子交换树脂接触时,将发生如下的交换反应

$$4(R_4N^+)Cl^- + UO_2(SO_4)_3^{4-} \rightleftharpoons (R_4N)_4UO_2(SO_4)_3 + 4Cl^- \qquad (5-29)$$

式中,—(R_4N^+)为季铵型活性基团。

固定床吸附典型的工作状态如图 5 – 14 所示。当组成一定的料液以恒定的流速通过床层时,经过一段时间后,在床层的最上部会形成一个"饱和区",在该区内,所有树脂都被铀的络阴离子所饱和,中间部分为交换区,交换作用即发生在此区;下部为树脂的原型区,在该区内的所有树脂由于还未吸附铀,而仍保持着原型状态。当交换区在塔顶部形成时,如果此时原液仍然保持流速不变,则交换区亦将以不变的速度向床层底部移动,且交换区的高度也将保持恒定,它的高度不随其经过路程的不同而变化。树脂的单床装入高度,在理论上应当等于一个交换区高度。

以流出液中铀的浓度对流出液的累计体积作图,可以得到"S"型吸附曲线（图 5 – 15）。当在流出液中刚发现被吸附离子时,说明交换区的下限恰好到达树脂床层的底部。这种情况和图 5 – 15 上的 V_B 点相对应,这一点称为穿透点。随着吸附原液的继续通入,当流出液的累计体积超过 V_B 点时,则流出液中出现被吸附离子,且其浓度将随流出液体积的增加而不断增高。当流出液中被吸附离子的浓度刚好等于吸附原液中该离子的浓度时,说明交换区的上限已达到塔内树脂层的底部,这一点称为饱和点。饱和点的出现,说明树脂层已完全为被吸附离子所饱和,图 5 – 15 上的 V_S 点就对应这种情况。V_S 所代表的体积,是吸附塔内通过树脂床的溶液体积。

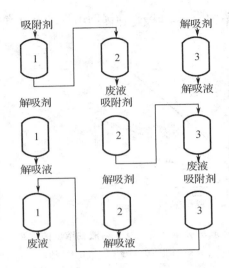

图 5 – 13　三塔一组的"转圈"操作

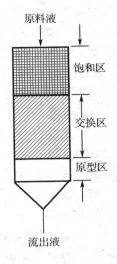

图 5 – 14　固定床吸附工作状态示意图

由图 5 – 15 可以得到如下两个有关吸附容量的表达式

$$Q_S = \dfrac{C_0(V_B - V_0) + \displaystyle\int_{V_B}^{V_S}(C_0 - C)\mathrm{d}V}{V_R} \quad \text{g} \cdot \text{L}^{-1}$$

$$（5 – 30）$$

$$Q_B = \dfrac{C_0(V_B - V_0)}{V_R} \quad \text{g} \cdot \text{L}^{-1} \quad （5 – 31）$$

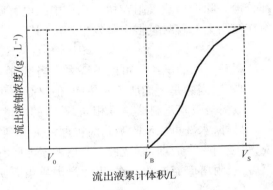

图 5 – 15　固定床吸附曲线

式中　Q_B——树脂的动力学容量；

　　　Q_S——树脂的饱和容量；

　　　C_0——原液中铀的浓度；

　　　C——流出液中铀的浓度；

　　　V_R——树脂床中原型湿树脂的总体积。

对固定床吸附而言,交换区是一个重要的概念。有了交换区的概念,我们就可以进一步讨论树脂床层的高度与交换区高度的关系。可以设想这样一种情况,如果把所需要的全部树脂不分塔,而全部装在一个塔里进行单塔吸附,则由图 5 – 14 可以看出,单塔吸附将可能有两种情况导致操作不合理,从而不够经济:①如果塔内树脂床层穿透,即相当于图 5 – 15 上的 V_B 点刚一出现就停止操作,则因为交换区还在工作,将有一部分树脂未能饱和,而使树脂的容量不能得到充分的利用;②如果使所有的树脂都达到饱和,即出现相当于图 5 – 15 中的 V_S 点的情况才停止操作,则流出液中尾弃的被吸附离子浓度将会愈来愈高,最后将和吸附原液一样高。

这将导致铀的损失增大，当然也是不能允许的。由于单塔吸附，上述两种情况的出现是不可避免的，因此，工艺上使用单塔吸附是不合理的。

应当指出，交换区的高度不是一成不变的，它将随原液铀浓度的不同及进料速度的不同而变化（图 5 - 16）。当原液含 U_3O_8 浓度高以及进料速度快时，交换区的高度将会增加；反之，如果原液含 U_3O_8 浓度低以及进料速度慢时，则交换区的高度会变小。

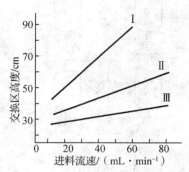

图 5 - 16　交换区高度与进料流速以及原料液铀浓度的关系
I —2.44 g · L^{-1}（U_3O_8 计）；II —0.95 g · L^{-1}（U_3O_8 计）；
III—0.12 g · L^{-1}（U_3O_8 计）

（2）水洗（逆洗）

吸附塔的树脂饱和后，先把它从吸附系统"切断"，在淋洗之前，应当先进行水洗。水洗的目的是除去残存于树脂床层内的吸附原液，同时也可以部分地去除渗透或吸附在树脂孔道中的电解质和非电解质杂质。例如，部分铁可以被洗掉，吸附在树脂上的硫酸氢根也会发生解离，其反应如下

$$2RHSO_4 \Longleftrightarrow R_2SO_4 + 2H^+ + SO_4^{2-} \qquad (5-32)$$

离解下来的氢离子可以被洗去。当然，在洗除吸附原液与杂质的同时，也会有少量的铀被洗下来，这当然是我们所不希望的，但又是不可避免的，因此，洗下来的铀应当考虑回收。水洗速度应当与吸附进料线速度相同，洗水的用量大致控制为 1～3 个树脂床体积。

另外，水洗可以清除吸附时被原液夹带到床层中的淤泥与杂物。对固定床清液吸附塔来说，每吸附一个周期，原液带入床层的淤泥随其含固量的变化而变化。所以，每个运行周期结束后，吸附塔应当逆洗一次，以免淤泥累集而使床层发生沟流和堵塞。

（3）淋洗

继水洗之后进行的操作是淋洗，其目的是把吸附在树脂上的铀淋洗下来。一般，常用的淋洗剂有酸性氯化物溶液（H_2SO_4 – NaCl，H_2SO_4 – NH_4Cl），酸性硝酸盐溶液（HNO_3 – $NaNO_3$，HNO_3 – NH_4NO_3），稀硝酸与稀硫酸等。淋洗过程是基于淋洗剂中的阴离子与树脂的亲和力较大，或质量作用定律而达到淋洗目的的。用硝酸根和氯离子淋洗饱和树脂时，其反应式为

$$(R_4N)_4UO_2(SO_4)_3 + 4NO_3^-(Cl^-) \Longleftrightarrow 4(R_4N^+)NO_3^-(Cl^-) + UO_2^{2+} + 3SO_4^{2-}$$

$$(5-33)$$

在铀生产工艺中，常用的淋洗剂的组成为：0.9 mol · L^{-1} NaNO$_3$ + 0.1 mol · L^{-1} HNO$_3$；0.9 mol · L^{-1} NH$_4$NO$_3$ + 0.1 mol · L^{-1} HNO$_3$；0.9 mol · L^{-1} NaCl + 0.05 mol · L^{-1} H$_2$SO$_4$ 与 1 mol · L^{-1} HNO$_3$ 等。目前，有人主张提高淋洗剂的酸度，以达到提高淋洗速度、缩短淋洗周期、减少淋出液体积的目的。在淋洗剂中加入适量的硫酸或硝酸，可以防止铀酰离子水解。从

前面介绍的离子交换基础知识可知,NO_3^- 的亲和力较 Cl^- 大,因此,用 $NaNO_3$ + HNO_3 或 NH_4NO_3 + HNO_3 作淋洗剂时,其淋洗效率比用氯化钠要好些。例如,当控制树脂床层的淋洗效率在 98.0% ~99.8% 之间时,用酸性硝酸盐淋洗仅约需 8 个床体积,而用酸性氯化钠淋洗则需要 25 个床体积。但氯化钠价格较硝酸、硝酸盐便宜,因此,在工艺上究竟选用哪种淋洗剂,需进行经济技术权衡之后方能确定。

饱和树脂固定床淋洗的典型淋洗曲线如图 5-17 所示。一般情况下,淋洗操作分为五个阶段:A 段通入的是循环淋洗液。该段淋出液含铀和硝酸根的浓度都很低,而含硫酸根浓度却相当高,这部分淋出液送至后续工序加工处理是不适宜的,而往往将它与浸出液合并。B 段通入的淋洗液是相应于 C 段淋出的含铀浓度较低的一次贫液,此阶段大约需淋洗两个树脂床体积,淋出液中含铀的浓度有时可高达 20 g·L^{-1} 左右,生产上称这部分淋出液为"合格液",合格液送后续工序处理(如沉淀铀的化学浓缩物等)。C 段通入的淋洗液是相应于 D 段淋出的含铀浓度更低的二次贫液,因为此时树脂上的铀大部分已经被淋洗下来,即树脂上铀含量已较 B 段时大大减少,故此阶段用二次贫液作为淋洗液可以增加淋洗体系的浓度梯度,即加大淋洗过程的推动力。C 段得到的淋出液含铀浓度也较高,生产上称它为"一次贫液"。将一次贫液收集起来,以供 B 段淋洗合格液时用。D 段通入的是新淋洗剂,在这个阶段,应当尽可能把树脂床中所残留的少量铀淋洗干净,该段淋出液中含铀浓度更低,生产上称为"二次贫液"。保留二次贫液以供淋洗 C 段时应用。E 段是淋洗过程的最后阶段,在此阶段通入清水将树脂床中存留的淋洗剂置换出来,此段的淋出液保留以备作循环淋洗液用,也可用于 A 段的淋洗或配制新鲜淋洗剂。相应各段所用淋洗液的树脂床体积倍数如图 5-18 横坐标所示。

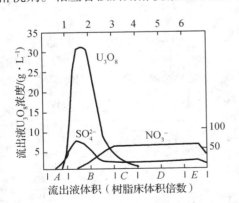

图 5-17　NH_4NO_3-HNO_3 淋洗饱和树脂的淋洗曲线

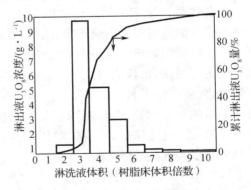

图 5-18　淋出液的铀浓度、累计淋出的 U_3O_8 量(%)与淋出液体积的关系

分段淋洗的目的是为了得到高纯度和高浓度的合格液。在淋洗效率相同的情况下,所使用的淋洗剂体积愈小,合格液的浓度就愈高,操作中铀的损失就愈小。从图 5-18 可以看出,饱和树脂所吸附的总铀量,有 90% 左右包含在前一半体积的淋出液中,而后一半体积淋出液

的累计含铀量却只占饱和树脂床总吸附铀量的 10% 左右,故后面的淋出液铀的浓度较低。无疑,这种稀淋出液必须循环使用,以便最大限度地回收铀。

（4）固定床清液吸附实例

吸附塔典型的固定床吸附塔如图 5－19 所示。塔体系用普通碳钢衬耐腐蚀材料制成,内部管路及分布器多用塑料或不锈钢制作。这类吸附塔的高度一般为 3.65 m,直径为 2.13 m,树脂的装入体积为 5.7 m^3。原液通过树脂床的流量控制在 0.3 $m^3 \cdot min^{-1}$ 左右,其流速若按线速度计算,则大约为 5 $m \cdot h^{-1}$。当进料液含铀的浓度较低时,供料流量可以提高到 0.55 $m^3 \cdot min^{-1}$ 即将线速度提高到 8 $m \cdot h^{-1}$。这类清液吸附过程其树脂的平均吸附容量为 20～40 $kgU \cdot m^{-3}$ 湿 R,溶液中铀的回收率高于 99%。

设计吸附塔时,应当考虑在树脂床的上部留有足够的自由空间,其目的是在反冲洗时能使树脂床得到充分的膨胀,以使树脂颗粒悬浮起来,这样便于洗水将淤泥带走。一般情况下,这种自由空间的大小以与原型树脂床的体积相等为宜。

工艺流程固定床清液吸附铀的流程如图 5－20 所示。含铀的澄清浸出液通入装有强碱性阴离子交换树脂的固定床吸附塔中,树脂饱和后,用淋洗剂进行淋洗,淋洗得到的合格液送往后续工序处理,而贫淋洗液则循环使用。经一定循环次数后的贫铀树脂,根据吸附容量下降情况决定是否需要送去洗硅,洗完硅的树脂重新装入吸附塔以备重新进行吸附。

2. 移动床吸附的过程与设备

移动床吸附是指在吸附循环过程中,树脂床层按照"吸附—淋洗—反洗"的顺序分别在不同的设备或在同一设备的不同区段内完成的,其操作方式也属于固定床操作。移动床吸附塔的结构也与固定床清液吸附塔的结构相似。

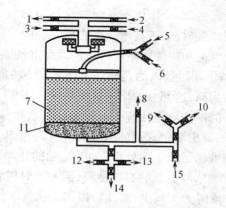

图 5－19 固定床离子交换设备结构示意图

1—反冲洗树脂后的溶液;2—吸附原液;3—洗涤水;4—上一柱吸附后的溶液;5—返回的解吸液(贫淋洗液);6—新解吸剂;7—树脂床层;8—吸附后的溶液(去下一柱);9—尾液;10—含铀较多的废液;11—卵石层;12—返回的解吸液;13—解吸合格液;14—返回浸出液储槽;15—反冲洗涤水

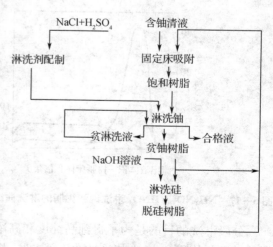

图 5－20 固定床清液吸附流程图

（1）坎梅特（Can－Met）移动床吸附

加拿大坎梅特勘探有限公司所使用的移动床吸附过程由十个塔组成。两组吸附塔，每组由三个塔串联而成，一组淋洗塔也是由三个塔串联而成，还有一个塔专供输送转移树脂和反洗用，在每个塔的底部都设有树脂输送管。

含铀的浸出清液分别送到两组吸附塔的首塔进行吸附，当首塔饱和时，即行"切断"，并将首塔内的饱和树脂送至反洗塔，经反洗除去其中所夹带的淤泥和杂物。反洗后的饱和树脂再送到淋洗塔淋洗，淋洗过的贫铀树脂，在下批待淋洗树脂送到之前，即应送往空着的原吸附塔中，改作尾塔或备用。树脂的转移是靠水力输送或空气喷射提升的方式来实现的。因为这两种提升方式对树脂都不带来严重的损害，所以，树脂的损失率减少。

淋洗操作是三塔串联进行的，因此，淋出液的含铀浓度较高。移动床吸附－淋洗过程的优点有：①因为有单独的反洗塔，所以无需在每个塔的设计上都考虑反冲问题，故每个塔的体积可小于相同生产能力的固定床清液吸附塔的体积，所占厂房空间和面积以及投资费用都小；②三塔串联进行淋洗，可以得到较高浓度的合格液，从而为后续加工工序提供了较好的操作条件；③因为每个塔都各自进行专门的单一操作，所以管路的配备较固定床吸附塔简单，且不易窜塔，同时，合格液、原液、尾液之间窜混的可能性也不大。正因为此吸附过程具有这些优点，所以，它在美国和加拿大的不少水冶厂得到应用。

这种吸附过程存在的缺点是：塔内树脂的转移不能完全，尤其是吸附塔的饱和树脂转移不完全，结果会使下一吸附循环开始的一段时间内，尾液中含铀浓度较高，其浓度有时高达 $100 \text{ mg} \cdot \text{L}^{-1}$，显然，此尾液不能抛弃，应当考虑铀的回收。

（2）希金斯（Higgins）吸附塔

希金斯吸附塔也属于移动床类型的吸附设备，这种吸附塔是一个环形的单塔，塔的主要部分是由旋转阀隔开的吸附与淋洗两个操作段组成。所有旋转阀的开关均按程序与往复泵的运动状态配合动作。

希金斯吸附塔的优点：设备的单位体积处理量较大，树脂的利用率较高，设备结构紧凑，占地面积较小等。其缺点是：操作时，自动化程度要求很高；设备放大时，树脂移动不均匀；吸附段树脂的相对密度由下而上逐渐增加，即大相对密度树脂在上层，而小相对密度的树脂在下层，这在流体力学上是不合理的。

希金斯环离子交换接触器为一环型装置，其结构及工作原理示如图 5－21 所示。环的左上端为吸附段，左下端为解吸段，右边的立管为循环树脂贮存室。这些部分之间由三个主体阀门隔开。在整个接触器中，树脂顺时针地移动，与料液和解吸剂均呈逆流接触。装于该接触器顶部的往复泵，迫使树脂按时移动。所有阀门的开启或关闭以及上述泵的运动，均需自动配合。整个操作分为三个步骤：①开始工作（图 5－21（a）），此时阀门 1 与阀门 2 关闭，阀门 3 打开，往复泵停止，通入原液、淋洗剂与洗水，同时，尾液与淋出液被引出塔外，这种工作状态维持大约 9 分钟即转入状态（b）；②当操作进入状态（b）时，阀门 1 和阀门 2 打开，而阀门 3 关闭，往复泵向右侧移动,从而使树脂向上移动,此时,停止通入原液、淋洗液和洗水,也不向塔外引出尾液和淋洗液,吸附段顶部的饱和树脂被吸到右侧管的上部,存于右侧管内的饱和树脂,在往复泵的作用下,被压到淋洗段的下部,这种状态维持3~5秒钟,然后转向状态(c);③在状态(c)时,旋转阀3打开,而阀1和阀2关闭,往复泵向左侧移动,从而使右侧管上部的饱和树脂压到该侧管的阀门3和阀门2之间,同时恢复步骤(a)的通液操作。

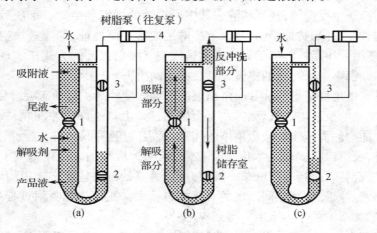

图5-21　Higgins离子交换设备工作过程示意图

(a)通液操作;(b)树脂移动操作;(c)树脂下落和通液操作

因为树脂上移(同时停止通液)操作的时间很短,而且每次从解吸段和吸附段排出的树脂量较少(约10%),故操作接近于连续式。为了用这种接触器处理不同的料液(清液或浑浊液甚至稀矿浆),设计了不同的结构型式。在铀水冶工业中已有一定规模的实际应用,在水处理中,也得到了较大的发展。

为了能用这种离子交换设备处理含悬浮固体的吸附液,对设备进行了改进,改进后的设备称为Chem-Seps系统(或Higgins Loop CIX系统),设备结构如图5-22所示。

3. 清液连续逆流吸附的过程和设备

世界各国铀的水冶工艺研究者和设计者,都以极大的兴趣研究设计接近理想的连续逆流清液吸附工艺及设备,这是由于这类吸附工艺和吸附设备与上述固定床、移动床相比具有如下一些优点:①连续逆流吸附对吸附原液含固体量的要求不像固定床清液吸附那样严格,原液中含1%~2% -200目的固体将不会影响操作;②连续逆流吸附的树脂投入量比相同处理能力的固定床的树脂投入量要少1/2左右;③该设备的有效容积系数可高达90%,而一般固定床吸附塔的有效容积系数仅50%左右;④由于采用连续逆流淋洗,因此淋洗剂的用量较少,所得到的淋出液含铀浓度较固定床淋洗所得到的合格液的浓度高,且不存在一次贫液和二次贫液,这将为后续工序的加工创造有利条件,可以省设备的台数和容积。

（1）连续逆液吸附 – 淋洗过程

连续逆流吸附和淋洗过程的主要设备是吸附塔及淋洗塔。浸出矿浆经浓密机浓密后,溢流至吸附原液贮槽,然后经离心泵送入吸附塔。吸附原液在塔内沿轴向由下而上流动,而贫铀树脂则由吸附塔的顶部引入,借助于重力沿轴向由上而下运动,这样,吸附原液与树脂在塔内形成连续逆流接触。

尾液从吸附塔的顶部溢流口排出,而饱和树脂通过缩颈进入吸附塔下部洗涤段,在此经水洗之后,由塔底部排出。被排出的干净饱和树脂经水力提升器输送至脱水筛脱水,脱水后的饱和树脂,由淋洗塔顶部引入,树脂在沿着淋涤段下移的过程中与由下而上流动的淋洗剂进行逆流接触,把饱和树脂上的铀淋洗下来,最终得到的淋洗合格液由塔顶排出,淋洗后的贫铀树脂经淋洗塔下部的缩颈进入洗涤段,然后提升脱水,重新返回吸附段循环使用。连续逆流吸附的主要工艺参数见表 5 – 11。

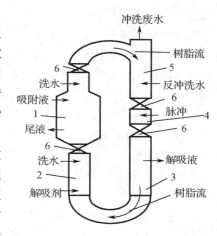

图 5 – 22　Chem – Seps 系统设备示意图
1—吸附段;2—漂洗段;3—解吸段;4—脉冲段;5—树脂储存段;6—阀门

表 5 – 11　连续逆流吸附的主要工艺参数

塔名	项　目	工艺参数
吸附塔	吸附原液含铀浓度/(mg·L^{-1})	170~280
	吸附温度/℃	40~50
	吸附原液空塔速度/(m·h^{-1})	28
	吸附段树脂层动态高度/m	5.7±0.1
	洗水流量/树脂流量	3/1
	吸附尾液铀浓度/(mg·L^{-1})	2.10
	树脂操作容量/(mgU·g^{-1}干R)	50~60
淋洗塔	淋洗剂浓度/(mol·L^{-1})	0.9 mol·L^{-1}NaCl + 0.1 mol·L^{-1}H$_2$SO$_4$
	淋洗剂温度/℃	25~30
	淋洗段树脂高度/m	3.2
	树脂在淋洗段停留时间/h	10
	淋洗剂流量/树脂流量	5/1
	洗水流量/树脂流量	1/1
	淋洗合格液铀浓度/(g·L^{-1})	5
	经淋洗后树脂残留容量/(mgU·g^{-1}干R)	0.99

应当明确指出,连续逆流吸附 – 淋洗工艺过程要求吸附塔吸附段必须是流化床操作而洗

涤段应该是移动床操作,淋洗塔的淋洗段和洗涤段则应该是移动床操作。为保证吸附操作的连续稳定性,要求吸附塔的各项物流(吸附原液、树脂、洗水等)能连续稳定的引入和排出。同样,为了保证淋洗塔的稳定操作,也要求淋洗剂与洗水能连续地送入和排出,而淋洗塔的树脂应当连续送入并间歇地排出,如果连续排出树脂,则难维持床层高度的稳定。为使吸附和洗涤具有良好的效果,应控制好吸附原液的流量和树脂的流量的比例(也称为吸附原液与树脂的流比)、吸附段树脂床的动态高度以及洗水流量等。淋洗塔同样也要控制好淋洗剂流量、洗水流量、树脂床层高度以及树脂的排放量等。

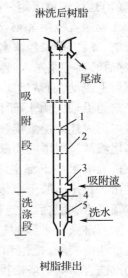

图 5 - 23 连续逆流吸附塔
1—筛板;2—塔体;3—布液装置;
4—缩颈;5—布水装置

(2)连续逆流吸附塔与淋洗塔

连续逆流吸附塔的构造与淋洗塔的构造基本相同,图5 - 23给出了连续逆流吸附塔的构造示意图。塔体可用硬聚氯乙烯塑料制成,全塔分为两段,即吸附段和洗涤段。在吸附段和洗涤段之间装有一个"缩颈",将上下两段分开。另外,在塔内吸附原液进口处与洗水进口处装有布液装置和布水装置,其作用是使吸附原液和洗水在塔内的径向分布均匀。

吸附段装有若干块筛板,这些筛板把吸附段分成许多小隔室,目的是为了减少树脂的轴向窜动和防止产生沟流,同时也能使上升的液流在塔内均匀流动并保持操作稳定。

洗涤段的作用,是将吸附段排出的树脂中所夹带的吸附原液,通过洗涤予以回收,以减少铀的损失,提高其回收率。洗水由洗涤段的底部引入塔内,在塔内,洗水分为两股液流,一股沿着塔的轴向向上升,洗完树脂后进入吸附段,另一股是作为输送用水随树脂一起排出塔外。

缩颈是安装在吸附段与洗涤段之间的一个反向锥斗,它又是洗水和树脂的必经之路,两者在此充分接触,可使洗涤效果更好。另外,缩颈还具有减少或防止吸附原液向洗涤段窜流的作用,窜流液体量愈少,洗水的用量就愈少。

4. 密实移动床吸附

提铀工艺发生了许多变化,先进的地浸技术在生产应用中已占重要位置,为适应地浸工艺的需要前苏联研究了密实移动床离子交换塔,这种新型设备,吸附在单塔中进行,塔内树脂床高6~8 m,在吸附过程中塔内树脂保持相对固定,吸附在树脂密实床的垂直压力塔内进行,塔内逆流吸附,溶液自下而上流动,吸附塔周期性工作,每隔数小时,从塔内排放一次饱和树脂,同时补加等量贫树脂。吸附空塔线速度可达 $50 \text{ m} \cdot \text{h}^{-1}$ 以上,很适合处理流量大、铀浓度低的浸出液,即地浸或低品位矿石堆浸的浸出液处理。

这种工艺在生产实践中,除了吸附塔外,还需配置其他设备,组成一套完整的系统,兼有树脂转型、淋洗剂循环使用、饱和再吸附等功能,使得在浸出铀浓度不高的情况下,仍然能够获得较高金属铀浓度的淋洗合格液和高质量的产品。

图 5 - 24 为某地浸矿山密实床吸附工艺流程,该工艺含有密实移动床吸附、饱和再吸附、淋洗、转型和回收吸附等工序。

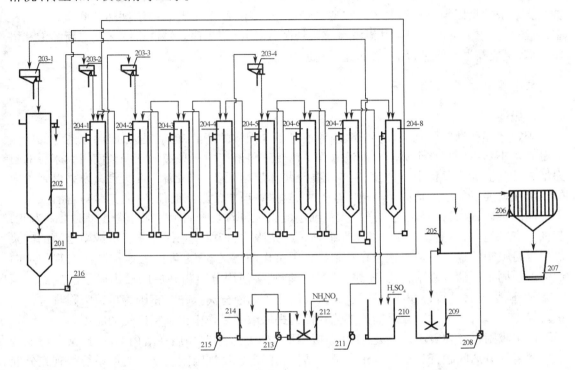

图 5 - 24　密实移动床吸附塔设备配置系统示意图

201—树脂计量槽;202—吸附塔;203—1 ~ 4 脱水筛;204—1 ~ 8 离子交换塔;205—合格液储槽;206—压滤机;
207—产品槽;208——浓浆泵;209—沉淀槽;210—转型液槽;211—离心泵;212—淋洗剂配制槽;213—离心泵;
214—淋洗剂槽;215—离心泵;216—提升器

5. 改进型(新型)固定床吸附

经过长期研究和生产实践,近年来研究推广应用一种新型固定床,这种固定设备结构和功能比早期使用固定床有较大改进,在生产中普遍应用,取得了良好的效果,具有经典固定床的诸多优点,运行稳定,树脂容量高,吸附尾液铀浓度低,树脂损耗少等。

这种工艺采用进液加压串联顺流或逆流吸附,吸附塔线速度可达到 30 m·h^{-1} 以上,淋洗也用串联顺流淋洗工艺,这不仅使淋洗合格液铀浓度达到较高水平,且大大简化了淋洗操作,也没有固定床工艺中产生淋洗一次贫液和淋洗二次贫液的麻烦。整个工艺过程使用 6 个吸附塔,3 个塔串联吸附,吸附原液从首塔进入,经三塔串联吸附后,尾液从末塔排出,返回浸出工序循环使用或作为废水外排处理。当首塔吸附流出液等于进料液铀浓度时,认为首塔吸附饱和,把它从吸附系统切断,末端接入新塔,组成新的串联吸附塔序。即原来第二塔变为首塔,末塔变为二塔,新接上塔为末塔。淋洗也使用三塔串联长距离淋洗,淋洗剂以一定流速从首塔进入,经过三塔串联淋洗,从 3 号塔流出的淋洗液均为合格液。三塔串联淋洗过程中控制好首塔贫树脂残余铀量以满足吸附要求。在通常情况下,淋洗首塔流出液铀浓度达 200 mg·L^{-1} 左右,可满足要求。淋洗首塔可从淋洗系统中切断,返回吸附工序。淋洗系统又接上新的饱和塔作末塔,组成新淋洗序进行淋洗,如此反复进行。

5.4.4 矿浆吸附

1. 概述

固定床和移动床原则上都要求吸附原液是不含固体的清液,也就是说,吸附原液中的固体含量必须小到不影响整个吸附—淋洗操作。由于进料溶液中所夹带的细泥会使树脂床层的阻力增大,因此,吸附过程中,可能产生沟流甚至将床层堵死变为"死床"的现象。为了得到清净的浸出液就要反复地进行固液分离。生产中,这是一项非常艰巨的任务,尤其是对含有大量原生细泥的铀矿,因其在浸出时易产生大量细小的淤泥,所以进行固液分离就更加困难。为此,在铀生产工艺中,人们多采用矿浆吸附。所谓矿浆吸附,指树脂悬浮在未澄清或半澄清的矿浆之中进行吸附的操作。树脂颗粒在吸附设备中可作随意运动,也可人为地控制作宏观的定向运动。与固定床清液吸附相比,矿浆吸附具有能直接使用分离粗砂后的浸出矿浆的优点。因此,浸出矿浆不必进行过滤或澄清,这就大大简化了固液分离操作。正因为矿浆吸附具有这一重要优点,所以,曾经在一段时期该工艺在铀的提取浓缩操作中得到了广泛的应用。

矿浆吸附也存在着不足之处:①矿浆吸附既需考虑矿浆与树脂在塔内的混合,又要考虑接触后两者的分离问题,因此,其操作与设备结构较固定床清液吸附复杂。为使系统得到充分混合并防止矿浆中的沉淀堵塞设备,往往需用压缩空气搅拌。混合后树脂与矿浆的分离也是一个问题,对此常需采用机械方法或改变流体力学条件的方法来解决。②矿浆与树脂之间存在着摩擦,故矿浆吸附过程中树脂较容易发生破裂,致使树脂的损耗量增大。

尽管矿浆吸附存在着一些尚待解决的问题,但是,它的优点还是很明显的,尤其是连续逆流矿浆吸附。一般的矿浆吸附流程如图 5–25 所示,首先是将矿浆进行酸性分级和检查分级,目的是除去矿浆中大于 200 目的粗砂,以制备合格的吸附矿浆,随后,将分级后的矿浆用石灰乳进行局部中和,使其 pH 值维持在 1.8~2.2 之间,然后再送往吸附塔进行吸附。

就设备类型来讲,早期使用的吊篮式吸附槽,由于其对含固量的适应性差、易出故障、效率低等缺点,已接近淘汰。后来的生产中应用或已进行实验研究的矿浆吸附设备,按物料的运动状态及接触方式大致可分为四类,即悬浮吸附、气体搅拌吸附、连续半逆流吸附以及矿浆连续逆流吸附。

2. 悬浮吸附的过程和设备

(1)悬浮吸附过程

悬浮床矿浆吸附是一种已用于实际生产的吸附工艺。矿浆用离心泵从吸附塔的底部送入,首先压入首塔,而后依次进入其后各塔,直至尾矿浆合乎可弃标准时为止。吸附段数随矿石性质与吸附矿浆含铀浓度的变化而增减。一般为 3 ~ 4 段,当首塔进料矿浆溶液中铀的浓度与其排出矿浆溶液中铀的浓度相等时,即认为该塔已经饱和。首塔饱和之后应及时从吸附系统中"切断"。吸附原料矿浆改由第二塔进入,即原来的第二塔变为首塔,其后的各塔依次向前移一个序号。如果尾塔穿透,应当及时接上"新塔"(吸附备用塔)。被"切断"的原饱和首塔,用反冲水进行反洗,反洗完后即可进行淋洗。淋洗操作与固定床淋洗相同,不再赘述。

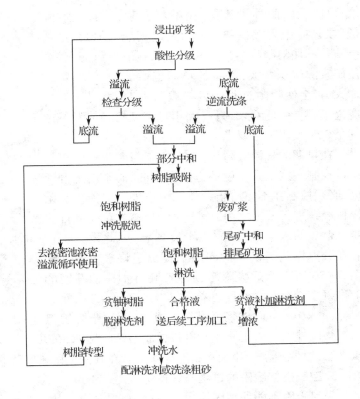

图 5 - 25　矿浆吸附工艺流程示意图

(2)悬浮吸附塔及其工作原理

悬浮吸附塔的主要特点是:没有或很少有机械运动部件,因此,操作是稳定可靠的。同时,悬浮吸附塔内树脂的搅动并不十分激烈,因此,树脂的机械损失也不大。悬浮吸附塔如图 5 - 26 所示。吸附矿浆通过分布板或分布管压入树脂床的底部,在正常的操作情况下,树脂在塔内呈均匀松散的悬浮状态,树脂层在吸附塔的中下部。每个树脂颗粒只能在很小的空间范围内作随机运动,当矿浆由下部向上稳定地流过其间时,它们的交换反应当即发生,之后,尾矿浆从塔顶部排出。应当特别注意的是,树脂不能被尾弃的矿浆带出。

为使树脂与矿浆很好地分离,通常要控制好矿浆的密度与矿浆的上升速度,使其分别不大于 $1.1\ kg \cdot L^{-1}$ 与 $8\ m \cdot h^{-1}$。矿浆密度太大,或矿浆的上升速度太高,都可能使吸附层遭到破坏。因此,对这类吸附设备来说,矿浆过稠是不适宜的。在吸附塔中,每个悬浮于矿浆中的树脂颗粒,宏观上都受三个力的作用。一个是重力,它使树脂颗粒向下沉降;二是浮力,它使树脂颗粒上升;三是流体阻力。树脂在塔内的运动状态是受这三个力综合作用的结果,树脂与矿浆之间的相对密度差应大些为好,这是因为相对密度差大,树脂与矿浆较易分开。为满足上述要求,可以采取两种措施:一是稀释矿浆,使其密度降低;二是应用大颗粒和大相对密度树脂。但是,这些措施若不加限制将会带来相反结果,如冲稀矿浆将会使矿浆的体积变大,设备的负荷也增加,而树脂颗粒加大,将会使吸附过程的内扩散阻力变大,对交换反应也不利。由此看来,只有大相对密度树脂能较好地满足矿浆吸附工艺要求。

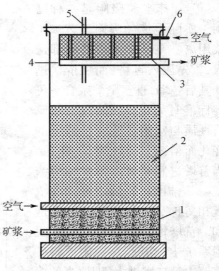

图5-26　悬浮床吸附设备结构示意图
1—石英层;2—树脂;3—筛网;4—上排浆系统;
5—淋洗剂进口管;6—空气吹管

在早期的悬浮吸附设备中,树脂与矿浆的分离是通过控制矿浆上升速度的方法实现的,矿浆的上升速度,必须控制在不使树脂颗粒带出塔外而又能使吸附操作稳定进行限度之内,由于这种分离方法受到许多难于避免的因素制约,故不十分理想,因此设计工作者在分离树脂与矿浆的问题上提出了许多方案。在图5-26所表示的吸附塔顶部安装有不锈钢筛网的上排浆系统,就是一种可行的方案。筛孔的尺寸为0.4 mm×0.4 mm,矿浆可以自由通过,而树脂则被阻挡在筛网外面。为了防止筛网被树脂与杂物堵塞,在其下部设有压缩空气吹管,有时还设有高压水管,以便用空气和水不断地吹除附着在筛网上的树脂和杂物。

3. 空气搅拌吸附的过程与设备

悬浮吸附不能处理固体含量超过8%的矿浆。因为矿浆的固体含量高,其流动性就不好,所以吸附效果也不会好;另外,如果矿浆的固体含量增高,树脂与矿浆之间的相对密度差变小,使两者不易分离,甚至可能会出现树脂漂浮于矿浆表面之上的情况,这种情况一旦出现,将使操作发生困难,为解决稠矿浆的吸附问题,在铀生产工艺上,人们较成功地采用了空气搅拌吸附。

(1)空气搅拌吸附过程

空气搅拌吸附过程与悬浮吸附过程基本相同。该过程如图5-27所示,它和悬浮吸附不同之处是:吸附矿浆从首段塔的上部引入,在该塔内,矿浆与树脂在空气的搅拌下充分接触,经吸附后的矿浆由上部的排浆系统流入排矿箱中,再经空气提升到第二塔,然后依次进入其他各塔,直至尾矿浆达到可弃标准为止。首塔饱和后应立即"切断",之后进行反冲洗。反冲完后,从塔的下部排出塔内的反冲水,然后再进行固定床淋洗。

(2)空气搅拌矿浆吸附塔及其工作原理

空气搅拌矿浆吸附塔的结构如图5-28所示,这种吸附塔无机械转动部件,因此操作稳定可靠。在该塔的上部设有排浆系统,下部为排管系统与石英填料层,在塔的中央安装有中央循环管。当通入空气时,搅拌即开始进行,此时,矿浆与树脂均匀混合,充分接触吸附。吸附后的

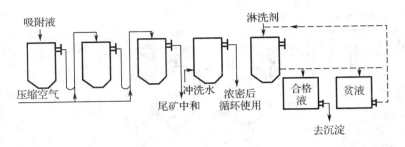

图 5 - 27　空气搅拌吸附过程示意图

矿浆由塔的顶部通过筛网流入排矿箱中,而树脂仍留在本塔继续与不断流入的矿浆接触吸附,直至饱和为止。

4. 连续半逆流吸附的工艺与设备

连续半逆流吸附过程比悬浮吸附过程和空气搅拌吸附过程要理想一些。所谓"半逆流"是相对于连续逆流来说的。在这类吸附过程中,虽然树脂和矿浆在每级吸附塔之间是逆流流动,两者均为连续引入和排出。但是,在每级吸附塔的轴向和径向上的各点,矿浆溶液中的铀以及树脂上所吸附的铀都不存在浓度梯度,因此,人们把这种吸附方式称为半逆流吸附。

(1)常用的连续半逆流吸附工艺流程

连续半逆流吸附工艺流程已用于生产,多年的运转经验证明,连续半逆流吸附工艺流程是可行的。图 5 - 29 就是这种吸附工艺流程的示意图。合格矿浆由首塔上部引入,矿浆与由下塔来的树脂在该塔充分接触,经接触后的部分矿浆通过塔顶的筛网由溢流口靠位差自流,依次进入其后各塔,直至尾矿浆达到可弃标准为止,废矿浆

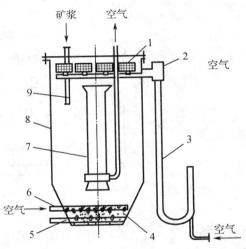

图 5 - 28　空气搅拌吸附塔结构示意图

1—筛网;2—排矿箱;3—矿浆提升器;4—石英填料器;5—下排管系统;6—空气管系统;7—中央循环管;8—塔体;9—进浆管

从尾塔排出。贫铀树脂则首先送入尾塔,在此,它与前一塔来的矿浆接触,经接触后的部分树脂由塔的下部排出,然后经空气提升器提升到前一塔,树脂依次向前流经各塔,最后,饱和树脂由首塔引出。引出的饱和树脂经圆筒筛脱水,再经脱泥塔清除夹带的矿泥,之后,饱和树脂送往淋洗塔进行逆流淋洗。淋洗完的贫铀树脂,经脱酸后重新送回吸附系统循环使用。

(2)茵菲克(Infico)吸附工艺流程

茵菲克吸附也是一种连续半逆流吸附过程,该吸附工艺流程如图 5 - 30 所示。吸附矿浆

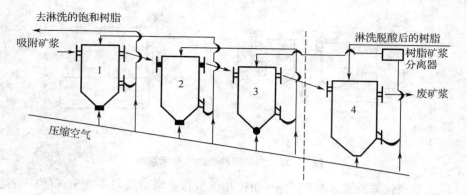

图 5-29 连续半逆流吸附工艺流程图

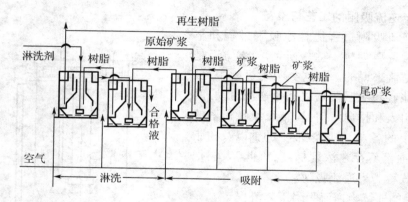

图 5-30 茵菲克吸附工艺流程示意图

由首塔进入,然后,从首塔顺序自流至尾塔,而贫铀树脂则是从尾塔引入,然后,逐级经空气提升向首塔的方向移动。最后,饱和树脂从首塔引出,送去淋洗,淋洗也是连续半逆流接触。

茵菲克吸附塔的结构如图 5-31 所示。吸附塔的底部有空气分布板,压缩空气经多孔分布板鼓入塔内,产生较激烈地搅拌,使树脂与矿浆在塔内充分接触,部分经接触后的树脂和矿浆由筛分器分离。由于树脂与矿浆是靠筛分器来分离的,所以树脂颗粒小些也能使用。对树脂与矿浆之间相对密度差的要求也不像悬浮吸附那样严格。据资料报道,这种吸附塔能处理固体含量高达 30% 的稠矿浆,由于较细的树脂可以利用,因此,所用树脂的价格可低些。

(3)带有倾析分离器的巴秋克吸附工艺流程

带有倾析分离器的巴秋克吸附工艺流程如图 5-32 所示。吸附过程中矿浆与树脂两者亦可实现连续半逆流接触。被倾析分离器分离开的树脂与矿浆,可按照连续半逆流的方式沿着各自的方向去进行新的一次接触。

这类吸附工艺流程的操作,受物流流速变化的影响不大,因此其运行稳定可靠。中间规模的实验曾做到 12 级。塔与分离器的规格如下:吸附塔的直径为 178 mm;分离器的直径为 76 mm,长度为 2 100 mm,倾斜角为 20°;分离器的横截面积应大于排矿浆口的横截面积,其上部安装有树脂提升器。

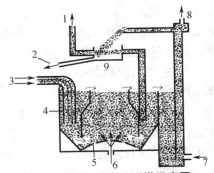

图 5 - 31　茵菲克吸附塔示意图
1—树脂提升器;2—矿浆溢流;3—矿浆与树脂进口;4—循环管;5—空气分布板;6—压缩空气入口;7—提升器空气入口;8—排气口;9—筛分器

该吸附工艺流程铀的提取率大于 99%,当矿浆的供料速度为 240 L·h⁻¹ 时,第 11 级以后矿浆中铀的浓度可由原矿浆的 700 ~ 750 mg·L⁻¹ 降至 2 ~ 6 mg·L⁻¹ (U₃O₈)。据估计,对一个日处理能力为 400 t,铀品位 0.043% 的矿石的水冶厂来说,大致需要容积为 34 m³ 的吸附塔 12 个。显然,淋洗段的生产能力应与吸附段相平衡。

在巴秋克吸附塔里,树脂与矿浆的搅拌以及树脂的输送等均需压缩空气,空气的消耗量为 28 m³·h⁻¹。如果树脂的吸附容量为 32 kgU·m⁻³ 湿 R,树脂在每级的平均停留时间为 30 min 时,该系统的树脂投入量为 14.2 m³。

倾析分离器的结构如图 5 - 33 所示。使用这种分离器时,树脂的密度较矿浆低,常要求矿浆的密度维持在 1.3 以上,在这种情况下,树脂和矿浆才能很好地分离。但是,如果把矿浆的密度增加到 1.5 以上,也会因为矿浆黏度大而使树脂和矿浆的分离效果变坏。来自巴秋克吸附塔

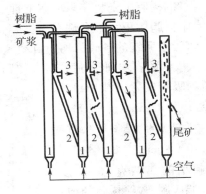

图 5 - 32　带有倾析分离器的巴秋克吸附工艺流程示意图
1—塔体;2—倾析分离器;3—树脂提升器

内的树脂与矿浆混合物,沿管边进入分离器的中部,矿浆靠自身的重力沉降到分离器的底部,并自流进入下一级吸附塔中。由于树脂的密度较矿浆小,因此,它浮到分离器的顶部边缘处,再经空气提升器提升到前一级吸附塔。

操作这类分离器应当注意的问题是,塔的底部容易集砂,上部矿浆则容易变稀。据文献报道,当倾斜器的轴线与垂线之间的夹角为 20°时,两者的分离效果最佳。

5. 矿浆连续逆流吸附的过程与设备

(1)希姆斯利(Himsley)吸附装置

与清液连续逆流吸附的问题相比,目前大家更关心的问题是矿浆的连续逆流吸附,因为理想的连续逆流吸附的传质情况较其他各类吸附过程更合理。

希姆斯利吸附塔是由许多隔室构成的,如图 5 - 34 所示,每个隔室里的树脂被向上流动的

流体所流化并在此进行吸附。树脂从上向下移动,而流体的
流动方向则正好相反,贫液从吸附塔上部的溢流管排出,饱
和树脂从塔的底部引出。引出的饱和树脂经冲洗后,送往淋
洗塔淋洗。在淋洗塔中,饱和树脂经过逆流淋洗,从而获得
高浓的淋洗合格液。

　　塔内各室中,树脂的平均停留时间应当相等,只有这样
才能使树脂得到充分利用。塔的设计应当符合这样的要求:
当第 3 室的出口处穿透时,第 1 室的树脂应当饱和。这时,
第 1 室流出液中,铀的浓度为进料液中铀浓度的 95% 以上。

　　树脂计量装置的准确性是保证树脂在各室体积均衡的
关键,也是影响淋洗操作稳定性的重要因素。当第 1 室内的
树脂饱和后,应立即将其中的全部树脂提升到充满洗水的测
量室中,过量的树脂由安装在测量室上部的回流管返回第 1
室,第 1 室中树脂体积大小允许在该室容积的 5% ~ 10% 之
间波动。该吸附系统的各阀门均为自动控制。

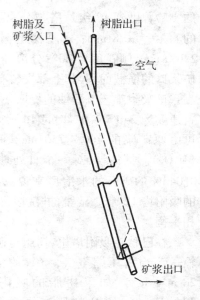

图 5 - 33　倾析分离器结构示意图

　　加拿大安大略省埃利特湖区铀厂,使用了直径为 600 mm
的希姆斯利吸附装置,吸附原液
中固体含量为 1 ~ 2.5 g·L^{-1},
U_3O_8 浓度为 1 000 mg·L^{-1},进
料速度为 70 L·min^{-1},如此情况
下,采用新型的艾纳克(Ionac)
A590 型树脂吸附,最终树脂的饱
和容量为 80 gU·L^{-1} 湿 R,尾液
U_3O_8 浓度可在 1 mg·L^{-1} 以下。
淋洗塔采用 1 mol·L^{-1} 的硝酸盐
淋洗,合格液含 U_3O_8 浓度可达
到 35 g·L^{-1} 左右。

　　(2)多隔室吸附塔

　　该吸附塔的结构是,将全塔
分为一系列串联的隔室,每个隔
室都作为多级逆流系统的一个

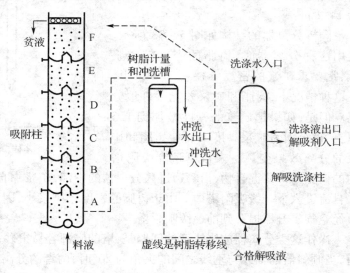

图 5 - 34　希姆斯利连续离子交换系统

基本单元。操作时,吸附原液由下而上通入,并调整其速度,使树脂充分流态化,要求在塔内不
发生物料的轴向混合。吸附塔的室与室之间由带孔的隔板隔开。实践证明,多级逆流吸附塔
比相同高度但无隔室的吸附塔好,这种塔的吸附速度快,树脂的吸附容量也较高。

在理想条件下,上述设备的每个隔室应当完全被流化了的树脂所充满,树脂与上升的流体处于平衡状态。若某一隔室的树脂量超过了平衡体积,则多余的树脂就会穿过带孔隔板向上一隔室转移。相反,如果树脂量少于平衡体积,隔室不满,此时,当吸附原液或矿浆穿过孔板的孔速小于树脂颗粒的极限沉降速度时,树脂将从上一隔室落向下一隔室。当该塔使用颗粒为 $-16 \sim +20$ 目树脂时,带孔隔板的开孔率为 5%,开孔的孔径为 25.4 mm。塔下部设有两个机械转动阀,阀径为 12.7 mm,其中一个为吸附原液进料阀,而另一个为树脂排出阀,它们各按程序规定开闭。当进料阀关闭时,料液即停止通入,此时,一定量的树脂将从最下部隔室的树脂出口阀排出。与此同时,其他各室的树脂,也以相同的体积迅速地从上一隔室顺序移向下一隔室。然后,关闭树脂出口阀,将进料阀打开,通入料液。这时,再生的贫铀树脂自动加入到最上部隔室。再生的贫铀树脂的供给是由简单的自动给料机来实现的。

实践证明,吸附矿浆的密度与黏度对吸附塔的操作稳定性有明显的影响。如果物料体系的黏度较小,这种吸附塔可以处理固体含量为 10% 的矿浆,如果矿浆中含有大量黏土,系统的黏度就会变大,为此,应减小料液中固体的含量,降低黏度以保证操作方便。

(3)跳汰床吸附塔

为了使矿浆吸附设备与吸附过程更臻完善,各国都在积极研究设计更新式的吸附设备,以适应从固体含量高的矿浆中有效地吸附铀。其中很值得注意的一种吸附设备是澳大利亚人提出的跳汰床吸附塔。该设备能较好地从稠矿浆中吸附铀,虽然操作中吸附段曾发生过堵塞现象,但总的来说操作还是成功的。

该设备操作时,吸附矿浆从下部进入吸附塔,通过树脂层,发生吸附反应。该塔所用树脂的粒度为 $-10 \sim +20$ 目,树脂层与矿浆保持在同一高度,在吸附塔的上部装有一层孔径为 30 目的金属筛网。气动系统所发生的缓慢脉冲加到塔内的物料体系上,从而使悬浮的树脂层时而膨胀,时而压缩,这就形成了类似于跳汰机中矿粒的运动状态,故能较容易防止树脂或杂物堵塞筛网的现象发生。树脂悬浮层应保持在非湍流状态条件下工作,悬浮层中的树脂与矿浆不允许发生严重的轴向混合。由于树脂吸附铀后相对密度增加,所以它在系统中下沉较快。在其下沉的过程中,与上升的新鲜矿浆接触,而矿浆则在上升时不断地与较贫的树脂相接触,于是,形成了理想的连续逆流吸附。饱和了的树脂与部分矿浆一起由吸附塔的底部排出,并使其通过 30 目的筛分机,在此,树脂与矿浆分离。分离出的矿浆返回吸附塔,而饱和树脂送去淋洗,淋洗塔的结构与吸附塔的结构相同,淋洗后的贫铀树脂返回到吸附塔的上部。吸附塔脉冲操作的程序是:2 秒钟向上;1 秒钟变换方向;3 秒钟向下,再 1 秒钟变换方向。实验中所使用的吸附塔,其最大直径为 1 300 mm,吸附层高度为 1 800 mm,吸附矿浆的固体含量为 15% ~ 30%,甚至高达 40%,矿浆溶液中含铀浓度为 500 ~ 3 500 mg·L^{-1},淋洗合格液铀浓度为 4 ~ 14 g·L^{-1},铀的总回收率可达 99.8%。

5.5 树脂上铀的解吸

解吸是指将吸附在树脂上的有用组分转移到溶液中的过程。用作解吸的溶液称为解吸剂,所得产品液称为解吸液。铀矿加工生产工艺中,长期习惯于将上述过程称为"淋洗",也有人称之为"洗脱"。解吸,实质上是吸附反应的逆过程,采用"解吸"一词比较恰当。考虑习惯上的因素,本书采用"解吸"和"淋洗"。其他部门也有用"再生"一词代替解吸,但在铀的湿法冶金过程中"再生"指的是一种特殊的解吸情况,即毒物或其他外来污染物在树脂上积累,影响正常的离子交换过程,排除毒物恢复树脂性能的过程称为"再生"。

在铀矿加工过程中,若采用从解吸液中沉淀铀浓缩物的生产过程,则采用酸化的氯化物、硝酸盐溶液作解吸剂。在淋萃法(eluex process)中,以 $1 \ mol \cdot L^{-1} H_2SO_4$ 溶液作解吸剂。目前,在铀矿加工生产中应用较广的解吸剂主要是硝酸盐、氯化物、硫酸(或加入硫酸盐)溶液。

5.5.1 解吸(淋洗)曲线

在固定床中以 $HNO_3 - NH_4NO_3$ 为解吸剂的典型解吸曲线如图 5-35 所示。其操作大致分为 A,B,C,D,E 五个阶段。在第一阶段(A),解吸剂置换树脂层内部水分,流出液中铀和其他离子如 SO_4^{2-} 等的浓度均较低,生产上这部分溶液通常返回工艺过程,如合并成贫解吸剂循环使用。在第二阶段(B),解吸液中铀浓度达到最大值,而且大部分铀集中在这部分解吸液中。在第三阶段(C)继续加入解吸剂,铀浓度逐渐下降。通常控制这一阶段解吸液的铀浓度,以便将一部分溶液与 B 段溶液合并作为合格解吸液(亦称合格淋洗液或合格液),送去沉淀化学浓缩物或进一步精制。合格液的铀浓度一般在 $5 \sim 8 \ g \cdot L^{-1}$。在第四阶段($D$),铀浓度一般低于 $1 \ g \cdot L^{-1}$,而解吸剂浓度高。在结束解吸之前,铀浓度下降到 $0.05 \sim 0.10 \ g \cdot L^{-1}$,树脂上残存的铀容量降到 $0.5 \sim 1.0 \ mg \cdot g^{-1}$。$D$ 段的解吸液可作为下一循环的解吸剂使用。E 段是解吸后用清水冲洗树脂床中残存解吸液的过程。

可见,在固定床解吸过程中,除了产出合格解吸液之外,有一部分贫铀的解吸液作为解吸剂在系统中循环使用。

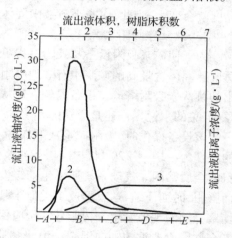

图 5-35 $HNO_3 - NH_4NO_3$ 的解吸曲线

1—U_3O_8;2—SO_4^{2-};3—NO_3^-

5.5.2 典型的解吸体系

关于从硫酸铀酰饱和树脂上解吸铀方面的研究和报道很多,可采用的解吸剂主要是氯化物、硝酸盐、稀硫酸(或加入硫酸盐)以及碳酸盐溶液。

1. 氯化物解吸体系

试验证明,当 Cl^- 浓度在 $0.5 \sim 1.5 \ mol \cdot L^{-1}$ 时,铀的解吸效率随 Cl^- 浓度增加而提高,Cl^- 浓度超过 $1.5 \ mol \cdot L^{-1}$ 时,解吸效率下降。在 $5 \sim 6 \ mol \cdot L^{-1}$ 时,由于生成氯化铀酰络阴离子 $[UO_2Cl_4]^{2-}$,铀反而能为阴离子交换树脂强烈地吸附,解吸实际上无法进行。这时,可用水淋洗树脂破坏氯化铀酰络阴离子,从而达到解吸铀的目的。

在氯化物体系中,一般多采用氯离子的稀溶液作为解吸剂。$NaCl, NH_4Cl$ 等都可作为氯离子的来源。生产上为防止在解吸过程中一些元素发生水解或沉淀,解吸剂必须维持足够的酸度。一般含有 $0.1 \ mol \cdot L^{-1} H^+$ 已足够,当然也可根据具体情况适当调整。

也有采用 $NaCl + H_2SO_4$ 溶液作解吸剂的,其效果可与 $NaCl + HCl$ 溶液相比,但 SO_4^{2-} 浓度对铀的解吸效果有明显的影响。例如,当 SO_4^{2-} 浓度在 $10 \sim 60 \ g \cdot L^{-1}$ 时,解吸体积要增加 50% 左右。采用 $NaCl + H_2SO_4$ 溶液作解吸剂时,化学浓缩物沉淀的母液反复使用会引起 SO_4^{2-} 浓度增高。因而,在确定沉淀母液返回率时,应对此作充分地估计,务必使 SO_4^{2-} 在解吸液中的浓度控制在较低范围。

2. 硝酸盐解吸体系

硝酸根离子对硫酸铀酰离子吸附的影响十分明显。可以预料,硝酸根离子将是铀的良好解吸剂。事实上,除在 Cl^- 高浓度条件下它可与铀酰离子生成络阴离子外,硝酸根离子与氯离子很相似。因此,可以说,用于解吸铀的硝酸根离子浓度范围,实际上是没有严格限制的。

硝酸根浓度在 $0.1 \sim 1.5 \ mol \cdot L^{-1}$ 范围内,解吸铀的效率随 NO_3^- 浓度增高而提高,低于 $0.8 \ mol \cdot L^{-1}$ 时,解吸过程有变慢的趋势。关于解吸剂的酸度影响,这里的情况和氯化物解吸相似。对给定的总硝酸根浓度而言,解吸效率随解吸液中酸与盐的比例增加而有一定的增加。Kaufman 认为,酸度大于 $0.1 \ mol \cdot L^{-1}$ 时,增加酸度对解吸效果影响不大。也有人主张,解吸剂中最低限度应加酸到 $0.1 \ mol \cdot L^{-1}$,当解吸遇到困难时,可提高到 $0.4 \ mol \cdot L^{-1}$。当树脂吸附一定量的磷酸盐(如磷酸铀酰),并以 NH_4NO_3 溶液作解吸剂时,由于 NH_4^+ 的存在易生成磷酸铀酰铵沉淀于树脂上,降低解吸效率。解吸剂中 Na^+, NH_4^+ 等离子的浓度对含铀、磷酸根等影响树脂解吸,在这种情况下,用单纯 HNO_3 溶液进行解吸,效果更好。

总之,硝酸盐解吸剂的效率高,解吸液体积小,这是其优点。但硝酸盐比氯化物价格贵,在设备材料选择上两者也有明显的差别。以硝酸盐体系作解吸剂时,可选用不锈钢等耐腐蚀材料,以氯化物体系作解吸剂时,应考虑衬胶、塑料或其他耐腐蚀材料。

3. 硫酸、硫酸 – 硫酸盐解吸体系

硫酸作为解吸剂之所以引起注意是由于硫酸解吸剂不仅价格便宜,而且有可能使整个工艺过程在一种介质(H_2SO_4)中进行。因而,20 世纪 50 年代开始研究硫酸解吸,直到淋萃法的成功,才使得硫酸溶液作解吸剂在工业上得到广泛应用。

硫酸溶液解吸铀的效果如图 5 – 36 所示。与氯化物和硝酸盐相比,硫酸溶液作解吸剂时,其解吸曲线的峰值低、解吸速度低、"尾巴"拖长,这些是它的缺点。

以 H_2SO_4 作解吸剂时,其浓度对铀的解吸效率有一定的影响。当 H_2SO_4 浓度在 $104 \sim 125$ g·L^{-1} 范围内时,其解吸效率没有明显差别,浓度低于 80 g·L^{-1} 时,解吸率显著下降。因此,工业上多采用 1 mol·$L^{-1}H_2SO_4$ 溶液作解吸剂。

硫酸解吸与硝酸盐、氯化物解吸在操作上没有原则的差别,主要是控制接触时间,如采用固定床解吸设备,也需根据解吸曲线将其划分成几部分。峰值左右部分为合格解吸液最后部分或冲洗水,其划分不一,视生产具体条件而定,但均可返回工艺过程。合格解吸液的铀浓度一般可达 5 g·L^{-1},送往萃取工序作为原料。采用淋萃流程的某工厂,处理铀浓度约 0.20 g·L^{-1} 的吸附原液,所得合格解吸液的组成见表 $5 - 12$。

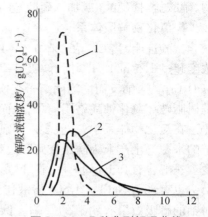

图 5 - 36　几种典型解吸曲线

1——0.9 mol·$L^{-1}NH_4NO_3 + 0.1$ mol·$L^{-1}HNO_3$;
2——0.85 mol·$L^{-1}NaCl + 0.075$ mol·$L^{-1}H_2SO_4$;
3——1 mol·$L^{-1}H_2SO_4$

表 5 - 12　合格解吸液的组成

成分	H_2SO_4	U	Fe	PO_4^{3-}	SiO_2	Mo
浓度/(g·L^{-1})	93.6	5.0	2.23	1.04	0.107	0.085

为了提高硫酸解吸的效率,对该解吸体系进行过大量研究工作。值得提出的是,联邦资源 – 美国核子合股东公司加斯山厂采用了含 H_2SO_4 近 100 g·L^{-1} 和加同浓度的硫酸铵溶液作解吸剂,使解吸速度得到很大提高,合格解吸液中铀浓度达到 10 g·L^{-1}。可见,高浓度的 $H_2SO_4 + (NH_4)_2SO_4$ 解吸剂在实际生产上有重要的意义。

4. 碳酸盐解吸体系

碳酸盐介质中离子交换树脂吸附 $[UO_2(CO_3)_3]^{4-}$,CO_3^{2-},HCO_3^- 等。如果用酸性解吸剂解吸铀,则在解吸过程中树脂床层中会产生 CO_2 气体,破坏树脂床层,影响解吸,加速树脂的破裂等。在这种情况下,可使用碱性解吸剂,例如硝酸盐或氯化物加入一定量的 Na_2CO_3 或 $NaHCO_3$ 等,这样可防止铀的水解并提高解吸效率。表 $5 - 13$ 中列举出单纯硝酸盐和硝酸盐补加碳酸盐作解吸剂的试验结果。$NaNO_3$ 溶液中加入 Na_2CO_3 的解吸效果较好,采用 $NaCl$ 溶液作解吸剂时,加入 $NaHCO_3$ 效果较好。美国阿特拉斯公司莫阿布厂曾成功地使用 60 g·L^{-1} $NaCl + 1.6$ g·$L^{-1}NaHCO_3$ 作解吸剂,所得合格解吸液中 U_3O_8 浓度约为 $9 \sim 10$ g·L^{-1}。可是,这也如同采用酸性解吸剂的情况一样,由于 NO_3^-,Cl^- 等的存在和在循环过程中的积累,给生产操作的工艺废水返回使用以及三废治理增加了困难。

表 5 - 13　硝酸钠和碳酸钠解吸铀结果

解吸剂(5.5 倍树脂床体积)	铀解吸率/%
1.0 mol · L^{-1} NaNO$_3$	96.4
1.5 mol · L^{-1} NaNO$_3$	98.3
2.0 mol · L^{-1} NaNO$_3$	99.0
1.0 mol · L^{-1} NaNO$_3$,含 5 g · L^{-1} Na$_2$CO$_3$	99.7
1.5 mol · L^{-1} NaNO$_3$,含 5 g · L^{-1} Na$_2$CO$_3$	99.8
2.0 mol · L^{-1} NaNO$_3$,含 5 g · L^{-1} Na$_2$CO$_3$	99.8

　　以单纯碳酸盐溶液作解吸剂,在一定程度上可减缓上述麻烦。NH$_4$HCO$_3$,(NH$_4$)$_2$CO$_3$ 溶液解吸铀的效果较好,而且有可能直接制备高纯铀产品。对不同配方的碳酸铵溶液的解吸效果进行了比较。结果表明,总碳酸盐浓度在 1.5 mol · L^{-1} 左右是较适宜的解吸剂。2.5 mol · L^{-1}(NH$_4$)$_2$CO$_3$ 和 2.5 mol · L^{-1}NH$_4$HCO$_3$ 的解吸剂浓度过高,在树脂床中会有晶体析出,影响解吸正常进行,采用(NH$_4$)$_2$CO$_3$ 和 NH$_4$HCO$_3$ 混合解吸剂可达到更好的效果。

5. 其他解吸剂体系

　　国内外对铀的解吸进行了很多的研究,其中比较有意义的如中性盐类解吸、有机溶剂解吸、热水解吸等。硝酸 - 热水解吸是在解吸的开始阶段保持足够酸度(HNO$_3$80 ~ 90 g · L^{-1})和一定温度,使大部分铀在前 1 ~ 2 倍树脂床层体积解吸液中解吸。随后用 40 ℃ ~ 50 ℃ 的热水洗涤树脂,其结果见表 5 - 14。可见,采用该解吸法时,合格解吸液铀浓度较高,可达 9 g · L^{-1},解吸时间可大为缩短,但解吸后树脂残余铀容量稍高。

表 5 - 14　单纯硝酸解吸和硝酸热水解吸

解吸剂	解吸时间/h	合格解吸液铀浓度/(g · L^{-1})	树脂残余容量/(mgU · g^{-1})
硝酸	38.5	6.02	-
硝酸 - 热水	25.6	8.78	1.56

　　有机萃取剂与含铀树脂接触,可将铀从树脂上转移到有机相中。实际上是把解吸和萃取两个过程合并在一起,因而可称为"解萃法"或"淋萃法"。这一工艺过程引起了广泛注意,并已取得一定进展。以胺类萃取剂为例,解吸反应如下

$$(R_4N)_4UO_2(SO_4)_3 + 4(R'_3HN)HSO_4 \rightleftharpoons 4(R_4N)HSO_4 + [(R'_3NH)_2SO_4]_2 \cdot UO_2SO_4$$
$$\qquad (R) \qquad\qquad (O) \qquad\qquad\qquad (R) \qquad\qquad\qquad (O)$$

$$(5 - 34)$$

或

$$(R_4N)_4UO_2(SO_4)_3 + 2(R'_3HN)HSO_4 \rightleftharpoons 2(R_4N)HSO_4 + [(R'_3NH)_2SO_4]_2 \cdot UO_2SO_4$$

$$\quad\ (R) \qquad\qquad (O) \qquad\qquad\qquad (R) \qquad\qquad\qquad (O)$$

$$(5-35)$$

式中,R,R′分别为离子交换树脂和萃取剂的有机组分;脚注(R)和(O)分别表示树脂相和有机萃取剂相。

中性盐(如 NH_4Cl)溶液可作为弱碱性阴离子交换树脂(如 Amberlite XE-270)的解吸剂,但其效果不如酸化后的盐溶液。有文献指出,用 $2\ mol \cdot L^{-1}\ NH_4Cl$ 或 $2\ mol \cdot L^{-1}\ NH_4NO_3$ 解吸液的峰值低,而且解吸液体积也较大。因而,关于它的应用问题尚未得到定论。

5.5.3 磷、砷等对解吸的影响

常见于铀矿加工过程中被树脂吸附的一些元素,对铀的解吸可产生一定的影响,如 Si, Mo, Co 等在树脂上积累会使树脂丧失部分离子交换能力。不采用专门的再生措施不能恢复树脂的离子交换性能,对此,将在树脂中毒章节中专门讨论。此外,还有一些元素虽不造成中毒,但会对铀的解吸产生明显的影响,磷酸盐、砷酸盐等即属这种情况。

磷和砷多以酸根形式存在,当其含量不高($As\ 0.15\ g \cdot L^{-1}$,$P\ 0.8\ g \cdot L^{-1}$)时,约有10%左右被树脂吸附,一般对离子交换过程没有明显的影响,同时,可以比较容易地为硝酸盐解吸剂所解吸。生产情况表明,离子交换树脂中吸附的磷酸盐对解吸的影响主要表现为解吸速率下降、"尾巴"拖长。

有时磷酸根被吸附,铀的解吸极困难。如曾经观察到,201×7 树脂吸附磷酸根后,采用 $5\%\ HNO_3 - 10\%\ NH_4NO_3$ 溶液解吸铀时,在解吸过程中树脂层有浅白色沉淀物产生。解吸速度明显下降、解吸液体积增加。X 射线分析确定,上述沉淀物为 $NH_4UO_2PO_4 \cdot 3H_2O$,其溶度积为 4.36×10^{-27},较 UO_2HPO_4 的溶度积(2.14×10^{-11})低 10 多个数量级。因此,可以设想在解吸过程中,磷酸根、铵与铀酰离子生成 $NH_4UO_2PO_4 \cdot 3H_2O$ 沉淀。进一步解吸铀过程成为该沉淀物的溶解过程,即解吸铀的速率将取决于沉淀物的溶解速率。

当树脂吸附大量磷酸盐时,解吸铀的方法要慎重考虑。一方面,从磷酸盐的溶度积考虑,$[UO_2^{2+}][HPO_4^{2-}] > [UO_2^{2+}][K^+][PO_4^{3-}] > [UO_2^{2+}][NH_4^+][PO_4^{3-}]$,提高解吸剂的酸度或采用单纯硝酸溶液解吸,其效果较好。原因很简单,避免生成沉淀物。另一方面,也可以说凡是能减少 HPO_4^{2-} 或 PO_4^{3-} 离子的措施,均有可能降低铀的解吸体积,例如在解吸溶液中加入 Fe^{3+} 可促使生成 $FeHPO_4^+$,$FePO_4$ 等,从而减少 $NH_4UO_2PO_4 \cdot 3H_2O$ 晶体形成。当树脂吸附大量磷酸盐以致影响产品质量时,可以考虑先解吸磷酸盐的措施。

解决上述问题最方便的办法是解吸前先用硫酸酸化水冲洗树脂,这样可除掉部分磷,见表 5-15,并使解吸正常进行。砷酸盐对解吸的影响类似于磷酸盐。

表 5 – 15　硫酸酸化水冲洗树脂除磷

硫酸浓度/(g·L^{-1})	除磷效率/%
10 ~ 15	28.7
20 ~ 25	53.3

5.5.4　解吸体系的选择

由于解吸体系的选择对工艺过程及技术经济指标都有一定影响,因此,解吸体系的选择不仅应考虑其解吸效率及解吸剂的价格,而且应连同加工方法、产品形式、质量要求等方面在内作全面考虑。

1. 工艺流程

工艺流程方面有合格解吸液的进一步加工和加工后的废液返回使用处理两个问题要考虑。从目前情况看,合格解吸液进一步加工主要有三个方法,沉淀化学浓缩物、用萃取法进一步纯化以及结晶制备纯产品。如果从合格解吸液直接沉淀化学浓缩物,则应要求解吸剂的酸度尽量低、合格解吸液铀浓度尽量高。这样既有利于节约沉淀剂,也有利于制备出品位较高的浓缩物。选用硝酸盐或氯化物作解吸剂,能同时满足上述要求,尤其是硝酸盐解吸,效率最高。硝酸盐解吸液还可用 TBP 萃取纯化铀,但是为减少合格解吸液中的硫酸根,饱和树脂需预先洗硫酸根,操作较麻烦,而且总的经济技术指标不如以 1 mol·L^{-1}H$_2$SO$_4$ 作解吸剂的淋萃流程。此外,从合格解吸液可直接制备高纯化合物(如三碳酸铀酰铵),这适合于碱法吸附的饱和树脂,选用碳酸铵作解吸剂即可。

2. 经济指标

这是个综合性指标,不仅需要考虑解吸剂本身的价格,而且应当考虑到解吸工艺和设备条件,以至整个生产的经济性。例如硝酸盐价格昂贵,硫酸价格便宜。氯化物价格虽不算贵,但对设备的腐蚀性强,设备耐腐蚀性能要求突出。此外,保护生态环境的问题不容忽视,特别是近年来保护环境已引起世界各国的广泛注意。当采用硝酸盐或氯化物作解吸剂时,其工业废水处理复杂,需要建立一整套工业设施,而含硫酸的废水则可直接返回工艺流程,不需要特殊处理。

5.6　离子交换树脂中毒

5.6.1　概述

在离子交换法的生产过程中,有一些离子或分子不可逆地被离子交换树脂所吸附,采用通常的解吸剂不能将其解吸下来而会逐渐地在树脂上积累,直至明显地影响树脂的离子交换性能,这种现象称为离子交换树脂中毒,简称树脂中毒,通常把造成这种现象的物质称作毒物。

造成树脂中毒既有化学因素也有物理原因。化学中毒,通常指的是离子交换树脂的交换基团被具有亲和力很强的离子牢固地占据,用简单的解吸方法不能解吸下来或大部分不能解吸下来而在树脂上不断积累。常见的树脂钴中毒、钼中毒都属于这种情况。物理中毒或机械中毒指的是,某种物质吸附于树脂表面,或是由于条件的变化而沉积于树脂孔道中,从而阻碍离子交换的进行。当然,实际情况可能更为复杂。例如,有些中毒既可能是物理中毒,同时又伴有化学中毒。有些毒物用特殊的洗脱技术可以将其从树脂上除掉,从而恢复树脂的性能,这些毒物称为暂时性毒物,这种中毒现象称为暂时性中毒。有些毒物,除非破坏树脂,否则就不能除掉,这些毒物属于永久性毒物。这种中毒现象称为永久性中毒。

树脂中毒对生产所造成的影响,可大致归纳为:①离子交换树脂性能的恶化,首先是使树脂的操作容量下降,直接影响工厂的技术经济指标;②设备周转紧张这是由于中毒使树脂的交换容量下降和动力学性能变差的结果;③产品质量下降由于合格解吸液中铀浓度下降,铀与杂质的比例也下降,结果影响最终产品的质量;④操作和设备复杂化,需要增加必要的工艺操作和专门设备,进行树脂的解毒(即再生)。下面介绍几种主要的树脂中毒情况。

5.6.2　树脂硅中毒

1. 硅在浸出液中存在的形式

铀矿石中含大量的各种硅酸盐和硅铝酸盐,硫酸浸出时,部分硅溶解。硅在浸出液中的浓度可在很大范围波动,以 SiO_2 计,一般可在 $1 \sim 5$ g·L^{-1},高者可达 10 g·L^{-1},甚至更高。澳大利亚马丽凯斯林厂浸出液中 SiO_2 浓度约为 $5 \sim 8$ g·L^{-1}。

溶液中硅酸大致有以下几种存在形式:

①低聚合体硅　指一些低分子量硅酸化合物,如单硅酸和二硅酸。这类硅酸化合物可用钼酸铵确定其含量,称为"与钼酸铵反应的硅",即 AMR SiO_2(ammonium molybdnum reactive);

②胶体硅　当硅浓度高时,硅酸聚合生成胶体硅,用简单过滤方法不能除掉;

③悬浮体　这是硅酸聚合成的更大的分子,它能以明显的悬浮物形式从溶液中析出。

硅酸在溶液中存在状态,随介质 pH 值不同而变化。当向单硅酸钠($Na_2H_2SiO_4$)水溶液中加酸时,则按下列步骤发生变化,即

$$H_2SiO_4{}^{2-} \longrightarrow H_3SiO_4{}^- \longrightarrow H_4SiO_4 \longrightarrow H_6SiO_4{}^{2+}$$

$$\text{pH12} \sim 9 \qquad \text{pH9} \sim 6 \qquad \quad \text{浓酸}$$

戴安邦等对此进行了计算,结果表明:在 pH12 以上时,硅酸主要以 $H_2SiO_4{}^{2-}$ 和 $HSiO_4{}^{3-}$ 形式存在,仅在浓酸条件下才有较多的 $H_6SiO_4{}^{2+}$ 存在。对于铀水冶的酸性吸附液,可以认为,硅酸主要以未离解的分子和少量阴、阳两种离子形式存在。

溶液中硅酸的一个重要性质是其聚合反应,即由单硅酸按一定的机制逐渐聚合成硅酸。已经证明,硅酸的聚合反应与硅酸浓度、介质 pH、氟离子浓度等有关。

2. 树脂吸附硅的影响

用离子交换法从硫酸浸出液中提取铀时,树脂吸附硅酸是一种常见的现象。例如,采用 201×7 强碱性阴离子交换树脂直接从矿浆中吸附铀时,每一吸附循环树脂上可积累 SiO_2 20～30 mg·g^{-1}。树脂上积累一定数量的 SiO_2 后,对离子交换的影响分别列于表 5-16～5-18。

表 5-16 硅的积累对 201×7 树脂操作容量的影响

循环次数	树脂容量/(mg·g^{-1})	
	SiO_2	U
1	17.63	55.53
2	37.20	33.51
3	65.00	30.00
4	87.09	24.73

表 5-17 树脂吸附 SiO_2 量对末塔工作时间的影响

树脂吸附 SiO_2/(mg·g^{-1})	末塔工作时间/h	穿透容量/(mgU·g^{-1})
2.75	33	5.29
28.0	27	4.90
43.0	20	3.97
75.0	11	-

表 5-18 不同含硅量对树脂的吸附、解吸的影响

项目	不同含硅量树脂			
	新树脂	含微量硅	含 SiO_2 15 mg·g^{-1}	含 SiO_2 27.8 mg·g^{-1}
吸附穿透体积, V/V_R	65	50	45	35
铀饱和体积, V/V_B	318	318	318	315
平均饱和容量/(mg·g^{-1})	40.46	35.7	32.12	30.28
解吸体积, V/V_R	31	38	40	44

由此可见,在提取铀过程中,随着树脂上硅的积累,铀的操作容量下降、穿透体积减少,吸附塔末段工作时间减少,解吸体积增加,解吸时间延长。其结果是生产设备紧张,甚至影响正常操作,不得不采取洗硅措施。

此外,由于吸附大量的 SiO_2,树脂的机械强度变差。201×7 新树脂的机械强度 >95%,而吸附 SiO_2 量为 32.38 mg·g^{-1} 的树脂,其机械强度为 86%。

3. 阴离子交换树脂吸附硅酸

阴离子交换树脂附硅是普遍存在的现象,而硅在树脂上的积累速度以及能否造成树脂中毒却与具体条件有关。下面来讨论一下影响树脂吸附的主要因素。

（1）硅酸浓度

吸附液中硅酸浓度是影响树脂吸附硅的重要因素。Everest 等研究从澳大利晶质铀矿石浸出液中吸附铀时指出,离子交换树脂吸附 SiO_2 的量与溶液中 AMR SiO_2 浓度成正比,而与总硅浓度无关。然而资料表明,随着吸附液放置时间的增长（即硅酸老化）,吸附液中 AMR SiO_2 的浓度逐渐减少,但树脂吸附硅量确逐渐增加,达到一个最大值后又开始下降。还发现在老化过程中有一吸附硅量的峰值,其出现的时间及峰值的大小与溶液中原始 AMR SiO_2 浓度有关,见表 5 – 19。

表 5 – 19　不同 AMR SiO_2 浓度溶液老化及对树脂吸附硅的影响

初始 AMR SiO_2 浓度/（$g \cdot L^{-1}$）	未老化时树脂吸附硅量, SiO_2/%	老化过程中吸附硅量的峰值, SiO_2/%	老化到吸附峰值的时间/h
1.0	0.066	0.80	215.6
2.0	0.50	3.05	49.2
3.0	1.07	3.68	24

表 5 – 19 数据说明,吸附液中 AMR SiO_2 浓度对树脂吸附硅量有影响,而硅酸的聚合作用对树脂吸附硅的影响更大,即某种聚硅酸更易为树脂所吸附。从出现吸附峰值时溶液中硅酸的分子量分布测定得知,此时硅酸的平均分子量以 SiO_2 计约为 200。

对于矿浆吸附而言,一个有实际意义的问题是矿浆的液固比。液固比大,硅酸浓度相对低,不利于聚合也不利于树脂吸附硅。可见,在其余条件相同时,树脂吸附硅量与矿浆液固比有直接关系。

（2）离子交换树脂与吸附液的接触时间

接触时间长,不仅增加了吸附硅酸的机会,而且在这段时间内溶液中和树脂相中的硅酸都能进一步聚合,就是说,在吸附过程中,不仅溶液中低聚硅酸不断形成并为树脂所吸附,而且在树脂相内也不断聚合。随时间的延长,新形成的低聚硅酸补充进入树脂相,重复上述过程,造成树脂硅中毒。有人发现硅酸吸附曲线是一条较平缓的渐增曲线,这正是树脂吸附硅酸的特点,随时间增长而逐渐在树脂上积累。所以,经较长时间吸附,树脂对硅的吸附量可达 200 ~ 250 mg $\cdot$ g^{-1},如继续吸附,硅量还可能增加。

（3）吸附液中铀的浓度

经验表明,采用固定床吸附塔提取铀时,其底部树脂含硅量往往比顶部高。用两个串联的吸附柱吸附铀、硅时发现硅在树脂上的分布沿吸附柱的高度有明显的梯度,见表 5 – 20。当第一柱(首柱)中树脂含 SiO_2 量约1.5%时,第二柱已达4.5%,而且第一柱铀吸附穿透时,第二柱顶部树脂含 SiO_2 量已达3%以上。还发现,不同型号的离子交换树脂在相同条件下吸附硅量不同,见表5－21。

表5－20　硅在吸附柱中的分布

树脂吸附 SiO_2 量,%	第一柱			第二柱		
	上部	中部	底部	上部	中部	底部
	约1.5	2.5～2.7	2.7～3.5	3.5～4	－	4.2～4.5

表5－21　不同型号树脂吸附硅酸的结果

	树脂型号				
	A_C^-	$HSO_4^- - SO_4^{2-}$	Cl^-	NO_3^-	硫酸铀酰型
吸附 SiO_2 量,%	9.1	7.2	6.6	5.4	3.0

注:A_C^-—醋酸根。

由表5－21可见,硫酸铀酰型树脂吸附的硅最少,即树脂吸附铀之后不易吸附硅。此外,对比含铀与不含铀的溶液吸附硅的情况,同样可以说明铀对树脂吸附硅的影响。例如,在相同条件下,在铀浓度 $0.29\ g \cdot L^{-1}$ 溶液中树脂吸附硅量为2.05%(SiO_2),而不含铀溶液中树脂吸附量为3.98%(SiO_2)。上述吸附柱顶部与底部树脂含硅量不同的原因就在这里。

4. 硅中毒的解决措施

在离子交换过程中,为了减轻或避免树脂硅中毒以及使硅中毒树脂再生,主要可从以下几方面考虑。

(1)减少吸附液中的硅酸含量

选择适宜的浸出方法和工艺参数可减少浸出液中硅的浓度。例如,生产上采用"弱化"浸出条件(如降低温度及酸度、增加浸出时间等)可减少硅的溶解,即采用低温、低酸、长时间浸出对减少树脂硅中毒是有利的。又如,采用浓酸熟化浸出,也可降低硅的溶解。此外,在铀水冶厂中经常采用石灰乳调节吸附矿浆的 pH 值。石灰中常含有大量可溶的硅酸,生产上对石灰测定表明,石灰中含 SiO_2 达8%～9%,用其中和矿浆可使吸附液中 SiO_2 浓度增加 $500\ mg \cdot L^{-1}$ 之多。因此,采用低酸浸出既可减少硅酸盐矿物的溶解又可降低石灰的用量,从而减少吸附液中硅的浓度。

(2)从溶液中除硅

有些有机和无机试剂如硫酸铝、聚氧乙烯等可在溶液中絮凝沉淀硅酸。但在铀工业中尚未得到推广应用。

(3)选用吸附硅酸少的离子交换树脂

聚苯乙烯系的树脂,其官能团的碱性强弱,对吸附硅酸有明显的影响,季铵的碱性强,吸附硅量多;碱性弱的仲胺树脂不易吸附硅酸;叔胺的碱性介于这两者之间,吸附硅量也居中。其次,树脂的孔隙结构大小对其吸附硅酸有一定的影响,多孔或大孔树脂较凝胶态树脂易吸附硅酸。因此,有可能选择适当的离子交换树脂以减少硅酸的吸附或树脂硅中毒。

吸附的接触时间以及溶液中铀浓度对树脂吸附硅有影响,减少吸附接触时间,特别是减少与贫铀溶液的接触时间可减少树脂对硅的吸附。连续逆流离子交换设备与固定床吸附设备相比,可在一定程度上缩短吸附接触时间,有可能避免树脂硅中毒的发生。南非布莱沃赖特齐特厂 1977 年将萃取工艺流程改建为连续逆流离子交换(CIX),最担心的就是树脂硅中毒问题,运行一年的结果表明,树脂上 SiO_2 的含量保持在 2% ~3% 的水平。

5. 硅的洗脱

表 5 –22 列举出了用各种试剂从树脂上洗脱硅的结果。采用盐酸、硫酸、硝酸及其盐,以及碳酸钠、碳酸铵等(称为转化性洗脱剂)洗脱硅时,没有明显的效果。NaOH 溶液可使聚硅酸发生解聚(称为解聚性解吸剂),它是树脂硅中毒的有效再生剂。铀水冶工业中通常采用 3%~5% NaOH 溶液作为硅的洗脱剂或中毒树脂的再生剂,虽然 NaOH 溶液对树脂有一定的损伤,但其除硅效率在 90% 以上。

表 5 –22　不同洗脱剂对硅的洗脱效率(离子交换树脂 AMII)

洗脱剂组成		洗脱体积,V/V_R	树脂上 SiO_2 含量/%		硅的洗脱率/%
			洗脱前	洗脱后	
转化性洗脱剂	15% HNO_3	20	8.2	7.94	3.2
	15% HCl	20	8.2	7.95	3.1
	15% H_2SO_4	20	8.2	7.95	3.1
	3% H_2SO_4 + 10% NaCl	20	8.2	8.0	2.3
	26% NaCl + 水		8.2	8.14	0.8
	5% Na_2CO_3	10	8.2	7.52	8.3
	5% $(NH_4)_2CO_3$	15	8.2	7.82	4.2
	10% $(NH_4)_2CO_3$	15	8.2	7.59	7.4
解聚性洗脱剂(再生剂)	1% NaOH	10	8.2	0.90	89
	3% NaOH	10	8.2	0.42	93

在某些情况下,在 NaOH 溶液中添加适量的 NaCl,Na_2CO_3 等可收到较好的除硅效果。例如,加入 NaCl 时,$0.1 ~0.3 \ mol \cdot L^{-1}$ NaOH(约 0.04% ~0.12% NaOH)溶液的洗硅效果可与 3% ~5% NaOH 溶液相比。这种洗脱硅溶液因 NaOH 浓度低,对树脂的损害较轻。同时还可以从树脂上除掉一些其他杂质如有机物等,因而得到推广。

5.6.3　树脂钼中毒

1. 钼的吸附及其对吸附铀的影响

钼是铀矿石常见的元素之一,常以硫化物,如辉钼矿形式存在。当用硫酸浸出铀矿石时,它以阴离子形式转入溶液中,由于钼能与铀同时被强碱性阴离子交换树脂所吸附,用一般解吸剂又不易解吸,因而在离子交换循环中逐渐地积累,造成树脂钼中毒。

钼的水溶液化学是比较复杂的,在中性和微碱性溶液中,钼以钼酸根 MoO_4^{2-} 等一系列聚合阴离子形式存在。

$$MoO_4^{2-} \xrightarrow{H^+} HMoO_4^{-} \xrightarrow{H^+} Mo_7O_{24}^{6-} \xrightarrow{H^+} Mo_8O_{26}^{4-} \xrightarrow{H^+} MoO_2^{2+}$$

同时,生成的聚合阴离子又能以水合形式或部分质子化形式(如 $HMo_7O_{24}^{5-}$, $H_2Mo_7O_{24}^{4-}$ 等)存在,在浓酸性溶液中(pH < 1.5),聚合钼阴离子络合物转化为阳离子 MoO_2^{2+} 。

在硫酸介质中占优势的是硫酸钼酰络阴离子 $[MoO_2(SO_4)_2]^{2-}$ 。强碱性阴离子交换树脂对钼有较强的亲和力,201×7 树脂从含 3.5 mmol·L^{-1} 硫酸铀酰和 3.5 mmol·L^{-1} 钼酸盐 pH 为 1.9 的溶液中吸附时,铀和钼在树脂上的分布情况(图 5-37)可说明钼比铀更强烈地被树脂所吸附。

钼对离子交换树脂吸附铀有明显的影响。树脂吸附钼及其在树脂中的积累,使树脂的铀容量下降。试验结果表明,含钼的铀溶液(Mo 0.06 ~ 0.08 g·L^{-1},U 0.3~0.4 g·L^{-1},pH = 1.8~2.1)用 201×7 树脂吸附,经三个吸附、解吸循环,树脂的铀容量下降约 30%。10 次循环钼积累量达 11.3%,树脂铀容量减少 2/3。

同时,钼对铀的吸附速度也有影响。当树脂上钼的含量为 25 mg·g^{-1} 时,对铀的吸附已有明显的减慢作用。吸附液中钼的浓度增高,铀的吸附穿透体积减

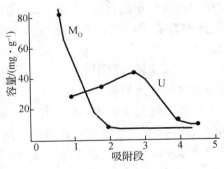

图 5-37　铀钼在吸附柱上的分布

少,树脂的铀容量下降,尤其是随吸附循环次数增加,树脂上钼积累量增大,影响更严重。仅当吸附液中钼浓度不高时,如 Mo < 0.020 g·L^{-1},对铀的吸附影响不大。

2. 解决树脂钼中毒的措施

为了减轻树脂钼中毒,通常可以采用以下几种办法:

①用活性炭预处理吸附料液　由于活性炭对钼的吸附力大于铀的吸附力,用这种预处理的方法可以达到除钼的目的。而且,当钼浓度稍高时,还可以同时回收一部分钼产品。美国拉基麦克厂在离子交换工序前设置活性炭过滤装置,既可澄清吸附原液,又可除去部分钼,取得一定效果。

②从吸附料液中沉淀钼　向吸附料液中加入可溶性硫化物或通入 H_2S,使钼以硫化物形式沉淀,可以显著地减少溶液中的钼。

③混矿、配矿法　钼浓度低于 $0.02\ g\cdot L^{-1}$ 时不会对铀的离子交换产生明显影响。因此,可以采用配矿的办法来控制原矿石中钼的品位,使吸附料液中钼浓度在允许范围之内。这种方法在处理多种矿石的工厂可采用,有时还可达到均衡矿石中铀品位的目的,便于稳定生产。一旦发生树脂钼中毒,则必须采取有效措施,消除毒物。

④用碱性物质洗脱钼　碱性物质与硝酸盐、氯化物的混合溶液可作为钼的洗脱剂(如 $NaNO_3 - NaOH$,$NH_4NO_3 - NH_3\cdot H_2O$,$(NH_4)_2CO_3 - NH_4NO_3$ 等)。实践证明:10% $NH_3\cdot H_2O$ $-10\%\ NaNO_3$ 溶液洗钼的效果很好。树脂床体积的洗脱液中含90%以上的钼,洗后树脂上残存钼量小于 $5\ mg\cdot g^{-1}$。洗脱液中钼含量较高时,还应考虑钼的回收问题。

5.6.4　树脂有机物中毒

1. 树脂有机物中毒及其影响

这里讨论的有机物,指的是在吸附过程中被树脂吸附并明显降低树脂交换性能的各种有机质的总和。目前,对于造成离子交换树脂中毒的有机质的化学组成还研究得不够充分,有人简单地称为腐殖酸,显然这不全面。离子交换树脂吸附有机物现象,在中性和碱性介质中很普遍,酸性介质中次之。至于能否发生树脂中毒,则视有机物存在条件和在树脂上积累的速率而定。

离子交换树脂吸附有机物,其明显后果是树脂的工作容量下降。例如在水处理工业中,原水中腐殖酸浓度约为 $1.7\ mg\cdot L^{-1}$,使离子交换容量明显下降,几次吸附循环后,有机物在树脂上积累使树脂变成黑褐色。用 201×7 强碱性离子交换树脂从碱性溶液中吸附铀时,经长时间的吸附 – 解吸循环后,该树脂的交换动力学性能变差。例如,经 10 次吸附 – 解吸循环后铀的穿透体积减少一半,即由第 1 次循环的 87.7 个树脂床体积(V/V_R)下降到第 11 次循环的 43.8 个树脂床体积,上述现象主要是树脂有机物中毒所致。

2. 吸附液中有机物的来源

铀矿浸出液中的有机物,首先来源于含矿岩中的页岩、地沥青等类型有机物质,其次是各种生物、微生物的残骸及其裂解演变的产物等。天然水源特别是池沼水中含有机物极多,可能随生产用水进入工艺过程。此外,有机油质、木材碎屑等进入工艺过程均能带入有机物质。可见,铀工艺过程中有机物来源很广,其性质及组成也很复杂。目前,这些有机物的组分尚未完全搞清楚。从离子交换角度看,可将有机物粗略地分成阳离子交换物和阴离子交换物两大类。含氮物质和阳离子表面活性物质是一类,它们大体上能为阳离子交换树脂所吸附,故称为阳离子交换物。能为阴离子交换树脂所吸附的有机物统称为阴离子交换物,如含羟基、酚基,酮基等的物质。

3. 树脂吸附有机物和预防树脂中毒

有机物作为大分子,对离子交换树脂有较强的亲和能力,常为树脂所吸附。其次,由于有机物分子比较大,因而扩散,特别是在树脂相内的扩散较慢,这是有机物的基本特点。通常,离子交换树脂吸附有机物主要与下列因素有关:

①有机物本身的性质及其在溶液中的浓度　如苯二酚型腐殖酸对阴离子交换树脂有很大的亲和力。有机物的浓度主要影响它在树脂上积累的速率以及树脂中毒出现的频率大小。通常,浓度低时不致发生树脂中毒或出现轻微的污染迹象,浓度高时,则很快就能出现树脂中毒现象。

②吸附介质的 pH 值　介质的 pH 值对树脂吸附有机物有明显的影响。各种树脂吸附有机物的最大值在 pH = 6 ~ 12 范围内,在酸性溶液中也可吸附相当数量的有机物(0.1 ~ 0.3 mg · g^{-1})。同时,不同树脂吸附有机物的数量不同,大孔树脂 Lewatit MP - 500 吸附有机物量较高。

4. 有机物的洗脱

由于离子交换树脂吸附有机物与有机物本身性质、工艺条件、介质 pH 值等有密切关系,同时,又鉴于有机物本身种类繁多,结构复杂以及一些问题尚未完全清楚,所以,从实际应用考虑,利用已积累的实际经验是有积极意义的。

在离子交换法提取铀的过程中,减少树脂吸附有机物的措施主要是:采用活性碳等吸附或多孔结构的树脂或易解吸有机物的弱碱性阴离子交换树脂,如 AH - 65、AH - 72 等预先处理吸附料液,除掉有机物;选择适当离子交换树脂吸附铀,当有机物浓度偏高时,宜选用凝胶型树脂。目前铀工业中采用的树脂型号并不多,还不能以选择其他类型的树脂来避免有机物的污染,因而在多数情况下还采用洗脱有机物的办法。有机物的洗脱方法主要有:

①苛性钠溶液洗脱有机物　当离子交换树脂吸附有机物数量不多时,可用 NaOH 溶液再生树脂。此时,洗脱反应时间不少于 4 ~ 5 h,提高温度可提高洗脱速率和效率。一般认为 1 mol · L^{-1}NaOH溶液效果很好。

②碱性食盐溶液洗脱有机物　当树脂吸附大量有机物时,可用碱性食盐溶液洗涤树脂。试验证明,2 mol · L^{-1}NaCl + 1.5 mol · L^{-1}NaOH 溶液能较好地再生含有机物高的离子交换树脂。一旦发生树脂有机物中毒,对于强碱 I 型树脂可采用 60 ℃,30% NaOH + 70% NaCl 再生,对于强碱 II 型树脂,温度适当低些,如 40 ℃。

③氧化再生法　树脂吸附有机物不易再生时,可采用 NaClO 处理。通常在室温条件下用 0.3% ~ 0.5%NaClO溶液并添加适量 NaOH 以维持介质 pH11 左右进行。一般应严格控制 NaClO的加入量,以免树脂遭到破坏。

5.6.5　其他污染树脂的毒物

除上述几种毒物外,能引起离子交换树脂中毒的还有 Ti,Th,Zr 等。在硫酸介质中,钛以络合阴离子形式被吸附。如遇到树脂相内 pH 值升高,则吸附的钛会水解,并沉淀于树脂孔隙中。澳大利亚铀工业中遇到过树脂钛中毒问题。如发生树脂钛中毒,可用硫酸和氟化铵溶液再生树脂。钍在硫酸介质中也能形成络阴离子,但其吸附能力逊色于铀,其吸附行为类似于硫酸铁络阴离子,但是,当树脂中 pH 值升高,则吸附的钍也可发生水解沉积于树脂孔道中,造成中毒。此外,锆、铌等的吸附行为及其对铀的影响与钛很相似,这里不再一一叙述。表 5 – 23 中汇总了上述几种树脂中毒的情况。

表 5 – 23　离子交换树脂中毒情况

毒物	离子或化合物存在形式	吸附液浓度	中毒类型	处理中毒树脂的措施
钴氰络离子	$[CO(CN)_6]^{3-}$ $[CO(CN)_5 \cdot H_2O]^{3-}$ $[CO(CN)_5 \cdot H_2O]^{2-}$	$1 \text{ mg} \cdot \text{L}^{-1}$	化学中毒	$2 \text{ mol} \cdot \text{L}^{-1} NH_4SCN$ 热溶液再生或以新树脂替换
硅	低聚硅酸	$0.5 \sim 2.0 \text{ g} \cdot \text{L}^{-1}$ （AMR SiO_2）	—	$3\% \sim 5\% NaOH$ 再生树脂
连多硫酸盐	$S_4O_6{}^{2-}$	约 $50 \text{ mg} \cdot \text{L}^{-1}$	化学中毒	$0.2 \sim 0.3 \text{ mol} \cdot \text{L}^{-1} HNO_3$ 或 $10\% NaOH$ 再生
铁矾类	$KFe(OH)_6(SO_4)_2$	$Fe^{3+} \sim 3 \text{ g} \cdot \text{L}^{-1}$ $K^+ \sim 0.1 \text{ g} \cdot \text{L}^{-1}$	物理中毒	$NaCl + H_2SO_4$ 再生树脂
钼	$Mo_2(SO_4)_n{}^{2n-2}$	$20 \sim 50 \text{ mg} \cdot \text{L}^{-1}$（Mo）		碱性再生剂,如 $NH_4NO_3 - NH_3 \cdot H_2O$（预处理除钼减缓中毒）
有机物	含羟基、酚基、酮基腐殖酸等	—		用 $NaOH$、$NaOH + NaCl$ 或 $NaClO$ 等溶液再生;预处理吸附液除有机物减缓中毒
硫酸盐	SCN^-	$\sim 1.24 \text{ mmol} \cdot \text{L}^{-1}$	化学中毒	硝酸盐再生
元素硫	硫氰酸盐,连多硫酸盐与氰化剂作用的产物	—	物理中毒	$NaOH$ 溶液再生
钛、钍、锆等	络阳离子水解产物	—	物理中毒	用较浓酸溶液处理

5.7　离子交换技术的发展趋势

目前,许多国家研究人员的兴趣大多集中在改进矿浆或半清液连续逆流吸附设备和工艺上。矿浆吸附的经济合理性说法不一,目前尚无定论,但是,具有倾向性的意见是稀矿浆连续逆流吸附较清液固定床吸附有更多的优越性。在发展矿浆连续逆流吸附设备及生产工艺问题上,重要的一点是如何加大树脂与矿浆之间的相对密度差。目前,铀生产工艺中所使用的季铵型强碱性阴离子交换树脂的相对密度在 1.09 ~ 1.10 之间(对氯型湿树脂而言)。这类树脂饱和以后,其相对密度将增加至 1.2 ~ 1.3,它只适于处理固体含量8% ~10%,相对密度不大于 1.07 的矿浆。矿浆中固体含量升高,使相对密度差变小,从而使树脂与矿浆分离产生困难。为此,不少的科学工作者正在研究增大树脂相对密度的方法,多数是在树脂合成时,加入适量的加重剂,如二氧化钛,可使树脂的相对密度增加。这种相对密度较大的树脂称为"加重树脂"。

"淋萃流程"的应用及不断改进是铀提取工艺的重大发展。淋萃流程与一般萃取流程的不同点主要表现在:用稀硫酸溶液淋洗被硫酸铀酰所饱和了的阴离子交换树脂之后,将所得到的淋洗液用三脂肪胺或二(2－乙基)己基磷酸萃取,继之,饱和有机相以碳酸铵反萃,最终可得到三碳酸铀酰铵的结晶产品。这种工艺流程的优点是:使浸取液纯化的流程大为缩短;避免了硝酸根和氯离子的引入;结晶母液得以返回前面的工序利用;若条件适当,可得到核纯产品。与现行的多级吸附－淋洗流程相比较,淋萃流程有如下的一些优点:①该流程没有硝酸根离子和氯离子参与反应,因此,尾液可以循环使用;②淋出液的酸度不需进行任何调整即可送往萃取工序,萃余液只需补充相应的酸度就可再送去淋洗饱和树脂;③由于没有其他杂质引入系统,所以,此种流程所得产品较其他流程所得产品纯度高;④硫酸作为淋洗剂时,其价格较便宜,故产品成本较低。例如,某些铀矿采用该流程时,用硫酸铵溶液进行反萃,之后,用氨水进行沉淀,其化学试剂的费用仅为早期的硝酸盐或氯化物溶液作淋洗剂费用的一半。

弱碱性阴离子交换树脂,在吸附铀工艺上的应用是一个值得注意的方向。为了提高从浸取液中吸附铀的选择性。不少科技工作者正在研究用弱碱性阴离子交换树脂吸附铀。例如,用弱碱性阴离子交换树脂从未澄清液或半清液中吸附铀时,人们发现,它对铁的吸附量较少,淋洗也能定量回收铀,故使用它比使用一般强碱性阴离子交换树脂所得浓缩物的纯度要高。

关于吸附铀的树脂的研究,除合成加重树脂外,有人也试用树脂孔径为几十纳米的所谓"大孔离子交换树脂",这是当今流行和发展的趋势。前面曾谈到,树脂在吸附时,其内部存在有很大的溶胀压,而大孔树脂可以减少这种溶胀压,从而减少其内应力,也就减少了树脂破裂的可能性。同时,大孔树脂的内扩散阻力小,从动力学角度考虑,这有利于扩散过程的进行,因此,大孔树脂的吸附速度与淋洗速度比一般树脂都要快。

习　　题

5 - 1　离子交换法的优点是什么?

5 - 2　列出典型的阳离子交换反应和阴离子交换反应。

5 - 3　简述穿透交换容量、饱和交换容量、再生交换容量、理论交换容量的含义。

5 - 4　干燥的离子交换树脂在水或水溶液中发生溶胀的原因是什么?

5 - 5　大孔树脂和加重树脂的特点是什么?

5-6 影响离子交换过程动力学的因素有哪些,各有何影响?

5-7 简述固定床清液吸附铀的流程。

5-8 简述铀的矿浆吸附工艺流程。

5-9 绘制离子交换树脂的吸附、淋洗的一般曲线。

5-10 常用离子交换树脂的解吸体系有哪些,各有何特点?

5-11 简述离子交换树脂中毒的含义以及离子交换树脂中毒对生产所造成的影响。

5-12 离子交换树脂中毒包括哪些方面?

5-13 简述离子交换树脂硅中毒的特点、影响以及解决办法。

5-14 简述离子交换树脂钼中毒的特点、影响以及解决办法。

5-15 简述离子交换树脂铁矾中毒的特点、影响以及解决办法。

5-16 简述铀水冶厂中几种典型的离子交换设备的操作方式和主要使用场合。

5-17 简述固定床离子交换系统的操作原理及适用场所、特点。

5-18 简述移动床离子交接系统的操作原理及适用场所、特点。

5-19 简述密实移动床离子交换系统的操作原理及适用场所、特点。

5-20 简述流化床离子交换系统的操作原理及适用场所、特点。

第6章 萃取法提铀工艺

6.1 概 述

6.1.1 简介

萃取指的是将某种物质从一相提取到另一相,而这里将要使用的是其狭义定义——溶剂萃取,即将以无机盐形式存在于溶液中的金属(或酸)的化合物提取到与水溶液不相混溶的有机溶液中的过程。该定义可以概括铀工艺中萃取的所有可能情况,而与其机理无关。

目前,溶剂萃取广泛应用于以下领域:分析化学;物理化学研究;放射性和稳定性核素的制剂化学;特殊目的的放射性核素分离;从矿石和精炼产品中提取铀和钍;辐照过的核燃料加工工艺;有色金属和稀有金属的提取和纯化工艺;无机物和有机物化学工艺。

在原子能工业中,核燃料化学和工艺的许多问题都是在研究和应用萃取工艺的基础上得到解决的。利用萃取法有效地解决了复杂铀矿石的加工、物理和化学性质相近元素的分离、结构材料和高纯化合物的制备以及人工放射性元素现代工艺的建立等许多问题。

萃取过程的特点是:金属的溶剂萃取过程,是一种选择性分离过程,与传统的分离方法(如沉淀法)相比,它具有选择性好、产品纯度高、回收率高、费用低、试剂消耗少、操作简便、易于连续化自动化、生产能力大等优点。与离子交换法相比的优点是:萃取工艺比较简单、效率高、选择性好、容量大、萃取剂用量少、适于处理较浓溶液、平衡时间短、速度快、生产能力大、可连续逆流操作、宜于自动控制,而且操作费用与投资都较低。

萃取法的缺点是:萃取剂在水溶液中总有一定的溶解与化学分解,操作时不可避免地会产生夹带损失,甚至有时形成一种难于分层的稳定乳化液,这不仅恶化操作,造成损失,而且降低了萃取效率。另外,由于有机溶剂的挥发性、易燃性与毒性,操作时要采取一定的安全措施。

萃取法提取或分离物质的实质在于:在一定条件下一些元素(如铀(Ⅵ)、钚(Ⅳ)和钍等)的盐能明显地,甚至大量地从水溶液中转移到与水不相混溶的有机溶剂中,而其他元素化合物则留在水相中。

萃取过程是以物质在互不混溶的两相之间的分配为基础,最常见的是在水溶液与有机相之间。大多数溶解的无机物在水中解离,同时生成的离子又水合化。在非极性或极性小的有机液体中不存在溶解物质的解离,或者解离反应受到强烈的抑制。根据能量概念,离子从水中转移到有机相是不利的。为能得到可以萃取的化合物,必须生成(预先形成或者由于和萃取剂反应而在萃取过程中形成)不带电的电中性分子或足够牢固的离子对。另一个重要条件是,要将被萃取的元素从水合层中"释放"出来并生成或多或少是疏水性的化合物。

应用于金属分离目的的有机萃取剂,目前已有几十种。在核燃料的生产工艺中,早期使用的萃取剂有二乙醚、二丁基卡必醇(DBC)、甲基异丁酮(MIBK)与三月桂胺(TLA)。现在的铀水冶工艺中,主要的萃取剂是有机磷类与烷基胺类,如二(2-乙基己基)磷酸(D_2EHPA),三脂肪胺(TFA),三辛胺(TOA),阿拉明-336(Alamine-336)等。铀化学浓缩物的精制和辐照过的核燃料的处理则采用磷酸三丁酯(TBP)。

作为工艺萃取剂,除必须具备一定的萃取能力与选择性外,还需满足下列要求:

①溶解度　在萃取过程中,萃取剂反复地与水相接触,由于所处理的水相体积很庞大,即使萃取剂在水相中只有很小的溶解度,也可造成不容忽视的溶解损失。为此,工艺上应采用那些水溶性低的萃取剂,即通常分子量较大的萃取剂。工艺实践中一般是把萃取剂溶于惰性稀释剂中,配成具有一定组成的有机相,以降低萃取剂在水中的溶解度。

②相对密度与黏度　萃取剂与水相的相对密度差越大,越易于分相,即不但分相快而且分相完全。如果两相间相对密度差较小,当水相中金属离子被萃入有机相后,两相相对密度可能变得相当接近,有时甚至可能使有机相相对密度超过水相相对密度,发生所谓"转相"现象,而不利于操作。为降低萃取剂的相对密度,增加两相间的相对密度差,工艺上通常用相对密度较小的惰性稀释剂将萃取剂冲稀。由于多数萃取剂的分子量都比较大,故其黏度也都较高,不利于分相。通常用黏度较低的稀释剂将萃取剂冲稀,以降低其黏度。黏度降低后,利于两相的分散接触,强化萃取过程。

③稳定性与安全性　萃取剂应具有较高的化学稳定性(耐酸、耐碱、抗氧化)与热稳定性;在处理辐照核燃料时,还应具备一定的辐照稳定性。工艺中,通过"疲劳试验"来衡量萃取剂的稳定性,即在"萃取—洗涤—反萃取—再生"的多次循环使用中,萃取剂性能,特别是萃取能力的下降越小越好。在使用、储运中希望萃取剂的毒性、腐蚀性要小,闪点与沸点要高(即不易燃烧、不易挥发),凝固点要低。

铀工艺中一些重要萃取剂的基本参数见表6-1。

表6-1　铀工艺中几种萃取剂的基本参数

名称	分子量	溶解度/$(g \cdot L^{-1})$ (25 ℃)	相对密度	黏度/厘泊	沸点/℃	闪点/℃	介电常数
二乙醚	74.1	0.75	0.71	0.24	34.5	-41	4.33
二丁醚	130	0.004	0.77	-	142	-	-
甲基异丁酮(MIBK)	100.16	0.37	0.80	0.546	116	27	13.11
磷酸三丁酯(TBP)	266.37	0.42	0.973	3.32	289	145	8.05
甲基膦酸二异戊酯(DIAMP)	236.29	1.9	0.953	4.48	258	130	-
甲基膦酸二甲庚酯(DMHMP)	320.45	0.01	0.915	7.57	120-122	165	-

表 6 – 1（续）

名称	分子量	溶解度/(g·L^{-1})(25 ℃)	相对密度	黏度/厘泊	沸点/℃	闪点/℃	介电常数
二(2-乙基己基)磷酸(D2EHPA)	322.43	0.0012	0.975	3.47	85	206	–
三辛胺(TOA)	353	<0.01	0.812	8.4	180 – 202	188	2.25
三脂肪胺(TFA)(N235)	–	<0.01	0.815	10.4	180 – 230	189	2.44
三月桂胺(TLA)	522	–	0.82	25.3	224	–	–
三烷基甲基胺(N263)	448 – 459	–	0.89	19.4	–	150 – 160	–
煤油(稀释剂)		–	0.74	0.3 – 0.5	170 – 240	62	–

萃取工艺的原则流程如图 6 – 1 所示。

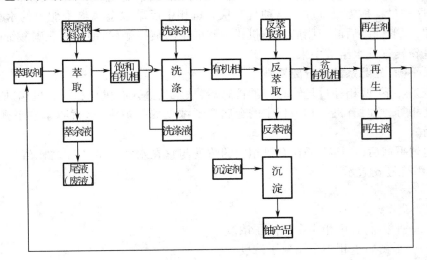

图 6 – 1　萃取工艺原则流程

在萃取工艺中,萃取与反萃取是两个基本的单元操作。作为一个完整的萃取工艺流程,有时还有洗涤、再生、溶剂回收等环节。

6.1.2　萃取的基本概念

1. 萃取和反萃取

互相不混溶的有机溶剂与水溶液接触混合后,逐渐分成两层,在体系中有着明显分隔开来的界面,且保持各自均匀的部分,均匀部分就是所谓的"相"。比水溶液轻、浮在上层的这部分有机溶剂叫有机相,而水溶液部分叫水相。

金属离子从水相转移到有机相的操作过程称为有机溶剂萃取,简称萃取。其原理是利用有机相与水相接触混合后,金属离子由于其物理、化学的特性,在两相中分配的不同,从水相转移到有机相。例如,将三脂肪胺有机溶剂与硫酸铀酰水溶液接触,结果硫酸铀酰被选择性地提取到有机相,与水相中的杂质分开,达到浓缩、分离、纯化的目的。

对金属离子具有萃取能力的有机化学物质称之为萃取剂,如三脂肪胺、磷酸三丁酯等。萃取时不用纯萃取剂,通常用一种廉价的不溶于水的有机溶剂来稀释,以改善萃取剂的物理性质,如黏度、相对密度等,这种只起稀释萃取剂作用的有机溶剂称为稀释剂。常用的稀释剂是煤油,有机相实际上是由萃取剂和稀释剂组成的有机溶剂。

萃取时,有机相与水相接触混合时的体积比叫接触相比,而它们两者在萃取设备中的进料体积流量的比值叫流比。在塔式萃取操作中和在混合澄清器萃取操作中,接触相比可以等于或不等于流比。

萃取后含金属离子的有机相与某一种适当的水相接触,有机相中的金属离子又重新转移到水相中,这一过程称为反萃取。这种具有从有机相中反萃取金属离子能力的水相称为反萃取剂。例如,萃取铀以后的三脂肪胺有机相与碳酸钠溶液接触后,铀便以三碳酸铀酰钠的形式从有机相重新转移到水溶液中来。

2. 萃取平衡、分配系数和分离系数

在一定条件下,两相经过足够时间的接触后,从水相进入有机相和从有机相进入水相的金属离子速度相等,这时有机相和水相中的金属离子浓度保持恒定,这就叫萃取平衡,这种平衡是相对平衡。

萃取达到平衡后,金属离子在有机相中的浓度与它在水相中的浓度之比值称为分配系数(分配比),用符号 α 表示。

$$\alpha = \frac{C_{有}}{C_{水}} \qquad (6-1)$$

式中　$C_{有}$——平衡后有机相中金属离子浓度;

　　　　$C_{水}$——平衡后水相中金属离子浓度。

分配系数是一个无单位的数值。分配系数越大,表示萃取剂对金属离子的萃取能力越强,在一次萃取中提取到有机相中的金属离子的数量越多。

当萃原液中有两种金属离子时,它们的分配系数的比值叫做分离系数,用 β 表示。

$$\beta = \frac{\alpha_1}{\alpha_2} \qquad (6-2)$$

式中,α_1,α_2 是这两种金属离子的分配系数。分离系数也是一个无单位的数值,它表示了这两种金属离子被有机相萃取分离的能力。只有在 β 不等于 1 时,才有可能通过萃取使它们分离。分离系数越大,两者就越易于用萃取法分离,分离出来的物质就越纯,也就是萃取选择性越高。

3. 萃取率、反萃取率和饱和度

萃取时,被萃取到有机相中的某种金属离子的总量与萃原液中该金属离子总量的百分比

叫萃取率,用 $\eta_{萃}$ 表示,其计算公式为

$$\eta_{萃} = \frac{W_{原} - W_{余}}{W_{原}} \times 100\% = \frac{a \cdot R}{1 + a \cdot R} \times 100\% \qquad (6-3)$$

式中,$W_{原}$ 和 $W_{余}$ 分别为萃原液和萃余水相中所要萃取的金属离子总量。a 是分配系数,R 是流比

$$R = \frac{有机相体积流量}{水相体积流量} \qquad (6-4)$$

可见,萃取率与分配系数和流比有关。在分配系数一定时,流比越大,萃取率就越高。

反萃取时,被反萃到水相中某种金属离子的总量与饱和有机相中该种金属离子总量的百分比叫反萃取率,用 $\eta_{反萃}$ 表示,其计算公式为

$$\eta_{反萃} = \frac{G_{饱有} - G_{贫有}}{G_{饱有}} \times 100\% \qquad (6-5)$$

式中,$G_{饱有}$ 和 $G_{贫有}$ 分别为饱和有机相和贫有机相中所要反萃取的某种金属离子总量。

萃取时,在确定条件下,单位体积含一定浓度萃取剂的有机相,能够萃取所要萃取的金属离子的极限数量,称为实际饱和容量(以 $g \cdot L^{-1}$ 表示)。而根据萃取化学反应式计算得到或从萃取平衡曲线求得的容量称为理论饱和容量。实际饱和容量与理论饱和容量之比值,称为饱和度(以百分数表示)。例如,用 $0.1\ mol \cdot L^{-1}$ 三脂肪胺从硫酸浸出液中萃取铀的实际饱和容量是 $5.0\ g \cdot L^{-1}$,而按化学反应式计算的理论饱和容量为 $6.0\ g \cdot L^{-1}$,所以饱和度为 $\frac{5.0}{6.0} \times 100\% = 83\%$。饱和度是表示萃取剂充分利用的程度。在萃取时希望饱和度尽可能高,使萃取剂得到充分利用,这样所需用的萃取剂就少。此外,萃取剂愈饱和,杂质就愈不易被萃取上去,但萃取剂愈接近饱和其黏度愈大,不利于萃取,实际操作中常控制饱和度在 80%～90% 左右。

4. 萃取平衡曲线和萃取级数

萃取平衡后,以有机相和水相中平衡金属离子浓度作图,得到表示萃取平衡的曲线叫做萃取平衡曲线,因为萃取平衡与温度有关,所以又叫萃取等温线(图 6-2)。这条曲线的作用是:第一,曲线上的每一点都表示了铀在两相中的平衡浓度,可以计算出不同平衡水相铀浓度时的分配系数;第二,可以确定该浓度萃取剂的理论饱和容量。从图 6-2 可知,随水相中铀浓度的增加,有机相中铀浓度也增加,并趋向于某一极限值,这一极限值就是理论饱和容量;第三,通常在有机相达到饱和时,萃取剂的摩尔数与铀摩尔数之间有简单的比例关系,从而可以确定萃取反应的化学计算量和推论有机相中被萃取物的组成情况。在图 6-2 中 $0.1\ mol \cdot L^{-1}$ 的 D_2EHPA 可被 $0.05\ mol \cdot L^{-1}$ 的 UO_2^{2+} 所饱和,据此可推断 D_2EHPA 萃取铀时是 $2\ mol \cdot L^{-1}$ 的 D_2EHPA 与 $1\ mol \cdot L^{-1}$ 的 UO_2^{2+} 起化学反应;第四,添加一条萃取操作线可计算逆流萃取理论级数。

有机相与萃取水相在一个萃取器中进行一次接触混合,经过一定时间后,进行澄清分层,

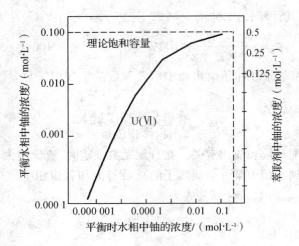

图 6 – 2   0.1 mol · L^{-1}D$_2$EHPA 煤油溶液从 0.5 mol · L^{-1}
硫酸溶液中萃取铀的平衡曲线

叫做单级萃取,如图 6 – 3(a)所示。有机相与萃取水相经过多级萃取器连续进行接触混合和澄清分层,最后有机相中被萃取的金属离子浓度越来越高,而水相中此金属离子浓度越来越低,这叫多级萃取,如图 6 – 3(b)所示。每个接触混合和分层的萃取器叫做一个萃取级(也叫萃取段),有机相与水相经过两个萃取器叫二级萃取,经过三个萃取器就叫三级萃取,依此类推。生产上为了提高萃取率和改善分离效果都用多级萃取,这样用一定量的萃取剂就能达到近乎完全萃取的目的。多级萃取常取逆流方式,即水相流动与有机相流动以相反方向进行。

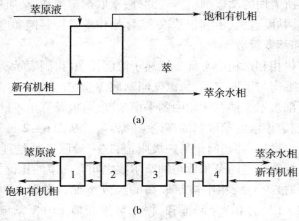

图 6 – 3   单级萃取与多级萃取示意图
(a)单级萃取;(b)多级萃取

这样,新有机相与含被萃取金属离子很少的萃余相接触,而接近饱和的有机相则与含被萃取金属离子较高的萃原液接触,因而可以提高萃取效果。

理论萃取级数是指两相混合达到完全平衡、相当于萃取率 100% 的萃取级数,可以用萃取平衡曲线和萃取操作线表示,如图 6-4 所示。AB 线叫萃取操作线。A 点为初始有机相进入萃取器时的萃余相和有机相的被萃取金属离子浓度。B 点为萃原液进入萃取器时有机相和萃原液的被萃取金属离子浓度。知道这两点或知道其中一点与流比就可作出此操作线 AB。由 B 点引水平线与平衡线相交,再由此作垂直线与操作线相交,这样继续下去,直至交于 A 点为止。反

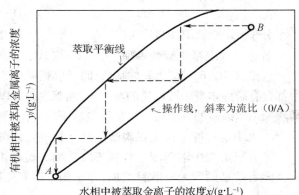

图 6-4　理论萃取级数的图解法

之,也可从 A 点开始向上作垂直线类似进行,直至交于 B 点为止。每一水平线或垂直线代表一个理论萃取级。在实际生产中往往要比理论萃取级多取 1~2 级,以满足萃取要求。此外,也可通过分液漏斗模拟法,用实验来求得理论萃取级数。

6.1.3　铀水冶工艺中常用的萃取剂

1. 对萃取剂的要求

铀水冶工艺中,萃取剂需尽量满足如下要求:①对铀有较高的萃取能力(分配系数大,萃取容量高)和选择性能(对杂质的分离系数要大),并易于反萃取;②在水溶液中溶解度要小,以减少萃取剂的损失;③黏度、相对密度要小,易与水相分离;④沸点要高,以防挥发损失,闪点要高,以免发生火灾;⑤无毒或毒性很小,以免影响操作人员身体健康;⑥制备容易,价格便宜;⑦具有较高化学稳定性,与酸碱长时间接触不分解、不氧化、不变质,耐辐射,对设备腐蚀性小。

实际上哪一种萃取剂都不可能完全满足这些要求,通常只能根据实际情况进行选择。

2. 铀水冶工艺中常用萃取剂种类

对于铀水冶工艺而言,由于浸出液或淋洗液中铀浓度较低,杂质含量较高,因此用萃取法处理时,要求萃取剂对铀的分配系数要大,萃取容量可以小一点。具有这种特点的萃取剂按其结构可分为磷类和胺类两种。

(1)有机磷类萃取剂

有机磷类萃取剂可看作磷酸中的三个氢原子分别被一个、二个或三个烷基所取代的化合物,分别称为烷基正磷酸单酯、烷基正磷酸双酯、烷基正磷酸酯。三种磷类萃取剂分子式与结构式如下

结构式	$O=P\begin{matrix}O-R\\ \mid\\ O-H\\ \mid\\ O-H\end{matrix}$	$O=P\begin{matrix}O-R_1\\ \mid\\ O-R_2\\ \mid\\ O-H\end{matrix}$	$O=P\begin{matrix}O-H_1\\ \mid\\ O-R_1\\ \mid\\ O-R_3\end{matrix}$
分子式	H_2RPO_4	HR_2PO_4	R_3PO_4
名称	烷基正磷酸单酯	烷基正磷酸双酯	烷基正磷酸酯

这里 R,R_1,R_2,R_3 代表烷基,它们可以相同或不相同。烷基正磷酸单酯和烷基正磷酸双酯中都含有磷酸本身未被取代的氢原子,在萃取时可以被置换游离出氢离子,所以呈酸性。烷基正磷酸酯中因磷酸的三个氢原子都被烷基所取代,故呈中性。磷类萃取剂性能的一般规律是:

①水中溶解度 烷基正磷酸三酯＜烷基正磷酸双脂＜烷基正磷酸单酯;

②有机溶剂中溶解度 烷基正磷酸酯＞烷基正磷酸双酯＞烷基正磷酸单酯。

随着烷基的碳原子数目增加,在水相中溶解度减小,分层时间缩短,萃取能力增大,通常烷基中碳原子数在 8～12 个。

(2)胺类萃取剂

胺类萃取剂可看作氨(NH_3)中的三个氢原子被一个、二个或三个烷基取代的化合物,分别称为伯胺、仲胺、叔胺。此外还有一种季铵盐也属胺类。它们的分子式与结构式如下

$R-N\begin{matrix}H\\ H\end{matrix}$	$\begin{matrix}R\\ R\end{matrix}N-H$	$\begin{matrix}R\\ R\end{matrix}N-R$	$\left[\begin{matrix}R\\ R\end{matrix}N\begin{matrix}R\\ R\end{matrix}\right]^+ X^-$
RNH_2	R_2NH	R_3N	R_4NX
伯胺	仲胺	叔胺	季铵盐

这里 R 表示烷基。在仲胺、叔胺和季铵盐中它们可以相同或不相同,X^- 表示无机阴离子。胺类萃取剂性能的一般规律是:

①水中溶解度 伯胺＞仲胺＞叔胺;

②有机溶剂中溶解度 叔胺＞仲胺＞伯胺;

③对铀的选择性 叔胺＞仲胺＞伯胺;烷基为支链结构＞直链结构;

④对铀的萃取容量 叔胺＞仲胺＞伯胺;烷基为直链结构＞支链结构。

季铵盐可溶于有机溶剂,但溶解度较其他三种胺小,所有胺类萃取剂加入脂肪醇后,在有机溶剂中的溶解度都显著增加,这种脂肪醇叫添加剂。所有胺类萃取剂都呈碱性,适宜于作萃取剂的胺的分子量以 250～600 为宜(胺的烷基中碳原子总数要大于 20,而每个烷基碳链的碳原子数为 8～10 个)。因为分子量小于 250 的胺在水中显著溶解,而分子量大于 600 的胺则不易得到,或在有机溶剂中溶解度低。

铀水冶工艺中常用的萃取剂、稀释剂和添加剂见表 6-2,6-3 和 6-4。

表 6-2　铀水冶工艺中常用的萃取剂

类型	名称	烷基中碳原子数	酸碱性	典型代表	
				名称	代号或缩写
磷类	烷基正磷酸单酯	8~12	酸性	十二烷基磷酸	DDPA
	烷基正磷酸双酯	8~12	酸性	二(2-乙基己基)磷酸	D₂EHPA
	烷基正磷酸酯	8~12	中性	磷酸三丁酯	TBP
胺类	伯胺	8~10	弱碱性	十八烷胺	
	仲胺	8~10	碱性	二(十二烷)胺	
	叔胺	8~10	碱性	三脂肪胺	TFA(N-235)
	季铵盐	8~10	强碱性	四烷基氯化季铵盐	7402

表 6-3　常用萃取剂特性

萃取剂名称	磷酸三丁脂	二(2-乙基己基)磷酸	三脂肪胺	季铵盐
代号或缩写	TBP	D₂EHPA	TFA	7402
分子量	266.37	322.43	烷基碳原子数 8-10 个	420-470
沸点(℃)(101.3 KPa)	289	–	130-230(0.4 KPa)	–
闪点(℃)	146	206	189	195
燃点(℃)	212	233	226	168
凝固点(℃)	-7.1	< -78	-64	15
相对密度(25 ℃)	0.973 0	0.970 0	0.815 3	–
黏度(厘泊)(25 ℃)	3.32	3.47	10.4	–
水中溶解度(g·L⁻¹)(25 ℃)	0.42	0.012	<0.01	<0.021(碱性水溶液)
介电常数(25 ℃)	8.05		2.44(20 ℃)	
其他	–	–	叔胺含量 >98%	季铵含量 >98% 含氮量 3% 左右
适用介质	硝酸溶液	硫酸或磷酸溶液	硫酸溶液	碳酸钠溶液

表 6-4　常用稀释剂、添加剂特性

类别	名称	分子量或碳原子数	沸 程 /℃	闪 点 /℃	相对密度 /25 ℃	黏度(厘泊) /25 ℃	外观
稀释剂	煤油	–	147~240	62~88	0.754~0.80	0.3~0.5	无色透明液体
添加剂	混合醇	含碳原子 12~16 的仲醇	190~210	–	0.793	17.8	浅黄色油状液体

每种萃取剂都有它的优缺点,把它们进行适当的比较,了解它们的特性,根据工艺要求选择合适的萃取剂是很有好处的。表6-5是磷类和胺类萃取剂性能的比较。

表6-5　萃取剂萃取性比较

萃取性能		胺类	磷类
对铀选择性		高,对杂质的分离系数在$10^3 \sim 10^4$	一般,D_2EHPA还能同时萃取Fe^{3+}
萃取速度		快	较慢
萃取能力	分配比	高	较低,中性磷酸酯比酸性磷酸酯更低
	饱和容量	较低	较高,中性磷酸酯容量最高
反萃取情况		易于反萃取,硝酸盐,氯化物,碳酸盐等都可作为反萃取剂	需用10%的磷酸盐溶液或强酸溶液才能进行反萃取
对酸、碱、辐射稳定性		稳定	一般
稀释剂中的溶解度		较小,需加添加剂以增大其溶解度	较大
进料中悬浮固体含量		要求很低,<50 ppm	可允许达300 ppm
乳化情况		容易产生乳化	不易产生乳化
中毒情况		钼容易在三脂肪胺中积累,季铵盐易被浸出液中的有机物中毒	

6.2　萃取过程的化学机理及基本规律

一个萃取体系的优劣,一定程度上决定于所用萃取剂的结构及物理、化学特性。因此,研究萃取工艺过程首先需要了解萃取剂的特性,而萃取剂的种类很多。它们以不同的方式,按不同的规律进行萃取,以下从工艺应用的角度进行讨论。

6.2.1　中性络合萃取

磷酸三丁酯(TBP)的煤油溶液从含有硝酸盐的硝酸水溶液中萃取硝酸铀酰的反应,属于典型的中性络合萃取。这一萃取体系可表示为

$$UO_2(NO_3)_2/MNO_3 - H_2O/TBP - 煤油$$

类似的体系还有

$$Th(NO_3)_4/MNO_3 - HNO_3 - H_2O/TBP - 煤油$$

$$R_E(NO_3)_3/MNO_3 - HNO_3 - H_2O/TBP - 煤油$$

这类中性络合萃取体系具有以下特点:①被萃物是以中性化合物的形式被萃取的,虽然在HNO_3水溶液中,铀可能以UO_2^{2+},$UO_2(NO_3)^+$,$UO_2(NO_3)_2$,$UO_2(NO_3)_3^-$等形式存在,但在

该体系中,只有中性分子 $UO_2(NO_3)_2$ 才能被萃取,其他的镧系、锕系元素也都以这种中性化物的形式被萃取;②萃取剂本身(如 TBP)是以中性分子形式参与萃取反应的,TBP 在非极性稀释剂煤油中,实际上是不离解的;③被萃物与萃取剂之间形成一定组成、一定结构的中性萃取络合物(或称中性溶剂络合物)。

中性络合萃取的化学反应(以 TBP 萃取硝酸铀酰为例)可表示为

$$UO_2^{2+} + 2NO_3^- + 2TBP \Longrightarrow UO_2(NO_3)_2 \cdot 2TBP \tag{6-6}$$

该反应结果是通过两步反应实现的,即

$$[UO_2(H_2O)_6](NO_3)_2 + 2TBP \Longrightarrow [UO_2(H_2O)_4 \cdot 2TBP](NO_3)_2 + 2H_2O \tag{6-7}$$

$$[UO_2(H_2O)_4 \cdot 2TBP](NO_3)_2 \Longrightarrow UO_2(NO_3)_2 \cdot 2TBP + 4H_2O \tag{6-8}$$

这种反应机理已由实验得到证实。在稀溶液中萃取呈平衡时,式(6-6)的平衡常数 K_U 为

$$K_U = \frac{[UO_2(NO_3)_2 \cdot 2TBP]_{(o)}}{[UO_2^{2+}]_{(a)}[NO_3^-]_{(a)}^2 \cdot [TBP]_{(o)}^2} \tag{6-9}$$

而分配比为

$$D_U = \frac{[UO_2(NO_3)_2 \cdot 2TBP]_{(o)}}{[UO_2^{2+}]_{(a)}} \tag{6-10}$$

所以

$$D_U = K_U \cdot [NO_3^-]_{(a)}^2 \cdot [TBP]_{(o)}^2 \tag{6-11}$$

当水相酸度一定、TBP 浓度又较低时,$[NO_3^-] = $ 常数,则式(6-11)可改写为

$$D_U = K'[TBP]_{(o)}^2 \tag{6-12}$$

由实验测定平衡时,在不同 TBP 浓度下得到相应的分配比 D_U,以 $\lg D_U$ 对 $\lg[TBP]$ 作图,得到的是一条斜率为 2 的直线。这就说明,TBP 对硝酸铀酰的萃取是按式(6-6)的反应进行的。硝酸铀酰与 TBP 所形成的中性萃合物,具有如下的分子结构

（Ⅰ）

式中,$R = C_4H_9$。在该萃合物的结构中,正、负电荷相等,整个萃合物呈电中性。被萃物铀酰离子的最大配位数(饱和配位数)得到了满足,因而该萃合物是稳定的。配位数饱和是中性络合萃取所要求的一个基本条件。像 TBP 一样,属于这种中性络合萃取机理的萃取剂,还有其他一些中性有机磷类萃取剂(见表6-6)。

在这类中性有机磷萃取剂中,发挥作用的官能团是活性的磷酰基。磷酰基上的氧原子可以提供出未配位的孤对电子,当被萃取的金属离子有空轨道、能够容纳这种孤对电子时,就可以构成配位键,从而形成稳定的萃取络合物。换句话说,由于磷酰基上电荷分布不均匀,即氧原子上集中了密度较大的电子云,而使磷酰基呈现出一定的"碱性",从而表现出一定的反应能力,即具备一定的萃取能力。具有磷酰基的这类中性有机磷萃取剂,对锕系、镧系以及某些重金属元素都表现出较高的萃取能力。凡是能够影响磷酰基上氧原子电子云密度分布的因素,即能影响其"碱性"的因素,都可以影响这类萃取剂的萃取能力。

表 6-6　中性有机磷类萃取剂结构

类　型	结　构	实　例
磷酸三烷基酯 （TRP）	RO—P(=O)(OR)(OR)	磷酸三丁酯 （TBP）　R＝C_4H_9
烷基膦酸二烷酯 （DRRP）	RO—P(=O)(OR)(R′)	丁基膦酸二丁酯（DBBP） R＝R′＝C_4H_9
		甲基膦酸二异戊酯（DIAMP） R′＝CH_3 R＝$i-C_5H_{11}-$
		甲基膦酸二甲庚酯（DMHMP）　（P350） R′＝CH_3,R＝C—(C)$_3$—C 　　　　　　　C
		甲基膦酸二乙基己基酯（DEHMP）（P307） { R′＝CH_3 R＝C—(C)$_3$—C 　　C—C
二烷基次膦酸烷酯 （RDRP）	RO—P(=O)(R)(R′)	二丁基次膦酸丁酯（BDBP） R＝C_4H_9
三烷基氧化膦 （TRPO）	R—P(=O)(R)(P)	三丁基氧膦（TBPO）R＝C_4G_6 三辛基氧膦（TOPO）R＝C_8H_{17} 三烷基氧膦（TRPO）R＝混合烷基
焦磷酸酯	RO—P(=O)(OR)—O—P(=O)(OR)—OR	
烷撑双膦酸酯	RO—P(=O)(OR)—(CH$_3$)$_5$—P(=O)(OR)—OR	甲撑双（二己基氧膦）（HDPM） n＝1　R＝C_6H_{13}

在中性有机磷类萃取剂的分子结构中,烷基(R—)或烷氧基(RO—)能在很大程度上影响磷酰基上氧原子的电子云密度分布。例如,烷基(R—)或烷氧基(RO—)具有给出电子的能力,它就可以使磷酰基上氧原子(简称磷酰氧)的电负性增加,结果磷酰基的偶极矩加大、极性增强,或者说磷酰基的"碱性"加强,于是,其萃取能力得到提高。

因为烷基(R—)相对于烷氧基(RO—)来说,具有较强的推电子能力,即具有较大的"碱性",所以像甲基膦酸二异戊酯(DIAMP)、甲基膦酸二甲庚酯(DMHMP)(即 P350)分子中的甲基(CH_3—)、丁基膦酸二丁酯(DBBP)、二丁基次膦酸丁酯(BDBP)分子中的丁基(C_4H_9—)直接与磷原子相连后,通过甲基或丁基推电子的诱导效应将提高磷酰氧的电子云密度,即增加磷酰基的"碱性",从而提高这类萃取剂的萃取能力。总之,随着中性有机磷分子中磷—碳键(P—C)数目的增多,磷—氧键(P=O)的"碱性"就增强,萃取能力也就提高。表 6-7 比较了一些烷基结构相同的中性有机磷萃取剂的萃取能力。

表 6-7　中性有机磷萃取剂的萃取能力

名称	分子式	分配比 D	萃取平衡常数 K
TBP	$(RO)_3PO$	0.25	12
DBBP	$(RO)_2RPO$	10	6.03×10^2
BDBP	$(RO)R_2PO$	120	2.95×10^4
TBPO	R_3PO	380	3.8×10^6

表 6-7 列出的数据表明,中性有机磷类萃取剂的萃取能力随 P—C 键数目增多而提高,也即 $R_3PO > R_2(RO)PO > R(RO)_2PO > (RO)_3PO$,图 6-5 给出了一些中性有机磷萃取剂从 1 mol·L^{-1} HNO_3 水溶液中萃取 $UO_2(NO_3)_2$ 时的分配比。

由表 6-7 与图 6-5 可以看出,萃取能力变化的规律与萃取剂的"碱性"是一致的,即丁基比丁氧基的推电子能力强,丁氧基比苯氧基的推电子能力强。

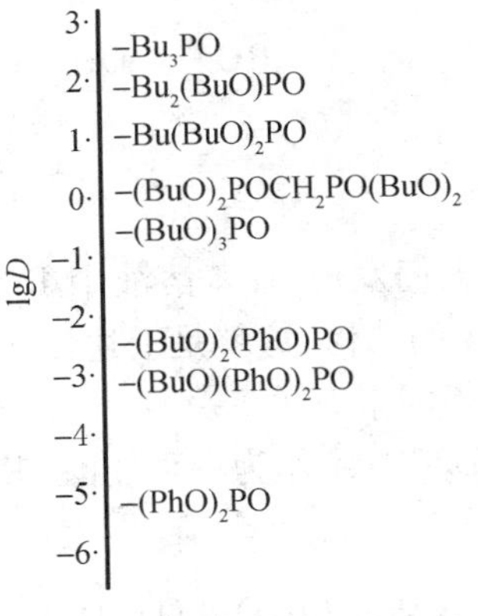

6.2.2　酸性萃取

与中性络合萃取不同,酸性萃取时,被萃物是以阳离子形式与萃取剂相结合,其萃取过程也就是被萃物阳离子置换萃取剂中氢离子的过程。因此,这种萃取过程也

图 6-5　一些中性磷萃取剂的萃取能力
Bu—代表丁基;Ph—代表苯基

称"液体阳离子交换萃取"或"溶剂离子交换"。由于萃取过程中有氢离子产生,故萃取体系中 pH 值的变化对金属萃取行为有重要影响。在工艺中,利用 pH 值的变化或控制一定的 pH 值,是进行这种萃取分离的重要手段。

这里主要讨论酸性有机磷类萃取剂。

酸性磷（或膦）类萃取剂，相应于正磷酸 H_3PO_4（或焦磷酸 $H_4P_2O_7$）中的 H 或 HO 部分地被烷基（R—）取代的化合物。在这种酸性磷化物的分子结构中，既有能与金属离子发生交换反应的羟基氢（也就是羟基氧与金属离子呈共价键结合），又有能与金属离子配位的磷酰基（也就是磷酰氧与金属离子呈配位键结合）。

酸性焦磷酸酯，由于其稳定性差在萃取工艺中未得到普遍应用。酸性正磷酸单酯中，除有一个碱性配位基外，还有两个亲水性强的羟基，故其水溶性大。增加烷基的碳键长度可减少其水溶性。酸性正磷酸单酯（即二元正磷酸）的烷基（R—）至少需要 12 个碳原子，即 $R = C_{12}H_{25}$，而酸性正磷酸双酯（一元酸）的烷基有 8 个碳原子（即 $R = C_8H_{17}$）即可满足工艺要求。

在酸性正磷酸双酯中，二(2-乙基己基)磷酸（即 D_2EHPA）由于具有比较合适的结构，因而水溶性低，稳定性高，所形成的络合物在有机相中有足够大的溶解度，而且价廉易得，所以在萃取工艺中得到广泛应用。

D_2EHPA 的分子结构中，具有能够给出电子的、电负性的磷酰氧原子和活泼的、能够接受电子的羟基氢原子，在非极性的无氧溶剂（如苯、煤油等）中，由于相互的静电作用，可形成分子间氢键，缔合为一个较大的复合分子，即 D_2EHPA 可形成如下结构的二聚体，即

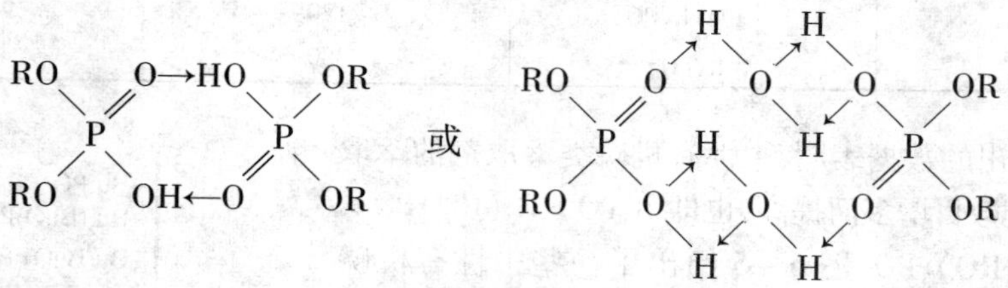

（Ⅱ）

人们发现，在苯溶液中 D_2EHPA 的实测表观分子量 $M = 628$，大约是其真实分子量 $M = 322.4$ 的二倍，这就是上述二聚体（Ⅱ）存在的实证。D_2EHPA 的缔合程度与其浓度、稀释剂的性质等因素有关。

D_2EHPA 作为一种弱酸，其二聚体中的一个氢离子可离解出来，其离解反应如下

$$(HA)_2 \Longrightarrow HA_2^- + H^+ \qquad (6-13)$$

其中，A 表示 $(RO)_2(O)PO^-$。D_2EHPA 对铀的萃取，按下述阳离子交换反应进行，即

$$UO_2^{2+} + 2(HA)_2 \Longrightarrow UO_2(HA_2)_2 + 2H^+ \qquad (6-14)$$

该反应机理可通过实验得到证实。

D_2EHPA 与铀所形成的萃合物，具有如下的结构

$$
\begin{array}{ccc}
\text{RO}\quad\text{OR} & \text{RO}\quad\text{RO} \\
\diagdown\;P\;\diagup & \diagdown\;P\;\diagup \\
\|\;\;\;\; & \;\;\;\;\| \\
O\quad\;\;\;O & O\quad\;\;\;O \\
\end{array}
$$

（Ⅲ）

　　在这个结构式中，D_2EHPA 二聚体中一个氢离子参与反应，为 UO_2^{2+} 所置换，另一个氢离子则保留于氢键中；磷酰氧与 UO_2^{2+} 配位，构成电中性的、具有一定稳定性的八元环大分子。这种由氢键构成的八原子环状结构，虽不及含氧、氮类的单分子螯合物稳定，但也具备一般螯合物的特点，所以实际上也可认为是属于螯合物。上述这种八元环的分子结构（Ⅲ）可由红外光谱分析得到证实。

　　结构式（Ⅲ）不是 D_2EHPA 与铀形成萃合物的唯一形式，在某些条件下，如金属浓度较高时，往往可形成"多核络合物"，其结构式为

$$
\begin{array}{ccccc}
& A & & A\quad\quad A & & & A \\
H\;\diagdown & \;UO_2^{2+} & \Big(& \;UO_2^{2+}\;H & \Big)_m & UO_2^{2+}\;H \\
& A & & A\quad\quad A & & & A
\end{array}
$$

（Ⅳ）

或写为 $(UO_2)_m A_{(2m+2)} H_2$。

　　结构式（Ⅳ）说明，在这种萃合物中，萃取剂与被萃金属的物质的量的比为 $(2m+2)/m$，当 $m=1$ 时，则 $(2m+2)/m=4$，萃合物呈 $UO_2 A_4 H_2$，即具有式（Ⅲ）的单核络合物结构。对于 $0.1\ mol\cdot L^{-1}$ 的 D_2EHPA 来说，其萃取铀的理论容量为 $0.1/4=0.025\ mol\cdot L^{-1}$，即 $6\ gU\cdot L^{-1}$。当 m 很大时，$(2m+2)/m$ 趋近于2，即 $0.1\ mol\cdot L^{-1} D_2EHPA$ 的理论铀容量为 $0.1/2=0.05\ mol\cdot L^{-1}$，即 $12\ gU\cdot L^{-1}$。在 m 比较大的情况下，氢离子在此多核络合物（Ⅳ）中所占比例是很小。故当 pH 值较高时（即氢离子浓度较低时）倾向于形成 m 比较大的多核络合物，pH 值较低时，将导致多核链结构的断裂，形成 m 较小的络合物。这种关系可由表6-8得到说明。

表6-8　D_2EHPA 饱和容量与 pH 的关系

pH	0.8	1.0	1.4	2.0
饱和容量/$(gU\cdot L^{-1})$	5.94	6.36	7.48	9.51

条件：$[U]_a=1\ g\cdot L^{-1}$，$[SO_4^{2-}]_a=0.5\ mol\cdot L^{-1}$，$0.1\ mol\cdot L^{-1} D_2EHPA+3\% TBP$（煤油）

D$_2$EHPA 与其他金属离子形成的萃合物,也有类似的结构形式,例如萃取稀土元素 RE^{3+}时,其萃合物的结构式为

$$
\begin{array}{c}
RO \quad OR \\
\backslash \quad / \\
O=P-O \\
\diagup \qquad \diagdown \\
H \qquad\qquad RE^{3+} \\
\diagdown \qquad \diagup \\
O-P=O \\
/ \quad \backslash \\
RO \quad OR
\end{array}
$$

(Ⅴ)

D$_2$EHPA 作为一种弱酸性阳离子交换萃取剂,萃取金属离子 M^{n+} 的普遍反应方程式可写为

$$
M_a^{n+} + nHA_{(o)} \rightleftharpoons MA_{n(o)} + nH_{(a)}^+ \tag{6-15}
$$

在稀溶液情况下,式(6-15)的萃取反应热力学平衡常数为

$$
K = \frac{[MA_n]_{(o)} \cdot [H^+]_{(a)}^n}{[M^{n+}]_{(a)} \cdot [HA]_{(o)}^n} \tag{6-16}
$$

这是萃取过程的总结果,实际上,萃取过程中存在着一系列平衡关系:

有机相　HA $\updownarrow \lambda$ 　　　　　　MA$_n$ $\updownarrow \Lambda$
水相　　HA $\underset{k}{\rightleftharpoons}$ A$^-$+H$^+$ 　　M^{n+}+nA$^-$ $\underset{\beta}{\rightleftharpoons}$ MA$_n$

萃取剂 HA 在两相中的分配常数为

$$
\lambda = \frac{[HA]_{(o)}}{[HA]_{(a)}} \tag{6-17}
$$

萃取剂在水相中的离解常数为

$$
k = \frac{[H^+]_{(a)} \cdot [A^-]_{(a)}}{[HA]_{(a)}} \tag{6-18}
$$

萃合物在水相中的生成常数(稳定常数)为

$$
\beta = \frac{[MA_n]_{(a)}}{[M^{n+}]_{(a)}[A^-]_{(a)}^n} \tag{6-19}
$$

萃合物在两相间的分配常数为

$$
\Lambda = \frac{[MA_n]_{(o)}}{[MA_n]_{(a)}} \tag{6-20}
$$

把式(6-17),(6-18),(6-19),(6-20)代入式(6-16),经整理后得

$$
K = \Lambda \cdot \beta \cdot \left(\frac{k}{\lambda}\right)^n \tag{6-21}
$$

当有机相中被萃物以 MA_n 形式存在,而水相中金属有各种形式 MA_i 时,若设 α 为水相中 M^{n+} 所占百分数,即

$$\alpha = \frac{[M^{n+}]}{[MA_1] + [MA_2] + [MA_3] + \cdots + [MA_i]} \tag{6-22}$$

则分配比为

$$D = \frac{[MA_n]_{(o)} \cdot \alpha}{[M^{n+}]_{(a)}} \tag{6-23}$$

将式(6-23)代入式(6-16),(6-21)中,得

$$D = \Lambda \cdot \beta \left(\frac{k}{\lambda}\right)^n \cdot \left(\frac{[HA_n]_{(o)}}{[H^+]_{(a)}}\right)^n \cdot \alpha \tag{6-24}$$

决定萃取过程中分配比大小的本质因素是热力学平衡常数 K,分析式(6-24)就可以看出 k,pH,n 是影响分配比 D 的重要因素。

酸性萃取剂 HA 的酸性越强,即 k 越大,越有利于萃取。工艺中有时用 pk(离解常数的负对数)作为萃取剂的酸性参数,即 pk 值越小,酸性越强,萃取能力越高。

式(6-24)还表明,虽然有机相中萃取剂的浓度$[HA]$与水相酸度$[H^+]$对分配比 D 的影响都有指数关系,但$[HA]$增加十倍其效果仅与水相 pH 值增加一个单位相当,而$[HA]$增加十倍却要受到许多限制(如溶解度、重度、黏度及经济性等因素),故 pH 值变化的影响更显灵敏。被萃离子的价态(n)对 pH 的作用有非常显著的依赖关系。例如,当 pH 值增加一个单位时,对于 $n = 1,4$ 的两种离子,分配比 D 的增加分别是 10 与 10 000 倍。

6.2.3　阴离子缔合萃取

被萃物以络阴离子形式与萃取剂结合,进入有机相的萃取过程,叫阴离子缔合萃取,也叫"液体阴离子交换萃取"。

一些"碱性"有机物(如有机胺类)在酸性介质中发生"质子化"形成阳离子后,与水相中的金属络阴离子以静电作用的方式互相吸引,形成离子缔合物,这就实现了金属离子的萃取。显然这种萃取具有较高的选择性。

属于这种离子缔合型的萃取剂,有各种含氧、含氮、含磷、含硫的有机化合物,它们在萃取过程中生成相应的烊盐、铵盐、鳞盐、锍盐。这类盐统称鎓盐(onium)。从工艺应用的角度出发,这里主要讨论铵盐类萃取剂,即含氮的有机胺类萃取剂。

胺类萃取剂的特点是:容量大,选择性好,能适用于多种酸体系,辐射稳定性高,是目前得到广泛应用的工艺萃取剂。

胺是氨的烷基取代物。按氨中"H"的取代程度不同,分以下四类:

伯胺	仲胺	叔胺	季铵
RNH_2	R_2NH	R_3N	$R_4N^+X^-$

　　这里的烷基(R—)通常是脂肪烃基。烷基(R—)的分子量较低时,胺的水溶性大,而分子量太大时,胺的油溶性又差。故胺的分子量一般以 $M=250\sim600$ 为宜,即烷基(R—)的碳链长度为 8 个碳至 12 个碳时,相应的胺可有满意的疏水亲油性。

　　在胺类萃取剂的分子结构中,起萃取作用的活性基团是能够给出电子、具有相当"碱性"的氮原子。由于此氮原子具有亲核性,即具有可以提供出来的孤对电子,故胺能和金属络阴离子构成络合物。

　　烷基(R—)相对于氢原子而言是推电子基,故烷基取代氢后,在诱导效应作用下,使氮原子上的电子云密度增高,因此,胺的"碱性"(即氮原子给出电子接受质子的能力)随烷基的取代而增加,也就是胺的萃取能力随烷基的取代而加强。然而这不是绝对的,烷基(R—)的依次取代(如由伯胺到叔胺)固然可使氮原子的电负性增加,但是,烷基的取代也将产生一定的空间位阻效应,即烷基(特别是结构复杂的大分子烷基)可能把氮原子"屏蔽"起来,阻碍氮原子的质子化,或阻止它与被萃物的接触,不利于形成配位键,从而降低了萃取能力。尤其是当被萃取物离子的电荷数较高时,需要结合较多的胺分子,烷基的屏蔽作用就更显著。

　　在伯胺与仲胺的分子结构中,既有亲电子的氢原子,又有亲核的氮原子,因此,在非极性溶剂中,由于库仑静电引力使胺分子间很容易形成 N→H 型"氢键",即两个或多个胺分子缔合为一定的聚合体即

　　因此,在用伯胺与仲胺萃取时,必须先破坏这种氢键。当然这要消耗一定的能量,消耗的能量越多,就越难于萃取。也就是说,胺分子本身的氢键缔合降低了它的萃取能力,而叔胺分子结构中不含氢,不形成氢键,故叔胺本身不发生聚合,表现出较高的萃取能力。

　　具有支链结构的烷基(R—),由于空间位阻效应,使氮原子与氢原子之间不易缔合为氢键,故其萃取能力较大。

　　由于胺分子之间、胺与水分子之间以及胺与稀释剂分子之间形成氢键,因而就在一定程度上改变了胺在两相间的溶解度及其萃取能力。例如,在极性溶剂氯仿中,伯胺的溶解度与萃取能力可得到提高,这是因为氯仿与伯胺分子之间形成了氢键,即

因而降低了伯胺分子本身之间的氢键缔合,仲胺也有这种效应,但是当烷基中支链增多时,氯仿便不再有这种效能了。

带有一个苯核的仲胺,其中烷基具有较多支键时,在煤油与苯一类的非极性溶剂中萃取能力非常高。有机胺属于弱碱,与酸作用可生成相应的盐,如 $[RNH_3]^+ A^-$,$[R_2NH_2]^+ A^-$,$[R_3NH]^+ A^-$。

在用胺类萃取剂进行萃取时,自由胺首先与酸作用发生质子化反应,叔胺的质子化反应为

$$2R_3N + H_2SO_4 \rightleftharpoons [R_3NH]_2SO_4 \xrightarrow{H_2SO_4} 2[R_3NH]HSO_4 \qquad (6-25)$$

这种质子化的过程也就是胺对酸的萃取过程,萃取酸是胺的基本特征之一。

胺对酸的萃取可按下列两种机理进行:

中和反应

$$qH_{(a)}^+ + A_{(a)}^{q-} + qR_{(o)} \rightleftharpoons (RH)_q A_{(o)} \qquad (6-26)$$

加成反应

$$qH_{(a)}^+ + A_{(a)}^{q-} + (RH)_q A \rightleftharpoons (RH)_q A \cdot H_q A_{(o)} \qquad (6-27)$$

这里,R 代表自由胺。

质子化以后的胺盐阳离子,与水相中以络离子形式存在的被萃金属离子,通过静电作用缔合为中性络合物而实现萃取。可以认为,这是一种阴离子交换萃取过程。

胺类萃取剂对金属的萃取可按下述三种方式进行:

加成反应

$$M_{(a)}^{m+} + mA_{(a)}^- + q(RHA)_{p(o)} \rightleftharpoons [RH(RHA)_{p-1}]_q \cdot (MA_{m+q})_{(o)} \qquad (6-28)$$

交换反应

$$MA_{(m+q)(a)}^{q-} + q(RHA)_{p(o)} \rightleftharpoons [RH(RHA)_{p-1}]_q (MA_{m+q})_{(o)} + qA_{(a)}^- \qquad (6-29)$$

配位反应

$$MA_{m(a)} + qR_{(o)} \rightleftharpoons MA_m \cdot R_{q(o)} \qquad (6-30)$$

$$MA_{m(a)} + qRHA_{(o)} \rightleftharpoons MR_q A_{m(o)} + qH_{(a)}^+ + qA_{(a)}^- \qquad (6-31)$$

以上各式中,p 代表胺盐的缔合系数。

叔胺从硫酸溶液中萃取铀的具体反应为

$$UO_2(SO_4)_2^{2-} + [R_3NH]_2SO_4 \rightleftharpoons [R_3NH]_2UO_2(SO_4)_2 + SO_4^{2-} \qquad (6-32)$$

$$UO_2(SO_4)_3^{4-} + 2[R_3NH]_2SO_4 \rightleftharpoons [R_3NH]_2UO_2(SO_4)_3 + 2SO_4^{2-} \qquad (6-33)$$

这类萃合物的分子结构为

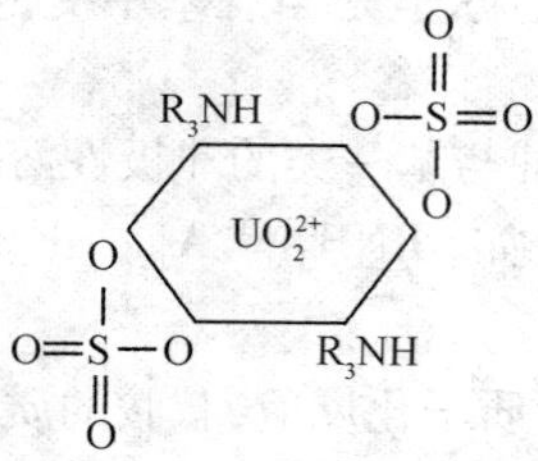

（VI）　　　　　　　　　　　　　（VII）

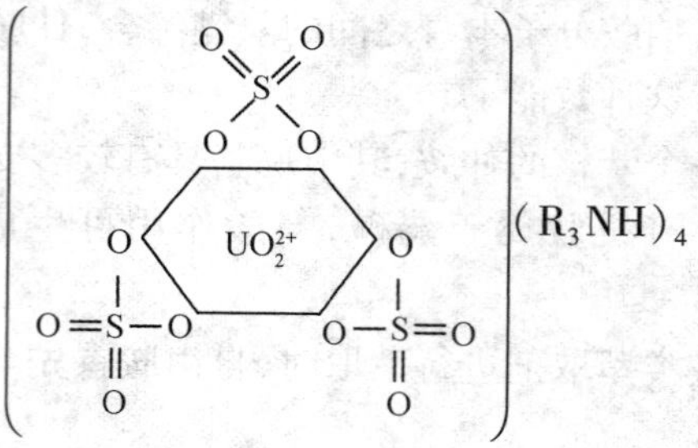

萃合物的组成与萃取条件有关,如[SO_4^{2-}],[UO_2^{2+}],[R_3N],[H^+]等因素都会影响萃合物的组成。用三脂肪胺从H_2SO_4溶液中萃取铀时,在有机相接近饱和的情况下,测得的萃合物分子组成中$R_3N/U = 4$,$SO_4^{2-}/U = 3$,这就表明,该条件下所生成的萃合物是$(R_3NH)_4UO_2(SO_4)_3$。

有机胺与铀的萃取反应,除了有式(6-32)、(6-33)的基本形式外,也可以发生逐级络合反应而呈多聚体的萃合物$[UO_2(SO_4)][(R_3NH)_2SO_4]_p$,缔合系数$p = 4 \sim 4.8$。

与伯、仲、叔胺不同,季铵则是属于强碱。季铵盐本身包含有阳离子$(R_4N)^+$,故萃取过程中不需再与氢离子结合(质子化),因此,这种萃取剂不仅可在酸性介质、中性介质中使用,甚至可在碱性介质中使用,季铵是唯一可用于碱性介质的萃取剂。

6.2.4　协同萃取

协同萃取是指在混合萃取剂中,被萃金属的分配比D_s显著大于每种萃取剂在相同条件下单独使用时分配比的简单加和值D_{ad},即$D_s \geqslant D_{ad}$。我们称这种效应为"协同(萃取)效应",这种体系为"协萃体系"。反之,若$D_s \leqslant D_{ad}$则称之为"反协同效应"。

D_s与D_{ad}之比,定义为"协萃系数",即

$$S = \frac{D_s}{D_{ad}} \tag{6-34}$$

协萃系数S表示在混合萃取剂中被萃物的分配比D_s比各萃取剂单独使用时分配比简单加和值的倍数。当$S > 1$时,为协同萃取;$S < 1$时为反协同萃取;$S = 1$时为无协同萃取。采用协同萃取是萃取工艺的重要进展。

1954年有人发现,TTA萃取稀土元素时,加入少量TBP后,其分配比显著提高。随后,在用D_2EHPA从H_2SO_4溶液中萃取六价铀时,为防止生成第三相加入少量TBP后,发现在该体系中铀的分配比大大提高。目前,萃取工艺中的这种协同萃取效应是极为普遍的现象。表6-9中所列出的酸性有机磷化物与中性有机磷化物的萃取体系就是典型的协萃体系。

表 6-9　酸性磷化物与中性磷化物的协萃体系

萃取剂名称		浓度/(mol·L^{-1})（煤油溶液）	分配比 D	
			单独使用时	与 0.1 mol·L^{-1}D$_2$EHPA 一起使用时
D$_2$EHPA		0.1	135	—
(RO)$_3$PO	R = C$_4$H$_9$（正）	0.1	0.000 2	470
	R = C$_8$H$_{17}$（EH）	0.1	0.000 2	270
(RO)$_2$RPO	R = C$_4$H$_9$（正）	0.1	0.000 2	1 700
	R = C$_5$H$_{11}$（正）	0.1	0.000 3	2 000
	R = C$_6$H$_{13}$（正）	0.1	0.000 4	2 200
	R = C$_8$H$_{17}$（正）	0.1	0.000 2	870
(R'O)R$_2$PO	R,R' = C$_4$H$_9$（正）	0.1	0.002	3 500
	R = C$_4$H$_9$ R' = C$_6$H$_{13}$（正）	0.1	0.002	350 0
R$_3$PO	R = C$_4$H$_9$（正）	0.05	0.002 5	7 000
	R = C$_8$H$_{17}$（正）	0.1	0.06	3 500
	R = C$_8$H$_{17}$（EH）	0.1	0.02	650

由于协萃体系的分配比非常高,所以在萃取工艺的实践中,协萃体系有很大的实用价值,它不仅可以改善萃取效果,甚至可以实现一些原来难以进行的萃取过程。

一个萃取体系有无协萃效应,可以利用图 6-6 所示的"协萃图"来判断。

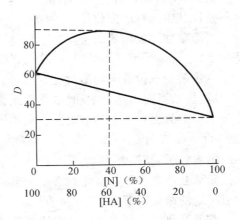

图 6-6　协萃图

图 6-6 中的横轴表示混合萃取剂组成,其两端分别代表两种纯萃取剂。该图中,纯酸性萃取剂 [HA] 对金属的萃取能力由 $D=60$ 表示,纯中性萃取剂 [N] 的 D 为 30。当 [HA] = 60%,[N] = 40% 时该混合萃取剂有最大的萃取能力,$D=90$,表明该体系具有协萃效应。因为,若该体系无协萃效应时,其分配比应为 $D_{ad} = 60 \times 0.6 + 30 \times 0.4 = 48$。

有的协萃体系可能是在萃取过程形成了一种配位数饱和、结构稳定的加合络合物(即协同萃合物)而改善萃取效果;有的可能是在萃取过程中形成了具有较高疏水亲油性萃合物而强化了萃取效果;有的则可能是萃取剂彼此间的活度发生了相应的变化而促进了萃取过程。例如,"TTA-TRP(或 TRPO)","D$_2$EHPA-TRP(或 TRPO)"萃取铀与稀土时有

$$UO_2^{2+} + 2(HA)_2 + 2TRP \Longrightarrow UO_2 \cdot (HA_2)_2 \cdot 2TRP + 2H^+ \qquad (6-35)$$

$$M^{m+} + mHTTA + nTRP \rightleftharpoons M(TTA)m \cdot nTRP + mH^+ \qquad (6-36)$$

所生成的萃合物具有如下结构式

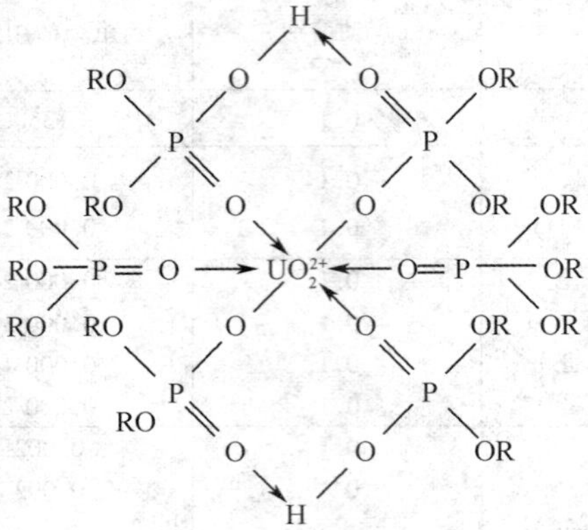

（Ⅷ）

结构式（Ⅷ）中，能给出电子的中性 TRP 称为电子给予体，简称给电体。这种中性给电体与金属络合物（MA_m）所生成的加成络合物（即协萃络合物）有两种类型。一种是中性给电体并不置换其中已有的配位体，这种类型，主要发生于水相为弱络合作用的情况，此时中性给电体不可能单独萃取金属离子。另一种类型是，中性给电体置换其中配位体的部分阴离子，这种情况下，金属离子可被中性给电体单独萃取。

六价铀与三价稀土的最大配位数是 8，在单独使用 TTA 或 D_2EHPA 萃取时，所生成的萃合物，其配位数可能未达到饱和（如前面结构式（Ⅲ）所示），此时溶液中水分子将参与配位（因为水分子中的氧也有一定的电负性），从而增加萃合物的亲水性，使萃取受到一定限制。当有中性的 TRP 参与配位时，由于其中的磷酰氧比水分子氧有更大的电负性，因而能够把金属离子周围的水分子"挤"掉。这时既保持了萃合物的电中性，又满足了其最大配位数的要求，同时又使新萃合物失去了亲水性而增加了亲油性。在这种新的协萃物中，协萃剂与金属离子之间形成了新的杂化轨道，从而有利于萃取。

胺类萃取剂在萃取铀时也有协萃现象。例如，分子量不同的两种胺，TOA-TDA（三辛胺与三癸胺）和 TOA-TLA（三辛胺与三月桂胺），在总胺浓度一定时，有明显的协萃效果，因此当商品 TDA，TLA 中混有少量 TOA 时，其萃取能力将有所提高。

除了这些萃取剂之间有协萃效应外，甚至在某些稀释剂与萃取剂之间也有类似效应。

协萃效应除了在热力学平衡方面能增加萃取能力、提高分配比之外，有的协萃效应还可大大提高萃取速度，即表现出"动力学协萃效应"。例如，羟肟类的 LIX 与羧酸 Versatic 体系，它们对有色金属 Cu^{2+}，Co^{2+}，Ni^{2+} 有强烈的协萃效果，萃取能力大大提高，但萃取速度却不能令人满意。若该体系中加入少量（$0.01\ mol \cdot L^{-1}$）二壬基萘磺酸（DNNS），就可大大提高萃取速度。这种效应便是"动力学协萃效应",二壬基萘磺酸(DNNS)便是"动力协萃剂"。

6.2.5　萃取过程的基本规律

萃取过程中生成的萃合物,其结合方式基本上分为两类,一类属于化学键型(配位作用),另一类属于静电力型(离子缔合)。

萃取过程是被萃取的金属离子在两相间竞争分配的过程。因此,它与两相中的情况有关,特别是与两相中的化学作用、类化学作用有关。这些作用包括氢键、电子的给予 – 接受、偶极 – 偶极等作用。它们的作用有的虽然微弱,但在不同的萃取体系中却可发挥重要作用。

1. 结构效应——萃合物的稳定性

(1)电负性

萃取剂中,发挥作用的部分是其活性官能团,官能团的电负性(即其"碱性",或亲核性)不同,则其萃取能力也不同。

属于中性络合萃取机理的中性含氧萃取剂,其发挥作用的活性基团都是有孤对电子的、电负性强的氧原子。中性有机磷类萃取剂的磷酰氧,比其他含氧萃取剂中的氧有较大的电负性,故有较强的萃取能力。因为磷原子及其所成键的"极化能"较大,而磷酰氧的电子云密度可由三个烷基得到加强,所以,虽同是氧原子,所处位置不同,其诱导效应也不同,因而有不同的电子云密度分布,从而表现出不同的萃取能力。

当磷酰基中的氧原子被硫取代后,形成 R_3PS,$(RO)_3PS$ 一类化合物,其萃取能力由于电负性减弱而降低。在双磷酰类化合物中,R 可以是烷基,也可以是烷氧基,由于烷氧数目(n)较大,使两个电负性的磷酰基之间的相互影响减弱,因而保留了单个磷酰基较强的电负性,于是表现出较高的萃取能力。

苯基膦酸二丁酯 DBPP 与丁基膦酸二丁酯 DBBP 虽属一类,但由于苯核与磷酰基 P = O 共轭,使磷酰氧原子的电子云密度下降,故 DBPP 的萃取能力比 DBBP 的萃取能力低。

对于酸性有机磷,烷基(R—)比烷氧基(RO—)有较大的推电子效应。当烷基(R—)取代 D_2EHPA 中的一个烷氧基(RO—)后,便得到

$$RO \overset{\displaystyle O}{\underset{\displaystyle R}{\overset{\big|}{\underset{\big|}{P}}}} OH$$

其中,R 为 2 – 乙基己基。这就是国产的乙基己基膦酸乙基己基单酯(EHEHPA,或 P – 507),由于其中 P—C 键代替了 P—O—C 键,酸性有所下降,其中的氢离子不太容易离解,故不像 D_2EHPA 那样生成稳定的萃合物而难于反萃取。因此这种萃取剂特别适合于某些重稀土元素的萃取分离。

铵盐与锌盐都属于鎓盐,但氮原子有比氧原子大的电子云密度,即其电负性较大,故铵盐

类萃取剂可在稀酸溶液中进行萃取,而𨰀盐萃取剂却需要在浓酸溶液中进行。

　　胺类萃取剂的碱性,随其取代基数目的增加而增强,故季铵盐属于强碱,它不但可在酸性介质、中性介质中进行萃取,甚至可在碱性介质中进行萃取。

　　萃取剂的萃取能力越强,则反萃取越困难。叔胺的碱性较高,用于 Nb－Ta 分离时,难以反萃取,如其结构中能引入一种拉电子的亲电基,以适当降低其碱性,则既可保持它有足够的萃取能力,又易于反萃取。酰胺类萃取剂就具备这种特点,酰胺是叔胺中一个烷基(R—)被酰基取代的产物,即

$$
\begin{array}{ccc}
R & & O \\
 & \diagdown & \parallel \\
 & N-C & \\
 & \diagup & \diagdown \\
R & & R'
\end{array}
$$

　　这类萃取剂中,国产的有二甲庚基乙酰胺(N－503)、二烷基乙酰胺(A－100)(其中烷基 $R = C_7 \sim C_9$)。

　　在酸性磷化物与中性磷化物的协萃体系中,中性磷化物的磷酰键越强,即磷酰氧的电负性越强,则络合能力越强,协萃效应越显著,但是,磷酰氧与酸性磷化物的作用也越强,故在协萃图上,最大分配比 D_s 出现得较早,而过了 D_s 后,分配比下降得也越快。

　　(2)环

　　螯合萃取的基本特征是萃合物是环状结构。螯合萃取剂的分子中至少有两个给电基,其作用是能把被萃金属“拉”起来,构成稳定的“环”结构。凡能影响这种环结构稳定性的因素,都能影响金属的萃取。

　　从环结构本身的几何规律来看,五元环、六元环最稳定。这可由键角的“张力效应”来说明。但张力效应不是唯一的决定因素,当环结构中有非碳原子键时,也可构成稳定四元环。如$[UO_2(CO_3)_3]^{4-}$ 就是稳定的四元环。又如属于“金属交换萃取”的二烷基二硫氨基甲酸酯(DDTC),由于含有大原子 S,故可构成稳定的四元环。类似的还有二烷基二硫磷酸酯(DDTP)和黄原酸盐。D_2EHPA 在非极性无氧溶剂中萃取 UO_2^{2+} 与 RE^{3+} 时,可以构成稳定的八元环,即

$$
\begin{array}{ccc}
RO & & OR \\
 & \diagdown \quad \diagup & \\
O=P-O & \\
\diagup \qquad \qquad \diagdown \\
H & & M \\
\diagdown \qquad \qquad \diagup \\
O-P=O & \\
 & \diagup \quad \diagdown & \\
RO & & OR
\end{array}
$$

该结构中虽有氢键,但磷酰键很强,故这种大环结构也是很稳定的。

　　(3)位阻效应

　　由络合物化学基本概念可知,大多数金属离子在一定价态与配位体结合时,有一个固定的

特征配位数。这一固定的配位数是由其本身的几何构型决定。

2 - 甲基喔星可萃取 Zn^{2+} 而不能萃取 Al^{3+}，因为 Al^{3+} 的离子半径小，空间位阻作用较大，它只能结合两个 2 - 甲基喔星，第三个 2 - 甲基喔星上不去，结果生成单电荷水溶性化合物而不被萃取。这表明，要构成稳定的可萃络合物，离子本身的大小必须合适。

二(甲庚基)磷酸(DMHPA，P - 215)虽与 D_2EHPA 属于同一类，但由于其甲庚基中的甲基在 α 位置上，而 D_2EHPA 中的乙己基上的乙基在 β 位置上，二者相比，α 位置的位阻作用比 β 位置的大，故 DMHPA 不如 D_2EHPA 的萃取能力大。对于稀土元素的萃取来说，DMHPA 已有足够的萃取能力，而反萃取却比 D_2EHPA 容易得多。

与 D_2EHPA 属于同一类的二正辛基磷酸(DOPA)可从 H_2SO_4 溶液中萃取大量 UO_2^{2+}，Fe^{3+}，Al^{3+}，而 D_2EHPA 对 Fe^{3+} 的萃取容量虽大，但萃取速度却很慢，对 Al^{3+} 则不但萃取容量低而且萃取速度慢。属于同一类的二(二异丙基甲基)磷酸对 UO_2^{2+}，Fe^{3+} 的萃取能力与速度皆显著减弱。这表明，萃取剂结构中近磷原子的烷基支链越多，位阻越大，萃取能力越低。在所举的例子中，萃取能力的次序按其中烷基的结构排列为

$$—CH_2—(CH_2)_6—CH_3 > —CH_2—(CH_2)_3—CH_3 > —CH—CH—CH_3$$

中性络合萃取也有一定的空间位阻作用。例如，在萃取稀土元素时，有三个中性萃取剂分子参与络合，故空间位阻效应是很明显的。虽然这种阻碍作用对于不同的离子是不同的，但一般说来，这种空间位阻作用可以提高分离效果。像与甲基膦酸二异戊酯(DiAMP)属于同一类的甲基膦酸二甲庚酯(DMHMP，P - 350)用于高纯稀土元素的生产就是一个很好的例子。

对于胺类萃取剂来说，氮原子附近的烷基支链位阻效应及烷基长碳链对氮原子的屏蔽是决定胺类萃取剂性能的重要因素。根据有机化学的"空间结构效应"理论，这种关系可表示为

$$\lg K = \lg K_0 + \alpha \sum E_s + \rho \sum \sigma^* \tag{6 - 37}$$

这里 K_0，K 是引入取代基前后的萃取平衡常数，E_s 是取代基空间阻碍常数(见表 6 - 10)；σ^* 是取代基的极性常数，称塔夫脱(R. W. Taft)取代常数(见表 6 - 11)；α 是反应常数；ρ 是与反应类型有关的负常数。

式(6 - 37)右端第二项体现了空间结构效应，第三项体现了诱导效应。因为 ρ 是负值，所以 σ^* 值比氢($\sigma^* = 0.43$)小的取代基(即表 6 - 11 中 σ^* 具有负值的推电基)可提高胺的亲核性，即提高胺的萃取能力。

由表 6 - 10 中 E_s 的数值可知，随着烷基碳链加长和支链化程度加大，E_s 的负值将增加，

即空间效应将增加。另外,从数值的大小看,因 $E_S > \sigma^*$,故空间位阻效应是主要的,这已由实验证实。由于缺乏必要的结构参数,所以目前还不能用式(6-37)对金属萃取过程进行定量计算。

表6-10 取代基空间位阻常数

取代基	E_S	取代基	E_S
CH_3-	0.00	正—C_8H_{17}	-0.33
C_2H_5-	-0.07	⬡—CH_2	-0.38
正—C_4H_9	-0.39	环—C_6H_{11}	-0.79
正—C_5H_{11}	-0.40	异—C_4H_9	-0.93
异—C_5H_{11}	-0.35	叔—C_4H_9	-1.54

表6-11 塔夫脱(Taft)取代常数

取代基	σ^*	取代基	σ^*
NO_2	+5.3	H	+0.43
—CCl_3	+2.65	CH_3-	0.00
—OH	+1.55	环—C_6H_{11}	-0.17
—$CClH_2$	+1.05	正—C_4H_9	-0.13
—C_6H_5	+0.60	异—C_4H_9	-0.125
$C_6H_5CH_2-$	+0.23	正—C_8H_{17}	-0.16

2. 盐析效应

在萃取体系中,一些既不被萃取而又不与金属离子络合,但却能增加金属萃取率的无机盐称为"盐析剂"。这种加入盐析剂后能改善金属萃取的效应称为"盐析效应"。

在进行金属离子的萃取分离时,水相中加入盐析剂以后,其作用表现在两个方面:一是,若加入的盐析剂与被萃物有相同的阴离子,这就增加了水相中被萃物的阴离子浓度,按照质量作用定律,这将促进中性络合物的形成,而有利于萃取,这就是"同离子效应",是中性络合萃取的特点之一;二是,加入盐析剂以后,增加了水相中的离子总浓度,改变了水相中被萃物的活度系数,从而大大有利于萃取。

由于盐析剂阳离子的水化,吸引了水溶液中一部分水分子,而使体系中自由水分子浓度下降,从而提高了被萃物在水相中的有效浓度。电荷多而半径小的阳离子,由于其表面电荷密度大、酸性强,水化作用强烈,所以盐析作用也就显著。一定条件下,阳离子水化程度的顺序是

$$Al^{3+} > Fe^{3+} > Mg^{2+} > Ca^{2+} > Na^+ > NH_4^+ > K^+$$

盐析剂的选择与后续工艺操作有关。例如,在铀的纯化工艺中,常用 HNO_3 作盐析剂,稀土元素分离工艺中常用 $LiNO_3$,而在分析化学操作中则常用 NH_4NO_3。在中性络合萃取体系中,被萃物本身也有一定的盐析效应,这就是"自盐析效应"。

3. 稀释剂

考虑到萃取剂本身的物化特性及工艺操作上的要求,生产中通常所用的萃取剂都不是100%的纯萃取剂,而是用稀释剂冲稀后配成的一定浓度的萃取剂。因此,稀释剂的性质及它在萃取过程中的行为,也是影响萃取过程不可忽视的重要因素。

所谓稀释剂是指能溶解萃取剂和萃合物而不与它们发生化学作用的惰性有机溶剂。

萃取工艺中,对稀释剂的要求是:具有一定的化学稳定性,不溶于水;对萃取剂与萃合物具

有良好的适应性,有一定的闪点与沸点,适当的重度、黏度与表面张力。

工艺中所应用的稀释剂是各种饱和脂肪烃与芳香烃。如液体石蜡,正十二烷,磺化煤油、无嗅煤油、加氢煤油、高闪点煤油、200#溶剂汽油、其他燃料油、苯、甲苯、四氯化碳、氯仿等。

原则上讲,一种稀释剂不可能适合于所有萃取场合,应用时的选择决定于萃取条件的要求,如萃取剂的类型,水相的情况(金属与酸的种类和浓度),设备特点等。考虑到经济成本、供应来源与纯化再生的要求,生产实践中常用的稀释剂是磺化煤油。

磺化煤油是具有一定沸程范围并经磺化处理的煤油。沸程一般是 170 ℃ ~240 ℃。磺化即煤油经浓 H_2SO_4 处理的过程,其目的是除去其中不饱和烃、支链芳烃、碱性杂质(如含氮的化合物)。经磺化后再用碱洗,以除去其中的酸性杂质(如含硫化合物),最后用水洗至中性。

磺化煤油是一种由八碳至十四碳原子组成的混合正烷烃,属于非极性溶剂。

有时,稀释剂中还需加入某些添加剂(也叫改良剂)以改进稀释剂的物化特性。如加入少量(有机相总体积的 3% ~5%)的异癸醇、十二醇、十三醇等高碳醇,或中性有机磷化物,以增加某些胺类及其萃合物在煤油中的溶解度,防止生成第三相,并改善相分离状况。

虽然要求稀释剂应该是惰性的,但是发现它们却往往不是真正惰性的。在不同体系中,它们可对萃取过程产生一定程度的影响。例如,在 HNO_3 体系中,煤油可使 Ce^{4+} 还原,而不利于 TBP 萃取,若用具有八碳至十二碳原子的液体石蜡代替煤油,则可避免 Ce^{4+} 的还原,而在 H_2SO_4 体系中,磺化煤油却不会使 Ce^{4+} 还原。这种情况表明,稀释剂的适应性与体系特点有关。又如,按通常规则,萃取剂浓度低时,分配比也低,但有时却相反,这就表明,此时稀释剂发挥了一定作用,使该体系表现出一定程度的协萃效果。

为了说明稀释剂的行为,现就不同萃取体系分别进行讨论。

①中性络合萃取　在辛醇、氯仿等极性稀释剂中,铀的分配比比在烷烃、芳烃等非极性稀释剂中要低,甚至低几十倍。这是因为,极性稀释剂的分子结构中有可以提供的质子(H^+),这些质子与中性磷萃取剂的磷酰氧原子构成 H←O 型氢键,从而降低了萃取剂的自由浓度,于是也就降低了其萃取能力。由于碱性强的中性磷类萃取剂与质子形成氢键的倾向大,故 R_3PO 类的三烷基氧膦对极性稀释剂非常敏感。

稀释剂的极性大小可用介电常数 ε 来衡量,它与萃取能力的关系有如下规律,即

$$D \propto 1/\varepsilon \qquad (6-38)$$

中性萃合物的极性比较低,而且不含水,故易溶于非极性稀释剂而不易溶于极性稀释剂。由于 R_3PO 类中性磷化物比 $(RO)_3PO$ 类的碱性大,故前者所成萃合物的极性比后者大,而较易溶于极性稀释剂中,这就部分地抵消了上面说到的稀释剂极性的影响。

②酸性萃取　辛醇、氯仿等极性稀释剂,由于其介电常数较高,易与萃取剂形成氢键,从而降低萃取本身的氢键缔合(如 D_2EHPA),使金属萃取的分配比下降。有时也有分配比随稀释剂介电常数增加而提高的情况,这是由于,在极性稀释剂中它减弱了磷酸单酯(二元酸)萃取剂本身的相互作用,可离解出较多的氢离子参与萃取反应的结果。

对于那些配位数未饱和的萃合物,极性稀释剂分子可参与配位,形成稳定的疏水络合物,从而表现出一定的协萃效应。

③离子缔合萃取 伯胺、仲胺分子中,含有未被取代的氢原子,它可以与氯仿类的极性稀释剂发生氢键作用,使胺分子本身的缔合减弱,从而有利于萃取。叔胺分子中,因不含未被取代的氢原子,极性稀释剂的作用效果则相反。

芳烃稀释剂与重溶剂油虽对胺类有较高的溶解度,但因有一定的毒性,并对有机玻璃有一定的溶解作用,故工艺中不常用,在用胺类萃取剂时多用脂肪烃稀释剂,如煤油等。虽然它们对胺类萃取剂的溶解度低,但可加入醇,TBP,MIBK 等添加剂以提高其溶解度(有时加入添加剂后,其萃取能力与选择性可能有所下降)。

季铵 $R_4N^+X^-$,由于具有离子性,极性较高,且所形成的萃合物也有一定的极性,当用极性稀释剂时,不仅可降低金属离子之间的相互作用,而且也可增加稀释剂与萃合物之间的亲和力,这对萃取是有利的。

6.3 常用的铀萃取工艺

6.3.1 有机胺萃取铀

胺类萃取剂,由于其选择性高得到了很大的发展。目前在铀水冶工艺中常用的是叔胺,它适用于硫酸体系。季铵盐型萃取剂适用于碱性介质。

1. 三脂肪胺萃取铀

三脂肪胺是含 8 ~ 12 个碳原子烷基的混合叔胺,以含 8 个碳原子的烷基占多数。它是一种比较理想的萃取剂。其分配比大,选择性高,水溶性小,但分相速度较慢,易于乳化,能同时萃取钼。N - 235、阿拉明336、阿道根364 都属于这一类。

(1)萃取机理

在硫酸溶液中,三脂肪胺对铀的萃取与阴离子交换树脂相似,是一种液体阴离子交换过程。胺具有碱性,在硫酸溶液中三脂肪胺首先与硫酸作用生成胺的硫酸盐 $(R_3NH)_2SO_4$,将硫酸萃取到有机相中,即所谓转型。然后与硫酸浸出液中的硫酸铀酰络合阴离子 $[(UO_2(SO_4)_2]^{2-}$,$[UO_2(SO_4)_3]^{4-}$ 进行阴离子交换。胺盐 $[(R_3NH)_2SO_4]$ 也可与 UO_2SO_4 络合,究竟何种反应为主取决于 SO_4^{2-},UO_2^{2+},R_3N 的浓度。主要化学反应如下

$$R_3N + H_2SO_4 \rightarrow (R_3NH)_2SO_4(转型)$$

$$(R_3NH)_2SO_4 + [UO_2(SO_4)_2]^{2-} \rightleftharpoons (R_3NH)_2UO_2(SO_4)_2 + SO_4^{2-}(阴离子交换)$$

$$2(R_3NH)_2SO_4 + [UO_2(SO_4)_3]^{4-} \rightleftharpoons (R_3NH)_4UO_2(SO_4)_3 + 2SO_4^{2-}(阴离子交换)$$

$$(R_3NH)_2SO_4 + UO_2SO_4 \rightleftharpoons (R_3NH)_2UO_2(SO_4)_2(络合)$$

实验研究表明,三脂肪胺从硫酸浸出液中萃取铀,在接近饱和时,有机相中胺和铀的物质

的量之比是 $R_3N/U = 4/1$,硫酸根和铀的物质的量之比是 $SO_4^{2-}/U = 3/1$,所以在接近饱和时,铀主要是以 $(R_3NH)_4UO_2(SO_4)_3$ 形式被萃取的。因此可以计算三脂肪胺萃取铀的理论饱和容量和反萃取时所需要的反萃取剂的理论用量。

（2）影响因素

①胺的浓度　有机相未饱和前,铀的分配系数随有机相游离胺浓度的增高而增加。但胺浓度增高会使有机相黏度增大、分层速度变慢、水相中胺夹带损失增大。低铀浓度萃取时,为了保证有机相有足够的饱和度,相比(O/A)要求很小,造成操作困难。所以,实际应用中胺浓度不能太高,一般在 $0.1\ mol \cdot L^{-1}$ 左右为宜。

②水相铀浓度　随着水相铀浓度增加,分配系数逐步下降（见表 6 – 12）。

表 6 – 12　水相铀浓度与三脂肪胺萃取分配系数的关系

水相铀浓度/$(g \cdot L^{-1})$	0.2	0.5	1.0	2.0
分配系数/α	151	157	99.6	45.8
条件:$0.1\ mol \cdot L^{-1}\ R_3N$,$1\ mol \cdot L^{-1}\ [SO_4^{2-}]$,pH = 1,相比($O/A$) = 1/2				

③水相 pH 值　三脂肪胺萃取铀与水相中的 pH 值有密切关系,这是因为溶液中存在 HSO_4^- 离解平衡的缘故: $HSO_4^- \rightleftharpoons H^+ + SO_4^{2-}$。当 pH 值较低（ < 0.8）时,溶液中氢离子（H^+）浓度高,HSO_4^- 解离很少,溶液中存在大量 HSO_4^-。由于 HSO_4^- 与胺有较大的亲和力,会与硫酸铀酰络合阴离子竞争萃取,使三脂肪胺萃取铀的分配系数下降,当 pH > 2 时,溶液中的铀和一些容易水解的金属离子（如 Fe,Si 等）发生水解析出胶状沉淀,产生乳化。同时三脂肪胺萃取铀的络合物在高 pH 值下会水解,导致被反萃取,所以操作过程中必须控制好溶液的pH 值,对于 $0.1\ mol \cdot L^{-1}$ 左右的三脂肪胺在硫酸浸出液中萃取铀,其 pH 值一般控制在 $1.0 \sim 1.5$ 之间。

④稀释剂和添加剂　稀释剂虽不参与萃取,但萃取的化合物对不同的稀释剂溶解度不一样,因此不同的稀释剂对三脂肪胺萃取能力有较大影响。工业上常用煤油作稀释剂,因它价格便宜,容易获得,没有毒性。由于胺分子结构中有亲油基（烷基）和亲水基（氮原子）,在萃取过程中容易发生乳化,同时胺的黏度与相对密度都较大,胺与胺的萃取化合物在稀释剂中溶解度较小,容易出现第三相,所以常加入添加剂（混合醇）以促进胺的硫酸盐溶解,避免出现第三相,防止乳化,有利于萃取顺利进行。添加剂混合醇（ROH）的浓度也会影响三脂肪胺萃取铀的分配系数和分相速度,影响效果如图 6 – 7 所示。萃取时混合醇浓度增大,分相速度加快,而分配系数开始时随之增大,当混合醇浓度为 $0.1\ mol \cdot L^{-1}$ 时达到最大值,再增高混合醇浓度,分配系数又下降。对反萃取而言,混合醇浓度降低,贫有机相中残留铀浓度也降低。生产实践表明,用 $0.1\ mol \cdot L^{-1}$ 三脂肪胺萃取,混合醇浓度取 $0.05 \sim 0.1\ mol \cdot L^{-1}$ 为宜。

⑤阴离子影响　由于三脂肪胺萃取是液态阴离子交换,所以萃原液中各种阴离子对铀的

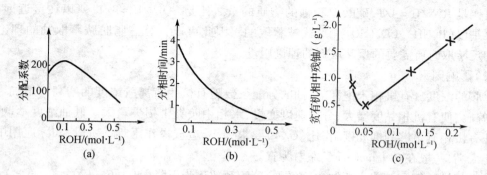

图 6 - 7　混合醇浓度对三脂肪胺萃取的影响

（a）对分配系数的影响；（b）对分相速度的影响；（c）对反萃取效率的影响；

萃取会有影响。各种阴离子与三脂肪胺结合能力次序为 $ClO_3^- > NO_3^- > F^- > Cl^- > HSO_4^- > SO_4^{2-}$。

各种阴离子对三脂肪胺萃取铀的影响如图 6 - 8 所示。

SO_4^{2-} 浓度增高有利于铀的络合阴离子形成，有利于萃取，但 SO_4^{2-} 太高时，它又易与三脂肪胺结合，萃取时与铀竞争，又不利

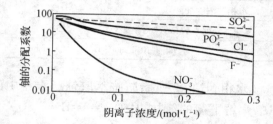

图 6 - 8　阴离子对三脂肪胺萃取铀的影响

于萃取。SO_4^{2-} 浓度在 $0.5 \sim 1.0$ mol·L^{-1} 时，SO_4^{2-} 与铀形成络合阴离子，易于与三脂肪胺进行阴离子交换，易于萃取，因此工艺上要保持 SO_4^{2-} 浓度在 $0.5 \sim 1.0$ mol·L^{-1} 之间，以利于萃取。

PO_4^{3-} 影响不大，F^- 和 Cl^- 有较大的影响，尤以 NO_3^- 影响最大。当 NO_3^- 浓度由 0 增至 0.2 mol·L^{-1} 时，分配系数下降上千倍，所以生产上可用硝酸盐作反萃取剂。

在硫酸浸出液中，钼（Mo^{6+}）、钒（V^{5+}）通常都能生成 $[MoO_4]^{2-}$，$[MoO_2(SO_4)_n]^{2(n-1)-}$，$[VO_3]^-$，$[VO_4]^{3-}$，$[V_2O_7]^{4-}$ 等一些阴离子，因而可与铀一起被萃取。三脂肪胺对钼的萃取能力比铀强，有时钼还会以杂多酸盐形式沉淀出来，在界面上形成第三相。为了防止钼的干扰，可在浸出时进行配矿和对有机相进行冲洗以控制钼的含量，防止钼 - 铵络合物形成。在反萃取时加入氧化剂（$NaClO_3$ 或 H_2O_2），使钼易于反萃取下来，也可以用热 Na_2CO_3 等溶液再生有机相，消除钼的积累。

（3）反萃取

从三脂肪胺有机相中反萃取铀的试剂有硝酸盐、氯化物、氢氧化钠、氨水、碳酸钠或碳酸铵等。常用的有如下三种：

①氯化物　用氯化物作反萃取剂价格便宜，反萃取性能好，分相速度快。但其浓度不宜过

高,因为在浓氯化物溶液中会形成氯化铀酰(UO_2Cl_2),可与三脂肪胺络合而被萃取,一般取氯化钠浓度为 $1 \sim 1.5$ mol·L^{-1},并用 0.05 mol·L^{-1} 的硫酸酸化,调节 pH = 2 左右,以防铀化合物水解。其化学反应如下

$$(R_3NH)_4UO_2(SO_4)_3 + 4NaCl \rightleftharpoons 4R_3NHCl + UO_2SO_4 + 2Na_2SO_4$$
有机相　　　　水相　　　　有机相　　　水相　　　水相

②碳酸盐　用碳酸钠或碳酸铵作反萃取剂十分有效,能生成相当稳定的三碳酸盐络合离子$[UO_2(CO_3)_3]^{4-}$,一次就能把铀全部反萃取下来。特别是碳酸铵,可以直接进行反萃取结晶。其化学反应是

$$(R_3NH)_4UO_2(SO_4)_3 + 3Na_2CO_3 \rightleftharpoons [UO_2(CO_3)_3]^{4-} + 3Na_2SO_4 + 4R_3N$$
$$(R_3NH)_4UO_2(SO_4)_3 + 3(NH_4)_2CO_3 \rightleftharpoons [UO_2(CO_3)_3]^{2-} + 3(NH_4)_2SO_4 + 4R_3N$$
有机相　　　　　水相　　　　　　水相　　　　　水相　　　　　有机相

③硫酸铵－氨水水解反萃取　由于$(R_3NH)_4UO_2(SO_4)_3$ 在较高的 pH 值下会发生水解,所以用氨水($NH_3·H_2O$)将 pH 值调节到要求的范围,就可以把铀完全反萃取出来。$(NH_4)_2SO_4$ 并不作反萃取剂参与反萃取,但它的存在可提高 $NH_3·H_2O$ 反萃取效率。其化学反应是

$$(R_3NH)_4UO_2(SO_4)_3 + 4NH_3·H_2O \rightleftharpoons UO_2SO_4 + 2(NH_4)_2SO_4 + 4H_2O + 4R_3N$$
有机相　　　　水相　　　　　水相　　　　水相　　　水相　　　有机相

反应生成的$(NH_4)_2SO_4$,可为下一步沉淀重铀酸铵$[(NH_4)_2U_2O_7]$或结晶三碳酸铀酰铵$[(NH_4)_4UO_2(CO_3)_3]$时起盐析作用。在 pH 值 >3.5 后,$(R_3NH)_4UO_2(SO_4)_3$ 开始水解,反萃取效率随 pH 值增高而增加,但 pH 值 >4.5 时,虽然反萃取效率高,但分层困难,并容易出现局部过碱而产生重铀酸铵沉淀,故一般控制 pH 值在 $3.5 \sim 4.5$ 之间。

必须指出,用三脂肪胺萃取铀时,除部分 R_3N 与铀形成胺盐络合物外,还有大部分 R_3N 与 SO_4^{2-},HSO_4^- 形成胺盐$(R_3NH)_2SO_4$,$(R_3NH)HSO_4$。因此,在反萃取时,有大部分反萃取剂是用来将胺盐转化为游离胺(R_3N)的,考虑到这些反应,反萃取剂用量必须过量。

(4)三脂肪胺萃取流程

用胺类萃取剂可从硫酸浸出液中萃取铀,胺类萃取对萃原液中固体悬浮物的含量要求小于 50 mg·L^{-1},萃取后的饱和有机相,要用酸化水或自来水洗涤其中夹带的萃原液、固体颗粒及部分杂质。对于生产化学浓缩物,当产品质量要求较低时,饱和有机相冲洗也可省略。在用氯化钠反萃取时,为了消除有机相中钼的积累,可用 5% 的 Na_2CO_3 溶液再生有机相。

2. 季铵盐萃取铀

季铵盐是一种在碱性介质中萃取铀的良好萃取剂。季铵盐萃取剂是一种四烷基氯化季铵盐($R_4N^+Cl^-$)在 15 ℃以下时呈黄褐色蜡状物,加热到 30 ℃ ~ 50 ℃时有流动性,分子量在 420

~470 之间,含氮量 3% 左右,总胺中季铵含量 >98%。其特点是在高 pH 值下也能萃取铀,所以可从碳酸盐溶液中萃取铀。在使用前需把它转变成碳酸盐型 $[(R_4N)_2^+CO_3^{2-}]$ 或碳酸氢盐型 $[R_4N^+HCO_3^-]$。为了提高它在稀释剂中的溶解度,加速两相分层,常用碳原子数为 12 ~ 16 的混合醇作添加剂,稀释剂一般用煤油。它的缺点是在碱性介质中溶解损失较大,易被高压碱浸矿浆中的有机物及一些无机阴离子所中毒,需要定期解毒。

(1)反应机理

碳酸钠溶液中铀以 $[UO_2(CO_3)_3]^{4-}$ 形式存在,季铵盐萃取时发生液态阴离子交换,将铀萃取到有机相中。其化学反应是

$$\underset{\text{水相}}{[UO_2(CO_3)_3]^{4-}} + \underset{\text{有机相}}{2(R_4N)_2^+CO_3^{2-}} \Longrightarrow \underset{\text{有机相}}{(R_4N)_4UO_2(CO_3)_3} + \underset{\text{水相}}{2CO_3^{2-}}$$

(2)影响因素

①季铵盐的浓度 萃取率随有机相中季铵盐浓度增加而增加,但浓度超过 $0.1\ mol\cdot L^{-1}$ 时,萃取率增加很小。

②添加剂浓度 混合醇浓度增大至 5%(体积比)以上时,萃取率变化不大,故一般取 3% ~ 5%。高碳醇与低碳醇效果类似。

③碳酸盐总量 碳酸盐总量(指 $Na_2CO_3 + NaHCO_3$)超过 $50\ g\cdot L^{-1}$ 时,大大影响萃取效果,所以萃取原液总碳酸盐浓度应 $<50\ g\cdot L^{-1}$。

④碳酸氢根浓度 在总碳酸盐浓度一定的情况下,降低 $NaHCO_3$ 在总碳酸盐中的比例,可使铀分配系数增加,以 $Na_2CO_3/NaHCO_3 > 2$(质量比)为好,故在保持总碳酸盐浓度 $<50\ g\cdot L^{-1}$ 的同时,$NaHCO_3$ 浓度应 $<15\ g\cdot L^{-1}$,可加 NaOH 来调整达到。

⑤铀浓度 溶液中铀浓度增加,萃取率下降,所以季铵盐萃取铀宜在低铀浓度下($<1\ g\cdot L^{-1}$)进行。

⑥相比和接触时间 季铵盐萃取传质好,一般 10 秒钟即可完成,生产上以两分钟为宜。接触相比(有/水)超过 1/1 时,出现水相混浊,但经静置可以变清,这是由于水相中夹带了有机相的结果,一般控制接触相比 <1。

⑦各种阴离子 矿石中的硫化物经高压浸出后大部分被氧化成 SO_4^{2-},此外,有些矿石还含有硝酸盐、氯离子等。浸出试剂(Na_2CO_3)中也带入一些阴离子杂质,这些阴离子的存在对季铵盐萃取铀都有影响。试验结果表明,随 NO_3^-,Cl^-,SO_4^{2-} 浓度增加,萃取剂饱和容量下降。当萃原液中含 $NO_3^- \geqslant 0.1\ g\cdot L^{-1}$,$Cl^- \geqslant 0.4\ g\cdot L^{-1}$,$SO_4^{2-} \geqslant 5\ g\cdot L^{-1}$ 时,就会严重影响季铵盐的萃取率,具体影响效果如图 6 - 9(a)(b)(c)所示。NO_3^-,Cl^- 影响比 SO_4^{2-} 显著,尤其是 NO_3^-,它会在季铵有机相中积累,并且很难从有机相中反萃取下来。

⑧萃原液中固体含量 季铵盐萃取同叔胺萃取一样对萃原液中固体含量要求较严,须在 $50\ mg\cdot L^{-1}$ 以下,固体含量多时容易发生乳化。就是固体含量较低的萃取原液,经过多次循环

也会在有机相和水相之间出一层灰黑色的黏糊状的中间层。操作中应该防止中间层的产生和增厚。

（3）反萃取

用于从季铵盐萃取液中进行反萃取的试剂有 Na_2CO_3，$NaHCO_3$ 或 $Na_2CO_3 + NaHCO_3$，反萃取率随试剂浓度的增加而增加。$NaHCO_3$ 要比 Na_2CO_3 更好一些，一般选用 0.7 $mol \cdot L^{-1}$ $Na_2CO_3 +$ 1.0 $mol \cdot L^{-1}$ $NaHCO_3$ 作反萃取剂，温度 24 ℃ ~ 35 ℃，接触时间 2 min 左右，也可用 250 $g \cdot L^{-1}$ 的 $(NH_4)_2CO_3$ 进行直接反萃取结晶。

由于碱浸液中杂质比较少，再加上萃取和反萃取都在同一阴离子体系中进行，可避免引入其他杂质阴离子，产品质量较好。由于萃取与反萃取都在同一阴离子体系中进行，母液便于返回利用。但不能把母液全部返回，以防构成闭路循环造成杂质和有机物的积累，使工艺过程恶化和影响产品质量。

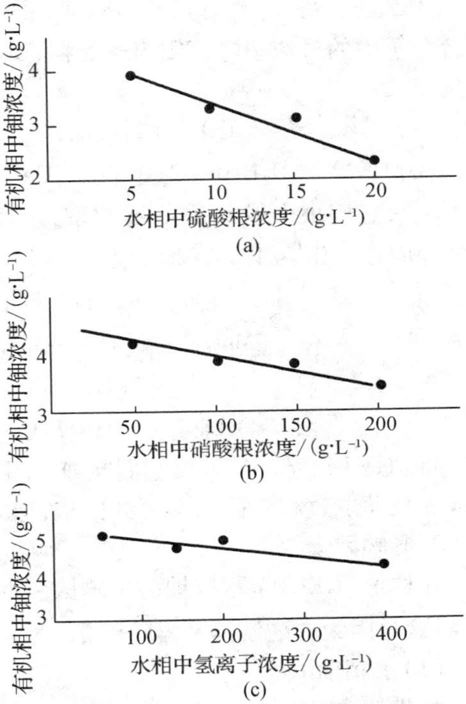

6.3.2　二（2 - 乙基己基）磷酸萃取铀

二（2 - 乙基己基）磷酸简称 D_2EHPA，代号 P204，是一种酸性的烷基磷酸双酯萃取剂，在铀水冶工艺中得到广泛应用。

图 6 - 9　阴离子对季铵盐萃取铀的影响

（a）硫酸根对季铵盐萃取铀的影响；

（b）硝酸根对季铵盐萃取铀的影响；

（d）氢离子对季铵盐萃取铀的影响；

1. D_2EHPA 特性

（1）D_2EHPA 是一种液体阳离子交换型萃取剂。在酸性介质中可萃取各种金属阳离子，其萃取性能与溶液的酸度有密切关系，调整适宜的酸度可以进行选择性萃取。

（2）适应性大，可应用于硫酸、硝酸、盐酸等介质中，就是在硫酸浓度高达 1 $mol \cdot L^{-1}$ 时，仍能保持较高的萃取能力。

（3）水相铀浓度低时，D_2EHPA 的分配系数较大，所以特别适用于铀浓度低的浸出液。

（4）加入适量的磷酸酯能提高对铀的萃取能力。

（5）化学稳定好，不易乳化。

D_2EHPA 的缺点是能同时萃取铁，水相中 PO_4^{3-} 浓度较高时，其分配系数显著下降。

2. 萃取机理

在煤油中，两个 D_2EHPA 分子聚合成一个聚合分子，$2HR_2PO_4 \overset{聚合}{\rightleftharpoons} (HR_2PO_4)_2$，式中 R =

C_8H_{17}（乙基己基）。当有机相与硫酸铀酰溶液充分接触时，溶液中的 UO_2^{2+} 离子就与 D_2EHPA 聚合分子中的氢原子进行阳离子交换，UO_2^{2+} 离子进入有机相，氢离子进入水相，发生如下的化学反应

$$UO_2^{2+} + 2[HR_2PO_4]_2 \Longrightarrow UO_2[R_2PO_4]_4 \cdot H_2 + 2H^+$$

在 pH≤2 时 D_2EHPA 对于 Fe^{2+}，Ca^{2+}，Mg^{2+}，Cu^{2+}，Zn^{2+}，Al^{3+} 等阳离子的萃取能力远远小于 UO_2^{2+}，它们很少或几乎不被萃取，仍留在水相中，从而达到选择性萃取铀的目的。然而 Fe^{3+}，MoO_2^{2+}，Th^{4+}，RE^{3+}（稀土元素）却不同程度地被萃取，反应如下

$$Fe^{3+} + H_2O + 2[HR_2PO_4]_2 \Longrightarrow FeOH[R_2RO_4]_4 \cdot H_2 + 3H^+$$
$$MoO_2^{2+} + 2[HR_2PO_4]_2 \Longrightarrow MoO_2[R_2PO_4]_4 \cdot H_2 + 2H^+$$
$$Th^{4+} + 2[HR_2PO_4]_2 \Longrightarrow Th[R_2PO_4]_8 \cdot H_4 + 4H^+$$
$$RE^{3+} + 3[HR_2PO_4]_2 \Longrightarrow RE[R_2PO_4]_6 \cdot H_3 + 3H^+$$

特别是 Fe^{3+} 与 MoO_2^{2+}，它们同 D_2EHPA 的亲和力很强，其分配系数与铀差不多，这就要在萃取和反萃取过程中采取必要的措施，加以抑制或去除，以保证产品质量。

3. 影响因素

在讨论 D_2EHPA 萃取铀的影响因素时，不但要考虑铀的萃取，同时也必须考虑铀与铁的分离，这是因为在酸浸液和淋洗液中，含铁量比较高，而产品质量对铁要求又很严。

（1）水相铀浓度

水相铀浓度低时，D_2EHPA 萃取铀的分配系数 α 较大（表 6 – 13），但铀浓度过低时（< 200 mg $\cdot$ L^{-1}），铀在有机物中取代铁的作用减弱，从而使有机相中含铁量增高，铀铁分离效果差。水相铀浓度高时，萃取剂易被铀饱和，有利于在有机相中取代铁，铀铁分离效果好。但水相铀浓度过大时，有时会形成第三相，给操作带来困难，所以，较适宜的铀浓度为 $0.2 \sim 6.0$ g $\cdot$ L^{-1}。

表 6 – 13　水相铀浓度对 D_2EHPA 萃取铀的影响

水相铀浓度/(g $\cdot$ L^{-1})	有机相铀浓度/(g $\cdot$ L^{-1})	分配系数/α_U
0.002	0.47	235
0.023	2.19	100
0.430	7.92	18
1.210	8.95	7

（2）水相酸度（pH 值）

D_2EHPA 萃取是阳离子交换反应，反应时放出氢离子，所以酸度对它的萃取性能影响很大，不仅影响到它的分配系数，而且影响饱和容量和选择性。从 D_2EHPA 的萃取反应可知，当增加水相酸度（即氢离子浓度）时，逆反应增强，不利于萃取。D_2EHPA 萃取铀的分配系数和饱

和容量都随着水溶液 pH 值增加而增加,见表 6 – 14。不同 pH 值下各种金属离子的萃取情况如图 6 – 10 所示。由图可见,用 D_2EHPA 萃取,在 pH < 2 时,铀能与绝大部分杂质元素分开,只有 Fe^{3+},Th^{4+},Mo,RE 等能同时被萃取。

表 6 – 14　pH 值对 D_2EHPA 饱和容量的影响

水相 pH 值	0.8	1.0	1.42	2.0
饱和容量/$(g \cdot L^{-1})$	5.94	6.36	7.48	9.51

条件:有机相,0.1 mol $\cdot$ L^{-1} D_2EHPA + 3% TBP 煤油;水相,[U]1 g $\cdot$ L^{-1},[SO_4^{2-}]0.5 mol $\cdot$ L^{-1}

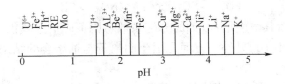

图 6 – 10　D_2EHPA 萃取金属离子的 pH 范围

在铁、铀共存体系中,酸度增加,有机相中铁含量下降。在同一酸度下,开始时铁和铀一起被萃取,当铀饱和到一定程度后,铁又被铀所取代而从有机相中排挤出来。随着酸度的降低铀取代铁的作用减弱,在[H^+] = 0.086 ~ 0.11 mol $\cdot$ L^{-1} 时甚至铀饱和度达 70% ~ 80% 的有机相中还含有 1 g $\cdot$ L^{-1} 左右的铁。

总之,酸度对 D_2EHPA 萃取铀影响很大。酸度低时,铀的分配系数增加,Fe^{3+} 分配系数也增加,铀铁分离效果差。当酸度过高时,虽然 Fe^{3+} 进入有机相少了,但铀的分配系数下降也比较大。所以,用 D_2EHPA 萃取铀时,一般控制 pH 在 2 以下。

(3)有机相中 D_2EHPA 浓度

增加有机相中 D_2EHPA 浓度,铀的分配系数上升,但铁的分配系数也随 D_2EHPA 浓度增大而增加。另外,有机相黏度也随之增加影响分层,相反,当 D_2EHPA 浓度太低时,铀分配系数很小,有机相铀饱和容量也很小,易造成萃余水相铀含量偏高,给反萃取结晶带来困难。通常对不同铀浓度的萃原液采用不同的 D_2EHPA 浓度:

①萃原液[U] = 0.4 ~ 0.5 g $\cdot$ L^{-1},可选用 0.02 mol $\cdot$ L^{-1} D_2EHPA;

②萃原液[U] = 1.5 ~ 1.6 g $\cdot$ L^{-1},可选用 0.05 mol $\cdot$ L^{-1} D_2EHPA;

③萃原液[U] = 4 ~ 5 g $\cdot$ L^{-1},可选用 0.2 mol $\cdot$ L^{-1} D_2EHPA。

(4)有机相中加入协同萃取剂——协同萃取效应

在 D_2EHPA 煤油溶液中加入少量中性有机磷化物后,混合物溶剂的萃取能力大大超过各组分单独萃取能力的总和,这个效应称之为协同效应,所加的中性磷化物称为协同萃取剂。常见的协同萃取剂有磷酸三丁酯(TBP),二丁基磷酸丁酯(BDBP),二丁基膦酸二丁酯(DBBP),

三丁基氧膦（TBPO）等。不同的中性有机磷化物其协同效应是不同的,其中以三丁基氧膦效果最好。三丁基氧膦对铀的协同作用随其加入量增加而增大,超过一定量以后铀的分配系数又下降。此外,纯 TBPO 对铁没有萃取作用,所以加入三丁基氧膦后对 Fe^{3+} 有很好的抑制作用,且随着三丁基氧膦在有机相中含量的增加,抑制铁的作用也随之增大,使铁的分配系数明显下降。

（5）水相中阴离子

若水相中存在能络合铀的阴离子,它们会影响铀的萃取,这些阴离子与铀形成的络合物越稳定,铀的分配系数下降得越显著。其下降顺序为

$$PO_4^{3-} > SO_4^{2-} > Cl^- > NO_3^- > ClO_4^-$$

对某一种酸来说,随其浓度增加,铀的分配系数急剧下降。这是由于一方面氢离子浓度增加对铀的萃取起了抑制作用,另外一方面是由于阴离子与铀络合的结果。

（6）温度影响

温度上升,铀分配系数下降,铁的分配系数上升。可见提高温度对铀、铁分离不利,但是提高温度可降低有机相的黏度,加快两相分层速度,适宜的萃取温度为 15 ℃ ~25 ℃。

（7）两相接触时间

铀的萃取速度很快,只需 1~2 min 就可达到平衡,而铁则要几小时甚至十几小时才能达到平衡。所以,随两相接触时间延长,铁的分配系数上升,而铀的萃取程度没有明显增加。一般每段接触时间以 1~2 min 为宜。

（8）两相接触相比影响

当有机相为连续相、水相为分散相时不易产生乳化,因而需要维持接触相比(有/水)≥1。

4.反萃取

由 D_2EHPA 的萃取反应式知道,提高酸度可使反应朝相反方向移动,所以,可用浓的强酸如盐酸或硫酸来反萃取铀。考虑到萃取剂的损失及设备腐蚀问题,通常采用铀酰离子的强络合剂——碳酸盐来反萃取,如 10% 的碳酸钠溶液。目前更广泛采用的是用 200 $g \cdot L^{-1}$ 左右的碳酸铵溶液直接进行反萃取结晶,制取三碳酸铀酰铵晶体。为了保证晶体质量,饱和有机相在反萃取之前应进行必要的冲洗,使 Fe/U 符合产品要求。

5. D_2EHPA 萃取流程

用 D_2EHPA 从硫酸浸出液中萃取铀的流程,国外称为达派克斯(Dapax)流程(图 6–11)。已有水冶厂应用,用离子交换、硫酸淋洗、D_2EHPA 萃取、碳酸铵直接反萃取结晶的淋萃流程,可以直接制取核纯的三碳酸铀酰铵产品。该流程采用硫酸淋洗的酸度约控制为 2 $mol \cdot L^{-1}$,三丁基氧膦(TBPO)作协同萃取剂,协萃体系的比例是 0.2 $mol \cdot L^{-1} D_2EHPA$:0.1 $mol \cdot L^{-1}$ TBPO。铀饱和度控制为 ≥85%,再加上适宜的饱有洗涤、反萃取条件和晶体冲洗措施,可保证三碳酸铀酰铵产品铁含量不超过规定的质量标准。

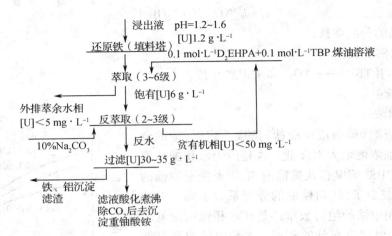

图 6-11　D_2EHPA 萃取流程图

D_2EHPA 能萃取 Fe^{3+}，而 Fe^{2+} 很少被萃取，所以浸出液先经铁屑还原，把 Fe^{3+} 还原成 Fe^{2+}，加之用 TBP 协同萃取就可有效地除去 Fe^{3+} 的影响。用碳酸钠反萃取，反水中铁、铝、钛等杂质呈氢氧化物沉淀，过滤后送浸出工序回收其中吸附的铀。

6.3.3　磷酸三丁酯(TBP)萃取铀

磷酸三丁酯简称 TBP，是正磷酸中三个氢原子为丁基 $[C_4H_9]$ 取代的中性磷酸酯，分子式为 $(C_4H_9O)_3PO$。

1. TBP 的特性

(1)TBP 能与 $UO_2(NO_3)_2$ 形成溶剂化合物 $[UO_2(NO_3)_2 \cdot 2TBP]$ 将铀萃取到有机相中，TBP 只用于 HNO_3 溶液体系(如化学浓缩物的 HNO_3 溶解液，HNO_3 或 $HNO_3-NH_4NO_3$ 淋洗液)，它不适用于硫酸和碳酸盐溶液体系，也不适用含 PO_4^{3-} 较高的溶液体系，因为 PO_4^{3-} 能与 UO_2^{2+} 络合而大大降低 TBP 的萃取效率。

(2)TBP 的饱和容量较大(随 TBP 浓度不同可以从 $n \times 10$ g·L^{-1} 到 $n \times 10^2$ g·L^{-1})，分配系数不高(不大于 50)。在有盐析剂的情况下，TBP 的分配系数显著增高。

2. 萃取机理

在 TBP 煤油溶液与 $HNO_3 - UO_2(NO_3)_2$ 水溶液体系中，TBP 能与 $UO_2(NO_3)_2$ 生成溶剂化合物从而把铀萃取到有机相中。

$$\underbrace{UO_2^{2+}}_{\text{水相}} + \underbrace{2NO_3^-}_{} + \underbrace{2TBP}_{\text{有机相}} \Longrightarrow \underbrace{UO_2(NO_3)_2 \cdot 2TBP}_{\text{有机相}}$$

根据这个化学反应，铀的分配系数与 TBP，NO_3^- 的浓度平方成正比，即

$$\alpha = k[NO_3^-]^2 \cdot [TBP]^2$$

式中　α——铀的分配系数；

　　　k——比例常数；

　　　$[NO_3^-]$ 与 $[TBP]$——NO_3^- 和 TBP 的浓度。

3. 影响因素

（1）水相铀浓度

水相中盐析剂（硝酸或硝酸盐）浓度一定时，铀的分配系数随水相铀浓度增大而降低。这是因为水相铀浓度增高时，有机相中的 TBP 很快被铀饱和，因而能萃取铀的剩余 TBP 浓度减少了，从而使铀的分配系数下降。但这时萃取到有机相中铀的绝对数量还是比水相铀浓度低时要多，因而 TBP 得到更充分的利用。水相中铀浓度对铀分配系数的影响如图 6－12 所示。

（2）水相硝酸浓度

硝酸是强电解质，在水溶液中一方面进行电离：$HNO_3 \rightleftharpoons H^+ + NO_3^-$，增加了溶液中的 NO_3^- 浓度，使铀的分配系数上升。另一方面，硝酸也能与 TBP 生成溶剂化合物，而被 TBP 萃取，降低了有机相中剩余 TBP 浓度，使铀的分配系数下降，其化学反应是：$HNO_3 + TBP \rightleftharpoons HNO_3 \cdot TBP$。这两种作用在硝酸浓度较低时，前一作用占主导地位，铀的分配系数上升；当硝酸浓度超过一定限度后，则硝酸与铀竞争萃取的效应占主导地位，使铀的分配系数下降（图 6－13）。从图可以看出，竞争效应在硝酸浓度大于 4～5 mol·L^{-1}时，表现得很明显。

（3）金属硝酸盐的作用——盐析效应

金属硝酸盐都是强电解质，在水溶液中电离：$Me(NO_3)_n \rightleftharpoons Me^{n+} + nNO_3^-$（Me 表示金属，$n$ 表示该金属离子的价态）。使 NO_3^- 浓度增大，从而提高了铀的分配系数，这种作用称为盐析作用，TBP 萃取过程中具有这种作用的金属硝酸盐就称为盐析剂，硝酸也具有盐析作用。各种金属硝酸盐提高铀分配系数的顺序是：$Al^{3+} > Fe^{3+} > Zn^{2+} > Cu^{2+} > Mg^{2+} > Ca^{2+} > Li^+ > Na^+ > NH_4^+$。

选用盐析剂时，必须考虑避免引入杂质，影响产品质量。常用的有硝酸铝、硝酸钙、硝酸镁、硝酸钠和硝酸铵。

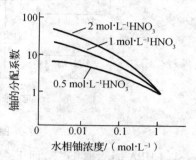

图 6－12　水相铀浓度与铀分配系数的关系

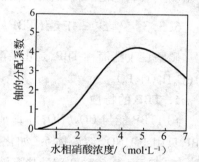

图 6－13　硝酸浓度与铀分配系数的关系

有机相：5% TBP 煤油溶液；
温度 20 ℃～25 ℃；搅拌 30 s

（4）阴离子浓度

阴离子本身不能被 TBP 萃取,但它们能与 UO_2^{2+} 络合,使铀的分配系数下降,这些阴离子与铀络合能力顺序为:$PO_4^{3-} > SO_4^{2-} > F^- > C_2O_4^{2-} > Cl^- > NO_3^-$;$CO_3^{2-} > OH^- > F^-$。

PO_4^{3-},SO_4^{2-} 对于 TBP 萃取铀影响较大。但是,只有浓度大于 $0.05 \sim 0.1 \ mol \cdot L^{-1}$（即每升溶液含 $5 \sim 10 \ g \ PO_4^{3-}$ 或 SO_4^{2-}）时才显示出来。在铀化学浓缩物的溶解液中,它们的含量一般很低,影响不大。

（5）有机相中 TBP 浓度

有机相中 TBP 浓度越高,铀的分配系数越大。有机相中铀的饱和容量正比于 TBP 浓度（表 6 – 15）。

表 6 – 15 不同 TBP 浓度的铀饱和容量

有机相中 TBP 浓度/%	100	60	40	20	10	5
有机相中铀的饱和容量/$(g \cdot L^{-1})$	$380 \sim 390$	$230 \sim 240$	$150 \sim 160$	$70 \sim 80$	$30 \sim 40$	$15 \sim 20$

萃取时应使 TBP 尽可能地被铀饱和,这样不仅使 TBP 的容量得到充分利用,同时接近饱和时,进入有机相中的 $UO_2(NO_3)_2$ 可将萃入有机相中的杂质排挤到水相中去。一般控制 TBP 饱和度为 85% ~ 90%。水相铀浓度较低时（如淋洗液,铀浓度只有 $n \ g \cdot L^{-1}$）,有机相中 TBP 浓度控制为 5% ~ 10%;水相铀浓度较高时（如化学浓缩物溶解液,铀浓度达 100 $g \cdot L^{-1}$ 以上）,有机相中 TBP 浓度控制为 30% ~ 40%。

（6）稀释剂

各种稀释剂,如苯、煤油、氯仿等影响 TBP 的分配系数,在其他条件相同时,铀的分配系数随稀释剂的介电常数增大而降低。工业上通常用的稀释剂为磺化煤油。

（7）温度和相比

TBP 萃取属放热反应,温度升高不利于铀的萃取（图 6 – 14）,通常萃取操作是在室温下进行。相比虽然不影响铀的分配系数,但影响萃取率。因为在其他条件相同时,对于一定的设备（级数已定）,相比（有/水）越大,萃余水相中剩余铀浓度越低,萃取效率较高,但饱和有机相中铀浓度也相应降低。一般可根据水相铀浓度的变化,适当调整相比,以达到所要求的萃取率和有机相中的铀浓度。

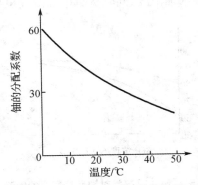

图 6 – 14 温度对 TBP 萃取的影响

4. 反萃取

凡能与 UO_2^{2+} 络合,而且其络合物比 $UO_2(NO_3)_2$ 稳定的各种酸及其相应的盐都可以从

TBP 中反萃取铀。也可采用强化不利于 TBP 萃取铀的因素来进行反萃取。在浓度相等时,各种酸的盐反萃取能力比相应的酸强,各种酸的铵盐又比钠盐反萃取能力强。随着各种盐的浓度增高,反萃取能力增强。各种酸和它的盐类反应反萃取能力强弱顺序是

$$C_2O_4^{2-} > CO_3^{2-} > SO_4^{2-} > Ac^-$$

常用的反萃取剂有:5%(相对质量)的稀硫酸;20%(相对质量)的硫酸铵;200 g·L^{-1}左右的碳酸铵。工业上常用含 0.02 mol·L^{-1}硝酸的热溶液(温度为 60 ℃)也很有效。反应如下

$$UO_2(NO_3)_2 \cdot 2TBP + nSO_4^{2-} \Longleftrightarrow UO_2(SO_4)_n^{2(n-1)-} + 2NO_3^- + 2TBP$$

式中 $n = 2 \sim 3$。

$$UO_2(NO_3)_2 \cdot 2TBP \xrightarrow{\text{热硝酸溶液}} UO_2(NO_3)_2 + 2TBP$$

$$UO_2(NO_3)_2 \cdot 2TBP + 3(NH_4)_2CO_3 \Longleftrightarrow (NH_4)_4UO_2(CO_3)_3 + 2NH_4NO_3 + 2TBP$$

对于稀硫酸和硫酸 – 硫酸铵溶液反萃取,有关影响因素是:

①SO_4^{2-} 浓度 随反萃取剂中 SO_4^{2-} 浓度增大,反萃取效率增高(图 6 – 15);

②NO_3^- 浓度 反萃取剂中 NO_3^- 浓度增大,反萃取率下降(图 6 – 16);

③SO_4^{2-}/NO_3^- 浓度比 SO_4^{2-}/NO_3^- 浓度比增大,反萃取率上升。要完全抑制 NO_3^- 影响须保持 $SO_4^{2-}/NO_3^- \geqslant 1:1$(摩尔比)(图 6 – 17);

④温度 温度增高,反萃取率上升(图 6 – 18);

⑤相比 在设备给定的条件下,相比(有/水)愈大,反萃取后反水中铀浓度愈高,反水中铀相对于杂质的比例增大,纯化效果好,但也会使贫有机相中剩余铀浓度增高。为了得到尽可能高的反水铀浓度,同时贫有中铀浓度也尽可能低,需要控制适当的相比。

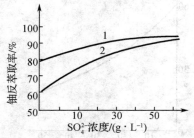
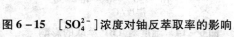

图 6 – 15 [SO_4^{2-}]浓度对铀反萃取率的影响

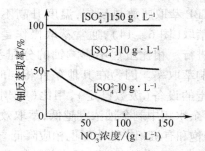

图 6 – 16 [NO_3^-]浓度对铀反萃取率的影响

由于 20%(相对质量)硫酸铵存在配制麻烦、产品质量波动大、结晶母液含 SO_4^{2-} 与 NO_3^- 难以处理等许多问题,故一般不采用 20%(相对质量)碳酸铵作反萃取剂,用热微酸性硝酸溶

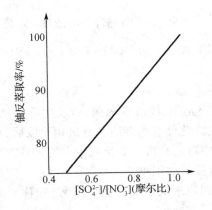

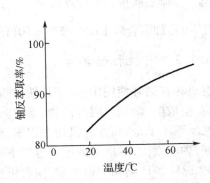

图 6–17　[SO₄²⁻]与[NO₃⁻]浓度比对铀反萃取率的影响　　　**图 6–18**　温度对铀反萃取率的影响

液(含$0.02\ \text{mol} \cdot \text{L}^{-1}$硝酸)反萃取,其效率比5%硫酸反萃取差一些,但所得最终产品质量很好,铁、硫酸根都很低,也节约硫酸和氨水。

6.4　有机相的配制和再生

6.4.1　有机相的配制

有机相的配制,就是把一定量的萃取剂(有时加协萃剂或添加剂)溶于稀释剂中配成一定浓度的有机相。有机相浓度的表示方法一般有两种,即体积百分浓度和摩尔浓度。

1. 体积百分浓度

指萃取剂在有机相中所占的体积百分比。TBP 萃取常用这种浓度表示法。例如,要配制 $1\ \text{m}^3$ 的 20% 的 TBP 煤油溶液,只需在搅拌槽中加入纯 TBP $1\ 000 \times 20\% = 200$ L,然后加入 $1\ 000 - 200 = 800$(L)磺化煤油,充分搅拌后就可应用。

2. 摩尔浓度

在单位体积有机溶液中萃取剂的物质的量,以 M 表示,单位为 $\text{mol} \cdot \text{L}^{-1}$。$D_2\text{EHPA}$ 和胺类萃取常用这种浓度表示法。配制前需知如下几个数据:萃取剂本身的摩尔浓度 M_1;要配制的有机溶液体积 V_2 及配好后有机溶液中萃取剂的摩尔浓度 M_2。

计算方法:因为配制前后萃取剂的摩尔总数是相等的,即 $M_1 V_1 = M_2 V_2$,则应加入的萃取剂体积为 $V_1 = \dfrac{M_2 V_2}{M_1}$。

例 6–1　已知萃取剂三脂肪胺的浓度为 $2.5\ \text{mol} \cdot \text{L}^{-1}$,配 $0.1\ \text{mol} \cdot \text{L}^{-1}$ 的三脂肪胺 + 5%(体积)混合醇的煤油溶液 $1\ \text{m}^3$ 需多少升三脂肪胺、混合醇和煤油?

解　三脂肪胺按公式计算得 $V_1 = \dfrac{M_2 V_2}{M_1} = \dfrac{0.1 \times 1\,000}{2.5} = 40(\text{L})$，而混合醇的浓度 5% 是指体积百分比，故需加混合醇 $1\,000 \times 5\% = 50(\text{L})$，其余是煤油，加入量为 $1\,000 - (40 + 50) = 910(\text{L})$。

6.4.2　有机相的再生

有机相在循环使用中，由于长期与酸接触，又受到光照、放射性辐照，常发生降解、去烷基等反应，生成醇、酯、醛、醚等产物，通常叫有机相老化。此外有些杂质被有机相萃取后，在反萃取时又反萃不下来，而在有机相中积累，称为有机相中毒。有机相老化或中毒的特征表现为颜色改变，黏度增大，萃取铀的饱和容量下降，以及造成反萃取困难。因此，需要进行一定的化学处理，去除降解产物和中毒杂质，使有机相重新恢复到原来的性能，这种处理过程称为有机相再生。

1. TBP 的再生

TBP 的化学性质是比较稳定的，但长期使用会水解生成磷酸一丁酯和二丁酯。磷酸一丁酯易溶于水，在有机相中积累很少，二丁酯在水中溶解度较小，而易溶于 TBP – 煤油中，所以它不能反萃取到水相中，而在机相中积累。一丁酯与二丁酯比 TBP 对铀具有更高的萃取能力，因而使铀的反萃取困难，而且它们与许多杂质（如 Fe^{3+}，Al^{3+} 等）生成不溶性化合物，易引起乳化。利用稀碱洗涤有机相，TBP 不会发生反应，而一丁酯、二丁酯可生成易溶于水，不溶于 TBP 和煤油的钠盐，因而从有机相中除去，使 TBP 性能得以恢复。

工厂里可以定期进行再生有机相，或者从循环有机相中分出一部分连续进行再生。

2. 三脂肪胺 – 混合醇有机相再生

三脂肪胺 – 混合醇有机相经过长期使用，一部分混合醇酯化变成酸式烷基硫酸酯，用 8% 碳酸钠转型时发生皂化反应，生成白色糊状物，使再生无法进行，反应式如下

$$ROH + H_2SO_4 \xrightarrow{\text{光照、辐照}} ROSO_2OH + H_2O\ (酯化反应)$$

$$ROSO_2OH + Na_2CO_3 \longrightarrow ROSO_2ONa + NaHCO_3\ (皂化反应)$$

烷基硫酸酯皂化后生成的钠盐在水中有较小溶解度，利用这一性质可用下述方法进行脱酯。将 8% 碳酸钠溶液和有机相分别加热至 60 ℃ ~80 ℃，在搅拌下，按有机相/水相比为 6/1（体积比）将碳酸钠溶液缓缓加入有机相中，并保持有机相连续。在体系 pH = 8 和温度 60 ℃ ~80 ℃下，搅拌 0.5 h，澄清 0.5 h，分出黑色水相，再用 60 ℃ 热水洗涤有机相一次，洗涤相比（有机相/水相）为 1。脱酯后的有机相物理化学性质和萃取性能恢复到与新有机相相同。脱酯后的废液不能返回萃取，以免酯又全部返回有机相中。

三脂肪胺对钼有很高的萃取能力，且比铀强。为了防止钼在有机相中积累，可用热碳酸钠溶液或氢氧化钠溶液洗涤有机相，消除钼的积累。

3. 季铵盐有机相的解毒

季铵盐 7402 是适用于碱浸液的良好萃取剂。但它容易被碱浸液中的有机物所中毒，使它

的饱和容量下降。加入含 20 g·L⁻¹ 氢氧化钠和 60 g·L⁻¹ 氯化钠的溶液,在相比(有/水)等于 1 的情况下,搅拌 30 min,就可使季铵盐的饱和容量得到恢复。

6.5　乳化现象和防乳化措施

6.5.1　乳化现象

液－液萃取过程,在正常情况下,两相混合后,静置几分钟,两相就能完全分离,有一清晰的界面,两相透明。但是也会遇到这样的现象,两相混合后经过静置,虽然两相分开了,但在连续相中会夹有微滴状的分散相,使连续相呈现混浊的乳雾状,严重时还会出现第三相。第三相中,分散相以微滴状大量分散于连续相中使得连续相变成豆腐脑状的黏稠液体,经过长时间静置也不会消失和分层。这种一相高度分散在另一相中使之不透明或不能分层的现象称为乳化,有机相分散在水相中的乳化叫水包油型乳化。反之,如果水相分散在有机相中的乳化叫油包水型乳化。萃取时,一旦发生乳化,将使两相分离不完全,增加萃取剂损失,降低铀和杂质的分离效果,造成铀的损失,严重时甚至使萃取操作无法进行。因此,必须分析其形成的原因并采取措施,加以预防或予以消除。

6.5.2　乳化形成的原因和预防措施

乳化的形成原因必须从水相和有机相本身中去寻找。大量的研究工作表明,两相中存在有乳化稳定剂是引起乳化的根本原因。乳化稳定剂可分为下列三类:

①表面活性物质　能使溶液表面张力降低的物质叫表面活性物质,反之叫非表面活性物质。萃取时表面活性物质的分子会在两相界面上定向排列,显著降低两相溶液之表面张力,促进两相互相溶解,而引起乳化。例如,TBP 的降解产物一丁酯、二丁酯与三价、四价阳离子形成的盐等都属于表面活性物质。

②高分子或高聚合物的胶体　没有充分磺化的煤油中的芳香族化合物胶滴、二氧化硅溶胶、水中有机腐殖质的溶胶等。这些胶体能在两相表面形成一层机械强度很高,黏性很大的表面层,引起乳化。

③非活性的极细的固体物质　黏土、矿泥及反应生成的固体沉淀物,可以吸附萃取剂、形成很稳定的乳化液。

此外,某些萃取条件也是引起乳化的一种原因。接触相比和机械搅拌强度可以影响两相表面活性物质的浓度和固体质点被水相或有机相润湿的程度。温度和酸度可以影响胶体的形成或沉淀的析出及分相速度。乳化稳定剂一般来自萃原液或有机相中,有些是在萃取过程中形成的。现将萃取时引起乳化的因素和预防措施列于表 6－16。

表 6-16 乳化形成因素和预防措施

乳化形成因素		举例和说明	预防措施
水相	固体悬浮物	矿泥、黏土、沉淀	保证萃取原液固体悬浮物的含量符合要求:胺类萃取 < 50 ppm,磷类萃取 < 300 ppm
	胶体	溶胶状二氧化硅(对水包油型乳化起稳定作用);有机腐殖质溶胶	1. 减少二氧化硅浸出量,提高浸出液剩余酸度,使 pH < 1.8,保持一定温度,减少浸出液放置时间; 2. 加聚醚、聚丙烯酰胺,使二氧化硅浓度 < 0.7 g·L^{-1}
	其他杂质	氟离子能促使二氧化硅浸出和加速其转变溶胶状	减少杂质浸出量,进行配矿浸出使氟离子浓度 < 0.7 g·L^{-1}
		钼在胺类萃取时会生成不溶性钼铵络合物	可通过配矿、有机相洗涤控制钼含量
		磷酸根(在 TBP 萃取时会生成 $NH_4UO_2PO_4$ 沉淀)	加 Fe^{3+} 抑制 $NH_4UO_2PO_4$ 的生成
有机相	有机相变质	胺类萃取时,添加剂混合醇在光照、辐射、配性介质中容易酯化	用 8% 碳酸钠脱酯
		TBP 萃取时,TBP 水解生成的一丁酯、二丁酯与水相中三价、四价金属生成不溶性盐	用 5% 碳酸钠洗涤有机相,除去一丁酯、二丁酯
有机相	稀释剂影响	煤油中的不饱和芳香烃	充分磺化煤油、使不饱和烃 < 2%
		有机胺萃取铀后生成的铵盐,D_2EHPA 萃取用碳酸铵反萃取时生成的铵盐,它们在煤油中溶解度有限,会析出沉淀。	加入长链混合醇作添加剂,改善铵盐在煤油中的溶解度
萃取条件	温度	温度太低,分层慢,易引起转相	保持 40 ℃ 左右的温度,加快分相速度
	酸度	酸度太低(pH > 2)时易导致各种胶体形成或析出,引起 UO_2^{2+} 水解析出沉淀	控制适当酸度:三脂肪胺萃取,pH < 1.8,一般 pH 为 1.0 ~ 1.2,D_2EHPA 萃取一般 pH 为 1.5 ~ 2.0; TBP 萃取,维持 0.5 mol·L^{-1} 以上的硝酸浓度
	搅拌强度	搅拌强度过大,使两相分散度过大,不利于分相,并影响两相之间表面活性物质吸附浓度	混合澄清器搅拌强度控制在 150 ~ 300 r·min^{-1} 之间脉冲筛板塔萃取时脉冲强度要适当
	接触相比	有机相/水相 ≤ 1 时容易形成水相连续,而乳化容易在水相连续时产生	1. 部分返回有机相,保证接触相比(有机相/水相)= (1 ~ 2)/1,维持有机相连续 2. 严格控制流比,防止水相流量突然过大

6.6　萃取工艺流程与设备

根据 40 多年来铀工业发展实践得出的结论是:①大型工业实践证明,萃取法易于实现自动化的连续工艺过程;②作为处理浸出后铀溶液的萃取剂,最常使用的是胺类,而烷基磷酸,其中包括二(2-乙基己基)磷酸(D_2EHPA)和中性磷有机化合物的协同混合物,使用得较少;③使用萃取流程时,所得到的铀浓缩物质量非常好;④与吸附法回收铀相比,萃取法具有不少优点,如比较灵活,过程可以强化。目前所使用的萃取剂的铀容量比固体吸附剂高,而消耗量要低得多。在生产循环中,萃取剂周转比吸附剂周转要快得多。萃取剂一般要比吸附剂便宜。反应过程只在液相中进行,较易控制,实现自动化较简单。设备较紧凑,生产能力大。

萃取法固有的不足之处有:萃取剂在水相中有明显的溶解度(损耗);在有些情况下会形成难于澄清的乳化物,有时还生成第三相;由于有大量易燃物质存在,有产生火灾的危险性;萃取尚不能用于处理矿浆和碳酸盐溶液。

生产上使用的萃取设备应满足如下要求:①保证水相和有机相充分接触,接触面积要大,混合后澄清时两相能很好地分离;②能实现连续逆流操作;③结构简单,操作可靠,效率高。

铀水冶工艺中常用的萃取设备基本上可分为三类:①塔式萃取器,如填料塔、脉冲筛板塔、震动筛板塔、转盘塔;②混合澄清萃取器;③离心萃取器。

6.6.1　塔式萃取器

1. 填料塔

填料塔的结构如图 6-19 所示。在中空的垂直塔内,不规则地放置填料(不锈钢环或瓷环),填料的作用在于可以阻止纵向混合,防止沿塔高方向形成循环液流。同时能加强液体的湍动,促使有机相分散,增大两相接触面积。塔底分布板用不锈钢制成,板上钻了许多小孔,起着支撑填料和使有机相均匀分布的作用。上下澄清室用于两相分层,上澄清室排出萃取后的有机相,下澄清室排出萃余水相,萃取水相由上澄清室进入,自上而下,有机相由下澄清室进入,自下而上逆流运动。这样,可以使有机相分散在水相中(水相连续),也可使水相分散在有机相中(有机相连续)。填料塔的优点是结构简单,操作可靠。缺点是靠重力来实现两相的混合和分离,这就要求两相需要足够大的密度差才能达到,萃取效率不高;清洗填料劳动强度大,萃取剂和铀的流失大。

2. 脉冲筛板塔

脉冲筛板塔内没有填料,而是装了许多块筛板,筛板的作用与填料相同,在于降低纵向混合的影响,增加液体在塔内的分散程度。为了提高筛板塔的萃取效率,通常应用脉冲向塔内补加能量。最常用的脉冲发生器是机械脉冲泵,它利用一个偏心轮带动活塞作往复运动往塔内输送能量,造成塔内液体往复运动,使液体分散程度增大,湍流作用加强。图 6-20 是脉冲筛板塔结构示意图。当脉冲向上时,有机相穿过筛板孔向上,升到上一塔板空间并呈液滴状分散于筛板上的水相中,当脉冲向下时,筛板上水相通过筛板孔向下移动,并分散成许多液滴通过有机相而下降。两相逆流混合的过程如图6-21所示。

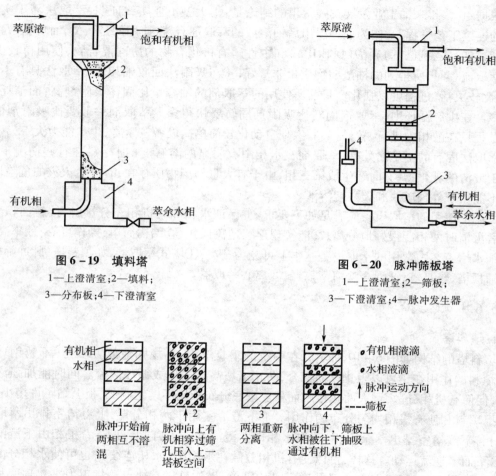

图6-19　填料塔
1—上澄清室;2—填料;
3—分布板;4—下澄清室

图6-20　脉冲筛板塔
1—上澄清室;2—筛板;
3—下澄清室;4—脉冲发生器

图6-21　脉冲筛板塔的两相逆流混合示意图

　　脉冲装置通常装在有机相入口处的下方,以减少对脉冲装置的腐蚀,脉冲强度以脉冲频率和振幅的乘积来度量,通常脉冲频率是40~100次/min,振幅是10~30 mm。最佳脉冲强度应通过实验来确定。填料塔也可加脉冲装置,但实践表明,脉冲筛板塔要比脉冲填料塔好,因为脉冲筛板塔对液体中悬浮固体量的要求不像脉冲填料塔那样苛刻,在同样生产能力下,脉冲筛板塔的萃取效率比脉冲填料塔高。

3. 管道式萃取器

管道式萃取器实际上是一个充入空气进行混合的倾斜的管道。水相由上澄清槽进入,沿斜管下流,有机相从下澄清槽进入,沿斜管向上流动,同时在下澄清槽通入空气,两相在管内被空气搅拌呈逆流接触,萃取后有机相和空气从上澄清槽排出,萃余水相从下澄清槽排出,管道安装的斜度一般为 1/15。管道长度和上下澄清槽的大小以及空气流量是影响萃取效率的关键。从目前实践看来,它的萃取效率比混合澄清器差,但它具有设备简单、造价低廉、维修方便、操作容易等优点。

6.6.2　箱式混合澄清器

箱式混合澄清器由几个包括混合室和澄清室的单级组成。图 6 - 22 是一个七级混合澄清器,水相和有机相在各级之间作逆流运动,但在同一级内是顺流运动。混合室内装有搅拌桨,它既能搅拌液体,使两相充分混合,又能将水相从前一级澄清室经假底小孔抽入此混合室内。有机相自下一级澄清室上部溢流口流入混合室。

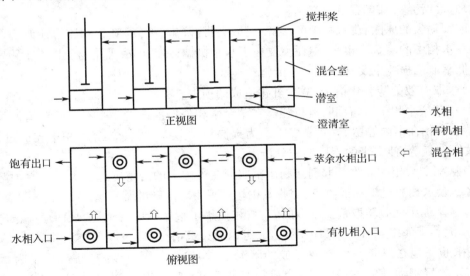

图 6 - 22　混合澄清器

箱式混合澄清器(图 6 - 22)澄清室一般要比混合室长 5 ~ 6 倍,在混合室中混合后的液体在澄清室内分层,有机相从上部溢流口流入前一级混合室,水相从下部进入潜室被下一级混合室的搅拌桨抽走。澄清室与混合室之间有百叶窗式的混合相出口,装有插板,通过上下移动插板,可以调节返回混合室的有机相量,以满足工艺要求的接触相比。在箱式混合澄清器中,水相中靠搅拌桨的作用由前一级向下一级流动,有机相是靠逐渐降低混合室假底的水平高度引起各级液面逐渐降低而与水相作相反方向流动。

箱式混合澄清器结构简单,造价低,操作方便,每一级的传质效率高,实现有机相部分回流,可以在较大的流比下维持较小的接触相比(O/A),保证有机相连续。只要改变搅拌桨转速和流体的流速就可以使它适用于不同的萃取体系。它的缺点是占地面积较大,密封不好,操作条件较差。

6.6.3　离心萃取器

离子萃取器是最近发展起来的新的萃取设备,它是利用离心力的作用,使两相进行混合和分离,所以具有非常高的生产能力和分相效率,但由于此种设备对萃原液固体含量要求很严,因此限制了它的应用,只被个别铀精制厂采用,尚未用于铀水冶厂。

6.7　降低萃取剂损耗的措施

萃取剂是价格较贵的化工原料,降低萃取剂的损耗,对于降低铀的水冶成本和减少有机物对自然环境的污染,都具有重要意义。

萃取剂损失的原因有:水相中的溶解、机械夹带、降解、挥发、乳化和跑冒泄漏等。大多数萃取剂在水相中的溶解度很小,损耗主要在于水相机械夹带,形成乳化物及操作中跑冒泄漏所致。降低萃取剂损耗主要有如下一些措施:

(1)采取有效的防乳化措施,减少乳化造成的损失。

(2)从萃余水相中澄清回收有机相。在萃余水相外排前设置一个有足够澄清面积的澄清槽,使萃余水相在槽内停留 2～4 h 以上。为提高澄清效率,可使萃余水相事先通过挡板、筛网、波纹倾斜板等,使夹带的萃取剂充分析出回收。

(3)从萃余水相中捕收萃取剂。利用萃取剂在煤油中的溶解度远远大于在水中溶解度的特性,将萃余水相通过煤油捕收塔,捕收其中机械夹带与溶解的萃取剂。

(4)从萃泥中回收萃取剂。萃取时,有机相捕集了萃原液中的细泥,从而形成稳定的乳化物——萃泥。萃泥中含有一定量的萃取剂,可以通过离心分离,过滤等方法将乳化块破坏,析出有机相,也可以在三脂肪胺萃取形成的萃泥上,均匀撒上固体碳酸钠粉(用量为萃泥量的9%左右),轻轻耙动,停放一天以上,有机相即可析出。吸走以后,再用水洗萃泥,此法可以回收萃泥中绝大部分有机相。

(5)萃取剂浓度选择适当。一般萃取剂浓度愈高,萃取剂损耗也愈大,在允许的条件下应尽量提高萃取水相铀浓度,实现高铀萃取,减少萃原液总体积,从而降低萃取剂损耗。

(6)萃取和反萃取在设备结构上要保证有足够的澄清分相时间,减少萃余水相或反水中夹带有机相造成的萃取剂损失。

(7)认真操作,防止滴、漏、跑、冒。

习　题

6-1　萃取的原理是什么？萃取法提铀的优、缺点是什么？

6-2　什么叫萃取平衡、分配系数、分离系数、萃取率、协同萃取？

6-3　萃取时影响铀分配系数的主要因素是什么？

6-4　试说明铀溶液中的主要杂质在萃取过程中的行为。

6-5　铀水冶工艺对萃取剂的要求是什么？

6-6　试说明从有机相中反萃取铀的基本规律。

6-7　举出铀工艺中生成溶剂合物的例子。

6-8　中性络合萃取体系的特点是什么？

6-9　酸性萃取的特点是什么？

6-10　什么是相似性原理？什么是盐析效应？

6-11　什么叫稀释剂？萃取工艺中对稀释剂的要求是什么？

6-12　常用的铀萃取剂有哪几类？三脂肪胺萃取铀的机理是什么？影响因素有哪些？

6-13　季铵盐萃取铀的机理是什么？影响因素有哪些？萃取流程是什么？

6-14　二(2-乙基己基)磷酸(D_2EHPA,代号 P204)萃取铀的机理是什么？影响因素有哪些？萃取流程是什么？

6-15　磷酸三丁酯(TBP)萃取铀的机理是什么？影响因素有哪些？萃取流程是什么？

6-16　什么叫乳化现象,其形成原因是什么？如何预防？

6-17　生产上使用的铀萃取设备应满足哪些条件？铀水冶工艺中常用的萃取设备基本上可分为哪几类？

6-18　降低萃取剂损耗的措施有哪些？

6-19　在铀工艺中如何能利用协同作用？

6-20　试指出,当原始水溶液中铀浓度波动时,调整萃取参数(哪些参数?)的原则(控制的规则)。

第 7 章　铀的沉淀

7.1　概　　述

在铀矿加工工业的发展历史上,曾经研究了各种制备铀化学浓缩物的方法,目前应用最多的还是沉淀法。往溶液中加入某种化学试剂(沉淀剂),使溶液中的某种或某些物质生成固体难溶化合物而从溶液中析出的化学过程,叫做沉淀。

可以采用各种沉淀剂,例如氨或氨水($NH_3 \cdot H_2O$),NaOH,H_2O_2 和 MgO 等,在不同条件下,从水溶液中沉淀铀的化学浓缩物。应按照溶液中铀和杂质的浓度、铀的化学浓缩物的产品标准、沉淀剂的价格和可能带来的环境影响等来确定采用何种沉淀剂。采用不同的沉淀剂,应控制不同的沉淀条件。最佳的沉淀条件是:溶液中的铀几乎被完全沉淀(即达到工艺要求的沉淀率,母液中的铀浓度达到排放要求),沉淀的铀化合物容易洗涤和过滤,产品容易脱水(干燥)。

沉淀过程的要求是:沉淀效率高,即铀沉淀完全,母液中铀的含量应达到废弃标准;沉淀剂价廉易得;母液尽可能返回利用,以节约化学试剂;选择适宜的沉淀条件,以获得物理性能好,即易于沉降、过滤和洗涤的沉淀物。

7.2　沉淀法的基本原理

沉淀法是最早采用的从铀矿浸出液中制备铀化合物的方法。由于在沉淀过程中,铀矿浸出液中的大量杂质不可避免地进入铀的沉淀物中,不能制备合格的铀产品。因此,除了碱法浸出液以外,从铀矿浸出液直接沉淀的方法已经不再使用,沉淀法现在只用于已经纯化的铀溶液,从溶液中制备合格的铀化合物。

应当指出,要得到固体状态的铀产品,必须把铀从溶液状态通过沉淀转化为固体,因此沉淀法是从含铀溶液中制备合格铀化合物的主要方法,研究从溶液中沉淀铀的方法和相应的条件是十分重要的。

7.2.1　沉淀过程的理论

溶液中产生沉淀的过程是一个液-固相转变的过程。对难溶物来说,往溶液中加入沉淀剂使有关离子浓度的乘积大于其溶度积时,沉淀就会产生。析出沉淀的过程大致可分三个阶段进行:形成热力学上不稳定的过饱和溶液;生成具有隐晶结构的晶核或结晶中心;晶体成长。

7.2.2　晶核的形成

当向溶液中加入沉淀剂后,由于化学反应,被沉淀物质的离子浓度乘积超过其溶度积,该被沉淀物在溶液中的浓度达到过饱和的程度,溶液处于热力学亚稳状态,继之迅速产生晶核。单位体积内晶核生成的数目和溶液的过饱和度成正比,这种关系可表示为

$$N = K\left(\frac{C_1}{C_2} - 1\right) \tag{7-1}$$

式中　N——单位体积溶液内生成的晶核数目;

　　　K——比例常数;

　　　C_1——开始结晶前,被沉淀物质在溶液中的实际浓度;

　　　C_2——在该沉淀条件下,被沉淀物质的溶解度。

比值 $\left(\dfrac{C_1}{C_2} - 1\right)$ 可以理解为过饱和度。显然,溶液的过饱和度愈大,产生的晶核愈多;晶核的数目愈多,则在一定沉淀系统中所得沉淀物的单个颗粒愈小。反之,从式(7-1)看,为了获得粗粒的晶体(这通常是工艺上所要求的),则必须减少晶核的数目,即须降低溶液的过饱和度,这可以通过降低 C_1 值或提高 C_2 值来实现。

降低 C_1 的途径为:稀释溶液,抑制沉淀剂的离解度或向溶液加入能和被沉淀物的一种离子形成络合物的物质。

当被沉淀物的溶解度随温度升高而升高时,为了提高 C_2,经常用的较有效的方法是提高溶液的温度,降低溶液的 pH 值通常也会导致沉淀物的溶解度提高。此外,向溶液加入过量的沉淀剂及其他电解质(包括溶液中的杂质),将会导致溶液中离子间吸引力增加,从而相应减小被沉淀离子的活度系数,即减小了它们和固体颗粒的碰撞次数,由于这种"盐效应"也会使沉淀物的溶解度 C_2 增加。无论是降低 pH 值,提高温度或是利用沉淀剂及其他电解质的"盐效应"虽能收到提高 C_2、增大沉淀晶核粒度的效果,但尚存在着相互矛盾的因素,即由于 C_2 的增加,沉淀进行得不完全,造成有用成分损失的现象也是不可忽视的。

为了理解铀纯化和精制某些铀盐的结晶过程,还可从热力学的观点就溶液中的自发结晶过程对晶核的形成作些探讨。自发结晶是对非自发结晶而言,就是指晶核可以在溶液中任一部分形成的结晶过程,而非自发结晶是指溶液中的溶质在偶然存在的外来固体物质上形成晶核的结晶过程。

溶液中晶核的生成,意味着新相的生成,体系由一相变成两相。体系中,形成大小不同的各种晶核的原子,由旧相(溶液)的高自由能状态转变为新相(晶核)的低自由能状态,使体系自由能降低,过程能自动进行。这一过程自由能(相变能)的变化可表示为

$$\Delta G_1 = -V\Delta G_v \tag{7-2}$$

另外,新相生成时产生相界面需要能量,这将使体系自由能增加,故该过程不能自动进行。

为完成此过程,其所需能量可由前一过程能量降低来抵偿,若不足,则由体系能量起伏提供。该过程的能量变化表示为

$$\Delta G_2 = S\sigma \tag{7-3}$$

这两个独立进行而又在能量变化上相互矛盾的过程发生后,体系总自由能变化为两过程自由能变化的代数和,即

$$\Delta G = \Delta G_1 + \Delta G_2 = -V\Delta G_v + S\sigma \tag{7-4}$$

式中　ΔG——新相(晶核)生成时,体系总自由能的变化;

　　　　V——新相的体积;

　　　　ΔG_v——单位体积内新、旧相间自由能之差,即 $\Delta G_v = G_{液} - G_{固}$;

　　　　S——新相总表面积;

　　　　σ——单位相界面积上,新旧两相间表面张力的大小,即两相间的比表面能。

从式(7-4)出发,可以讨论相变时形成的大小晶核存在的可能性与最后成长为晶核的可能性。为了讨论的方便,假定新相均为球形颗粒,式(7-4)可改写为

$$\Delta G = -\frac{4}{3}\pi r^3 n\Delta G_v + 4\pi r^2 n\sigma \tag{7-5}$$

式中　r——球形晶核的半径;

　　　　n——晶核的数量。

由式(7-5)可知,在晶核最后形成过程中,ΔG 的变化取决于晶核大小的变化。这种关系可按图7-1定性地作进一步讨论。当晶核半径小于 r_k 时,曲线上升,体系的总自由能变化 ΔG 随晶核半径 r 增大而增高,即 ΔG 随 r 变化的变化率(曲线斜率)$\dfrac{\mathrm{d}\Delta G}{\mathrm{d}r}$ 为正值;当晶核半径大于 r_k 时,情况恰相反,曲线下降,此时体系总自由能变化 ΔG 随 r 增大而降低,即 $\dfrac{\mathrm{d}\Delta G}{\mathrm{d}r}$ 为负值;当 r 等于 r_0 时,ΔG 为零,表明相变能的减小和界面能的增加正好抵消,晶核半径大于 r_0 时,ΔG 变为负值,表明体系总自由能变化进一步减小。

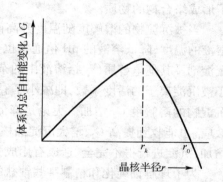

图7-1　新相形成时,晶核大小和体系总自由能变化的关系

根据热力学原则,任何过程自动进行必然导致体系自由能的减小。前已述及,在沉淀结晶相变发生后,会有大小不同的许多晶核产生,其中半径小于 r_k 的晶核由于其 $\dfrac{\mathrm{d}\Delta G}{\mathrm{d}r} > 0$,将导致体系自由能能增加而与上述原则相违背,故它们不可能最后成为晶核;相反其半径大于 r_k 的晶核,当其尺寸增大时,将使 $\dfrac{\mathrm{d}\Delta G}{\mathrm{d}r} < 0$ 而使体系自由能减小,符合上述原则,故它们可以形成并

长大。

至于半径等于 r_k 的晶核,应视为一种临界情况,这种情况也是相变过程发生并最后形成能长大的晶核的关键。相变过程发生之初,这种 $r = r_k$ 的临界晶核生成时,必须满足 ΔG 为最大的条件(图 7-1),对此,有必要进一步说明。r_k 值的大小可以用式(7-5)的一次导数并使之等于零的方式求得

$$\frac{\mathrm{d}\Delta G}{\mathrm{d}r} = -4\pi n \Delta G_v r^2 + 8\pi n \sigma r = 0 \tag{7-6}$$

$$r_k = -2\frac{\sigma}{\Delta G_v} \tag{7-7}$$

则

r_k 叫作晶核的临界尺寸,将 r_k 代入式(7-5),可以算出形成临界晶核对体系总自由能变化为

$$\Delta G_x = -\frac{32}{3} \cdot \frac{n\pi\sigma^3}{\Delta G_v^2} + 16\frac{n\pi\sigma^3}{\Delta G_v^2} = \frac{1}{3} \cdot 16\frac{n\pi\sigma^3}{\Delta G_v^2} \tag{7-8}$$

由式(7-8)第二项可知,溶液中形成临界晶核的总表面能为

$$\Delta G_2 = 16\frac{n\pi\sigma^2}{\Delta G_v^2} \tag{7-9}$$

而 ΔG_x 恰等于 ΔG_2 的三分之一,即 $\Delta G_x = \frac{1}{3}\Delta G_2 = \frac{1}{3}\sigma S_x$。 \tag{7-10}

式(7-10)说明,要形成临界晶核,必须向体系提供晶核总表面能三分之一的能量才能实现。但是,这部分能量的取得,在自发生成晶核的过程中,只能靠体系内部的能量起伏供给。

考虑一个体系的能量,一般都是指其宏观平均值。从微观角度看,体系内各部分能量的大小对上述平均值而言,常有偶然的出入,而出现时高时低的情况,这就叫"能量的起伏"。按统计力学的观点,能量的起伏起因于体系内质点运动的不均衡性,即体系内质点本身动能大小的变化。动能低的质点在体系内某一局部偶然集中时,就将引起系统微小体积内温度下降,从而满足体系在形成临界晶核时对能量增加(ΔG_x)的要求,这样,就形成了临界晶核。可以说,能量起伏,是自发结晶过程中晶核形成的必要条件。至于从临界晶核成长为更大的晶核,由于符合 $\frac{\mathrm{d}\Delta G}{\mathrm{d}r} < 0$ 的原则,过程也可自动进行。

7.2.3　晶体的成长

晶体成长是沉淀结晶过程的最后阶段。晶体长大的机理有各种理论,在这里仅就扩散理论略加介绍。根据扩散理论,晶体界面的线性生长速度可用下述方程表示。

$$\frac{\mathrm{d}l}{\mathrm{d}\tau} = K_t \mathrm{e}^{-A/\ln\frac{C_1'}{C_2'}} \tag{7-11}$$

式中　l——结晶大小的线性尺寸;

　　　　τ——时间;

K_l 和 A——与温度、被沉淀结晶物质和溶液特性有关的两个常数；

C_1'——主体溶液中被沉淀物质的浓度；

C_2'——晶体界面处溶液中被沉淀的浓度。

由式（7－11）可以看出，$\dfrac{C_1'}{C_2'}$ 的比值增高，则 $\dfrac{\mathrm{d}l}{\mathrm{d}\tau}$ 增大，即主体溶液和晶体界面处被沉淀物质的浓度差大，结晶成长速度就快，或者说，C_1' 大而 C_2' 小将有利于结晶成长的扩散过程。但是，并非 C_1' 愈大，C_2' 愈小就愈好。这可以结合前面所讨论的沉淀过程中晶核形成的理论加以分析。显然，沉淀过程中晶核生成的数目将制约着晶体成长的过程，晶核数目愈多，晶体长大所受的限制愈大。进一步说，晶体成长时被沉淀物质的浓度比 C_1'/C_2' 的数值将以晶核形成时 C_1'/C_2' 的比值为上限，即 C_1' 将以 C_1 为上限，而 C_2' 将以 C_2 为下限。若它们各自超过或接近其上、下限，则不仅不会提高晶体成长的速度，相反，会降低其成长速度甚至停止成长。具体说来，假如 C_1' 超过 C_1 值，使 C_1'/C_2' 之比值大于 C_1/C_2 时，溶液的过饱和度将会过大，晶核大量生成，晶相表面积剧增，故晶体难于长大；其次，若 C_2' 接近或等于 C_2 时，晶体将与界面处溶液处于平衡，晶体的生长趋于停止，为了破坏这种晶体和溶液间处于平衡的状况，加强被沉淀物质从主体溶液向界面处的扩散，提高 C_2 的数值是必需的，而加热和搅拌则是经常采用的有效措施。总之，为了提高晶体成长的速度，要求溶液中被沉淀物质有足够高的浓度，但它又为晶核数目所制约而不能过高，这就是说，溶液要有合适的过饱和度，同时，由于适当的加热和搅拌可以加强扩散，所以对晶体成长往往是有利的。

除扩散的因素外，表面吸附现象也会影响晶体成长速度，被沉淀物质粒子间附着力愈大，愈有利于晶体表面的吸附，从而有利于晶体的长大。但是，杂质粒子易被晶体表面吸附而妨碍晶体长大，尤以溶液中有机杂质的存在会明显减低晶体成长的速度。此外，在沉淀铀的过程中，杂质被沉淀吸附所带来铀产品沾污的现象也是不可忽视的。

为了得到较粗、利于固液分离与洗涤的晶体，工艺过程中经常使用"老化"沉淀程序。所谓沉淀"老化"，就是指在一定条件下，保持适当温度并加搅拌，将沉淀放置，以便晶体颗粒长大。"老化"作用之所以能使晶体长大，这是因为，在沉淀结晶过程的最后阶段，母液和晶体达到液固平衡，晶体的成长过程似应停止，但是，由于在同一体系中，微细的晶粒比大颗粒晶粒的溶解度要大得多（如 $d = 0.04\ \mu\mathrm{m}$ 的 $BaSO_4$ 微晶的溶解度就比粗粒 $BaSO_4$ 大许多倍），这种现象可由体系自由能的变化得到合理的解释。当微晶和大颗粒晶体在母液中同时存在时，若母液对大颗粒晶体是饱和的，则对微晶就是不饱和的，故微晶发生溶解，由于微晶的溶解，母液浓度增加，使溶液对大颗粒晶体来说是过饱和状态，这时扩散作用使被沉淀物质继续在大粒晶体上析出，于是，大粒晶体进一步长大。当平衡建立，溶液对大粒晶体又呈饱和时，则其他微晶又要溶解。如此反复作用，大晶体不断长大，微晶不断溶解，沉淀被"老化"。

沉淀过程的操作对晶体长大也是有影响的。恰当选择沉淀剂的状态（气，液等）、采用合理的沉淀剂加入方法、调整被沉淀溶液和沉淀剂的混合顺序等措施对降低溶液的过饱和度以利于得到较大颗粒的沉淀晶粒是有效的,但不能偏执此一端而不顾沉淀过程的一些其他要求。实践中可供选用的沉淀操作方法概括起来有四种:

①点滴法　所谓点滴法,就是将沉淀剂按滴或按不连续的液流加入被沉淀的溶液,只要有足够的沉淀剂,这种方法就可保证沉淀完全。但它有如下缺点:首先,此法造成溶液过饱和度较大,晶核生成速度超过其成长速度,故所得晶体颗粒小,若辅之以沉淀“老化”措施,情况可有所改善;其次是操作的间歇性,且费时费力。

②缓冲法　缓冲法就是将沉淀剂及被沉淀物的溶液加入第三种所谓缓冲溶液(pH、组成一定)中混合进行沉淀。这种方法,由于缓冲溶液的作用沉淀物的过饱和度不大,有利于沉淀的长大,且也易于实现连续操作。

③均相沉淀法　沉淀剂和被沉淀物虽同时存在于溶液中,但在一定条件下不发生作用,只有当条件改变时沉淀才会发生,这种方法叫均相沉淀法。这种方法既有利于沉淀的生长,又不需要大量的缓冲溶液。例如,在需用 NH_3 作沉淀剂的溶液中加入尿素 $(NH_2)_2CO$,由于尿素本身不能起沉淀剂作用,而只有将溶液加热时,尿素分解产生 NH_3,这时沉淀才得以发生,分解反应为

$$(NH_2)_2CO + H_2O \rightarrow 2NH_3 + CO_2 \tag{7-12}$$

④气体沉淀剂法　这种操作和点滴法相似,但气体体积浓度相当低,例如用 NH_3 作沉淀剂时需加空气稀释。气体作为沉淀剂加入后,造成溶液过饱和度较小,利于晶体长大,但沉淀费时。

后面三种方法虽然具有优点,但也并不完善,还存在母液量大、有用成分损失过多、沉淀剂价格较贵、操作的可靠性差等缺点。

7.3　酸性溶液中沉淀铀

浸出液经离子交换或溶剂萃取处理后所得到的淋洗液或反萃取液,通常是铀浓度较高的酸性溶液(其铀浓度为 n 至 $n \times 10$ g·L^{-1}),其中仍含有少量铁、铝、钼、钒、磷等杂质。生产上通常采用加碱(氨水、氢氧化钠、石灰或氧化镁)中和的办法,从酸性溶液中沉淀铀,以制取铀的化学浓缩物或纯的重铀酸铵。

酸性溶液中六价铀以铀酰离子(UO_2^{2+})的形式存在。当往溶液中加碱中和余酸,使 pH 值上升到 2.3 左右时,铀酰离子便开始水解而沉淀,当 pH > 6.5 时,铀则以重铀酸盐的形式全部沉淀出来。这时溶液中的大多数金属杂质(如铁、铝等)也随铀一道沉淀出来。几种常见金属的氢氧化物沉淀 pH 范围列于表 7-1。现以氨水中和硫酸铀酰溶液为例,说明沉淀过程的主要化学反应和影响因素。

表 7 - 1　　几种常见金属氢氧化物的沉淀 pH 值范围

氢氧化物	pH 值		开始溶解
	开始沉淀 （离子初始浓度 1 mol·L^{-1}）	完全沉淀 （残留离子浓度 <10^{-6} mol·L^{-1}）	
$Fe(OH)_3$	1.63	3.63	-
$U(OH)_4$	1.7	3.2	-
$Th(OH)_4$	2.5	4	-
$UO_2(OH)_2$	2.28	5.28	-
$Al(OH)_3$	3.58	5.56	>11
$Cr(OH)_3$	3.8	5.8	-
$Cu(OH)_2$	4.21	7.21	-
$Zn(OH)_2$	5.8	8.8	>10
$Fe(OH)_2$	6.62	9.52	-
$Mg(OH)_2$	8.7	11.7	-
$Ca(OH)_2$	11.63	14.65	-

7.3.1　沉淀过程的主要化学反应

酸碱中和：$H_2SO_4 + 2NH_4OH \rightarrow (NH_4)_2SO_4 + H_2O$　　　　　　　　　　　(7 - 13)

铀的沉淀：$2UO_2SO_4 + 6NH_4OH \rightarrow (NH_4)_2U_2O_7 \downarrow + 2(NH_4)_2SO_4 + 3H_2O$　　(7 - 14)

杂质的沉淀：$Fe_2(SO_4)_3 + 6NH_4OH \rightarrow 2Fe(OH)_3 \downarrow + 3(NH_4)_2SO_4$　　　　(7 - 15)

$Al_2(SO_4)_3 + 6NH_4OH \rightarrow 2Al(OH)_3 \downarrow + 3(NH_4)_2SO_4$　　　　　　　(7 - 16)

7.3.2　沉淀过程的影响因素

沉淀效果的好坏主要是从沉淀效率的高低和沉淀物颗粒的大小这两方面来衡量的，而沉淀效果又取决于沉淀的 pH 值、温度、时间、搅拌强度，原始溶液的组成以及沉淀剂的种类等一系列因素，沉淀条件的选择是否恰当，对于沉淀效率、沉淀物的质量和物理性能有很大的影响。

（1）pH 值　pH 值是影响沉淀效率和产品质量的主要因素。当沉淀最终 pH 值 <6.5 时，铀沉淀不完全，当 pH 值 >8 时，则不仅多消耗氨水，而且使沉淀浆体过滤速度变慢，所以生产上沉淀的最终 pH 值一般控制在 7 左右。氨水的加入速度对沉淀效果也有很大影响。若在一个槽子里加入氨水将溶液迅速地中和到 pH = 7，则容易造成局部过碱，沉淀颗粒很细。因此，生产上进行间歇沉淀时，应缓慢地加入氨水，使 pH 值逐渐升高到 7。若在几个串联的槽子里进行连续沉淀时,一般将氨水分几个槽子加入,使 pH 值依次增高,直到最后一个槽子 pH 值达到 7 左右,这样既便于控制调节,又有利于获得颗粒较大的沉淀物。在分段控制 pH 值进行连续沉淀时,各段 pH 值范围选择得适当与否,对重铀酸铵中硫酸根的含量有很大的影响。试验研究与生产实践都表明,在 pH = 4 ~ 6 的范围内易生成碱式硫酸铀酰沉淀 $[(UO_2)_2SO_4(OH)_2 \cdot 4H_2O]$,其反应如下

$$2UO_2SO_4 + 2NH_3 \cdot H_2O + 4H_2O \rightarrow (UO_2)_2SO_4(OH)_2 \cdot 4H_2O + (NH_4)_2SO_4$$

$$(7-17)$$

如果沉淀过程能避开这一范围,则可使产品的 SO_4^{2-} 含量显著降低。例如,当沉淀 pH 值按 2 ~ 2.5,4.5 ~ 5 和 6.5 ~ 7 三段控制时,产品中 SO_4^{2-} 含量高达 11% ~ 13%。如控制第二、三段 pH 值分别为 6.5 ~ 6.8 和 6.8 ~ 7 时,产品中 SO_4^{2-} 含量则降为 1% ~ 3%。另外,稳定地控制各段 pH 值也是获得粗颗粒沉淀的重要条件之一。生产上有的水冶厂采用分级沉淀法,即先用石灰将溶液中和到 pH = 3 ~ 3.5,沉淀出大部分铁和硫酸根,过滤去除铁钙渣,然后再加碱将溶液 pH 值提高到 7 使铀沉淀出来。这样可以预先分离出大部分铁和硫酸根及部分磷、钒等杂质,降低化学浓缩物中的杂质含量,提高产品中铀的含量。但是这种方法需要增加一道沉淀和过滤操作,使流程更加繁琐,所以很少采用。

(2)温度　沉淀温度太低时,浆体黏度大,沉淀物粒度小,沉降过滤速度慢。温度太高时,蒸汽耗量大,氨的挥发损失也大,重铀酸铵的溶解度也稍有增加。所以沉淀温度应选择适当,生产上一般控制在 50 ℃ ~ 65 ℃。加热方式可以采用直接蒸汽加热,也可用夹套和蛇形管进行间接加热。

(3)时间　沉淀过程除进行化学反应外,还有沉淀的生成和沉降,所以沉淀时间既取决于化学反应速度,又取决于铀从液相转移到固相的扩散速度,往往扩散速度比化学反应速度慢得多。生产上沉淀时间一般在 2 h 以上。

(4)搅拌强度　搅拌的作用在于使溶液与沉淀剂混合均匀,避免局部过碱,加快扩散过程的速度。搅拌强度太小,溶液和沉淀剂不能均匀地混合;搅拌强度太大,不仅多消耗动力,而且容易打碎已长大的沉淀颗粒,所以搅拌强度应选择适当。

(5)原液的组成　原液中铀的浓度越高,则沉淀剂的单位消耗越少,铀的沉淀效率越高,产品的质量也越好。如果溶液中含有能同铀生成可溶性络合物的阴离子(如氟离子等),则会影响铀的沉淀效率。

为了节约化学试剂,生产上一般都尽可能地返回利用过滤后的沉淀母液,用以配制淋洗剂或反萃取剂。在一定返回比的范围内,沉淀母液返回越多,试剂节约也越多,淋洗效率或反萃取效率也越高。但是超出一定的限度时,由于某些阴离子的大量积累,会使淋洗效率或反萃取效率显著下降。因此,沉淀母液的返回应控制适当的比例,返回比的大小应通过实验来确定。

(6)沉淀剂　沉淀剂的种类和质量对沉淀效率、沉淀物的物理性能以及产品的质量都有很大的影响。工业生产上,从酸性溶液中沉淀铀可以采用的沉淀剂有氨(氨水或气体氨)、烧

碱、石灰或氧化镁等。其中氨水应用最为广泛,因为它价廉易得、使用方便安全、控制容易,所得的重铀酸铵经煅烧后便分解,对后续加工毫无影响。氨水的不足之处是:氨含量一般只有20%~25%,使用时会引进大量水分,使溶液稀释,体积增加;有时氨水中含有相当数量的碳酸根,而碳酸根在中性介质中能与铀酰离子生成相当稳定而且易溶于水的三碳酸铀酰络离子$[UO_2(CO_3)_3]^{4-}$,因而影响铀的沉淀效率。例如,当氨水中碳酸根浓度约为 $10\ g\cdot L^{-1}$ 时,沉淀母液的铀含量可达 $30\ mg\cdot L^{-1}$ 以上,远远超过规定的废弃标准。

石灰和氧化镁虽然价廉易得,而且沉淀时可以获得颗粒大、易过滤的沉淀物,但其固液反应速度较慢,使化学浓缩物中易混有未反应完的石灰或氧化镁,降低铀的品位,因此它们仅适用于沉淀粗浓缩物。

氢氧化钠价格贵、腐蚀性较强、操作不安全、保存不方便,易吸收空气中的水分和二氧化碳生成碳酸钠而影响铀的沉淀,而且易生成黏性泥状产物,给过滤带来较大困难。但是由于目前尚未找到更合适的沉淀剂,不论从酸性溶液中沉淀铀还是从碱性溶液中沉淀铀,它都是常用的一种沉淀剂。

7.4　碱性溶液中沉淀铀

碱浸液、离子交换过程的碳酸钠淋洗液和溶剂萃取过程的 Na_2CO_3 反萃取液,比相应的酸性溶液杂质含量要低得多,从这些碱性溶液中沉淀铀的工业方法主要有两种:碱分解法(加入氢氧化钠直接沉淀出重铀酸钠)和酸分解法(加酸酸化破坏碳酸根,然后加碱中和,沉淀出重铀酸盐)。

此外,有的铀工厂在处理钾钒型矿石时,曾采用过生成钒酸铀酰钠($NaUO_2VO_4\cdot nH_2O$)的方法。

7.4.1　碱分解法

在含有过剩 Na_2CO_3 和 $NaHCO_3$ 的碱性溶液中,六价铀以三碳酸铀酰钠($[Na_4UO_2(CO_3)_3]$)的形式存在。当把氢氧化钠加入含铀碳酸盐溶液时,氢氧化钠首先与 $NaHCO_3$ 发生如下反应而使溶液 pH 值上升,反应式为

$$NaHCO_3 + NaOH \Longrightarrow Na_2CO_3 + H_2O \qquad (7-18)$$

如加入过量的氢氧化钠使溶液 pH 值大于 12 时,溶液中的三碳酸铀酰钠便分解生成重铀酸钠沉淀,其反应式为

$$2Na_4[UO_2(CO_3)_3] + 6NaOH \rightarrow Na_2U_2O_7\downarrow + 6Na_2CO_3 + 3H_2O \qquad (7-19)$$

从含铀 $3\ g\cdot L^{-1}$ 或更高的碱性溶液中沉淀铀时,氢氧化钠一般过量 $5\sim6\ g\cdot L^{-1}$,有时为了提高铀的沉淀效率,氢氧化钠过量可达 $20\ g\cdot L^{-1}$ 左右。由于三碳酸铀酰络离子

（$[UO_2(CO_3)_3]^{4-}$）相当稳定,用碱分解法要使铀完全沉淀比较困难,所以沉淀母液中铀的剩余浓度比较高(约 $0.1\ g\cdot L^{-1}$)。但因母液经碳酸化后可返回作浸出剂,故铀的回收率并不受影响。为了提高铀的沉淀效率,也可以在沉淀铀之前,先使溶液与返回的黄饼混合,以增加溶解的铀量,然后再加氢氧化钠沉淀出黄饼。

钒对铀的沉淀有强烈的抑制作用,当溶液中含有 $2\sim 3\ g\cdot L^{-1}\ V_2O_5$ 时,铀便沉淀不下来。这时需在沉淀铀之前预先去除钒,或者采用其他方法回收铀。

温度也是影响碳酸盐溶液碱法分解的一个重要因素,它不仅影响铀的沉淀效率,而且影响产品的物理性能。温度低时,铀沉淀比较完全,但生成的沉淀物颗粒小,难过滤洗涤,影响产品的纯度,所以碱分解过程通常是在加热条件下(70 ℃ ~ 90 ℃)进行,但沉淀温度不宜过高,否则会影响铀的沉淀效率。

碱分解法的最大优点是母液可以再生循环使用。因为碱分解时,溶液中含有碳酸钠和过剩的氢氧化钠,可利用烟道气中的 CO_2 中和母液中过量的 NaOH 生成碳酸钠,并将母液中的部分碳酸钠转化成碳酸氢钠,其反应式如下

$$2\ NaOH + CO_2 \rightleftharpoons Na_2CO_3 + H_2O \qquad (7-20)$$
$$Na_2CO_3 + CO_2 + H_2O \rightleftharpoons 2\ NaHCO_3 \qquad (7-21)$$

碳化后只要补加适量的 Na_2CO_3 和 NaHCO$_3$ 便可返回浸出。但是,碱分解法仅适用于铀浓度较高($U > 2.5\ g\cdot L^{-1}$),而 Na_2CO_3,$NaHCO_3$ 浓度不高以及钒浓度较低的碱性溶液。

7.4.2 酸分解法

用硫酸将含铀碱性溶液酸化到 pH = 3 ~ 4 时,碳酸钠、碳酸氢钠和三碳酸铀酰钠都发生分解,反应式如下

$$Na_2CO_3 + H_2SO_4 \rightarrow Na_2SO_4 + H_2O + CO_2 \uparrow \qquad (7-22)$$
$$2\ NaHCO_3 + H_2SO_4 \rightarrow Na_2SO_4 + 2\ H_2O + 2CO_2 \uparrow \qquad (7-23)$$
$$Na_4[UO_2(CO_3)_3] + 3H_2SO_4 \rightarrow UO_2SO_4 + 2\ Na_2SO_4 + 3H_2O + 3CO_2 \uparrow \qquad (7-24)$$

加热并煮沸溶液,赶走 CO_2,然后用氨水、氢氧化钠或氧化镁中和到 pH = 6.5 ~ 7,便沉淀出重铀酸盐。酸分解过程可采用间歇操作,也可以采用连续操作。分解过程的 pH 值、温度和时间等工艺参数对于不同的操作过程可以有所不同。一般先是酸化到 pH = 3 左右,在 70 ℃ ~ 80 ℃的温度下煮沸 1 ~ 2 h,然后加碱中和到 pH = 7 左右,在 80 ℃左右的温度下搅拌 2 h,沉淀便告完成。

酸分解法可以定量地回收铀,但是碱性溶液中原有的铁、铝等杂质也随铀大量沉淀下来。采用酸分解法不仅碳酸钠和碳酸氢钠要用酸全部破坏,而且酸化后的溶液又要用碱来中和,因而试剂消耗很大。酸分解法仅适用于处理铀浓度较高的碱性溶液(如碳酸钠的反萃取液),因为这时铀的回收比碱性试剂的回收和循环使用更为重要。

从碱性淋洗液中回收铀时,也有采用酸分解 - 过氧化氢沉淀法,即先用硫酸将碱性淋洗液

酸化到 pH = 2,加热破坏剩余的碳酸盐,然后加入过氧化氢沉淀出过氧化铀,其反应式如下

$$UO_2^{2+} + H_2O_2 + nH_2O \rightarrow UO_4 \cdot nH_2O \downarrow + 2H^+ \tag{7-25}$$

随着反应的进行,搅拌 10 min,然后用氨调整 pH = 3~4,再搅拌 1 h 左右,进行过滤、洗涤、干燥,便得到过氧化铀产品。该法的优点是产品质量好,铀含量高(72%~76%),钒、钼、钾、钠、铁、SO_4^{2-} 和 Cl^- 等杂质含量低,密度大(比氨沉淀法大约 1.25 倍),易过滤、洗涤、干燥,沉淀母液铀含量低($\leqslant$ 2 mg · L^{-1}),以及操作方便、控制容易等。缺点是沉淀剂过氧化氢比较贵,使其应用受到限制。

习 题

7-1 铀沉淀过程的要求是什么?

7-2 铀沉淀包括哪三个阶段?

7-3 实践中可供选用的沉淀操作方法包括哪几种,各有何特点?

7-4 铀沉淀过程中的主要化学反应式有哪些?

7-5 铀沉淀的主要影响因素有哪些?

7-6 沉淀物过滤的方法包括哪几种,常用过滤设备有哪几种?

参考文献

[1]王德义,谌竟清,赵淑良,等. 铀的提取与精制工艺学[M]. 北京:原子能出版社,1982.

[2]姜志新,竟清,宋正孝. 离子交换分离工程[M]. 天津:天津大学出版社,1992.6.

[3]朱屯. 萃取与离子交换[M]. 北京:冶金工业出版社,2005.

[4]张镛,许根福. 离子交换及铀的提取[M]. 北京:原子能出版社,1991.

[5]沈朝纯,沈天荣. 铀及其化合物的化学与工艺学[M]. 北京:原子能出版社,1991.

[6][美]R. C. 梅里特. 铀的提取冶金学[M]. 北京:科学出版社,1978.

[7]六所所史 – 中国核军事工业历史资料丛书[M]. 北京:原子能出版社. 1990.

[8]高席丰,傅秉一,译. 铀的冶金矿物学与矿物加工[M]. 北京:原子能出版社. 1986.

[9]马飞,张书成,潘燕,等译. 酸法地浸采铀工艺手册[M]. 北京:原子能出版社,2002.

[10]Chinese Nuclear Society Uranium Mining and Metallurgy Society of China, IAEA. PROCEED-INGS OF THE INTERNATIONAL CONFERENCE ON URANIUM EXTRACTION, 1996.

[11]《浸矿技术》编委会. 浸矿技术[M]. 北京:原子能出版社,1994.

[12]IAEA. Manual on Laboratory Testing for Uranium Ore Processing. Vienna:IAEA, 1990, Technical Reports Series No. 313.

[13]汪淑慧,汤家骞,王子翰. 铀矿石放射性分选[M]. 北京:原子能出版社,1988.

[14]杨伯和. 有机萃取剂体系中的离子交换[M]. 北京:冶金工业出版社,1993.

[15]李觉,雷荣天,等. 当代中国的核工业[M]. 北京:中国社会科学出版社,1987.

[16]马荣骏. 溶剂萃取在湿法冶金中的应用[M]. 北京:冶金工业出版社,1979

[17]王海峰,阙为民,钟平汝,等. 原地浸出采铀技术与实践[M]. 北京:原子能出版社,1998.

[18]王海峰,谭亚辉,杜运斌,等. 原地浸出采铀井场工艺[M]. 北京:冶金工业出版社,2002.

[19]王昌汉. 溶浸采铀(矿)[M]. 北京:原子能出版社,1998.

[20]阙为民,谭亚辉,曾毅君,等. 原地浸出采铀反应动力学和物质运移[M]. 北京:原子能出版社,2002.

[21]王永莲. 地浸采铀工艺技术[M]. 长沙:国防科技大学出版社,2007.

[22]李尚远. 铀·金·铜矿石堆浸原理与实践[M]. 北京:原子能出版社,1997.

[23]杨仕教. 原地破碎浸铀理论与实践[M]. 长沙:中南大学出版社,2003.

[24]IAEA. ADVANCES IN URANIUM ORE PROCESSING AND RECOVERY FROM NON – CONVENTIONAL RECSOURCES,1985.

[25]《铀水冶基础知识》编写组. 铀水冶基础知识[M]. 北京:原子能出版社,1978.

[26]许根福. 处理地(堆)浸铀浸出液离子交换装置类型的选择[J]. 铀矿冶,2008,(1).

[27]胡鄂明,王清良,杨金辉,等. 红外光谱法分析确定地浸采铀浸出液中的结晶物[J]. 矿业

快报, 2007, (6).

[28] 方伟, 舒伟文. 过滤机在我国铀水冶工艺中的应用[J]. 过滤与分离, 2007, (4).

[29] 宫传文. 溶剂萃取设备在我国铀水冶工艺中的应用[J]. 铀矿冶, 2006, (2)

[30] 宫传文. 密实移动床离子交换提铀设备的结构特点及选型计算[J]. 铀矿冶, 2007, (3).

[31] 李伟才, 张飞凤, 曾毅君. 世界铀水冶技术进展介绍[J]. 铀矿冶, 2003, (3).

[32] 张芩, 叶善东. 水冶厂优化操作、降低消耗的实践[J]. 铀矿冶, 2001, (1).

[33] 李建华, 曾毅君, 李尚远, 等. 两步沉淀法生产黄饼新工艺研究[J]. 铀矿冶, 1997, 16 (3).

[34] 杨凯云. 带式过滤机在我矿的生产应用[J]. 铀矿冶, 1987, 6(1):68~71.

[35] 邓佐卿. 新世纪展望——中国铀资源生产和需求[J]. 铀矿冶, 2000, 19(1).

[36] 李韧杰. 我国铀矿冶放射性废物的现状及其防治对策[J]. 铀矿冶, 1988, 7(4).

[37] 费本涛. 依靠技术进步, 加快铀矿冶工业发展[J]. 铀矿冶. 2000, 19(1).

[38] 邓佐卿. 我国铀水冶技术的现状和展望[J]. 铀矿冶, 1992, 11(1).

[39] 全爱国. 原地爆破浸出采铀的工艺技术研究及应用前景[J]. 铀矿冶, 1998, 17(1).

[40] 王西文. 原地浸出采铀研究[J]. 铀矿冶, 1987, 6(2).

[41] 王西文. 确定地浸钻孔最佳间距的原则和方法[J]. 铀矿冶, 1999, 18(2).

[42] 阙为民, 姚益轩, 王西文. 影响原地浸出反应速率的因素[J]. 铀矿冶, 1999, 18(3).

[43] 阙为民, 陈祥标. 硝酸盐作为酸法地浸氧化剂的研究[J]. 铀矿冶, 2000, 19(1).

[44] 阳奕汉, 刘忠位. 原地浸出采铀新技术在伊宁铀矿512矿床的应用[J]. 铀矿冶, 1999, 18(4).

[45] 王海峰, 苏学斌. 新疆伊宁地浸矿山井场抽注平衡问题的刍议[J]. 铀矿冶, 1999, 18 (3).

[46] 姚益轩, 阙为民, 苏学斌, 谢卫星. 地浸采铀工程技术经济分析[J]. 铀矿冶, 1999, 18 (4).

[47] 苏学斌, 王海峰. 地浸作业中浸出结束点的确定[J]. 铀矿冶, 1999, 18(2).

[48] 陈星煜. 对放射性分选提高铀矿冶产品经济效益的探讨[J]. 铀矿冶, 1989, 8(2).

[49] 马德彪, 陆伟. 5421-II型放射性选矿机[J]. 铀矿冶, 1999, 18(2).

[50] 汪淑慧. 辐射分选的新进展[J]. 铀矿冶, 1998, 17(2).

[51] 李素媛. 采用磁种分选法处理铀矿石的研究[J]. 铀矿冶, 1987, 6(4).

[52] 胡长柏, 陆锡寿, 等. 某铀矿石的浮选分组及其浸出研究[J]. 铀矿冶, 1983, 2(1).

[53] 伍三民. 粘土矿物在稀硫酸和碳酸钠浸出中的行为[J]. 铀矿冶, 1990, 9(2).

[54] 朱禹钧. 铀矿加压碱浸的研究和应用[J]. 铀矿冶, 1989, 8(2).

[55] 才锡民. 用高铁离子循环浸出铀矿石的研究[J]. 铀矿冶, 1994, 13(2).

[56] 王昌汉, 李开文. 细菌浸矿技术在我国的应用及其发展前景[J]. 铀矿冶, 1992, 11(4).

[57] 王清良,胡凯光,阳奕汉,等. 伊宁铀矿 512 矿床地浸中细菌代替双氧水初步试验研究 [J]. 铀矿冶, 1999, 18(4).

[58] 真宝娣. 江西铀提取工艺的实践及方向[J]. 铀矿冶, 1997, 16(3).

[59] 李丛奎. 硬岩铀矿石堆浸技术特征[J]. 铀矿冶, 1998, 17(2).

[60] 余润兰,刘松军,曹钰,等. 铀矿酸法堆浸中结垢的形成及其预防[J]. 铀矿冶, 1998, 17 (1).

[61] 钟平汝,丁桐森,古江汉. 铀堆浸废水中和沉渣减容与改性方法的研究[J]. 铀矿冶, 1997, 16(2).

[62] 胡业藏,田淑芳,宋焕笔. 湿法磨矿－浓酸浸出的工艺研究[J]. 铀矿冶, 1988, 7(3).

[63] 孙南华. 拌酸熟化－堆浸－离子交换技术在衢州铀矿堆浸生产中的应用[J]. 铀矿冶, 1999, 18(1).

[64] 何阿弟,叶明吕,周祖铭,等. 隔膜电解还原法制备四价铀的研究[J]. 核技术, 1997, 20 (7).

[65] 杨伯和. 强碱性阴离子交换树脂从硫酸溶液中吸着铀的机理[J]. 铀矿冶, 1988, 7(1).

[66] 杨伯和,王光鹏,林嗣荣,等. 用有机解吸剂直接从饱和树脂上解吸铀[J]. 铀矿选冶, 1979, (3).

[67] 王长善,皮文超. 采用密实移动床淋洗塔协同淋洗铀[J]. 铀矿冶, 1990, 9(2).

[68] 张国维,赵桂荣. 从钼中毒树脂上协同解吸钼[J]. 铀矿冶, 1988, 7(1).

[69] 张镛,张国维,许根福,等. 树脂吸附硅酸的探索性研究[J]. 铀矿选冶, 1978, (3).

[70] 陈瑞澄. 从矿坑水回收铀过程中 201×7 树脂腐植酸(盐)中毒及其机理的探讨[J]. 铀矿冶, 1986, 5.

[71] 于相浩,周秀溪,刘正镛,等. 密实移动床吸附塔吸附及多塔串联淋洗的研究[J]. 铀矿冶, 1997, 16(3).

[72] 陈祥标,刘志成. 伊宁铀矿水冶厂的发展和新工艺的应用[J]. 铀矿冶, 1999, 18(2).

[73] 黄伦光,庄海兴,左建伟,等. 国内外铀纯化工艺状况[J]. 铀矿冶, 1998, 17(1).

[74] 肖成珍,金绮珍,张蓉芳,等. 用支撑液膜法从硫酸铀酰溶液中萃取铀[J]. 铀矿冶, 1990, 9(4).

[75] 李林新. 晶种循环常温沉淀法从低浓度铀溶液中回收铀[J]. 铀矿冶, 1984, 3(2).

[76] 陈志洪,黄昌海,刘凤山,等. 用流态化技术制取优质粗粒重铀酸铵[J]. 铀矿冶, 1994, 13(1).

[77] 彭显佐,梁建龙,曾毅君,等. 碱性堆浸溶液中铀钼分离及回收的研究[J]. 铀矿冶, 1995, 14(3).